소방유체역학

홍 영 호 지음

도서출판 동화기술

머리말

대학에서 처음으로 유체역학을 접하던 시절이 기억난다. 강의실에서 유체역학을 쉽게 이해할 수 있도록 설명하시느라 교수님은 열정적으로 강의를 진행하시고 학생들은 유체의 현상 변화를 이해하기 위해 많은 시간을 유체역학 공부에 투자했음에도 유체의 특성을 설명하기 위해 사용되는 수식들에 대해 완전히 이해하는데 많은 시간이 소비되었다. 그러던 내가 학생들을 가르치게 되면서 제일 먼저 고민했던 것은 내가 아는 지식을 학생들에게 어떻게 하면 보다 더 이해하기 쉽게 전달해 줄 수 있을까이다. 그런데 이런 고민은 지금도 계속 진행형으로 남아 있는 것 같다. 소방 관련학과 학생들과 소방유체에 대한 수업을 위해 많은 유체역학과 관련 검토하면서 느낀 것은 학습자들이 유체역학을 어려워하는 이유가 무엇인가에 대해서 이다. 내가 20여년이 넘게 유체역학을 가르치면서 느낀 것은 유체역학이 어려운 것이라기보다는 유체현상을 설명하는 도구로 사용되는 수식과 그 수식을 통한 문제를 해결해 나가는 과정을 어려워하는 것이 아닌가 하는 생각이 들었다. 그래서 그 많은 좋은 유체역학 관련 도서가 있음에도 불구하고 학생들이 보기 쉽게 책을 하나 쓰면 어떨까 하는 생각으로 이 책의 출간이 시작되었다. 그런 생각을 하게 된 이후 몇 개의 학기가 더 지나서야 부족하나마 학습자들에게 조금이나마 도움이 되었으면 하는 마음으로 책을 출간하게 되었다. 이 책은 소방을 전공하는 학습자들에게 소방에서 필요로 하는 유체역학에 관한 내용 중심으로 구성되었다.

이 책은 단위와 차원, 유체의 기초물성, 정지하고 있는 물체에 작용하는 힘, 유체의 흐름특성, 유체의 흐름 형태에 따른 마찰손실, 소방유체에서의 열 및 에너지 이동, 소방펌프와 배관 등 소방을 전공으로 하는 학생들이 앞으로 소방시설에 대한 이해를 위해 조금이나마 도움이 되었으면 하는 마음으로 중요한 내용에 대한 팁(tip)을 별도로 표기하였고, 각 장마다 실제 소방분야에서 다루어졌던 문제 중심으로 연습문제를 편성하였다.

책을 집필하는데 나름대로 충실하려고 노력하였으나 미진하고 부족한 부분이 많이 있을 것이다. 이에 대한 많은 분들의 지적을 겸허하게 참고하도록 하겠다. 끝으로 이 책을 출판하는데 수고와 협조를 아끼지 않으신 도서출판 동화기술 회장님과 편집 및 교정에 수고하신 편집부 직원 분께도 감사를 드린다.

차 례

Chapter 1 단위와 차원

1.1 단위와 차원 ··· 10
  1. 단위 ··· 11
  2. 차원 ··· 13
1.2 단위의 환산 ··· 19
  1. 길이의 단위환산 ··· 23
  2. 면적의 단위환산 ··· 24
  3. 부피의 단위환산 ··· 25
  4. 질량의 단위환산 ··· 27
1.3 질량과 중량 ··· 29
연습문제 ··· 33

Chapter 2 유체의 기초 물성

2.1 힘(Force) ··· 38
  1. 힘의 기본단위 ··· 38
  2. 소방용수에 의해 벽면에 가해진 힘 ··· 40
  3. 일과 동력 ··· 45
2.2 부피와 질량과 연관된 유체의 물성치 ··· 50
  1. 밀도 ··· 51
  2. 비중 ··· 54
  3. 비용과 비중량 ··· 56
2.3 점도 ··· 58
  1. 점도의 정의 ··· 59
  2. 뉴턴의 점성법칙 ··· 60
  3. 점도의 단위 ··· 62
  4. 전단응력에 따른 유체의 종류 ··· 63
2.4 유체의 압축성과 탄성 ··· 66
  1. 체적압축계수 또는 압축률 ··· 66

2. 체적탄성계수 ········· 67
2.5 표면장력과 모세관현상 ········· 69
1. 표면장력 ········· 69
2. 모세관현상 ········· 70
2.6 압력 ········· 72
1. 압력의 정의 ········· 72
2. 압력의 단위 ········· 72
3. 절대압력과 계기압 ········· 76
2.7 온도 ········· 79
1. 상대온도 ········· 79
2. 절대온도 ········· 80
2.8 기체 관련 기본법칙 ········· 81
1. 보일의 법칙 ········· 81
2. 샤의 법칙 ········· 81
3. 아보가드로의 법칙 ········· 83
4. 이상기체 상태방정식 ········· 83
연습문제 ········· 86

Chapter 3 정지하고 있는 유체에 작용하는 힘

3.1 유체의 일반적 특징 ········· 124
1. 유체의 분류 ········· 124
2. 레이놀즈수 ········· 125
3.2 유체의 유속 ········· 128
1. 유체의 유속 ········· 128
2. 원통형 관이 아닌 경우 유로의 직경 ········· 134
3. 평균속도 ········· 135
3.3 정지하고 있는 유체에 작용하는 힘 ········· 137
3.4 유체 정역학의 응용 ········· 142
1. 기압방정식 ········· 142
2. 소방 정수압 ········· 143
3.5 압력의 측정 ········· 145
1. 압력의 측정방법 ········· 145
2. 압력의 형태 ········· 150
연습문제 ········· 154

Chapter 4 유체의 흐름 특성

4.1 흐름의 연속방정식 ········ 170
4.2 오일러의 운동방정식 ········ 180
4.3 Bernoulli의 방정식 ········ 182
4.4 Bernoulli 방정식의 응용 ········ 190
1. Torricelli의 정리(오리피스관) ········ 190
2. 벤투리미터 ········ 193
3. 플랜지 볼트에 작용하는 힘 ········ 195
4. 피토관 ········ 197
5. 에너지보존관계에서 베르누이 방정식의 활용 ········ 199
연습문제 ········ 202

Chapter 5 유체의 흐름형태에 따른 마찰손실

5.1 원통형 관 속을 흐르는 흐름 특성 ········ 224
1. 원통형 관 속을 흐르는 층류흐름에서 유체의 속도 분포 224
2. 원통형 관 속을 흐르는 층류흐름에서, 유체의 유량 ········ 227
3. 원통형 관 속을 흐르는 유체의 마찰손실수두 ········ 231
4. 하젠-윌리암스 방정식 ········ 239
5.2 흐름에서의 손실수두 ········ 242
1. 소방용 호스에서의 손실수두의 계산 ········ 242
2. 소방용 배관에서 손실수두 ········ 243
연습문제 ········ 255

Chapter 6 소방유체에서의 열 및 에너지 이동

6.1 에너지의 형태 ········ 272
1. 운동에너지 ········ 272
2. 위치에너지 ········ 273
3. 내부에너지 ········ 273
4. 엔탈피 ········ 274
5. 일 ········ 275

6.2 엔탈피 변화의 계산 ········· 278
1. 상변화 없는 조건에서 열 효과 ········· 279
2. 상변화를 동반하는 열효과 ········· 281
6.3 열역학 관계 ········· 283
1. 열역학 제1법칙 ········· 283
2. 열역학 제2법칙 ········· 284
3. 열역학 제3법칙 ········· 285
4. 열역학 제0법칙 ········· 285
6.4 열의 전달현상 ········· 287
1. 전도 ········· 287
2. 대류 ········· 294
3. 복사 ········· 302
연습문제 ········· 310

Chapter 7 소방펌프와 배관

7.1 소방펌프 ········· 322
1. 펌프의 종류 ········· 322
2. 펌프의 양정 및 동력 ········· 325
7.2 소방펌프의 특성 ········· 332
1. 유효흡입수두 ········· 332
2. 펌프의 상사법칙 ········· 335
7.3 펌프 운전의 문제점과 대책 ········· 339
1. 공동현상 ········· 339
2. 수격작용 ········· 341
3. 서징현상 ········· 342
7.4 소방펌프의 구성 및 실징 ········· 343
1. 펌프의 구성 ········· 343
2. 펌프의 고장 원인 및 대처 ········· 344
7.5 배관 ········· 345
1. 소방시설에서의 배관의 설치 규격 ········· 345
2. 소방용 밸브 ········· 349
연습문제 ········· 357
참고문헌 ········· 373
찾아보기 ········· 374

Chapter 1

단위와 차원

1.1 단위와 차원
1.2 단위의 환산
1.3 질량(Mass)과 중량(Weight)

예로부터 화재가 발생하면 물을 이용하여 소화하는 등 화재현장에서 물의 사용은 필수적이다. 화재현장에서 사용되는 물처럼 흐르는 물체에 대한 특성 및 흐름 현상에 대하여 이해하는 학문을 유체역학이라 한다. 유체역학은 유체의 흐름에 따라서 발생하는 여러 가지 현상들을 구체화 시켜 소방분야를 종사하는 관계자들에게 소방에서 사용되는 유체에 대한 이해를 돕기 위한 학문이다. 유체의 흐름과정에서 나타나는 여러 가지 현상들이 눈으로 보이는 것도 있으나, 눈으로 확인할 수 없는 것들이 더 많다. 이처럼 눈으로 보이지 않는 현상을 이해하기 위해서는 몇 가지 물리적인 값을 통해서 이해할 수밖에 없다. 이러한 물리적인 값들을 이해하기 위해서는 단위를 가지고 설명하는 것이 가장 쉬운 방법이다. 따라서 여기서는 단위에 대한 이해를 돕기 위해 기초적인 단위에 대하여 학습하기로 한다. 또한 이 장에서는 유체의 특성 및 흐름을 이해하는데 가장 기본이 되는 몇 가지 기초적인 지식을 다루고자 한다. 여기에 사용되는 기초지식은 앞으로 소방분야를 공부하는데 매우 중요한 역할을 한다.

1.1 단위와 차원

우리나라에서는 현재 우리가 사용하고 있는 kg이나 m와 같은 단위와는 전혀 다른 단위들이 예로부터 널리 사용되었다. 그 당시 오늘날과 같이 세계가 서로 정보를 공유하고 있지 않던 시절에는 그 나라마다 고유한 단위를 사용하더라도 큰 문제가 되지 않을 수도 있다. 그러나 모든 정보들이 서로 공유하게 되는 요즈음에는 나라마다 사용하는 단위가 서로 다르다면 많은 문제가 있을 것이다. 그럼에도 불구하고 아직도 서로 사용하는 단위의 차이 때문에 그 크기를 비교하는데 어려움을 가지고 있다. 우리가 경제 소식을 접할 때 가장 많이 접하는 것이 유가(油價), 금 가격의 변동, 그리고 환율의 변동과 같은 소식을 자주 접하게 된다. 이중에서 기름은 배럴(barrels)이라는 단위를 사용하고 금은 온스(oz)라는 단위를 사용해서 가격 변동을 이야기 한다. 그러나 우리가 사용하는 기름의 단위는 리터이고, 금의 단위로는 아직도 많은 사람들이 돈이라는 단위를 사용하다 보니 배럴과 온스라는 단위가 가지는 크기를 우리 단위체계와 비교하기가 쉽지 않게 된다. 이처럼 아직도 우리 주변에는 단위가 서로 다르기 때문에 그 절대값의 비교가 쉽지 않은 것들이 존재한다. 이러한 것은 단위환산이라는 과정을 통해서 쉽게 비교되고 이해가 될 수 있을 것이다. 따라서 여기서는 단위와 차원에 대한 학습을 통하여 서로 다른 의미를 가지는 단위에 대하여 이해하며 그 단위를 어떻게 활용하는가에 대하여 알아보기로 하자.

물질의 이동과, 회재 시 연소가 진행됨에 따라 발생하는 온도의 변화에 따른 현상을 설명하기 위하여 여러 가지 방법들이 사용될 수 있는데 이러한 것들은 모두 차원과 단위라는 것으로 구성되어 있다. 즉, 화재가 발생하면 실내의 온도가 변화하며, 화재 시 발생하는 연기의 수평이동속도(0.5~1 m/s) 및 수직이동속도(1.5~4 m/s)가 달라 피난거동이 서로 다를 수 있게 된다. 이처럼 화재 시 발생하는 현상을 이해하기 위하여 여러 가지 외부적인 계산의 근거가 되는 조건 중에서 측정될 수 있는 특성 값으로 길이, 시간, 온도 등과 같이 측정의 기본이 되는 개념을 "차원(dimension)"이라 한다. 또한 이러한 차원의 구체적 표현수단을 "단위(unit)"라 한다. 단위체계는 공학분야에서 공식적으로 사용되는 SI 단위체계인 MKS(meter-kilogram-second) 단위와 cgs(centimeter-gram-second) 단위체계 그리고 미국 공학분야에서 널리 사용되는 fps(foot-pound-second) 단위체계가 있다. 본 교재에서는 널리 사용되는 SI 단위체계를 기본으로 사용하며, 필요에 따라서 fps 단위체계를 사용하고 있다. SI 단위체계에서는 길이, 질량, 물질량, 온도, 시간 등의 차원이 있다.

> ***Tip*** **단위와 차원**
>
> 차원 : 여러 가지 외부적인 계산의 근거가 되는 조건 중에서 측정될 수 있는 특성 값으로 길이, 시간, 온도 등과 같이 측정의 기본이 되는 개념
>
> 단위 : 차원의 구체적 표현수단

1. 단위(Unit)

물리량을 측정할 때 그것과 같은 종류의 일정량을 기준으로 하여 주어진 양이 그 일정량의 몇 배가 되는가를 측정하게 되는데, 그 기준이 되는 일정량을 단위라고 한다. 그러나 단위를 여러 양에 대하여 하나하나 개별적으로 정하면 이것을 다룰 때 대단히 불편하므로 기본이 되는 몇 개의 단위만을 정하고, 다른 양의 단위는 물리법칙 또는 그 정의에 따라 기본단위를 조립해서 만들 수 있다. 이렇게 만들어진 단위를 일반적으로 유도단위 또는 보조단위라 하며, 이 밖에 특수한 계량의 용도에 쓰이는 특수단위가 있다. 이를테면, MKS 단위계에서는 길이의 기본단위인 미터(m)에서 유도되는 넓이의 단위인 제곱미터(m^2), 부피의 단위인 세제곱미터(m^3)가 유도단위이다. 또, 길이의 기본단위인 미터(m)와 시간의 기본단위인 초(s)에서 유도된 속도의 단위(m/s), 가속도의 단위(m/s^2) 등이 있다. 또, 힘의 크기를 나타내는 뉴턴(N)은 길이의 기본단위인 미터(m), 질량의 기본단위인 킬로그램(kg), 시간의 기본단위인 초(s)를 조합해서 1 kg의 질량의 물체에 1 m/s^2의 가속도에 해당되는 힘의 크기(1 $kg \cdot m/s^2$)로 정하고 있다.

한 무리의 기본단위를 바탕으로 하여 다른 양의 단위를 유도하면 계통적인 단위의 모임이 된다. 이것을 단위계라고 한다. 단위계에는 절대단위계와 중력단위계로 되어 있다.

(1) 절대단위계

절대단위계에는 SI 단위계인 MKS 단위, cgs 단위와 FPS 단위가 이에 속한다. 절대단위계는 길이, 질량, 시간의 단위를 기본으로 한다. 표 1-1은 절대단위계의 기본단위 길이, 시간, 질량의 단위와 대표적인 유도단위인 힘의 단위를 정리한 표이다. 소방에서는 절대단위계에서 MKS 단위계를 주로 사용한다.

표 1-1 절대단위계

단위계	길이[L]	시간[T]	질량[M]	힘[F]
MKS	m	s	kg	N
cgs	cm	s	g	dyne
FPS	ft	s	lb	poundal

[ ]는 차원을 나타낸다.

> ***Tip*** MKS 단위계
>
> MKS 단위계는 사람의 이름 약자를 단위로 사용하고, cgs 단위계에서는 그 의미를 나타내는 영어단어의 약자를 단위로 주로 사용한다.

(2) 중력단위계

중력단위계에는 미국공학단위(American engineering units)와 미터계 단위(metric units) 그리고 현재는 거의 사용하지 않는 영국공학단위(British engineering units)가 있다. 중력단위계의 단위들을 절대단위계에서와 같이 뉴턴의 운동 제2법칙 중 가속도를 중력가속도로 사용해서 나타낸 $F = mg$의 공식을 이용해서 정리하면 이해가 쉽다. 여기서 F는 힘, m은 질량, g는 중력가속도이다. 이 공식을 이용해서 미국공학단위와 미터계 단위를 정리하면 다음과 같이 정리된다.

표 1-2 중력단위계

단위계	길이[L]	시간[T]	질량[M]	힘[F]
미국공학단위	ft	s	lb_m	lb_f
Metric 단위	m	s	kg	kg_f

[ ]는 차원을 나타낸다.

여기서 주로 많이 사용하는 몇 가지 기본량의 종류와 그 단위체계를 살펴보면 표 1-3에서 보는 바와 같다.

표 1-3 기본량의 단위

기본량	MKS	CGS	FPS
길이(length, L)	m (meter)	cm (centimeter)	ft (foot)
질량(mass, M)	kg (kilogram)	g (gram)	lb (pound)
시간(time, T)	s (second)	s (second)	s (second)

2. 차원

앞서 여러 가지 외부적인 계산의 근거가 되는 조건 중에서 측정될 수 있는 특성 값으로 길이(length), 시간(time) 등과 같이 측정의 기본이 되는 개념을 "차원(dimension)"이라고 했다. 우리가 살고 있는 현재를 3차원(three dimension)의 세계라고 한다. 이처럼 우리는 차원이라는 말을 일상생활에서도 사용하고 있다. 그럼 왜 우리가 살고 있는 세계를 3차원이라고 하는지 살펴보자.

먼저 선이라는 개념을 보자 선은 점과 점의 연결로 한 방향으로의 연결이라 할 수 있다. 즉 선은 거리라는 하나의 변화만을 보여주므로 1차원이라 한다. 그러면 면적이라는 개념을 보면 면적은 x방향으로의 변화와 y방향으로의 변화가 같이 공존해야 존재할 수 있는 것이다. 따라서 이것은 x와 y라는 2개의 방향성을 가지는 2차원이라고 할 수 있다. 또 다른 하나인 공간을 살펴보면 공간은 x방향과 y방향 그리고 z방향이라는 3방향으로의 변화가 있어야 존재하는 것이다. 따라서 우리는 공간을 3차원이라고 한다. 이처럼 공간적인 개념을 3차원이라고 해서 우리가 살고 있는 세계가 공간적인 개념을 갖는다고 해서 3차원의 세계라고 한다. 만약에 누군가가 현재가 아닌 과거나 미래를 이동할 수 있다면 3차원에서 하나의 차원이 더해진 4차원 세계에 사는 형태가 될 것이다.

그럼 여기서 간단하게 차원을 정리해 보기로 하자. 차원은 우리 주변에 있는 변화 값을 그 변화 값이 의미하는 기호로 표시하는 것이다.

(1) 길이(Length)

길이는 영어단어로 length라 하므로 길이의 차원은 [L]로 표시한다.

표 1-4 길이의 차원과 단위

차원의 종류	1차원	2차원	3차원
종 류	길이(Length)	면적(Area)	부피(Volume)
단 위	m, cm	m^2, cm^2	m^3, cm^3
차 원	[L]	$[L^2]$	$[L^3]$

(2) 면적(Area)

면적은 길이의 제곱값이므로 면적의 차원은 길이의 제곱인 $[L^2]$으로 표시한다.

(3) 부피(Volume)

부피는 길이의 세제곱값이거나 면적에 길이를 곱한 값이므로 부피의 차원은 길이의 세제곱인 $[L^3]$으로 표시한다.

(4) 시간(Time)

시간은 time으로 차원으로 표시하면 [T]로 표시한다.

(5) 질량(Mass)

질량은 영어로 mass이므로 차원으로 표시하면 [M]이라고 표시하여야 한다.

(6) 속도(Velocity)

속도는 시간 변화에 대한 길이의 변화 값을 의미한다. 단위로는 m/s, cm/s 등이 사용되며 차원으로는 $[L/T = LT^{-1}]$로 표시된다.

(7) 가속도(Acceleration)

가속도는 시간 변화에 대한 속도 변화값을 의미한다. 단위로는 m/s^2, cm/s^2 등이 사용되며 차원으로는 $[L/T^2 = LT^{-2}]$로 표시된다.

(8) 힘(Force)

힘은 m의 값을 가지는 질량에 g 또는 a만큼의 가속도가 가해졌을 때 값을 의미하며 단위로는 N(Newton) 또는 kg_f가 기본단위로 사용된다. 차원으로 표시하면 $[MLT^{-2}]$이라고 표시하여야 한다. 힘의 값에서 질량 m의 차원을 살펴보면 $F = MLT^{-2}$이므로 $FL^{-1}T^2 = M$이 된다.

표 1-5 기본량의 단위계와 차원

기본량		단 위	차 원
길이 (length, L)	거리	m	L
	면적(area, A)=(길이)^2	m^2	L^2
	부피(volume, V)=(길이)^3	m^3	L^3
질량(mass, M)		kg	M
시간(time, T)		s	T
속도(velocity, U)		m/s	LT^{-1}
중력가속도(gravity acceleration, g)		m/s^2	LT^{-2}
힘(force, N=mg)		$kg \cdot m/s^2$=N	MLT^{-2}
유량(volume flow rate, Q)		m^3/s	L^3T^{-1}
밀도(density, ρ)		kg/m^3	ML^{-3}
비중량(specific weight, γ)		N/m^3	$ML^{-2}T^{-2}$ (FL^{-3})
점도(viscosity, μ)		$kg/m \cdot s$	$ML^{-1}T^{-1}$

1.1 Example

다음의 물리량 값을 차원으로 표시하라.

① 속도
② 가속도
③ 힘(일정 질량에 가속도가 가해진 값)
④ 밀도(부피에 대한 질량값)

풀이.

① 속도는 시간 변화에 따른 거리 변화이므로 속도의 차원은 거리/시간=[L]/[T]=LT^{-1}

② 가속도는 시간 변화에 따른 속도 변화이므로 가속도의 차원은
속도/시간=[(거리)/(시간)]/[시간]=[거리]/[시간]^2=[L]/[T]^2=LT^{-2}

③ 힘은 일정 질량에 가속도가 가해진 값을 의미하므로 힘의 차원은 다음과 같다.
힘의 차원은 질량×가속도이므로 [질량]×[거리]/[시간]^{2}이 되어
[M]×[L]/[T]^2=MLT^{-2}이 된다.

④ 밀도는 부피에 대한 질량값을 의미하므로 밀도의 차원은 [질량]/[부피]인
[M]/[L]^3=ML^{-3}이 된다.

1.2 Example

절대단위계에서 단위면적당 가해진 힘으로 정의되는 압력의 차원은 어떻게 표시되는가?

풀이.

압력은 단위면적(A)당 작용하는 힘(F)이므로 이 정의를 이용하면 압력의 차원을 표시할 수 있다.

$$압력 = \frac{힘}{면적} = \frac{질량 \times 가속도}{면적} = \frac{질량}{면적} \times \frac{거리}{(시간)^2} = \frac{M}{L^2} \times \frac{L}{T^2} = ML^{-1}T^{-2}$$

1.3 Example

시간당 에너지의 값인 일률의 차원을 기본 차원인 질량(M), 길이(L), 그리고 시간(T)으로 올바르게 나타낸 것은 무엇인가?

① $[L^2T^{-2}]$　　② $[ML^{-1}T^{-2}]$　　③ $[ML^2T^{-2}]$　　④ $[ML^2T^{-3}]$

풀이.

각 종 물리적 상태값의 절대단위와 중력단위계

물리적 특성값	중력단위 [차원]	절대단위 [차원]
길이	m [L]	m [L]
시간	s [T]	s [T]
운동량	N·s [FT]	kg·m/s $[MLT^{-1}]$
힘	N [F]	kg·m/s^2 $[MLT^{-2}]$
일	N·m [FL]	kg·m^2/s^2 $[ML^2T^{-2}]$
속도	m/s $[LT^{-1}]$	m/s $[LT^{-1}]$
가속도	m/s^2 $[LT^{-2}]$	m/s^2 $[LT^{-2}]$
압력	N/m^2 $[FL^{-2}]$	kg/m·s^2 $[ML^{-1}T^{-2}]$
밀도	N·s^2/m^4 $[FT^2L^{-4}]$	kg/m^3 $[ML^{-3}]$
비중량	N/m^3 $[FL^{-3}]$	kg/m^2·s^2 $[ML^{-2}T^{-2}]$
비중	–	–
비체적	m^4/N·s^2 $[L^4F^{-1}T^{-2}]$	m^3/kg $[L^3M^{-1}]$
일률	N·m/s $[FLT^{-1}]$	kg·m^2/s^3 $[ML^2T^{-3}]$
점도	N·s/m^2 $[FL^{-2}T]$	kg/m·s $[ML^{-1}T^{-1}]$
동점도(동점성계수)	m^2/s $[L^2T^{-1}]$	m^2/s $[L^2T^{-1}]$

답. ④

1.4 Example

다음 중 일에 대한 차원을 올바르게 나타낸 것은 무엇인가?

① $[MLT^{-2}]$　　② $[ML^{-1}T^{-2}]$　　③ $[ML^2T^{-2}]$　　④ $[ML^2T^{-3}]$

풀이.

각 종 물리적 상태값의 절대단위와 중력단위계

물리적 특성값	중력단위 [차원]	절대단위 [차원]
힘	N [F]	kg·m/s^2 $[MLT^{-2}]$
일	N·m [FL]	kg·m^2/s^2 $[ML^2T^{-2}]$
일률	N·m/s $[FLT^{-1}]$	kg·m^2/s^3 $[ML^2T^{-3}]$

답. ③

1.5 Example

운동량을 기본 차원인 질량(M), 길이(L), 그리고 시간(T)으로 올바르게 나타낸 것은?

① $[MLT^{-1}]$　　② $[ML^{-1}T^{-2}]$　　③ $[MLT^{-2}]$　　④ $[ML^{-1}T^{-1}]$

풀이.

각 종 물리적 상태값의 절대단위와 중력단위계

물리적 특성값	중력단위 [차원]	절대단위 [차원]
운동량	N·s [FT]	kg·m/s $[MLT^{-1}]$

답. ①

1.6 Example

다음 중 점성계수(점도)의 차원을 기본 차원인 힘(F), 질량(M), 길이(L), 그리고 시간(T)으로 올바르게 나타낸 중력단위의 차원은 무엇인가?

① $[FL^2T^{-2}]$ ② $[FL^{-2}T]$ ③ $[FL^{-2}T^{-2}]$ ④ $[FL^2T^{-3}]$

풀이.

각 종 물리적 상태값의 절대단위와 중력단위계

물리적 특성값	중력단위 [차원]	절대단위 [차원]
점도(점성계수)	N·s/m^2 $[FL^{-2}T]$	kg/m·s $[ML^{-1}T^{-1}]$

답. ②

1.7 Example

다음 중 동점성계수(동점도)의 차원을 기본 차원인 질량(M), 길이(L), 그리고 시간(T)으로 올바르게 나타낸 것은 어느 것인가?

① $[ML^{-1}T^{-1}]$ ② $[ML^{-2}T^{-1}]$ ③ $[ML^1T^{-2}]$ ④ $[L^2T^{-1}]$

풀이.

각 종 물리적 상태값의 절대단위와 중력단위계

물리적 특성값	중력단위 [차원]	절대단위 [차원]
점도(점성계수)	N·s/m^2 $[FL^{-2}T]$	kg/m·s $[ML^{-1}T^{-1}]$
동점도(동점성계수)	m^2/s $[L^2T^{-1}]$	m^2/s $[L^2T^{-1}]$

답. ④

1.8 Example

다음 단위계에서 가속도의 차원으로 올바른 것은? (M : 질량, L : 길이, T : 시간)

① FM^{-1} ② FM^1T^{-2} ③ FM^1T^{-1} ④ FM^2T^{-1}

풀이.

가속도는 시간 변화에 대한 속도 변화를 의미하며 차원으로는 $[LT^{-2}]$으로 나타내며, F는 힘으로 차원으로는 $[MLT^{-2}]$으로 나타낼 수 있다. 따라서 가속도의 차원에 힘(F)을 포함하면 가속도의 차원은 $[FM^{-1}]$으로 나타낸다.

답. ①

1.9 Example

다음 단위계에서 일에 대한 차원으로 올바른 것은?

① MLT^{-1} ② ML^2T^{-2} ③ $ML^{-2}T^{-2}$ ④ ML^2T^2

풀이.

일은 힘에 거리의 변화가 작용한 것을 의미한다. 즉 일(W)=힘(F) × 거리변화(dX)가 된다. 힘은 질량(m)에 가속도(g)가 가해진 값이므로 일 $W=mg\,dX$가 된다. 이 값을 차원으로 표시하면 $W=mg(dX)=\mathrm{M}\times\frac{\mathrm{L}}{\mathrm{T}^2}\times\mathrm{L}=\frac{\mathrm{ML}^2}{\mathrm{T}^2}=\mathrm{ML}^2\mathrm{T}^{-2}$가 된다.

답. ②

1.10 Example

다음 물리량에 대한 차원으로 올바르지 않은 것은? (M : 질량, L : 길이, T : 시간)

① 힘=$[MLT^{-2}]$ ② 점도=$[ML^{-1}T^{-1}]$ ③ 밀도=$[ML^{-3}]$ ④ 가속도=$[LT^{-1}]$

풀이.

① 힘은 질량에 가속도가 가해진 값으로 차원으로는 $[MLT^{-2}]$으로 나타내며, 단위로는 $kg\cdot m/s^2$=N으로 나타낸다.

② 점도는 일정 시간동안에 일정 거리를 이동한 물질의 질량으로 차원으로는 $[ML^{-1}T^{-1}]$로 나타내면 단위로는 g/cm·s=Poise로 나타낸다.

③ 밀도는 단위부피당 차지하는 물질의 질량을 의미하며 차원으로는 $[ML^{-3}]$으로 나타내며, 단위로는 kg/m^3으로 나타낸다.

④ 가속도는 시간 변화에 대한 속도 변화를 의미하며 차원으로는 $[LT^{-2}]$으로 나타내며, 단위로는 m/s^2으로 나타낸다.

답. ④

1.11 Example

$U=\sqrt{2gH}$로 표현되는 식에서 U의 차원은 어떻게 되는가? (여기서 g는 중력가속도이고 H는 높이이다)

풀이.

$U=\sqrt{2gH}$에서 H는 높이이므로 그 차원은 [L]이고, g는 중력가속도이므로 그 차원은 $[LT^{-2}]$이다. 따라서 $U=\sqrt{2gH}$를 차원식으로 표시하면

$U=\sqrt{2gH}=\sqrt{[\mathrm{L}][\mathrm{LT}^{-2}]}=\sqrt{[\mathrm{L}^2\mathrm{T}^{-2}]}=[\mathrm{LT}^{-1}]$이 된다.

1.12 Example

동점성계수(ν)를 기본차원인 질량[M], 길이[L], 시간[T]으로 표시하면 어떻게 되는가?

풀이.

동점성계수(ν)는 점도를 밀도로 나눈 값이다.

$$\nu=\frac{\text{점도}}{\text{밀도}}=\frac{\text{질량}}{\text{거리}\cdot\text{시간}}\times\frac{\text{부피}}{\text{질량}}=\frac{\text{거리}^2}{\text{시간}}=\left[\frac{\mathrm{L}^2}{\mathrm{T}}\right]=[\mathrm{L}^2\mathrm{T}^{-1}]$$

1.2 단위의 환산

소방 유체역학을 공부하는 학습자에게 단위를 이용한 계산은 매우 중요하고, 필수적인 분야라 할 수 있다. 이는 같은 물리적 해석도 사용된 단위의 종류에 따라서 그 결과가 서로 달라지기 때문이다. 즉, 똑같은 거리의 개념도 거리를 나타내는 단위(cm, m, inch, mile 등)에 따라서 그 계수값은 다르다. 예를 들면 똑같은 거리라고 하더라도 표현하는 방법에 따라 1 m 또는 100 cm라는 서로 다른 숫자를 사용하여 표기하게 된다. 그러나 실제로 이 값은 같은 물리량을 의미한다. 따라서 단위체계에서 숫자의 의미는 숫자에 수반되는 단위에 의해서만 의미를 가지므로 물리량을 나타낼 때 숫자만을 표기해서는 원하는 값을 나타낼 수가 없다.

소방유체 분야에서 유체의 흐름에 관한 문제들을 해결하기 위해서는 단위계를 통일하여 일정한 단위체계에서 계산된 결과를 사용해야 편리하다. 지금부터 단위계를 통일하고 단위 환산은 어떻게 하는지를 살펴보기로 하자.

단위의 계산을 하는데 있어서 가장 중요한 문제는 길이, 시간, 무게 등과 같이 동일한 차원에서는 단위가 달라지면 승(×), 제(÷)는 가능하나 가(+), 감(−)은 안 되므로 단위의 계산을 위하여 단위를 먼저 환산한 후에 계산하여야 한다는 사실이다. 이와 같이 차원은 동일하더라도 일치되지 않는 결과를 이용한 계산은 아무런 물리적 의미가 없다.

예를 들어 $\frac{\Delta U^2}{2g}+\frac{\Delta P}{r}+\Delta Z=h$와 같은 식은 $\frac{\Delta U^2}{2g}$와 $\frac{\Delta P}{r}$ 그리고 ΔZ가 h와 차원이 서로 같다는 것을 의미하는 것이다.

> ***Tip*** 동일한 차원에서는 단위가 달라지면 승(×), 제(÷)는 가능하나 가(+), 감(−)은 안 된다.

공학적으로 널리 사용되는 단위인 SI 체계는 MKS와 cgs의 단위체계로 구성되어있다. MKS와 cgs 단위체계에서 사용되는 단위는 질량, 길이, 시간을 기본단위로 하고, 이러한

표 1-6 단위체계의 접누어

배 수	접두어	배 수	접두어
10^{18}	E (exa)	10^{-1}	d (deci)
10^{15}	P (peta)	10^{-2}	c (centi)
10^{12}	T (tera)	10^{-3}	m (milli)
10^{9}	G (giga)	10^{-6}	μ (micro)
10^{6}	M (mega)	10^{-9}	n (nano)
10^{3}	k (kilo)	10^{-12}	p (pico)
10^{2}	h (hecto)	10^{-15}	f (femto)
10	da (deca)	10^{-18}	a (atto)

기본단위를 이용하여 면적, 부피 및 압력 등과 같은 여러 가지 형태의 유도단위들이 사용된다. 즉 이러한 유도단위들은 기본단위로 표현이 된다. 이때 사용되는 단위체계에서 배수는 그 배수를 의미하는 그리스어 단어의 첫 글자를 주로 사용한다. 이때 사용되는 주요 접두어는 다음의 표 1-6과 같다.

공학적으로 널리 사용되는 물리적 개념인 거리, 부피, 질량과 대표적인 유도단위인 밀도의 SI 단위와 FPS 단위 사이의 환산관계는 표 1-7에서 보는 바와 같다.

표 1-7 단위환산 관계(단위환산인자)

Dimension(차원)	American engineering	cgs	Equivalents
Length(거리)	1 ft = 12 inch 1 yd = 3 ft 1 mile = 5280 ft	1 cm = 10 mm 1 m = 100 cm	1 inch = 2.54 cm 1 ft = 30.48 cm
Volume(부피) 길이의 세제곱	1 ft^3 = 7.48 gal 1 gal = 231 in^3 = 3.785 L 1 barrel = 42 us gal	1 L = 1000 cm^3 1 L = 1000 mL 1 m^3 = 1000 L	
Density(밀도) 단위부피당 질량	1 ft^3 H_2O = 62.4 lb_m	1 cm^3 H_2O = 1 g	
Mass(질량)		1 kg = 1000 g	1 lb = 454 g 1 oz = 1/16 lb

주어진 단위로부터 원하는 단위로 단위를 변환하는 것을 단위환산이라 하며, 다음과 같은 방법으로 단위를 환산한다. 기존의 단위체계를 새로운 단위체계로 환산하기 위하여 새로운 단위와 기존단위 사이의 환산관계를 이용하여 다음과 같이 하면 된다. 단위환산은 주어진 단위를 없애고 새로운 단위를 만들어 가는 과정이라고 할 수 있다. 즉, 단위를 없애기 위해서는 단위를 나누어(÷) 주고 단위를 새로 만들어 주기 위해서는 단위를 곱해(×) 주면 된다.

Tip

$$\text{새 단위} = \text{기존의 단위} \times \underbrace{\frac{\text{새 단위의 환산값}}{\text{기존 단위의 기본값}}}_{\text{(단위환산인자)}}$$

이와 같이 단위환산은 기존의 단위체계를 단위환산인자$\left(=\frac{\text{새 단위의 환산값}}{\text{기존 단위의 기본값}}\right)$를 이용하여 새로운 단위체계로 변화시키는 것을 의미한다.

> **Tip**　단위환산인자는 $\dfrac{\text{새 단위의 환산값}}{\text{기존 단위의 기본값}}$ 을 의미한다. 단위환산인자를 분수의 형태로 표현하는 이유는 없애주고(÷), 새로 만들어주는(×) 과정을 표현하기 위함이다.
> 단위환산은 주어진 단위체계를 단위환산인자를 이용하여 새로운 단위체계로 변화시키는 것

예를 들어, 3 m라는 거리를 ft의 단위로 환산하기 위하여 표 1-7에서 살펴본바와 같이 기존의 단위인 m와 새로운 단위체계인 ft의 환산관계인 1 ft = 0.3048 m라는 단위환산인자를 이용하면 쉽게 해결할 수 있다.

주어진 길이 환산인자로부터 1 ft가 0.3048 m이므로 3 m를 ft의 단위로 환산하는 관계를 비례관계로 나타내어 보면 1 ft : 0.3048 m = x ft : 3 m가 되어 이것을 계산하면 x ft × 0.3048 m = 1 ft × 3 m이므로 여기서 x ft = (1 ft × 3 m)/0.3048 m의 형태가 된다. 이것을 정리하면

$$\text{새 단위(ft)} = \text{기존의 단위(3m)} \times \frac{\text{새 단위의 환산값(1 ft)}}{\text{기존 단위의 기본값(0.3048 m)}} = 9.84\ \text{ft}$$

라는 새로운 단위체계에서의 결과를 얻을 수 있다. 즉, 구하고자하는 ft값을 기본단위로 하여 1 ft에 대응하는 거리인 0.3048 m를 환산인자로 하여 계산한 결과이다.

또한 1분에 50 ft를 이동한 거리를 1시간에 이동한 m의 단위로 환산하는 경우에는 다음과 같이 단위환산이 이루어진다. 이것은 시간의 단위인 분(min)을 시(hr)로, 길이의 단위인 ft를 m로 환산하는 것이다. 이처럼 단위가 2개 이상 주어진 경우 이것을 환산하기 위해 비례관계식을 사용하면 환산 과정이 매우 복잡해진다. 따라서 여기에서는 단위환산인자를 이용하여 단위를 계산하는 방법이 편리하므로 이것에 대해 살펴보기로 하자.

$$\text{새 단위}\left(\frac{\text{m}}{\text{hr}}\right) = \text{기존의 단위}\left(\frac{\text{ft}}{\text{min}}\right) \times \frac{\text{새 단위(m)}}{\text{기존 단위(ft)}} \times \frac{\text{기존 단위(min)}}{\text{새 단위(ft)}}$$

$$= \frac{\text{ft}}{\text{min}} \times \frac{\text{m}}{\text{hr}} \times \frac{\text{min}}{\text{ft}} = \frac{\text{m}}{\text{hr}}$$

여기에서 $\dfrac{\text{새 단위(m)}}{\text{기존 단위(ft)}} \times \dfrac{\text{기존 단위(min)}}{\text{새 단위(ft)}}$ 의 과정을 단위환산과정이라 하며, 이 단위환산과정에서 단위환산인자를 사용한다.

위에서 살펴본 바와 같이 시간의 차원을 기존의 단위체계에서 새 단위체계로 변환하기 위하여 1 hr = 60 min라는 단위환산인자가 사용된다. 또한, 거리의 차원을 기존의 단위체계인 ft의 단위에서 새 단위체계인 m로 변환하기 위하여 1 ft = 0.3048 m라는 단위환산인자가 사용된다. 이를 단위체계를 사용하여 구체적으로 나타내면 다음과 같다.

$$\text{새 단위}\left(\frac{\text{m}}{\text{hr}}\right) = \text{기존의 단위}\left(\frac{50\,\text{ft}}{\text{min}}\right) \times \underset{\text{(거리의 환산인자)}}{\frac{\text{새 단위}(0.3048\text{m})}{\text{기존 단위}(\text{ft})}} \times \underset{\text{(시간의 환산인자)}}{\frac{\text{기존 단위}(60\text{min})}{\text{새 단위}(\text{hr})}}$$

이를 계산하면 새 단위(m/hr) = 914.4 m/hr의 결과가 구해진다. 즉, 단위환산에서는 단위환산에 필요한 환산인자가 중요한 역할을 한다.

분모와 분자의 형태로 주어진 단위를 환산할 경우에는 구하고자하는 새로운 형태의 단위를 먼저 표시한 후 본래의 단위를 없애기 위하여 본래의 단위의 반대위치에 그 단위의 배수와 함께 표현한다.

즉, 위에 주어진 ft/min의 단위를 m/hr의 단위로 환산하기 위하여 단위환산인자의 분모의 자리에 ft를 쓰고, 분자의 위치에 m을 표기하며, m 단위와 ft 단위의 환산인자인 1 ft = 0.3048 m라는 배수를 표기하여 환산하였다. 이것이 거리라는 차원을 단위환산한 환산인자이다. 이 과정을 단위만 가지고 표시하면 다음과 같다.

즉, ft/min의 단위를 m/hr의 단위로 환산하는 과정은

$$\frac{\text{ft}}{\text{min}} \Rightarrow \frac{\text{ft}}{\text{min}} \times \frac{\text{m}}{\text{ft}} \times \frac{\text{min}}{\text{hr}} \Rightarrow \frac{\text{m}}{\text{hr}}$$

가 된다. 주어진 단위인 ft를 같은 거리의 단위인 m로 바꾸기 위해서는 ft로 나누어 주고 m를 곱해주었으며, 시간의 단위인 min를 같은 시간의 단위인 hr로 바꾸기 위해서는 min로 나누어주고 hr를 곱해준 것이다. 여기에 각각의 단위가 가지고 있는 환산 인자를 사용하여 이 관계를 다시 표현하면 다음과 같다.

$$\frac{50\text{ ft}}{\text{min}} \rightarrow \frac{50\text{ ft}}{\text{min}} \times \frac{0.3048\text{ m}}{1\text{ ft}} \times \frac{60\text{ min}}{1\text{ hr}} \rightarrow \frac{914.4\text{ m}}{\text{hr}}$$

> ***Tip*** **단위환산방법**
>
> $$\text{새 단위}\left(\frac{\text{m}}{\text{hr}}\right) = \text{기존의 단위}\left(\frac{\text{ft}}{\text{min}}\right) \times \frac{\text{새 단위}\left(\frac{\text{m}}{\text{hr}}\right)}{\text{기존 단위}\left(\frac{\text{ft}}{\text{min}}\right)}$$

> ***Tip*** **$\frac{\text{ft}}{\text{min}}$의 단위를 $\frac{\text{m}}{\text{hr}}$의 단위로 환산하는 과정**
>
> $$\frac{\text{ft}}{\text{min}} \Rightarrow \frac{\text{ft}}{\text{min}} \times \frac{\text{m}}{\text{ft}} \times \frac{\text{min}}{\text{hr}} \Rightarrow \frac{\text{m}}{\text{hr}}$$

1. 길이(Length)의 단위환산

길이의 표준단위는 m이며 차원으로는 [L]로 표기한다. 길이로부터 얻어지는 유도단위에는 길이의 제곱근 형태인 면적(area, L^2)과 길이의 세제곱근의 형태인 부피(volume, L^3)가 있다. 이러한 길이의 단위에는 SI 단위 외에도 관습적으로 사용되는 단위들이 있다. 이들 단위의 관계를 살펴보면 다음과 같다.

> ***Tip*** **길이의 단위환산인자**
> 1 m = 100 cm = 1000 mm, 1 inch = 2.54 cm, 1 ft = 12 inch = 30.48 cm = 0.3048 m

그러면 길이단위에 관한 단위의 계산은 어떻게 하는 것인가를 살펴보기로 하자. 예를 들면 1 m의 길이가 변화한 후 다시 1 ft의 길이 변화가 발생하였을 경우에 길이라는 동일한 차원의 변화가 발생하였으나, 단위의 계산에 있어서는 단위체계를 일치시켜 계산하여야 한다.

즉, 1 m의 길이 변화 후 다시 1 ft가 변화하여 1 m + 1 ft라는 계산을 위하여 MKS 단위체계인 1 m의 길이 값을 FPS 단위체계인 3.28 ft라는 값으로 환산하여 3.28 + 1 = 4.28 ft라는 값을 얻을 수 있다. 또는 FPS 단위체계인 1 ft값을 MKS 단위체계인 0.3048 m의 값으로 환산하여 1 + 0.3048 = 1.3048 m라는 결과를 얻게 된다. 즉, 단위환산은 단위 사이의 비로 나타낸다. 즉 1 ft는 30.48 cm라는 환산관계를 $\frac{30.48\ \text{cm}}{1\ \text{ft}}$ 또는 $\frac{1\ \text{ft}}{30.48\ \text{cm}}$라는 표현으로 나타낸다. 이러한 값을 환산인자(conversion factor)라 하고, 환산인자를 이용하여 단위계산을 하는 것을 단위환산이라 한다.

1.13 Example

소방용 호스의 길이가 20 m라고 하면 이 값을 다음의 단위로 환산하여라.

① ft ② inch

풀이

소방용 호스의 길이가 20 m이므로 환산관계를 이용하면 그 결과는 다음과 같다.

① 1 ft는 30.48 cm 또는 0.3048 m이므로 $20\ \text{m} \times \frac{1\ \text{ft}}{0.3048\ \text{m}} = 65.6\ \text{ft}$가 된다.

② 1 inch는 2.54 cm이므로 $20\ \text{m} \times \frac{100\ \text{cm}}{1\ \text{m}} \times \frac{1\ \text{inch}}{2.54\ \text{cm}} = 787.4\ \text{inch}$가 된다.

위에서도 살펴본 바와 같이 동일한 길이의 값이 단위체계가 변화함에 따라 그 값이 서로 다르다는 것을 알 수 있다. 즉, 단위체계에서 단위 앞에 주어진 값은 절대값이 아니라 단위에 따라서 변화하는 상대적인 값이다.

2. 면적의 단위환산

면적(Area)은 길이에 길이를 곱한 값으로 정의된다. 이러한 면적의 차원은 $[L^2]$로 표시된다. 그러므로 면적의 단위환산은 그림에서 보는 바와 같이 주어진 두변의 길이를 각각 단위환산하여 곱한 결과와 같다.

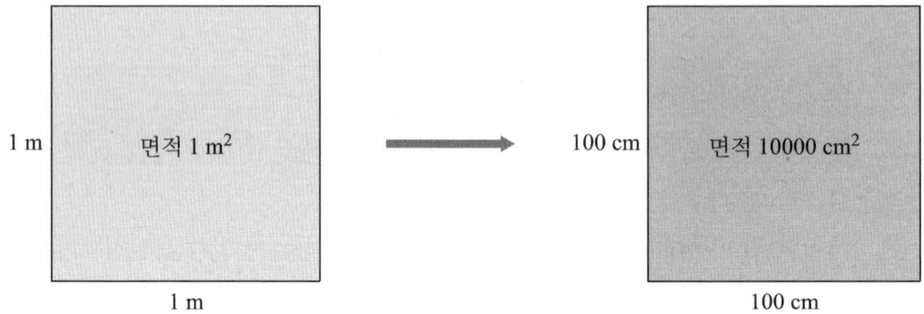

면적의 단위의 관계를 살펴보면 다음과 같다.

> ***Tip*** **면적의 단위환산인자**
> $(1\ m)^2=(100\ cm)^2=(1000\ mm)^2$
> $(1\ inch)^2=(2.54\ cm)^2$
> $(1\ ft)^2=(12\ inch)^2=(30.48\ cm)^2=(0.3048\ m)^2$

> ***Tip*** **면적의 단위환산에서 주의사항**
> 면적은 $(길이)^2$의 형태이므로 단위를 환산할 경우 배수도 단위의 지수 항과 동일하게 계산하여야 하므로 $(1\ m)^2=(100\ cm)^2=(100)^2cm^2=10000\ cm^2$가 되어야 한다.

1.14 Example

소방대상물의 면적이 10000 m^2일 때 이 면적값을 ft^2의 단위로 나타내어라.

풀이.

면적은 $(길이)^2$의 형태이므로 단위를 환산할 경우 배수도 단위의 지수항과 동일하게 계산하여야 하므로 $(1\ ft)^2=(0.3048\ m)^2$이 되어야 한다. 따라서 다음과 같이 구할 수 있다.

$$\text{새 단위}(ft^2) = \text{기존의 단위}(10000\ m^2) \times \frac{\text{새 단위}(1\ ft)^2}{\text{기존의 단위}(0.3048\ m)^2}$$
$$= \frac{10000m^2}{} \times \frac{1\ ft^2}{(0.3048)^2 m^2} = 107639.1\ ft^2$$

길이의 단위를 환산할 경우 길이로부터 얻어진 면적과 부피라는 단위를 환산할 때 단위 앞에 존재하는 배수에 대하여 많은 관심을 가지고 단위를 환산하지 않으면, 얻고자 하는 결과와는 전혀 다른 결과가 나타나는 경우가 많으므로 주의하여야 한다.

3. 부피의 단위환산

부피(Volume)는 면적에 길이를 곱한 값으로 정의된다. 이러한 부피의 차원은 $[L^3]$으로 표시된다. 그러므로 부피의 단위환산은 그림에서 보는 바와 같이 주어진 세변의 길이를 각각 단위환산하여 곱한 결과와 같다.

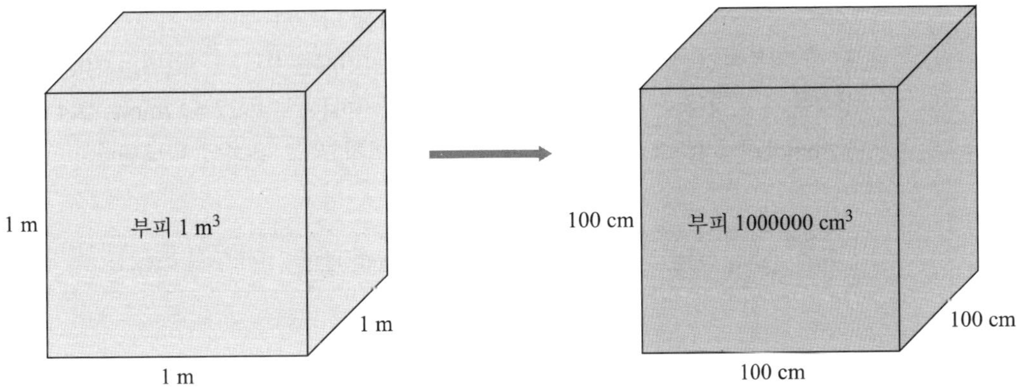

> **Tip** **부피의 단위환산인자**
>
> $(1\ m)^3 = (100\ cm)^3 = (1000\ mm)^3$, $(1\ inch)^3 = (2.54\ cm)^3$
>
> $(1\ ft)^3 = (12\ inch)^3 = (30.48\ cm)^3 = (0.3048\ m)^3$
>
> $1\ liter(L) = 1000\ mL = 1000\ cm^3 = 1000\ cc$, $1\ mL = 1\ cm^3 = 1\ cc$

> **Tip** **부피의 단위환산에서 주의 사항**
>
> 부피는 (길이)^{3}의 형태이므로 단위를 환산할 경우 배수도 단위의 지수항과 동일하게 계산하여야 하므로 $(1\ m)^3 = (100\ cm)^3 = (100)^3 cm^3 = 1000000\ cm^3$이 되어야 한다.

양론적인 개념에서 부피는 (길이)^{3}을 의미하다. 면적(길이×길이)에 길이변화(dL)가 수반되면 이것도 부피의 변화를 의미한다. 즉, $dV = A \times dL$가 된다. 부피는 길이의 세제곱으로 정의되고 입방미터(m^3)의 SI 단위를 가진다. 이 단위는 실험실적인 규모에서 사용하기에는 너무 큰 단위이므로 입방 센티미터(cubic centimeter, cm^3, cc)의 단위를 보통 사용한다.

$$\text{Volume(부피, } V) = \text{Area(면적, } A) \times \text{Length(거리, } L)$$

SI 단위체계에서 부피는 m^3, 또는 cm^3(cc)으로 나타내며, 액체의 부피단위로는 L(리터)도 함께 사용한다. 부피의 단위환산관계는 다음에서 보는 바와 같다.

$$1\ m^3 = 1000(=10^3)\ L = 1\ kL = 10^6\ cm^3(cc) = 10^6\ mL$$

다른 한편으로는 부피는 입체가 점유하는 공간 부분의 크기를 의미하므로, 부피는 1변의 길이가 단위길이인 정육면체를 취하여 그것을 단위로 측정한 수의 값으로 나타낸다. 직육면체의 부피는 가로, 세로, 높이의 곱으로 표시된다. 그러나, 기체의 부피는 외부적인 요인(압력, 온도)에 따라 변화하므로, 기체의 부피를 나타낼 때에는 기체가 존재하는 압력과 온도 등 외부적인 영향을 고려하여야 한다. 모든 기체는 0℃, 1기압에서 일정한 질량(기체 구성성분의 분자량과 같은 질량)을 가질 때 차지하는 부피(22.4 L/mol, 22.4 m^3/kmol, 359 ft^3/lbmol)를 기준으로 하여 "아보가드로의 법칙"을 사용하여 나타낸다.

> ***Tip*** 모든 기체는 표준상태(0℃, 1기압)에서 1 mol이 22.4 L의 부피를 가진다.

부피의 단위를 환산할 경우에는 부피가 길이의 세제곱근이므로 환산인자의 배수도 역시 세제곱근을 해 주어야 한다.

> ***Tip*** 부피의 단위환산에서는 환산 인자의 배수도 세제곱근을 해야 한다.

부피가 1 m^3인 액체의 부피를 cm^3(cc)으로 환산하는 경우에는 1 m는 100 cm이므로 $(1\ m)^3 = (100cm)^3 = (100)^3cm^3$의 형태로 계산하여 $1\ m^3 = 10^6\ cm^3$으로 계산하여야 한다.

1.15 Example

2.4 m^3의 부피를 cm^3와 L의 단위로 환산하시오.

풀이.

부피의 단위환산은 앞에서도 살펴본 바와 같이 부피가 길이의 세제곱근이므로 길이의 단위환산 인자의 세제곱근을 한 후에 계산하여야 한다. 먼저 m^3의 단위를 cm^3로 환산하면

$$2.4\ m^3 = 2.4\ m^3 \times \left[\frac{100\ cm}{1\ m}\right]^3 = 2.4 \times (100)^3\ cm^3 = 2.4 \times 10^6\ cm^3$$

더불어 1 L는 1000 cm^3와 같으므로 $2.4\times10^6\ cm^3 = 2.4\times10^3$ L가 된다.

4. 질량의 단위환산

질량(Mass)의 표준단위는 kg이며 차원으로는 [M]으로 표기한다. 질량 단위에는 SI 단위 외에도 관습적으로 사용되는 단위들이 있다. 이들 단위의 관계를 살펴보면 다음과 같다.

1 kg = 1000 g
1 pound(lb) = 454 g = 0.454 kg
1 ton = 1000 kg

1.16 Example

소방용으로 사용되는 산소통의 무게가 35 kg이라면 이 값을 lb의 값으로 환산하면 어떻게 되는가?

풀이.

kg으로 표현되는 MKS 단위체계를 FPS 단위체계인 lb로 환산하는 문제이므로 두 단위체계의 환산인자인 1 lb = 454 g = 0.454 kg, 또는 1 kg = 2.2 lb를 사용하여 구할 수 있다.

따라서 $35\ \text{kg} = 35\ \text{kg} \times \dfrac{1\ \text{lb}}{0.454\ \text{kg}} = 77.09\ \text{lb}$이다.

1.17 Example

소방호스를 통하여 공급되는 소화용수의 공급속도가 3 m/s일 때 이 값을 ft/min으로 나타내면 얼마인가?

풀이.

기존의 단위인 m/s를 새로운 단위인 ft/min로 환산하는 과정은 다음과 같다. 길이의 개념인 m를 ft로 환산하는 것이므로 1 ft = 0.3048 m이고, 시간의 개념인 1 min = 60 s이므로 단위를 환산하면 된다.

$$\text{새 단위}\left(\frac{\text{ft}}{\text{min}}\right)$$
$$= \text{기존의 단위}\left(\frac{3\ \text{m}}{\text{s}}\right) \times \frac{\text{새 단위}(1\ \text{ft})}{\text{기존의 단위}(0.3048\ \text{m})} \times \frac{\text{기존의 단위}(60\ \text{s})}{\text{새로운 단위}(1\ \text{min})}$$
$$= \frac{590.55\ \text{ft}}{\text{min}}$$

1.18 Example

다음의 물리적인 양과 단위가 잘못 설명된 것은 어느 것인가?

① 1 Joule = 1 N · m
② 1 Watt = 1 N · m/s
③ 1 Newton = 9.8 kg_f
④ 1 Pascal = 1 N/m^2

풀이.

1 kg_f = 9.8 N

답. ③

1.19 Example

다음의 물리적인 양과 단위가 잘못 설명된 것은 어느 것인가?

① 1 J = 1 N · m　② 1 W = 1 J/s
③ 1 N = 1 kg · m/s^2　④ 1 dyne = 1 kg · m

풀이.

1 dyne = 10^{-5} N

답. ④

1.20 Example

다음 중 운동량의 단위는 어느 것인가?

① N　② J　③ N · s/m^2　④ N · s

풀이.

운동량 = 질량 × 속도(kg · m/s)

물리적 특성값	중력단위 [차원]	절대단위 [차원]
운동량	N · s [FT]	kg · m/s [MLT^{-1}]
힘	N [F]	kg · m/s^2 [MLT^{-2}]
일	N · m [FL]	kg · m^2/s^2 [ML^2T^{-2}]

답. ④

1.21 Example

다음의 단위 중 동점성계수의 단위로 알맞은 것은?

① m/s　② m/s^2　③ m^2/s　④ m^2/s^3

풀이.

동점성계수의 단위 : stokes, cm^2/s, m^2/s

답. ③

1.22 Example

액체의 점도는 0.52 g/cm · s이다. 이것을 N · s/cm^{2}의 단위로 환산하시오.

풀이.

$\frac{0.52\ \text{g}}{\text{cm} \cdot \text{s}} \times \frac{1\ \text{kg}}{1000\ \text{g}} \times \frac{100\ \text{cm}}{1\ \text{m}} = \frac{0.052\ \text{kg}}{\text{m} \cdot \text{s}}$이 된다.

여기서 1 N = 1 kg · m/s^{2}이므로 이 값을 이용해서 단위를 정리하면 다음과 같다.

$$\frac{0.052\ \text{kg}}{\text{m} \cdot \text{s}} = \frac{0.052\ \text{kg}}{\text{m} \cdot \text{s}} \times \frac{\text{s}^2}{1\ \text{kg} \cdot \text{m}} \times \text{N} = \frac{0.052\ \text{N} \cdot \text{s}}{\text{m}^2}$$

이 값에서 m^{2}을 cm^{2}으로 환산하면

$$\frac{0.052\ \text{N} \cdot \text{s}}{\text{m}^2} = \frac{0.052\ \text{N} \cdot \text{s}}{\text{m}^2} \times \left(\frac{1\ \text{m}}{10^2\ \text{cm}}\right)^2 = 5.2 \times 10^{-6}\ \frac{\text{N} \cdot \text{s}}{\text{cm}^2}$$

1.23 Example

어떤 유체의 점성계수값이 1 dyne·s/cm^{2}일 때 이 값을 g/cm·s로 나타내면 얼마인가?

풀이.

1 dyne $= \dfrac{1\text{ g}\cdot\text{cm}}{\text{s}^2}$을 의미하므로 $\dfrac{1\text{ dyne}\cdot\text{s}}{\text{cm}^2}$을 단위환산하면

$\dfrac{1\text{ dyne}\cdot\text{s}}{\text{cm}^2}\times\dfrac{1\text{ g}\cdot\text{cm/s}^2}{1\text{ dyne}}=\dfrac{1\text{ g}}{\text{cm}\cdot\text{s}}$가 된다.

1.3 질량(Mass)과 중량(Weight)

우리가 보통 사용하는 중량(weight)이라는 것과 질량(mass)을 혼동하는 경우가 많다. 중력가속도의 값과 중력가속도 보정계수인 g_c의 값이 각각 SI단위로 나타내면 9.8 m/s^{2}이고 g_c의 값은 9.8 kg·m/kg$_f$·s^{2}이기 때문에 만약 질량 60 kg의 중량을 저울에서 측정하면 60 kg$_f$이 된다. 따라서 중량과 질량의 값이 지구상에서는 같기 때문에 중량과 질량의 구별을 특별히 하지 않고 사용한다. 하지만 중량과 질량은 차원이 다르다. 즉 질량(mass)은 질량의 차원을 갖지만 중량(weight)은 질량에 중력가속도를 곱한 값인 힘의 차원을 갖는다. 어느 주어진 값이 몇 kg이라고 했을 때 그 값이 질량을 나타내는지 아니면 kg$_f$인 중량을 나타내는지를 잘 살펴봐야 한다.

> **Tip** N과 kg$_f$의 관계
> 1 kg$_f$ = 9.8 N

> **Tip** 질량(m)과 중량(w)의 차원
> ① 질량은 질량의 차원[M]을 갖는다.
> ② 중량은 힘의 차원[F]을 갖는다.

물체의 중량이란 지구의 중력장에 의해서 그 물체에 가해지는 힘이다. 중력의 영향을 받는 물체의 중량을 W라 할 때, 이 물체가 자유낙하 한다면 이 물체의 가속도는 g가 될 것이다. 따라서 물체의 질량(mass : m)과 중량(weight : W)의 관계는 다음과 같다.

$$W(\text{weight : 중량}) = m(\text{mass : 질량}) \times g$$

여기서, g는 중력가속도이다. 중량은 다른 표현으로는 무게라고도 한다.

중량의 단위로 관습적으로 사용되는 lb힘(lb_f) 또는 kg힘(kg_f)은 lb 및 kg의 질량에 표준 중력가속도가 작용할 때의 힘(중량)을 나타낸다.

$$1\ kg_f = 1\ kg \times \frac{9.8\ m}{s^2} = 9.8\ N$$

1.24 Example

중력가속도가 9.79 m/s^2인 지점에서 10 kg의 중량은 몇 N인가?

풀이.

힘의 값인 N은 질량에 가속도가 가해진 값을 의미한다.

$W = mg = 10\ kg \times \frac{9.79\ m}{s^2} = \frac{97.9\ kg \cdot m}{s^2} = 97.9\ N$가 된다.

$\left(※\ \frac{1\ kg \cdot m}{s^2} = 1\ N\right)$

1.25 Example

1000 kg/m^3을 $kg \cdot s^2/m^4$로 환산하면 그 결과는 어떻게 되는가?

풀이.

1000 kg/m^3인 값에 중력가속도 g를 이용하여 환산하면 다음과 같다.

$$\frac{1000\ kg}{m^3} \times \frac{1}{\frac{9.8\ m}{s^2}} = \frac{102.04\ kg \cdot s^2}{m^4}$$

1.26 Example

표준중력장에서 98 kg_f의 중량이 갖는 힘의 크기는 몇 N인가?

풀이.

$$98\ kg_f = 98\ kg_f \times \frac{9.8\ N}{1\ kg_f} = 960.4\ N$$

1.27 Example

질량 2 kg의 물체를 중력가속도 9.31 m/s^2인 곳에 놓으면 이 물체의 중량은 몇 kg_f인가?

풀이.

중량은 질량에 중력가속도가 가해진 것이므로 중력가속도가 9.31 m/s^2인 지점에서 질량이 2 kg인 물체의 중량은 $2\ kg \times 9.31\ m/s^2 = 18.62\ kg \cdot m/s^2 = 18.62\ N$이 된다. 힘의 단위환산에서 9.8 N = 1 kg_f이므로 이 값을 이용하면 $18.62\ N = 18.62\ N \times \frac{1\ kg_f}{9.8\ N} = 1.9\ kg_f$가 된다.

1.28 Example

중력가속도가 9.8 m/s^2인 지표상에서 질량 50 kg을 스프링 저울로 달았다면 중량은 몇 kg_f인가?

풀이.

중량 $W=ma=mg$에서 1 kg_f=9.8 kg · m/s^2이므로

$$W=mg=50\ kg\times 9.8\ m/s^2=490\ kg\cdot m/s^2$$

$$W=490\ kg\cdot m/s^2=490\ kg\cdot m/s^2\times\frac{1\ kg_f}{9.8\ kg\cdot m/s^2}=50\ kg_f$$

1.29 Example

중력가속도가 1.6 m/s^2인 달에서 측정한 물체의 중량이 3.2 kg_f이라면, 그 물체를 중력가속도가 9.8 m/s^2인 지구상에서 중량을 측정하였다면 그 중량은 몇 kg_f인가?

풀이.

지구에서 측정하거나 달에서 측정하거나 그 물체 자신이 가지고 있는 질량은 변화하지 않고 일정한 값을 가진다. 따라서 중력가속도가 1.6 m/s^2인 달에서 측정한 중량(W)값을 질량(m)값으로 환산하여 계산하면 편리하다. $W=mg$에서 달에서 측정한 물질의 중량(W)이 3.2 kg_f이므로, 물질의 질량(m)은 다음과 같다.

$$m=\frac{W}{g}=\frac{3.2\ kg_f}{1.6\ m/s^2}=\frac{2\ kg_f}{m/s^2}=\frac{2\ kg_f\cdot s^2}{m}$$가 된다.

이 값으로부터 중력가속도가 9.8 m/s^2인 지구에서 질량(m)이 2 kg · s^2/m인 물질의 중량(W)은 다음과 같다.

$$W=mg=\frac{2\ kg_f\cdot s^2}{m}\times\frac{9.8\ m}{s^2}=19.6\ kg_f$$

1.30 Example

중력가속도가 9.82 m/s^2인 호주에서 중량이 2 kg_f인 물체를 한국에서 중량을 재어보니 1.98 kg_f이었다. 이 경우 한국에서의 중력가속도는 몇 m/s^2인가?

풀이.

호주에서 측정하거나 한국에서 측정하거나 그 물체 자신이 가지고 있는 질량은 변화하지 않고 일정한 값을 가진다. 따라서 중력가속도가 9.82 m/s^2인 호주에서 측정한 중량(W)값을 질량(m)값으로 환산하여 계산하면 편리하다. $W=mg$에서 호주에서 측정한 물질의 중량(W)이 2 kg_f이므로, 물질의 질량(m)은 다음과 같다.

$$m=\frac{W}{g}=\frac{2\ kg_f}{9.82\ m/s^2}=\frac{0.204\ kg_f}{m/s^2}=\frac{0.204\ kg_f\cdot s^2}{m}$$가 된다.

이 값으로부터 한국에서 중량(W)이 1.98 kg_f이고, 질량(m)이 0.204 kg_f · s^2/m인 물질에 가해진 중력가속도(g)는 다음과 같다. $W=mg$에서 $g=W/m$이다.

$$g=W/m=1.98\ kg_f\times\frac{m}{0.204\ kg_f\cdot s^2}=\frac{9.7\ m}{s^2}$$

단위환산을 할 때 중력가속도 값($g = 9.8\ \mathrm{m/s^2}$)은 중요한 역할을 한다. 앞에서 살펴보았듯이 질량(m)을 중량(w)으로 환산할 때 중력가속도를 사용하는데, 단순히 $w = mg$로만 사용되는 것이 아니라 질량개념의 단위를 중량개념의 단위로 환산할 때 중력가속도(g)를 환산인자로 널리 사용한다.

> ***Tip*** **단위환산인자로 g의 역활**
> 질량값을 중량의 개념을 가진 값으로 환산

제1장 연습문제

1-1 SI 단위에서 사용하는 기본 단위가 아닌 것은? (④)

① m ② kg
③ s ④ N

풀이 SI 단위계에서는 길이와 질량 그리고 시간을 기본 단위계로 한다. 길이의 기본단위가 m, 질량의 기본단위가 kg, 그리고 시간의 기본단위가 s인 단위계를 MKS 단위계라 한다. 길이의 기본단위가 cm, 질량의 기본단위가 g, 시간의 기본단위가 s인 단위계를 cgs 단위계라 한다.

1-2 다음 중 동력의 단위가 아닌 것은? (③)

① kW ② PS
③ N·m ④ $kg_f \cdot m/s$

풀이 동력은 단위시간동안에 한 일의 양을 의미한다.

1-3 유체의 비중량 γ, 밀도를 ρ, 중력가속도를 g, 중력가속도 보정계수를 g_c라 할 비중량의 정의로 올바른 것은 어느 것인가? (②)

① $\gamma = \rho \times g_c$ ② $\gamma = \rho \times g$
③ $\rho = \gamma \times g$ ④ $g = \gamma \times \rho$

풀이 비중량(γ)과 밀도(ρ)의 관계로부터 $\gamma = \rho \times g$가 된다.

1-4 다음중 물리량과 단위가 틀린 것은? (③)

① $1\ N = 1\ kg \cdot m/s^2$ ② $1\ J = 1\ kg \cdot m^2/s^2$
③ $1\ W = 1\ kg \cdot m^2/s$ ④ $1\ dyne = 1\ g \cdot cm/s^2$

풀이 ② $1\ J = 1\ N \cdot m$, ③ $1\ W = 1\ J/s$

1-5 다음에 주어진 중력단위계에서 질량의 차원은 어느 것인가? (①)

① $[FL^{-1}T^2]$ ② $[FL^{-2}T^{-1}]$
③ $[FLT^{-2}]$ ④ $[FL^{-1}T^{-3}]$

풀이 힘(F)과 질량(m)의 관계로부터 $F = mg$이므로 $m = F/g$가 된다.
따라서 질량의 차원은 $[F/LT^{-2}] = [FL^{-1}T^2]$가 된다.

1-6 소방호스의 길이가 30 m일 때 이 길이를 ft로 환산하면 그 길이는 몇 ft인가?

풀이 길이의 단위환산인자를 살펴보면 1 m = 100 cm, 1 cm = 10 mm, 1 ft = 12 inch, 그리고 1 inch = 2.54 cm 등이 있다. 이러한 환산관계로부터 1 ft는 12 inch이고 1 inch는 2.54 cm이므로 1 ft는 30.48 cm가 된다. 이 값을 이용하면 $30\ \text{m} = 30\ \text{m} \times \dfrac{1\ \text{ft}}{0.3048\ \text{m}} = 98.425\ \text{ft}$

1-7 화재가 발생하는 지역의 면적이 500 ft^2이라면 이 면적은 m^2로 하면 얼마인가?

풀이 길이의 단위환산인자를 살펴보면 1 m = 100 cm, 1 cm = 10 mm, 1 ft = 12 inch, 그리고 1 inch = 2.54 cm 등이 있다. 이러한 환산관계로부터 1 ft는 12 inch이고 1 inch는 2.54 cm이므로 1 ft는 30.48 cm = 0.3048 m가 된다. 길이의 단위환산과 달리 면적과 같은 거리의 제곱근 이상의 단위환산에서는 단위뿐 아니라 단위에 있는 숫자도 같이 고려해서 계산해야 결과를 얻을 수 있다. 따라서 $500\ \text{ft}^2 = 500\ \text{ft}^2 \times \left(\dfrac{0.3048\ \text{m}}{1\ \text{ft}}\right)^2 = 500\text{ft}^2 \times \dfrac{(0.3048)^2\text{m}^2}{(1)^2\text{ft}^2} = 46.45\ \text{m}^2$

1-8 소화기의 용적이 3.5 L일 때 이 값을 cm^3으로 계산하면 그 값은 얼마인가?

풀이 부피의 단위를 살펴보면 1 L는 1000 mL이고 1 mL는 1 cm^3이다. 이 값으로부터 3.5 L의 부피를 cm의 단위로 환산하면 따라서 $3.5\ \text{L} = 3.5\ \text{L} \times \dfrac{1000\ \text{cm}^3}{1\ \text{L}} = 3500\ \text{cm}^3$

1-9 소화기의 질량을 전자저울로 측정하였더니 43 lb(pound)였다. 이 값을 우리가 주로 사용하는 kg 단위로 나타내면 그 값은 얼마인가?

풀이 질량의 단위로 사용되는 단위의 환산 관계를 살펴보면 다음과 같다.
1 kg = 1000 g, 1 g = 1000 mg이며 1 lb = 454 g으로 나타낼 수 있다. 이 값으로부터 43 lb의 질량값을 kg으로 환산하면 $43\ \text{lb} = 43\ \text{lb} \times \dfrac{454\ \text{g}}{1\ \text{lb}} \times \dfrac{1\ \text{kg}}{1000\ \text{g}} = 19.52\ \text{kg}$

1-10 중력가속도가 9.81 m/s인 지점에서 5 kg의 질량은 중량값으로 몇 N인가?

풀이 중량의 값인 N은 질량에 중력가속도가 가해진 값을 의미한다.
$W = mg = 5\ \text{kg} \times \dfrac{9.81\ \text{m}}{\text{s}^2} = \dfrac{49.05\ \text{kg} \cdot \text{m}}{\text{s}^2} = 49.05\ \text{N}$가 된다. (※ $\dfrac{1\ \text{kg} \cdot \text{m}}{\text{s}^2} = 1\ \text{N}$)

1-11 유체의 밀도가 115 $kg \cdot s^2/m^4$일 때 이 값을 kg/m^3의 단위로 환산하면 얼마인가?

풀이 밀도가 115 $kg \cdot s^2/m^4$인 유체의 밀도값을 중력가속도 g를 이용하여 환산하면 다음과 같다.

$$\frac{115\ \mathrm{kg \cdot s^2}}{\mathrm{m^4}} \times \frac{9.8\ \mathrm{m}}{\mathrm{s^2}} = \frac{1127\ \mathrm{kg}}{\mathrm{m^3}}$$

1-12 표준중력장에서 1 kg_f의 질량이 갖는 힘의 크기는 몇 N인가?

풀이 $1\ \mathrm{kg_f} = 1\ \mathrm{kg_f} \times \frac{9.8\ \mathrm{N}}{1\ \mathrm{kg_f}} = 9.8\ \mathrm{N}$

1-13 질량이 15 kg인 물체에 9.8 m/s^2의 가속도가 작용하였다면 이 물체에 가해진 힘은 몇 N인가?

풀이 $F = ma = mg = 15\ \mathrm{kg} \times \frac{9.8\ \mathrm{m}}{\mathrm{s^2}} = 147\ \frac{\mathrm{kg \cdot m}}{\mathrm{s^2}} = 147\ \mathrm{N}$

1-14 98 N은 몇 kg_f인가?

풀이 N과 kg_f은 둘 다 힘의 단위이다. N은 1 kg의 질량에 1 m/s^2의 가속도가 가해진 힘을 의미한다. 그에 비해 1 kg_f은 1 kg의 질량에 9.8 m/s^2의 중력가속도가 가해진 힘을 의미한다.

따라서 $1\ \mathrm{N} = 1\ \mathrm{kg} \times \frac{1\ \mathrm{m}}{\mathrm{s^2}} = \frac{1\ \mathrm{kg \cdot m}}{\mathrm{s^2}}$이 되며

$1\ \mathrm{kg_f} = 1\ \mathrm{kg} \times \frac{9.8\ \mathrm{m}}{\mathrm{s^2}} = \frac{9.8\ \mathrm{kg \cdot m}}{\mathrm{s^2}} = 9.8\ \mathrm{N}$으로 나타낸다.

따라서 $98\ \mathrm{N} = 98\ \mathrm{N} \times \frac{1\ \mathrm{kg_f}}{9.8\ \mathrm{N}} = 10\ \mathrm{kg_f}$이 된다.

1-15 질량이 500 kg인 물체의 중량을 N으로 나타내면 그 값은 몇 N인가? (단, 중력가속도는 9.8 m/s^2이다.)

풀이 질량의 값을 중량의 값인 N으로 환산하기 위해서는 질량과 중량의 관계로부터 $W = mg$가 된다.

$W = mg = 500\ \mathrm{kg} \times \frac{9.8\ \mathrm{m}}{\mathrm{s^2}} = \frac{4900\ \mathrm{kg \cdot m}}{\mathrm{s^2}} = 4900\ \mathrm{N}$ (※ $\frac{1\ \mathrm{kg \cdot m}}{\mathrm{s^2}} = 1\ \mathrm{N}$)

1-16 물 100 kg이 15 m/s의 유속으로 관속에서 흐르고 있다. 이때 운동에너지를 N·m의 단위로 구하시오.

풀이 운동에너지 $KE = \frac{1}{2} m U^2$이므로 이를 이용하여 계산하면

$$KE = \frac{1}{2} m U^2 = \frac{100\ \mathrm{kg} \times (15\ \mathrm{m/s})^2}{2} = \frac{11250\ \mathrm{kg \cdot m^2}}{\mathrm{s^2}} = \frac{11250\ \mathrm{kg \cdot m}}{\mathrm{s^2}} \cdot \mathrm{m} = 11250\ \mathrm{N \cdot m}$$

1-17 지상 15 m 높이에 100 kg의 질량을 가진 드럼이 매달려있다. 지표를 기준으로 한 위치에너지는 몇 N·m인가? (단, 이때 중력가속도는 9.8 m/s²이다.)

풀이 위치에너지 $PE = mgh$이므로 이를 이용하여 계산하면 다음과 같다.

$$PE = mgh = 100\ \mathrm{kg} \times \frac{9.8\ \mathrm{m}}{\mathrm{s}^2} \times 15\ \mathrm{m} = 14700\ \frac{\mathrm{kg \cdot m}}{\mathrm{s}^2} \cdot \mathrm{m} = 14700\ \mathrm{N \cdot m}$$

1-18 에너지 단위인 100 $\mathrm{kg_f \cdot m}$를 SI 단위계인 J로 환산하면 몇 J인가?

풀이 J(Joule)은 에너지 단위로 1 N의 힘이 1 m의 거리에 미친 값을 의미한다. 즉, $1\ \mathrm{J} = 1\ \mathrm{N} \times 1\ \mathrm{m}$가 된다.

$$100\ \mathrm{kg_f \cdot m} = 100\ \mathrm{kg_f \cdot m} \times \frac{9.8\ \mathrm{N}}{1\ \mathrm{kg_f}} = 980\ \mathrm{N \cdot m} = 980\ \mathrm{J}$$가 된다.

1-19 동력의 단위인 100 $\mathrm{kg_f \cdot m/s}$를 SI 단위계인 kW로 환산하면 몇 kW인가?

풀이 W는 동력의 단위계로 1 s 동안 1 J의 힘이 가해진 동력을 의미한다.
즉, $1\ \mathrm{W} = \frac{1\ \mathrm{J}}{\mathrm{s}}$가 된다.

$$100\ \frac{\mathrm{kg_f \cdot m}}{\mathrm{s}} = \frac{100\ \mathrm{kg_f \cdot m}}{\mathrm{s}} \times \frac{9.8\ \mathrm{N}}{1\ \mathrm{kg_f}} = 980\ \frac{\mathrm{N \cdot m}}{\mathrm{s}} = 980\ \frac{\mathrm{J}}{\mathrm{s}} = 980\ \mathrm{W} = 0.98\ \mathrm{kW}$$

1-20 압력차를 ΔP, 밀도를 ρ, 길이를 L, 유량을 Q라고 할 때 다음 값을 차원의 값으로 나타내어라.

① $\dfrac{\rho Q}{\Delta P L^2}$　　② $\dfrac{\Delta P L Q}{\rho}$

③ $\sqrt{\dfrac{\rho}{\Delta P}}\dfrac{Q}{L^2}$　　④ $\dfrac{\rho L}{\Delta P Q^2}$

풀이 ① $$\frac{\rho Q}{\Delta P L^2} = \frac{M}{L^3} \times \frac{L^3}{T} \times \frac{ML}{T^2} \times \frac{1}{L^2} \times \frac{1}{L^2} = \frac{M^2 L^4}{L^7 T^3} = \frac{M^2}{L^3 T^3}$$

② $$\frac{\Delta P L Q}{\rho} = \frac{ML}{T^2} \times \frac{1}{L^2} \times L \times \frac{L^3}{T} \times \frac{L^3}{M} = \frac{ML^8}{ML^2 T^3} = \frac{L^6}{T^3}$$

③ $$\sqrt{\frac{\rho}{\Delta P}} = \sqrt{\frac{M}{L^3} \times \frac{T^2}{ML} \times L^2} = \sqrt{\frac{MT^2 L^2}{L^4 M}} = \sqrt{\frac{T^2}{L^2}} = \frac{T}{L}$$이므로

$$\sqrt{\frac{\rho}{\Delta P}}\frac{Q}{L^2} = \frac{T}{L} \times \frac{L^3}{T} \times \frac{1}{L^2} = [-]$$

④ $$\frac{\rho L}{\Delta P Q^2} = \frac{M}{L^3} \times L \times \frac{T^2}{ML} \times L^2 \times \left(\frac{T}{L^3}\right)^2 = \frac{ML^3 T^4}{ML^{10}} = \frac{T^4}{L^7}$$

Chapter 2

유체의 기초 물성

2.1 힘(Force)
2.2 부피와 질량과 연관된 유체의 물성치
2.3 점도
2.4 유체의 압축성과 탄성
2.5 표면장력과 모세관현상
2.6 압력
2.7 온도
2.8 기체 관련 기본법칙

유체, 즉 흐를 수 있는 물체는 외부의 조건변화에 의하여 이동을 하게 되는데 이동할 때 일정한 시간에 대하여 이동된 물질의 양을 부피나 질량 값으로 표시하게 된다. 시간에 따라서 유체의 흐름량이 변화하며, 더불어 유체의 흐름조건에 따라서 유체의 흐름량 역시 변화하게 된다. 이는 유체 자체의 성질과 외부적인 성질들이 유체의 흐름량에 영향을 주기 때문이다. 이처럼 유체의 흐름 특성을 이해하기 위해서는 유체 자신이 가지고 있는 기초적인 물성치(physical properties)에 관한 이해가 선행되어야 한다. 여기에서는 유체가 흐를 때 측정 가능한 질량과 부피로 구성된 물성치의 기초적인 이해를 통해 앞으로 소방유체를 학습하는데 도움이 되는 내용을 정리하고자 하였다. 이를 위해 2장에서는 부피와 질량과 관계된 기초적인 물성치에 대한 정의와 차원 그리고 단위에 대하여 설명하였다. 유체의 기본물성치에 영향을 주는 압력, 온도 그리고 기체와 관련된 기본적인 원리에 대해서도 설명하였다.

2.1 힘(Force)

유체가 이동하게 되면 일정량의 유체가 속도를 가지고 이동하기 때문에 유체에 힘의 변화가 발생한다. 여기에서는 이러한 힘에 대하여 간단히 살펴보기로 하자.

소방에서 주로 사용되는 유체는 소방용수인 물이다. 물이 소방시설을 통해서 이동할 때 힘이 생성된다. 이때 생성된 힘은 펌프라는 동력장치에 의해서 생성되거나 고가수조의 경우에는 중력가속도에 의해서 생성된다. 이렇게 생성된 힘에 의해 물탱크에 있는 소방용수가 소방시설의 배관을 통해서 화점으로 이동하여 화재를 진압하는데 사용된다. 이처럼 소방유체에서는 소방용수가 흐를 때 발생하는 힘과 관련된 문제가 중요한 역할을 하게 된다. 이때 가해지거나 생성된 힘을 측정하는 방법이 여의치 않으므로 계산을 통해서 그 값을 알아야 한다.

1. 힘의 기본단위

힘이란 일정한 질량을 가진 물체에 흐름의 방향에 따라 가속도 또는 중력가속도가 가해진 값을 의미한다. 이러한 힘의 형태는 $F=ma$의 형태와 $F=mg$의 형태로 구분된다. 우선적으로 $F=ma$에서 1 kg의 물체에 1 m/s^{2}의 가속도가 가해지면 $F=1\text{ kg}\times 1\text{ m/s}^2$가 되어 이 값을 1 N (Newton)이라고 한다.

또한 $F=mg$에서 m은 질량이고, g는 중력가속도이므로, 앞서의 $F=ma$와 같이 1 kg인 물체에 9.8 m/s^{2}의 중력가속도가 가해지면 $F=1\text{ kg}\times 9.8\text{ m/s}^2$가 되며 이 값을 1 kg_f라고 한다. 따라서 힘의 단위인 kg_f와 N의 관계는 다음과 같다.

$$1\ \text{kg}_\text{f} = 1\ \text{kg} \times \frac{9.8\ \text{m}}{\text{s}^2} = \frac{9.8\ \text{kg} \cdot \text{m}}{\text{s}^2} = 9.8\ \text{N}$$

> **Tip** 1 kg_f=9.8 N

> **Tip** **유체역학에서의 힘**
> 정지된 유체는 중력가속도가 작용하므로 정지된 유체에 가해지는 힘은 $F=mg$의 형태가 된다.

물체에 가해지는 힘은 위치 변화에 따른 것과 속도 변화에 의한 것 2가지가 있다. 그중에서 위치 변화에 따른 힘의 값을 위치에너지라 하며 다음과 같이 정의 한다. 즉, m이라는 질량을 가지는 물체가 h의 높이에서 아래로 낙하할 때 g라는 중력가속도가 작용할 때 가지는 힘으로 정의된다.

$$PE = mgh \tag{2-1}$$

또한 속도의 변화에 의해 발생되는 힘을 운동에너지라 하며, m이라는 질량을 가지는 물체가 U의 속도로 이동할 때 발생되는 힘으로 정의된다.

$$KE = \frac{mU^2}{2} \tag{2-2}$$

> **Tip** **운동에너지(KE)와 위치에너지(PE)**
> 위치에너지 : $PE = mgh$
> 운동에너지 : $KE = \frac{mU^2}{2}$

2.1 Example

다음 중 운동량의 단위는 어느 것인가?

① N ② J ③ $\text{N} \cdot \text{s/m}^2$ ④ $\text{N} \cdot \text{s}$

풀이.

운동량=질량(kg) × 속도(m/s)=(kg) × (m/s)

N=(kg) × 가속도(m/s^2)이므로 (kg) × (m/s)=N ($\text{kg} \cdot \text{m/s}^2$) × s가 된다.

답. ④

2.2 Example

열은 에너지의 한 형태로서 기계적인 일이 열로, 열이 기계적인 일로 변화 할 수 있다. 열량 Q는 JQ 만한 기계적인 일과 동등하고 $J=4.185$ kJ/kcal인데 이 J를 무엇이라 하는가?

① 열량 ② 열의 일당량
③ 내부에너지 증가량 ④ 에너지 변환량

풀이.

일(W) = JQ에서 Q는 열량[cal]이고, J는 열의 일당량 값이다.

답. ②

2.3 Example

유체가 U m/s의 속도로 흐를 때 이 유체 질량 2 kg이 할 수 있는 운동에너지는?

① $2U^2$ ② $U^2/2$ ③ $5U^2$ ④ U^2

풀이.

운동에너지는 $E_K = \frac{1}{2}mU^2$에서 질량(m)이 2 kg이므로 $E_K = \frac{1}{2}mU^2 = \frac{1}{2}2U^2 = U^2$가 된다.

답. ④

2. 소방용수에 의해 벽면에 가해진 힘

그림 2-1과 같이 소방용 호스의 말단부에 있는 노즐에서 분사되는 소방용수의 속도가 U_1 (m/s)이고, 수직으로 있는 벽면이 소방용수에서 가해진 힘에 의해 이동하는 속도를 U_2 (m/s)라 하자. 이때 소방용수가 분출되는 노즐의 단면적(m^2)에 대해 수직인 평판이 받는 힘을 고려해보자. 즉, 소방용수가 물체에 가해지면 힘이 작용하게 된다. 이때 작용한 힘의 값을 계산하는 방법에 대해서 살펴보기로 하자.

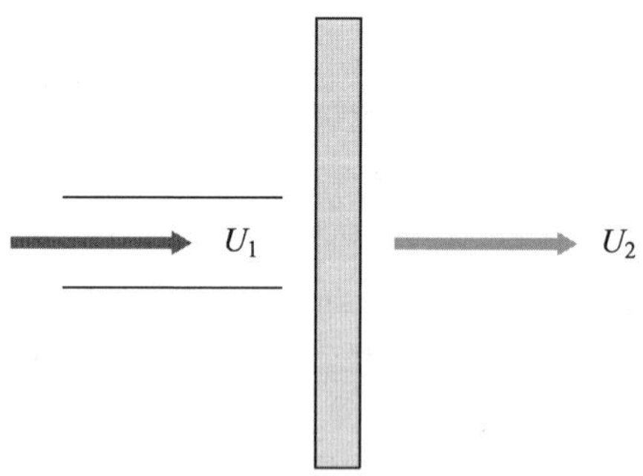

그림 2-1 벽면에 가해진 힘

질량(m)과 힘(F)의 관계에 대한 단위를 차원으로 환산을 해보면 여러 가지 형태로 나타낼 수 있다. $F = mg$에서 질량 m의 차원은 [M]이고 중력가속도 g의 차원은 $[LT^{-2}]$가 된다. 이러한 관계를 힘의 단위에 관한 차원 해석을 통해 살펴보기로 하자. 힘의 형태는 $F = ma$이므로 m은 질량으로 SI 단위체계에서 kg의 단위를 갖고 차원으로는 [M]으로 표시된다. a는 가속도로 SI 단위체계에서 m/s^2의 단위를 갖고 차원으로는 $[LT^{-2}]$로 표시된다. 따라서 힘 F를 차원으로 표기하면 다음과 같다.

$$F = [\mathrm{M}][\mathrm{LT}^{-2}] = \left[\frac{\mathrm{ML}}{\mathrm{T}^2}\right]$$

여기서, 가해진 소방용수의 질량(m)값을 알 수 있다면 소방용수에 의해 가해진 힘을 쉽게 계산할 수 있다. 그러나 실제로는 가해진 소방용수의 속도는 측정가능하나 소방용수의 질량값을 알기는 어렵다. 그래서 차원을 변화시켜 우리가 쉽게 알 수 있는 속도(U)값으로 힘(F)의 값을 표현하게 된다.

여기서 이 값을 다음과 같이 정리해 보기로 하자.
힘 F의 차원에 분자, 분모에 각각 부피의 차원을 가진 $[L^3]$을 곱하면

$$\begin{aligned} F &= [\mathrm{M}][\mathrm{LT}^{-2}] = \left[\frac{\mathrm{ML}}{\mathrm{T}^2}\right] \times \left[\frac{\mathrm{L}^3}{\mathrm{L}^3}\right] \\ &= \left[\frac{\mathrm{M}}{\mathrm{L}^3}\right] \times [\mathrm{L}^3] \times \left[\frac{\mathrm{L}}{\mathrm{T}^2}\right] = \left[\frac{\mathrm{M}}{\mathrm{L}^3}\right] \times \left[\frac{\mathrm{L}^3}{\mathrm{T}}\right] \times \left[\frac{\mathrm{L}}{\mathrm{T}}\right] \end{aligned}$$

의 형태로 표기할 수 있다. 여기서 $[M/L^3]$은 밀도(ρ)의 차원이고, $[L^3]$은 부피(V)의 차원이고, $[L/T^2]$은 가속도(g 또는 a)의 차원이고, $[L^3/T]$는 유량(Q)의 차원이고, [L/T]는 속도(U)의 차원이므로 유체에서 힘(F)를 다음과 같이 표시할 수 있다.

$$F = [\mathrm{M}][\mathrm{LT}^{-2}] = m \times a \ \ (\text{또는 } g)$$

$$F = \left[\frac{\mathrm{M}}{\mathrm{L}^3}\right] \times [\mathrm{L}^3] \times \left[\frac{\mathrm{L}}{\mathrm{T}^2}\right] = \rho \times V \times a \ \ (\text{또는 } g)$$

$$F = \left[\frac{\mathrm{M}}{\mathrm{L}^3}\right] \times \left[\frac{\mathrm{L}^3}{\mathrm{T}}\right] \times \left[\frac{\mathrm{L}}{\mathrm{T}}\right] = \rho \times Q \times U$$

이 식은 밀도가 ρ인 유체가 U의 속도로 Q의 유량으로 흐를 때 발생하는 힘 F를 의미한다. 즉, 이는 유체가 흐를 때 작용하는 힘은 $F = ma$의 형태뿐 아니라 $F = \rho \times Q \times U$를 사용할 수 있다는 것을 보여 준다. 이처럼 소방에서는 노즐에서 방사된 소방용수에 의해 벽면에 가해진 힘의 값은 질량(m)값이 아닌 유속(U)과 밀도(ρ) 그리고 유량(Q)의 값을 이용해서 계산할 수 있다.

> **Tip** 소방용수가 분출되어 수직인 벽면에 작용하는 힘
> $F = m \times a = \rho \times V \times g = \rho \times Q \times U$

(1) 곡면판이 받는 x방향의 힘

그림 2-2와 같이 곡면판이 제트를 받고 있는 경우를 고려해 보자. 제트흐름의 속도가 U (m/s)이고, 유량이 Q (m^3/s), 밀도가 ρ (kg/m^3), 그리고 유출되는 방향을 θ라고 하면 곡면판이 받는 x방향의 힘의 값은 다음과 같다.

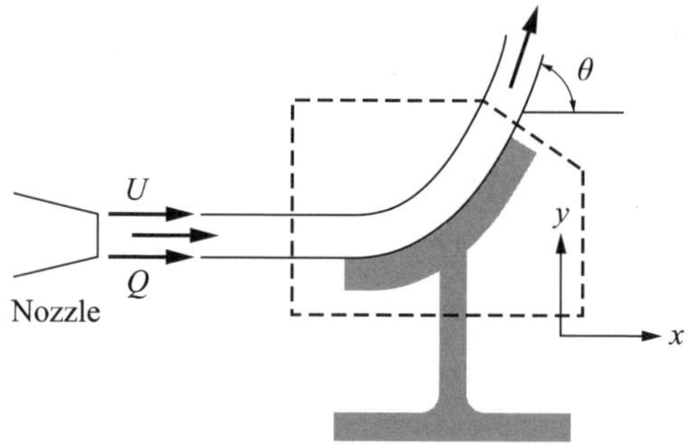

그림 2-2 곡면판이 받는 x방향의 힘

질량(m)과 힘(F)의 관계에 대한 단위를 차원으로 환산을 해보면 여러 가지 형태로 나타낼 수 있다. $F = mg$에서 질량 m의 차원은 [M]이고 중력가속도 g의 차원은 [LT^{-2}]가 된다. 앞에서 살펴본 바와 같이 $F = mg$는 $F = \rho UQ$로 나타낼 수 있다. 여기서 유속 U가 각이 θ인 곡면에 가해질 때 실제 유속의 값은 $U(1-\cos\theta)$이 된다. 따라서 유출방향 θ에 대해 곡면판이 받는 x방향의 힘은 $F_x = \rho QU(1-\cos\theta)$가 된다.

> **Tip** 곡면판이 받는 x 방향의 힘
> $F_x = \rho QU(1-\cos\theta)$

(2) 곡면판이 받는 y방향의 힘

그림 2-3과 같이 곡면판이 제트를 받고 있다. 제트흐름의 속도가 U (m/s)이고, 유량이 Q (m^3/s), 밀도가 ρ (kg/m^3), 그리고 유출되는 방향을 $\theta(0° < \theta < 90°)$라고 하면 곡면판이 받는 x방향의 힘을 F_x라 하고, 곡면판이 받는 y방향의 힘을 F_y라 할 때 F_y/F_x는 어떻게 되는지 살펴보기로 하자.

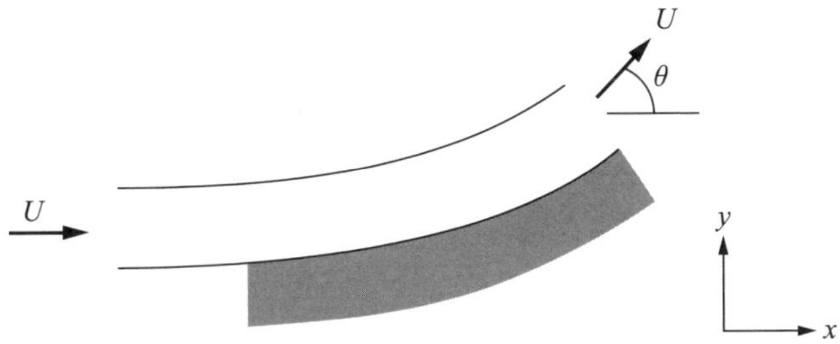

그림 2-3 곡면판이 받는 y방향의 힘

유출방향 θ에 대해 곡면판이 받는 x방향의 힘은 $F_x = \rho QU(1-\cos\theta)$가 된다. 또한 유출방향 θ에 대해 곡면판이 받는 y방향의 힘은 $F_y = \rho QU\sin\theta$가 된다.

그러므로 $\dfrac{F_y}{F_x} = \dfrac{\rho QU\sin\theta}{\rho QU(1-\cos\theta)} = \dfrac{\sin\theta}{(1-\cos\theta)}$가 된다.

> ***Tip*** **곡면판이 받는 y방향의 힘**
>
> $F_y = \rho QU\sin\theta$

> ***Tip*** **곡면판이 받는 x방향과 y방향의 힘의 비**
>
> $$\frac{F_y}{F_x} = \frac{\rho QU\sin\theta}{\rho QU(1-\cos\theta)} = \frac{\sin\theta}{(1-\cos\theta)}$$

2.4 Example

직경 3 cm인 원형 노즐에서 0.5 m^3/s의 유량속도로 소방용수가 수평으로 분출될 때 힘은 몇 N인가?

풀이.

힘(F)은 질량에 가속도가 가해진 값으로 나타낼 수 있다. 여기서 유량(Q)와 직경(D) 그리고 소방용수인 물의 밀도(ρ)값을 알 수 있으므로 이 값을 이용하면 다음과 같다.

$F = mg = \rho Vg$

이 값을 차원으로 표시하면 $F = \rho L^3 \dfrac{L}{T^2} = \rho \dfrac{L^3}{T}\dfrac{L}{T}$이므로 유체에 의해 물체에 가해진 힘은

$F = mg = \rho Vg = \rho QU$가 된다.

따라서 주어진 조건에서 $D = 3$ cm이므로 면적 $A = \dfrac{\pi}{4}(0.03\ \mathrm{m})^2 = 7.065 \times 10^{-4}\ \mathrm{m}^2$이 된다.

따라서 유속(U)는 $U = \dfrac{Q}{A} = \dfrac{0.5\ \mathrm{m}^3/\mathrm{s}}{7.065\times 10^{-4}\ \mathrm{m}^2} = 707.7\ \mathrm{m/s}$

주어진 조건값으로부터 소방용수의 밀도(ρ), 유량(Q), 그리고 유속(U)을 알 수 있으므로 소방용수에 의해서 가해진 힘은 $F = \rho QU$로부터 계산할 수 있다.

$$F = \rho QU = \frac{1000\ \mathrm{kg}}{\mathrm{m}^3} \times \frac{0.5\ \mathrm{m}^3}{\mathrm{s}} \times \frac{707.7\ \mathrm{m}}{\mathrm{s}} = \frac{353850\ \mathrm{kg\cdot m}}{\mathrm{s}^2} = 353850\ \mathrm{N}$$

2.5 Example

직경 5 cm인 원형 노즐에서 매초 0.1 m^3의 물을 수평으로 분출하고 있다. 이때 힘은 몇 N인가?

풀이.

유체에 의해 가해진 힘(F)은 $F = mg$ 또는 $F = \rho UQ$로 나타낼 수 있다.
따라서 주어진 문제에서 물의 밀도는 1000 kg/m^3이고, 유량은 0.1 m^3/s이고, 관의 직경이 5 cm이므로 유량(Q)과 면적(A)의 관계($Q= UA$)로부터 유속(U)을 구하면 해결할 수 있다.

면적 $A = \frac{\pi}{4}D^2 = \frac{\pi}{4}(0.05\ \mathrm{m})^2 \fallingdotseq 0.002\ \mathrm{m}^2$

유속 $U = \frac{Q}{A} = \frac{0.1\ \mathrm{m}^3/\mathrm{s}}{0.002\ \mathrm{m}^2} = 50\ \mathrm{m/s}$이 되어

$$F = \rho UQ = \frac{1000\ \mathrm{kg}}{\mathrm{m}^3} \times \frac{50\ \mathrm{m}}{\mathrm{s}} \times \frac{0.1\ \mathrm{m}^3}{\mathrm{s}} = \frac{5000\ \mathrm{kg \cdot m}}{\mathrm{s}^2} = 5000\ \mathrm{N}$$

2.6 Example

그림과 같이 노즐에서 분사되는 소방용수의 속도가 U_1 = 12 m/s이고, 분류에 수직인 평판은 속도 U_2 = 4 m/s로 움직일 때 노즐의 단면적이 0.01 m^2일 때 평판이 받는 힘은 몇 N인가?

풀이.

유체에 의해 물체에 가해진 힘(F)은 $F=mg$ 또는 $F=\rho UQ$로 나타낼 수 있다.

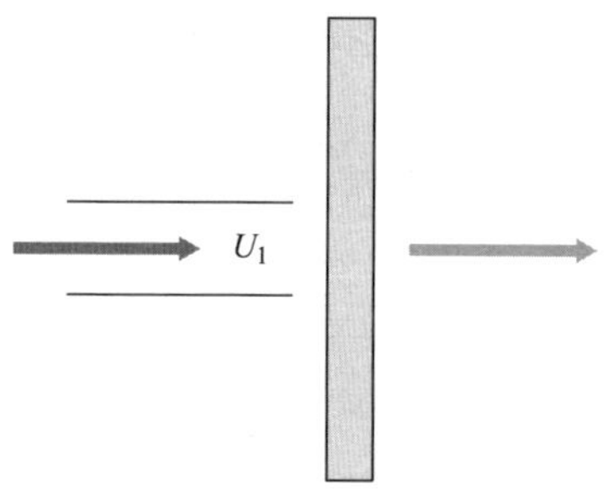

따라서 주어진 문제에서 소방용수인 물의 밀도는 1000 kg/m^3이고, 노즐의 단면적(A)이 0.01 m^2이므로 유량과 면적의 관계($Q= UA$)로부터 유속(U)을 구하면 해결할 수 있다.
이때 평판에 가해진 소방용수의 속도는 12 m/s로 가해진 소방용수의 속도에서 평판의 이동속도인 4 m/s를 고려하면 실제로 물체에 가해진 소방용수에 의해서 작용하는 유속은 12 m/s − 4 m/s = 8 m/s가 된다.
면적 A = 0.01 m^2, 유속 U = 8 m/s이 되어
유량 $Q = U \times A = 8\ \mathrm{m/s} \times 0.01\ \mathrm{m}^2 = 0.08\ \mathrm{m}^3/\mathrm{s}$

$$F = \rho UQ = \frac{1000\ \mathrm{kg}}{\mathrm{m}^3} \times \frac{8\ \mathrm{m}}{\mathrm{s}} \times \frac{0.08\ \mathrm{m}^3}{\mathrm{s}} = \frac{640\ \mathrm{kg \cdot m}}{\mathrm{s}^2} = 640\ \mathrm{N}$$

3. 일과 동력

일과 동력에 대한 개념은 공학적인 면에 있어서 매우 중요한 물리적인 개념 중의 하나이다. 소방설비에서 소방용수의 이송 시 필요한 동력의 계산은 소방시설 설계에서 가장 기초적이고 중요한 개념이다. 따라서 여기에서는 일과 동력에 대한 기본적인 개념과 단위체계에 대하여 간단히 살펴보기로 하자.

(1) 일(Work)

일은 힘에 일정거리의 변화가 발생했을 때 나타난다. 예를 들어 책상위에 손바닥을 대고 움직이면 마찰에 의한 일이 발생하는 것과 같은 이치이다.

$$W(\text{일, Work}) = F(\text{힘, Force}) \times L(\text{거리, Length})$$

물리적으로는 물체에 힘이 작용하여 그것을 움직였을 때 힘이 물체에 일을 하고 물체는 외력으로부터 일을 받았다고 한다. 예를 들어 고무줄을 잡아당겼을 때, 외력은 고무줄에 대하여 일을 하고 고무줄은 인장력에 의한 일을 받았다고 한다. 또 높은 곳에서 물체가 낙하하는 경우에는 중력이 물체에 일을 하고 물체는 중력에 의한 일을 받게 된다. 일의 양은 일반적으로 물체에 작용한 힘과, 그 힘의 방향으로 움직인 물체의 이동량의 곱으로 주어진다.

일(W)의 차원은 [FL]로 표시되며, MKS 단위로는 N·m이나 이를 다시 J로 표기한다. 일의 다른 단위로 cgs에서는 dyne-cm, FPS 단위체계에서는 $lb_f \cdot ft$가 사용되고 그밖에 $kg_f \cdot m$, $g_f \cdot cm$의 단위 등이 사용된다. 일(Work, W)의 기본단위를 살펴보면 다음과 같다.

$$W = F \cdot dx = ma \cdot dx$$

1 kg의 물체에 1 m/s^{2}의 가속도가 가해진 상태로 1 m를 이동하였을 때 일의 양은

$$W = 1\,\text{kg} \cdot \frac{1\,\text{m}}{\text{s}^2} \cdot 1\,\text{m} = 1\,\text{N} \cdot \text{m} = 1\,\text{J}$$

즉, 일의 기본단위는 N · m = J이 사용되며 유도단위로는 cal가 사용되기도 한다.

> ***Tip*** **일(work)의 개념과 단위**
> ① 일의 개념 : $W = F \cdot dx = ma \cdot dx$
> ② 일의 기본단위 : W=N·m=J
> ③ 일의 유도단위 : 1 cal = 4.2 J

일의 cgs 단위인 dyne-cm 즉 erg를 MKS 단위체계인 J로 바꾸면 다음과 같다.

$$1\ \mathrm{erg} = 1\ \mathrm{dyne} \times \mathrm{cm} \times \frac{1\ \mathrm{N}}{10^5\ \mathrm{dyne}} \times \frac{1\ \mathrm{m}}{100\ \mathrm{cm}}$$

$$= 10^{-7}\ \mathrm{N \cdot m} = 10^{-7}\ \mathrm{J}$$

> ***Tip*** **일의 차원과 SI 단위계**
> 일의 차원 : $[FL] = [ML^2T^{-2}]$
> 일의 단위 : $J = N \cdot m$

여기서 보는 바와 같이 erg는 cgs 단위로 영어 단어(energy)의 약어이며 J는 사람이름(Joule)의 약어이다. 일반적으로 단위계에서 cgs 단위계는 영어 단어의 약어를 사용하고 MKS 단위계에서는 사람이름에서 단위를 가져오는 경우가 많다.

> ***Tip*** $1\ \mathrm{N} = 10^5\ \mathrm{dyne}$, $1\ \mathrm{erg} = 10^{-7}\ \mathrm{J}$

MKS 단위계에서는 사용하는 일의 단위인 J은 다음과 같은 값을 가진다.

$$1\ \mathrm{kg_f \cdot m} = 1\ \mathrm{kg_f \cdot m} \times \frac{9.8\ \mathrm{N}}{1\ \mathrm{kg_f}}$$

$$= 9.8\ \mathrm{N \cdot m} = 9.8\ \mathrm{J}$$

또한 FPS 단위체계와 MKS 단위 사이에는 다음과 같은 환산 관계를 지닌다.

$$1\ \mathrm{lb_f \cdot ft} = 1\ \mathrm{lb_f \cdot ft} \times \frac{0.454\ \mathrm{kg_f}}{1\ \mathrm{lb_f}} \times \frac{9.8\ \mathrm{N}}{1\ \mathrm{kg_f}} \times \frac{0.3048\ \mathrm{m}}{1\ \mathrm{ft}}$$

$$= 1.356\ \mathrm{N \cdot m} = 1.356\ \mathrm{J}$$

(2) 동력(Power)

일반적으로 단위시간에 한일을 동력이라 한다. 동력의 단위로 관습적으로 널리 사용되는 것은 HP, kW 등이 있다. 이들 단위의 구체적인 환산 관계는 다음과 같다.

$1\ \mathrm{Hp} = 76\ \mathrm{kg_f \cdot m/s}$ 이므로

$$1\ \mathrm{Hp} = \frac{76\ \mathrm{kg_f \cdot m}}{\mathrm{s}} \times \frac{9.8\ \mathrm{N}}{1\ \mathrm{kg_f}} = \frac{744.8\ \mathrm{N \cdot m}}{\mathrm{s}} = \frac{744.8\ \mathrm{J}}{\mathrm{s}} = 744.8\ \mathrm{W}$$

이 값으로부터 W는 다음과 같이 표현하기도 한다. 744.8 W = 76 $\text{kg}_\text{f}\cdot\text{m/s}$ 이므로

$$1\ \text{W} = \frac{76\ \text{kg}_\text{f}\cdot\text{m/s}}{744.8} = 0.10204\ \text{kg}_\text{f}\cdot\text{m/s}$$

따라서 1 kW = 102.04 $\text{kg}_\text{f}\cdot\text{m/s}$가 된다. 여기서 kW와 J의 관계를 살펴보면

$$1\ \text{kW} = \frac{102.04\ \text{kg}_\text{f}\cdot\text{m}}{\text{s}} = \frac{102.04\ \text{kg}_\text{f}\cdot\text{m}}{\text{s}}\times\frac{9.8\ \text{N}}{1\ \text{kg}_\text{f}}$$

$$= 1000\ \frac{\text{N}\cdot\text{m}}{\text{s}} = \frac{1000\ \text{J}}{\text{s}} = \frac{1\ \text{kJ}}{\text{s}}$$

1 Hp의 다른 유도단위는 다음과 같다.

$$1\ \text{Hp} = \frac{76\ \text{kg}_\text{f}\cdot\text{m}}{\text{s}} = \frac{76\ \text{kg}_\text{f}\cdot\text{m}}{\text{s}}\times\frac{1\ \text{lb}_\text{f}}{0.454\ \text{kg}_\text{f}}\times\frac{1\ \text{ft}}{0.3048\ \text{m}}$$

$$= 549.2\ \text{lb}_\text{f}\cdot\text{ft/s}$$

$$1\ \text{Hp} = \frac{549.2\ \text{lb}_\text{f}\cdot\text{ft}}{\text{s}} = \frac{549.2\ \text{lb}_\text{f}\cdot\text{ft}}{\text{s}}\times\frac{1\ \text{Btu}}{778\ \text{lb}_\text{f}\cdot\text{ft}}$$

$$= 0.706\ \text{Btu/s}$$

Tip 동력의 기본단위와 유도단위

① 기본단위

1 Hp = 76 $\text{kg}_\text{f}\cdot\text{m/s}$

1 W = 0.10204 $\text{kg}_\text{f}\cdot\text{m/s}$

1 W = 1 J/s

② 유도단위

1 Hp = 549.2 $\text{lb}_\text{f}\cdot\text{ft/s}$

1 Hp = 0.706 Btu/s

2.7 Example

동력이 346000 $\text{kg}_\text{f}\cdot\text{m/hr}$일 때 pump의 이론 마력수(HP)는 얼마인가?

풀이.

$$\text{Power} = 346000\ \frac{\text{kg}_\text{f}\cdot\text{m}}{\text{hr}}\times\frac{1\ \text{hr}}{3600\ \text{s}} = 96.11\ \frac{\text{kg}_\text{f}\cdot\text{m}}{\text{s}}$$

$$= 96.11\ \frac{\text{kg}_\text{f}\cdot\text{m}}{\text{s}}\times\frac{1\ \text{HP}}{\frac{76\ \text{kg}_\text{f}\cdot\text{m}}{\text{s}}} = 1.2646\ \text{HP}$$

(3) 소방용 펌프의 동력

일반적으로 단위시간에 한일을 동력이라 한다. 동력의 단위로 관습적으로 널리 사용되는 것은 HP, kW 등이 있다. 이들 단위의 구체적인 환산 관계는 다음과 같다.

$$1\,\text{HP} = \frac{76\,\text{kg}_\text{f}\cdot\text{m}}{s}$$

$$= \frac{76\,\text{kg}_\text{f}\cdot\text{m}}{\text{s}}\times\frac{9.8\,\text{N}}{1\,\text{kg}_\text{f}} = 744.8\,\text{N}\cdot\text{m/s} = 744.8\,\text{J/s} = 744.8\,\text{W}$$

$1\,\text{kW} = 1000\,\text{W}\times\frac{\text{J/s}}{\text{W}}\times\frac{\text{N}\cdot\text{m}}{\text{J}}\times\frac{1\,\text{kg}_\text{f}}{9.8\,\text{N}} = 102.04\,\text{kg}_\text{f}\cdot\text{m/s}$ 이므로

$P(\text{kW}) = \frac{\text{kg}_\text{f}\cdot\text{m/s}}{102.04}$ 가 되며 여기에 부피(m^3)를 곱하고 나누어 주면 아래와 같다.

$$P(\text{kW}) = \frac{(\text{kg}_\text{f}\cdot\text{m/s})\times(\text{m}^3/\text{m}^3)}{102.04} = \frac{(\text{kg}_\text{f}/\text{m}^3)\times(\text{m}^3/\text{s})\times\text{m}}{102.04}$$

소방용수가 공급되는 소방시설을 설계할 때 펌프의 동력을 계산하기 위해서는 소방용수가 이동하는 거리가 중요한 변수가 된다. 위의 값에서 $\text{kg}_\text{f}/\text{m}^3$는 비중량 γ이고, m^3/s는 유량 Q이며, m는 거리(또는 양정 H)의 값이므로 동력은 다음과 같다.

$$P(\text{kW}) = \frac{(\text{kg}_\text{f}/\text{m}^3)\times(\text{m}^3/\text{s})\times\text{m}}{102.04} = \frac{\gamma QH}{102.04}$$

여기서, P : 동력(kW)
γ : 물의 비중량($\text{kg}_\text{f}/\text{m}^3$)
Q : 토출량(m^3/s)
H : 전양정(m)

동력 전달장치의 효율이 η일 경우 $P(\text{kW}) = \frac{\gamma QH}{102.04\eta}$ 이다.

$$P(\text{kW}) = \frac{(\text{kg}_\text{f}/\text{m}^3)\times(\text{m}^3/\text{s})\times\text{m}}{102.04}$$

이 결과에 흐르는 소방용수는 물이므로 물의 비중량 $1000\,\text{kg}_\text{f}/\text{m}^3$과 소방용수의 유량 Q (m^3/min) 값을 적용하면

$$P(\text{kW}) = \frac{(1000\ \text{kg}_f/\text{m}^3) \times [Q\,(\text{m}^3/\text{min}) \times 1\ \text{min}/60\ \text{s}] \times H(\text{m})}{102.04}$$

$$= \frac{(1000/60) \times Q\,[\text{m}^3/\text{min}] \times H\,[\text{m}]}{102.04}$$

$$= 0.163\,QH$$

동력 전달장치의 효율이 η일 경우 $P(\text{kW}) = \dfrac{0.163\,QH}{\eta}$이다.

여기서, P : 동력(kW)

Q : 토출량(m^3/min)

H : 전양정(m)

2.8 Example

동력을 P(kW), 물의 비중량을 γ (N/m^3), 토출량을 Q(m^3/min), 진양징을 H(m), 중력기속도를 g (m/s^2)라 할 때 펌프에 의하여 유체에 실제로 주어지는 동력의 계산식으로 알맞은 것은 무엇인가?

① $P(\text{kW}) - \dfrac{\gamma QH}{102 \times 60} \times K$ ② $P(\text{kW}) = \dfrac{\gamma QH}{1000 \times 60} \times K$

③ $P(\text{kW}) = \dfrac{\gamma QHg}{102 \times 60} \times K$ ④ $P(\text{kW}) = \dfrac{\gamma QHg}{1000 \times 60} \times K$

풀이.

전동기의 동력 $P(\text{kW}) = \dfrac{\gamma QH}{102\eta} \times K$

여기서, P : 동력(kW)

γ : 물의 비중량(kg_f/m^3)

Q : 토출량(m^3/s)

H : 전양정(m)

η : 펌프의 효율

K : 전달계수(전동기 직렬 : 1.1, 기타 원동기 : 1.15~1.2)

전동기의 동력 $P(\text{kW}) = \dfrac{\gamma QH}{1000 \times 60} \times K$

여기서, P : 동력(kW)

γ : 물의 비중량(N/m^3)

Q : 도출량(m^3/min)

답. ②

2.9 Example

전동기의 동력을 $P(\text{kW}) = \dfrac{\gamma QH}{102\eta} \times K$로 표시할 때 γ는 무엇을 의미하는가?

① 유량 ② 양정 ③ 효율 ④ 비중량

풀이.

전동기의 동력 $P(\text{kW}) = \dfrac{\gamma QH}{102\eta} \times K$

여기서, P : 동력(kW) γ : 물의 비중량(kg_f/m^3)
Q : 토출량(m^3/s) H : 전양정(m)
η : 펌프의 효율 K : 전달계수(전동기 직렬 : 1.1, 기타 원동기 : 1.15~1.2)

답. ④

2.10 Example

전양정이 80 m, 유량이 0.8 m^3/min일 때 펌프의 동력은 몇 kW인가?

풀이.

전동기의 동력 $P(\text{kW}) = \dfrac{0.163\,QH}{\eta}$ 으로부터

$$P(\text{kW}) = \frac{0.163\,QH}{\eta} = \frac{0.163 \times 0.8\ \text{m}^3/\text{min} \times 80\ \text{m}}{1} = 10.432\ \text{kW}$$

2.2 부피와 질량과 연관된 유체의 물성치

이동하는 물체의 질량과 부피를 측정하는 것은 쉬운 일이 아니다. 소방용수와 같이 일정한 관을 통해서 공급되는 액체의 질량을 측정하기는 매우 불편하다. 따라서 여기에서는 부피나 질량 값을 이용해서 이동하는 유체의 흐름량을 측정하거나 그 값을 계산하는데 널리 사용되는 물성치에 대하여 알아보자. 부피와 질량과 관계된 물성치는 밀도 값이 가장 널리 사용되고 비중과 그 밖의 여러 가지 물성치가 사용되는데 이러한 물성치에 대해서 좀 더 자세히 살펴보기로 하자.

중량은 중력가속도 때문에 지구상의 물체가 받는 힘의 크기를 나타낸 것으로 W로 표시한다. 중량은 물체의 순수한 질량(m)에 중력가속도(g)가 작용하는 힘으로 표시된다.

$$W = m \times g\ (\text{N})$$

즉, 질량(m)은 kg의 단위를 가지는데 비하여 중량(W)은 힘의 단위인 N의 단위를 가진다. 이는 질량에 중력가속도(g)가 작용해서 질량이 힘으로 바뀌기 때문에 나타나는 현상이다.

1. 밀도

유체의 이동량을 측정할 때 부피로 계량하는 것이 질량으로 계량하는 것보다 쉬운 경우가 많다. 그러나 부피로 계량된 값을 질량값으로 환산하여 사용해야 하는 경우도 많이 발생한다. 이럴 때 밀도값을 이용하면 쉽게 환산할 수 있다. 물체의 밀도(密度, density)는 그 물체가 차지하는 단위부피당의 질량으로 정의되며, 그 값은 수치상 비중(比重)과 거의 일치한다. 넓은 뜻으로는 질량 이외의 각종 물리량의 단위부피당 크기, 단위넓이당 크기, 단위길이당 크기도 말하며, 각각 부피밀도 넓이밀도(또는 면밀도) 선밀도라고 한다. 얇은 판이나 막 모양의 물체, 또는 실 모양의 물체 등에서 질량의 면밀도 선밀도를 쓰는 경우가 많다. 이것을 차원의 개념으로 나타내면 다음과 같다.

$$\text{밀도} = \frac{\text{질량}}{\text{부피}\,[=(\text{거리})^3]} = \left[\frac{\mathrm{M}}{\mathrm{L}^3}\right] = [\mathrm{ML}^{-3}]$$

> ***Tip*** 밀도는 단위부피당 차지하는 질량을 의미한다.
>
> $$\text{밀도} = \frac{\text{질량}}{\text{부피}\,[=(\text{거리})^3]} = \left[\frac{\mathrm{M}}{\mathrm{L}^3}\right] = [\mathrm{ML}^{-3}]$$

밀도(Density, ρ)는 보통 물질 1 cm^3당 g 수 또는 1 ft^3당 lb 수로 나타낸다. 4℃의 순수한 물의 밀도는 다음과 같이 단위에 따라 여러 가지 값으로 표현된다. 4℃의 순수한 물의 밀도는 1 g/cm^3의 값을 가지는데 이를 단위환산하면 다음과 같은 여러 가지 값으로 나타낼 수 있다.

$$\begin{aligned}
\rho_{water} &= \frac{1\ \mathrm{g}}{\mathrm{cm}^3} = \frac{1\ \mathrm{g}}{\mathrm{cm}^3}\times\frac{1\ \mathrm{kg}}{1000\ \mathrm{g}} = 10^{-3}\ \frac{\mathrm{kg}}{\mathrm{cm}^3} \\
&= \frac{1\ \mathrm{g}}{\mathrm{cm}^3}\times\frac{1\ \mathrm{kg}}{1000\ \mathrm{g}}\times\frac{1000\ \mathrm{cm}^3}{1\ \mathrm{L}} = 1\ \frac{\mathrm{kg}}{\mathrm{L}} \\
&= \frac{1\ \mathrm{kg}}{\mathrm{L}}\times\frac{1000\ \mathrm{L}}{1\ \mathrm{m}^3} = \frac{1000\ \mathrm{kg}}{\mathrm{m}^3} \\
&= \frac{1\ \mathrm{g}}{\mathrm{cm}^3}\times\frac{1\ \mathrm{lb}}{454\ \mathrm{g}}\times\left(\frac{30.48\ \mathrm{cm}}{1\ \mathrm{ft}}\right)^3 = 62.4\ \mathrm{lb/ft}^3
\end{aligned}$$

> ***Tip*** 물의 밀도 $\rho_{water} = \dfrac{1\ \mathrm{g}}{\mathrm{cm}^3} = \dfrac{1000\ \mathrm{kg}}{\mathrm{m}^3} = \dfrac{1\ \mathrm{kg}}{\mathrm{L}} = 62.4\ \mathrm{lb/ft}^3$
>
> 소방에서는 **MKS** 단위를 사용하므로 물의 밀도값으로 1000 kg/m^3을 가장 많이 사용한다.

용액의 밀도는 농도와 온도의 함수이다. 소화용수로 많이 사용되는 물은 4℃에서 가장 큰 밀도를 지니고 온도가 변화함에 따라 밀도는 감소하는 특성을 지닌다. 이는 물이 4℃에서 물을 구성하는 분자 사이의 간격이 가장 조밀하여 부피가 가장 작기 때문에 나타나는 현상이라고 할 수 있다. 다른 액체의 경우 고체가 되면 질량이 부피에 비해 증가하기 때문에 고체의 밀도가 증가하나 물의 경우 고체보다 4℃의 액체인 경우 밀도값이 가장 크게 나타난다. 그래서 물이 얼면 부피가 늘어나 수도관 등이 얼어 터지는 일이 발생한다.

최근에 소방에서 밀도 단위로 질량의 단위인 kg/m^3 대신에 힘의 단위인 $N \cdot s^2/m^4$을 사용하기도 한다. 물의 밀도는 $1\ g/cm^3 = 1000\ kg/m^3$이다. 이 값을 운동량의 단위인 N으로 바꾸기 위해서는 중력가속도(g) 값을 이용하면 된다. 즉, 밀도중의 질량값으로부터 운동량의 단위인 N 값을 계산할 수 있다. 이 값을 환산하기 위해서는 중력가속도 $9.8\ m/s^2$을 사용하면 다음과 같다. 즉, 물의 밀도값 $1000\ kg/m^3$을 힘의 값인 $N \cdot s^2/m^4$으로 나타내기 위해서는 표준중력가속도인 $9.8\ m/s^2$을 곱해주고 나누어주면 다음과 같다.

$$\rho_{water} = \frac{1000\ \text{kg}}{\text{m}^3} = \frac{1000\ \text{kg}}{\text{m}^3} \times \frac{9.8\ \text{m}}{\text{s}^2} \times \frac{\text{s}^2}{9.8\ \text{m}}$$

$$= \frac{9800\ \text{kg} \cdot \text{m}}{\text{m}^3 \cdot \text{s}^2} \times \frac{\text{s}^2}{9.8\ \text{m}} = \frac{9800\ \text{N}}{\text{m}^3} \times \frac{\text{s}^2}{9.8\ \text{m}}$$

$$= \frac{1000\ \text{N} \cdot \text{s}^2}{\text{m}^4}$$

> ***Tip*** 힘의 단위로서 물의 밀도 $\rho_{water} = 1000\ \text{N} \cdot \text{s}^2/\text{m}^4 = 9800\ \text{N}/\text{m}^3$

밀도는 물질의 순도를 결정하는 데에도 사용된다. 예를 들어 불순물인 은 또는 구리가 함유되어있는 금의 경우에는 은 또는 구리의 밀도가 금의 밀도보다 낮기 때문에 불순물로 은이나 구리가 함유된 물질의 밀도는 순수한 금의 밀도보다 작은 값을 나타낸다.

순수한 기체의 밀도는 온도와 압력에 따라서 변하므로, 밀도를 나타낼 때는 측정 조건을 명시하여야 한다. 외부의 압력변화에 의하여 부피가 크게 변화하는 기체는 압축이 쉽게 되므로 압축성 물질(compressive material)이라 한다. 즉, 기체의 밀도는 외부조건인 온도와 압력에 의하여 쉽게 변화하므로, 주어진 조건에서 대상기체를 이상기체로 간주하고 기체 상태방정식으로부터 기체의 밀도를 구한다. 따라서 기체의 밀도는, 기체의 밀도 $= \frac{\text{분자량}}{\text{몰부피}}$로 구하거나, 이상기체 상태방정식으로부터 유도된 다음의 식으로 구한다.

$$PV = nRT$$

여기서, P : 압력
V : 부피
T : 절대온도(K＝273＋℃)
n : 몰수

기체의 몰수는 기체의 질량(m) ÷ 분자량(M)이므로, 이 식을 다시 정리하면,

$$PV = \frac{m}{M}RT$$

$$PM = \frac{m}{V}RT$$

또는

$$PM = \rho RT$$

$\rho = m/V$이므로 기체의 밀도는 다음과 같다.

$$\rho = \frac{PM}{RT} = \frac{\text{압력} \times \text{기체의 분자량}}{\text{기체상수} \times \text{절대온도}}$$

즉, 기체의 밀도는 기체가 존재하는 공간의 압력(P)과 절대온도(T)에 따라서 달라진다.

> ***Tip*** 모든 기체는 표준상태(0℃, 1기압)에서 1몰(mol)의 부피가 22.4 L로 일정하게 유지된다. (아보가드로의 법칙)

표 2-1 밀도의 차원 및 단위

물리량	의 미	단위(MKS계)		차 원
밀 도	단위부피당의 질량	기본단위	kg/m^3	$[M]/[L]^3 = ML^{-3}$
		유도단위	$\frac{N \cdot s^2}{m^4}$	FT^2L^{-4}
밀도값의 활용	유체의 부피값에서 질량값을 계산하거나, 반대로 질량값을 알 때 부피를 계산하는 물성치로 널리 사용된다. 소방유체에서 물의 밀도는 일종의 단위환산인자로서도 중요한 역할을 한다.			

2.11 Example

25℃의 온도와 755 mmHg의 압력조건에서 4 g의 He의 밀도는 몇 g/cm^3인가?

풀이.

He을 이상기체로 간주하여 이 문제를 해결하면, 기체의 밀도는 다음과 같다.

$\rho = \frac{PM}{RT} = \frac{\text{압력} \times \text{기체의 분자량}}{\text{기체상수} \times \text{절대온도}}$이므로 다음과 같이 구할 수 있다.

He은 분자량(M)이 4 g/mol인 물질이므로

$$\rho = \frac{PM}{RT} = \frac{755\ \text{mmHg}}{(273+25)\ \text{K}} \times \frac{4\ \text{g}}{\text{mol}} \times \frac{273\ \text{K}}{760\ \text{mmHg}} \times \frac{\text{mol}}{22400\ \text{cm}^3} = 0.00016\ \text{g/cm}^3$$

2. 비중

표준물질(A)의 밀도에 대한 기준물질(ref)의 밀도의 비를 비중(specific gravity, sp.gr.)이라 한다.

$$비중(sp.gr.) = \frac{(kg/m^3)_A}{(kg/m^3)_{ref}} = \frac{(g/cm^3)_A}{(g/cm^3)_{ref}} = \frac{(lb/ft^3)_A}{(lb/ft^3)_{ref}}$$

> ***Tip*** 액체의 비중 = $\frac{\text{대상 액체의 밀도}}{\text{물의 밀도}}$

비중은 단위를 갖지 않는 무차원 수이며, 어느 단위계를 사용해도 같은 값이 된다. 일반적으로 액체의 밀도는 온도에 따라서 변화하므로 비중 값을 나타낼 때에는 밀도를 측정한 온도를 표기해야 한다. 즉, 액체의 비중은 다음과 같다.

$$sp.gr. = 0.73\ \frac{15℃}{4℃}$$

위에서 표기된 비중 0.73은 4℃의 물을 기준으로 하였을 때 액상제품의 15℃에서 상대적인 밀도를 의미한다.

비중을 나타낼 때 사용되는 표준물질의 밀도 값으로는 액체에 대해서는 4℃ 온도에서의 순수한 물의 밀도, 기체에 대해서는 일정한 온도와 압력 조건에서의 수소나 공기의 밀도가 사용된다. 액체나 고체일 때는 비압축성(외부에서 힘이 가해져도 부피가 일정하게 유지되는 물질)이므로 대개 온도만 표시하나, 기체일 때는 온도와 압력을 표기하여야 한다.

> ***Tip*** **비중계산의 기준물질**
> ① 액체 : 4℃ 물의 밀도 ② 기체 : 표준상태(0℃, 1 atm)의 공기의 밀도

2.12 Example

비중이 0.875인 액체의 밀도는 몇 g/cm^3인가?

풀이.

액체 비중은 액체와 물의 밀도의 비이므로 액체의 밀도는 물의 밀도 × 비중으로부터 구할 수 있다. 4℃의 물을 기준으로 하면, 물의 밀도가 1 g/cm^3이므로

액체의 밀도는 $\frac{1\ g}{cm^3} \times 0.875 = 0.875\ g/cm^3$이 된다.

2.13 Example

알코올 18 L의 중량이 140 N일 때 알코올의 비중은 얼마인가?

풀이.

알코올 18 L의 중량이 140 N이므로 알코올의 밀도를 구하면 다음과 같다.

주어진 중량 140 N은 힘의 단위이므로 이 값을 질량의 단위로 환산하여야 한다.

$140\text{ N} = 140\text{ N} \times \dfrac{\text{kg}\cdot\text{m/s}^2}{\text{N}} = 140\dfrac{\text{kg}\cdot\text{m}}{\text{s}^2}$이 된다.

주어진 값에서 $\dfrac{\text{kg}\cdot\text{m}}{\text{s}^2}$을 kg의 단위로 바꾸기 위해서는 $\dfrac{\text{kg}\cdot\text{m}}{\text{s}^2}$에 $\dfrac{\text{s}^2}{\text{m}}$를 곱하면 된다.

우리가 알고 있는 단위환산인자 가운데 $\dfrac{\text{s}^2}{\text{m}}$의 단위를 가지는 것은 중력가속도(g)의 역수 $\dfrac{\text{s}^2}{9.8\text{ m}}$이므로 이것을 이용하면 된다. 따라서 140 N은

$140\text{ N} = 140\text{ N} \times \dfrac{\text{kg}\cdot\text{m/s}^2}{\text{N}} = 140\dfrac{\text{kg}\cdot\text{m}}{\text{s}^2} \times \dfrac{\text{s}^2}{9.8\text{ m}} = 14.28\text{ kg}$

여기서 보듯이 중력가속도 g는 질량을 힘의 값으로 환산하는 환산인자로서도 중요한 역할을 한다.

알코올의 밀도는 $\dfrac{14.28\text{ kg}}{18\text{ L}} = \dfrac{0.7936\text{ kg}}{\text{L}}$가 된다.

따라서 알코올의 비중은 $\dfrac{\text{알코올의 밀도}}{\text{물의 밀도}} = \dfrac{0.7936\text{ kg/L}}{1\text{ kg/L}} = 0.7936$이다.

별해 아래와 같이 두 조건을 한 번에 사용하여 알코올의 밀도를 계산할 수도 있다.

$$\frac{140\text{ N}}{18\text{ L}} = \frac{140\text{ N}}{18\text{ L}} \times \frac{\text{kg}\cdot\text{m/s}^2}{\text{N}} \times \frac{1}{9.8\text{ m/s}^2} = \frac{0.7936\text{ kg}}{\text{L}}$$

액체 비중은 액체와 물의 밀도의 비이므로 액체의 밀도는 물의 밀도 × 비중으로부터 구할 수 있다. 4℃의 물을 기준으로 하면, 물의 밀도가 1 g/cm^{3}이므로

$$\frac{1\text{ g}}{\text{cm}^3} = \frac{1\text{ g}}{\text{cm}^3} \times \frac{1\text{ kg}}{1000\text{ g}} \times \frac{1000\text{ cm}^3}{1\text{ L}} = \frac{1\text{ kg}}{\text{L}}$$

따라서 알코올의 비중은 $\dfrac{\text{알코올의 밀도}}{\text{물의 밀도}} = \dfrac{0.7936\text{ kg/L}}{1\text{ kg/L}} = 0.7936$이다.

기체의 경우에는 온도가 변화하면 분자의 운동에너지가 증가하여 부피가 증가하게 된다. 따라서 기체의 부피는 온도와 압력에 따라서 변화하게 된다. 이러한 경우 기체의 비중을 나타낼 때는 기준물질인 공기나 수소의 조건(온도, 압력)에서의 밀도값을 측정하고 대상물질의 밀도를 측정하여 비중을 구하여야 한다.

3. 비용과 비중량

비용(Specific volume, v)은 단위질량당의 부피를 의미하며, 밀도의 역수이다. 비용의 차원은 $[L^3/M]$으로 표시되며, 단위로는 cm^3/g, m^3/kg, ft^3/lb 등이 있다. 비중량(Specific weight, γ)은 단위체적당의 중량을 나타내는 것으로 다음과 같이 표시된다.

$$\gamma = \frac{w}{V} = \frac{m}{V}\times g = \rho\times g \tag{2-3}$$

여기서, g는 중력가속도로 SI단위는 m/s^2이다.

따라서 비중량의 단위는 $\frac{\mathrm{m}}{\mathrm{s}^2}\times\frac{\mathrm{kg}}{\mathrm{m}^3} = \frac{\mathrm{N}}{\mathrm{m}^3}$이다.

> **Tip** 소방유체역학에서 중력가속도(g)의 역할
> ① $F=mg$ (질량을 힘의 값으로 환산하는 환산인자)
> ② $w=mg$ (질량을 중량의 값으로 환산하는 환산인자)
> 소방유체에서는 중력가속도 값인 g만 제대로 사용해도 많은 문제들을 해결할 수 있다.

> **Tip** 액체의 비중량=$\frac{\text{액체의 중량}}{\text{액체의 부피}}\left[\frac{\mathrm{kg_f}}{\mathrm{m}^3} = \frac{\mathrm{N}}{\mathrm{m}^3}\right]$

표 2-2 비용과 비중량의 차원 및 단위

물리량	의 미	단위(MKS계)	차 원
비 용	단위질량당의 부피	m^3/kg	$[L]^3/[M] = M^{-1}L^3$
비중량	단위부피당의 중량	$kg_f/m^3 = N/m^3$	$[M][L]/[T]^{-2}[L]^3 = ML^{-2}T^2$

2.14 Example

밀도가 $1\ g/cm^3$인 물의 비중량은 몇 kg_f/m^3인가?

풀이.

이 값을 계산하기 위해서는 물의 밀도값의 g을 kg으로 cm^3을 m^3으로 단위환산한 후에 계산하면 편리하다. 또한 질량값인 g을 힘의 단위인 kg_f로 환산하는 과정이므로 중력가속도 g를 사용해야 한다는 것을 알 수 있다.

물의 밀도는 $\rho_{H_2O} = \frac{1\ \mathrm{g}}{\mathrm{cm}^3} = \frac{1\ \mathrm{g}}{\mathrm{cm}^3}\times\frac{1\ \mathrm{kg}}{1000\ \mathrm{g}}\times\left(\frac{100\ \mathrm{cm}}{1\ \mathrm{m}}\right)^3 = \frac{1000\ \mathrm{kg}}{\mathrm{m}^3}$

따라서 비중량은 다음과 같이 계산할 수 있다.

$$\gamma = \rho_{H_2O}\times g = \frac{1000\ \mathrm{kg}}{\mathrm{m}^3}\times\frac{9.8\ \mathrm{m}}{\mathrm{s}^2}\times\frac{\mathrm{s}^2}{\mathrm{kg\cdot m}}\bigg|\frac{\mathrm{N}}{}\times\frac{1\ \mathrm{kg_f}}{9.8\ \mathrm{N}} = 1000\ \mathrm{kg_f/m^3}$$

2.15 Example

부피 0.8 m^3인 산소 통속에 12 kg의 산소가 있다. 이 조건에서 ① 밀도, ② 비용량, ③ 비중량은 얼마인가?

풀이.

① 밀도 $\rho = \dfrac{m}{V} = \dfrac{12\ \text{kg}}{0.8\ \text{m}^3} = 15\ \text{kg/m}^3$

② 비용량 $v = \dfrac{1}{\rho} = \dfrac{1\,\text{m}^3}{15\ \text{kg}} = 0.0667\ \text{m}^3/\text{kg}$

③ 비중량 $\gamma = \rho \times g = \dfrac{15\ \text{kg}}{\text{m}^3} \times \dfrac{9.8\ \text{m}}{\text{s}^2} = 147\ \text{N/m}^3$

2.16 Example

어떤 액체의 체적이 10 m^3일 때 질량이 8800 kg이었다. 이 액체의 비중은 얼마인가?

풀이.

비중은 기준물질의 밀도에 대한 상대적인 밀도값을 의미하므로

$$\text{액체의 비중} = \frac{\text{액체의 밀도}}{\text{기준물질의 밀도}}$$

액체의 경우 기준물질이 물이므로 기준물질의 밀도는 1 g/cm^3 = 1000 kg/m^3

$$\text{액체의 밀도} = \frac{8800\ \text{kg}}{10\ \text{m}^3} = \frac{880\ \text{kg}}{\text{m}^3}$$

$$\text{따라서 액체의 비중} = \frac{\dfrac{880\ \text{kg}}{1\ \text{m}^3}}{\dfrac{1000\ \text{kg}}{\text{m}^3}} = 0.88$$

2.17 Example

부피가 0.05 m^3인 구 안에 가득 찬 유체가 있다. 그 구를 그림과 같이 물속에 넣고 수직방향으로 100 N의 힘을 가해서 들어주면 구가 물속에 절반만 잠긴다. 구의 두께와 중량은 모두 무시할 정도로 적다고 한다면 구 안에 있는 유체의 비중량은 몇 N/m^3인가?

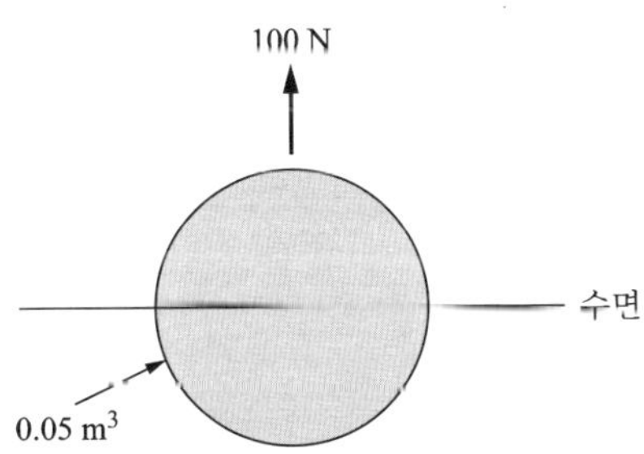

풀이.

물의 밀도를 MKS 단위값으로 하면 1000 kg/m^3이 된다. 물의 비중량을 계산하면 다음과 같다.

$$\gamma = \rho \times g = \frac{1000\ \text{kg}}{\text{m}^3} \times \frac{9.8\ \text{m}}{\text{s}^2} \times \frac{1\ \text{N}}{1\ \text{kg} \cdot \text{m/s}^2} \times \frac{1\ \text{kg}_\text{f}}{9.8\ \text{N}} = \frac{1000\ \text{kg}_\text{f}}{\text{m}^3}$$

부력의 원리를 이용해서 비중량을 구하면 다음과 같다.

$$\gamma V = \gamma_w \frac{V}{2} + F$$

여기서, γ : 비중량(N/m^3)

V : 체적(m^3)

γ_w : 물의 비중량(9800 N/m^3)

F : 힘(N)

$\gamma V = \gamma_w \frac{V}{2} + F$에서 $\gamma = \dfrac{\gamma_w \frac{V}{2} + F}{V}$가 된다.

$$\gamma = \frac{\gamma_w \frac{V}{2} + F}{V} = \frac{9800\ \text{N/m}^3 \times \frac{0.05\ \text{m}^3}{2} + 100\ \text{N}}{0.05\ \text{m}^3} = 6900\ \text{N}$$가 된다.

2.3 점도

소방에서 사용하는 액체 및 기체 소화약제들은 일정한 크기를 지닌 공급 장치를 통해서 공급되거나 화재현장에서 사용된다. 이때 사용되는 소화약제에 따라 약제의 공급 속도에 영향을 미치게 되는데, 이러한 영향에 대한 검토를 위해 여기서는 유체가 이동할 때 발생하는 저항에 대하여 살펴보기로 한다. 유체가 흐를 때 그 유체의 흐름을 방해하는 저항에는 여러 가지가 있다. 그 중에서 이동하고자 하는 유체에 대한 내부저항을 점성이라 한다. 유체 점성의 크기를 나타내는 물질 고유의 상수를 점도(viscosity, μ)라 하며 점성계수(coefficient of viscosity)라고도 한다. 이 값은 유체의 점성 정도를 나타내는 중요한 값이다. 일반적인 단위는 kg/m·s 또는 Pa·s로 표시한다. 1 g/cm·s를 1 poise(푸아즈)라고 하며, 1 P로 표시한다. 국제단위계 단위로는 N·s/m^{2}를 사용하기도 한다.

1. 점도의 정의

> ***Tip*** **점도의 정의**
> 이동하고자 하는 유체에 대한 내부저항

그림 2-4에서 보는 바와 같이 간격이 dy인 평행한 두 평판 "1"과 "2" 사이에 유체가 채워져 있을 때 위쪽에 있는 평판 "1"은 움직이지 않고, 아래쪽에 위치한 평판 "2"를 du_z의 속도로 이동시키는 경우를 생각해 보기로 하자.

실제적으로 평판 "1"과 평판 "2" 사이에 있는 유체는 층을 이루고 채워져 있을 것이다. 그러므로 평판 "2"를 서서히 움직이기 시작하면 처음에는 평판 "2" 부근에 있는 유체만 움직이며, 평판 "1" 부근에 있는 유체는 거의 정지된 상태로 있을 것이다.

평판 "2"를 움직이는데 필요한 힘은 유체의 종류에 따라 그 크기가 달라진다. 이러한 이유는 유체가 잡아당기는 것에 반대 방향으로 작용하는 저항이 존재하기 때문이라고 할 수 있으며, 그 저항은 유체마다 조금씩 다르기 때문이라고 할 수 있다. 저항이 큰 유체일수록 평판 "2"를 이동시키는데 더 큰 힘을 필요로 하게 된다. 즉, 이동시키고자 하는 방향에 대항하여 작용하는 저항을 점성이라고 표현할 수 있다.

기체의 점성	① 기체의 점성은 온도가 증가하면 같이 증가 ② 기체의 주된 점성 원인이 분자 상호간에 운동
액체의 점성	① 액체의 경우에는 온도가 상승하면 점성은 감소 ② 분자간의 응집력이 점성을 크게 좌우

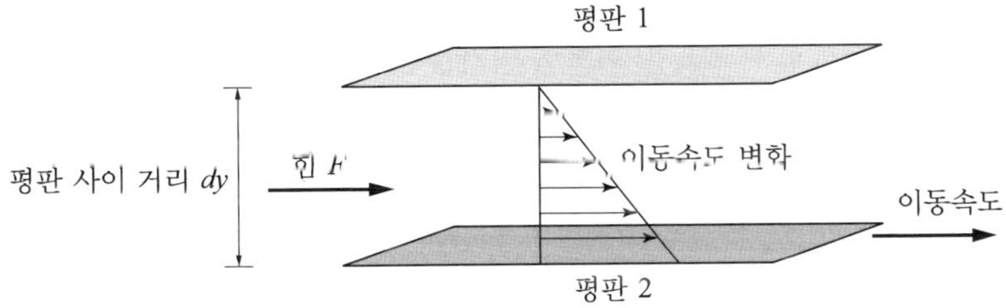

그림 2-4 편행한 두 개 평판의 이동(평판 1은 고정, 평판 2만 움직이는 경우)

이상유체가 아닌 모든 실제유체는 점성이라는 성질을 가지며, 점성은 유체 흐름에 저항하는 값의 크기로 측정된다. 단위면적당의 힘의 크기로서 점성의 정도를 나타내게 된다.

2. 뉴턴의 점성법칙

뉴턴의 점성법칙에 의하면, 유체의 전단응력은 수직인 방향으로서 속도변화율에 비례한다고 할 수 있다. 이러한 속도변화율을 속도구배라 한다. 그림 2-4에서 나타난 바와 같이 간격이 dy인 평행한 두 평판 중 하나의 평판이 du_z의 속도로 이동한다면 이때 속도구배는 다음과 같이 나타낼 수 있다.

$$\frac{du}{dy} = \lim_{\Delta y \to 0}\left(\frac{\Delta u}{\Delta y}\right) \tag{2-4}$$

뉴턴의 점성법칙은 유체가 이동할 때 그 유체에 가해지는 저항(τ)은 유체의 속도구배에 비례하는 것이라고 할 수 있다. 또한 이러한 저항은 유체의 종류 즉, 유체가 지닌 점성에 따라 영향을 받는다고 할 수 있다. 따라서 유체의 점성법칙을 식으로 나타내면 다음과 같이 표현할 수 있다. 유체에 가해지는 저항은 속도구배에 비례하므로 $\tau \propto \dfrac{du}{dy}$

이때 비례상수를 점도(μ)라 하며 위 식은 다음과 같이 나타낸다.

$$\tau = \mu\frac{du}{dy} \tag{2-5}$$

> ***Tip*** **뉴턴의 점성법칙**
>
> 유체가 이동할 때 그 유체에 가해지는 저항(τ)은 유체의 속도구배$\left(\dfrac{du}{dy}\right)$에 비례한다.

비례상수에 해당하는 μ를 점성계수 또는 절대점성계수(absolute viscosity)라 한다. 점성계수(점도, μ)의 차원은 다음과 같다.

$\tau = \mu\dfrac{du}{dy}$에서 $\mu = \dfrac{\tau}{du/dy}$이므로 여기서 저항인 전단응력($\tau$)은 단위면적($A$)당에 가해진 힘($F$)과 같으므로 이 값을 정리하면 $\mu = \dfrac{\tau}{du/dy} = \tau \times \dfrac{dy}{du}$가 된다.

여기서 점도(μ)의 차원을 살펴보면 다음과 같다.

$$\text{점도 } \mu = \tau \times \frac{dy}{du}$$

여기서 τ : 전단응력으로 차원은 $\left[\dfrac{F}{A}\right] = \left[\dfrac{\mathrm{ML}}{\mathrm{L^2T^2}}\right]$

dy : 거리변화로 차원은 [L]

du : 속도변화로 차원은 [L/T]

따라서 점도 μ의 차원은 다음과 같다.

$$\mu = \tau \frac{dy}{du} = \frac{\mathrm{ML}}{\mathrm{L}^2\mathrm{T}^2} \times \frac{\mathrm{T}}{\mathrm{L}} \times \mathrm{L} = \frac{\mathrm{ML}^2\mathrm{T}}{\mathrm{L}^3\mathrm{T}^2} = [\mathrm{ML}^{-1}\mathrm{T}^{-1}]$$

즉, 점도는 유체가 일정거리를 질량속도의 값으로 이동했을 때 발생하는 저항을 의미한다.

Tip 점도의 차원

$$\mu = \tau \frac{dy}{du} = \frac{\mathrm{ML}}{\mathrm{L}^2\mathrm{T}^2} \times \frac{\mathrm{T}}{\mathrm{L}} \times \mathrm{L} = \frac{\mathrm{ML}^2\mathrm{T}}{\mathrm{L}^3\mathrm{T}^2} = [\mathrm{ML}^{-1}\mathrm{T}^{-1}]$$

또 유체유동의 방정식에는 μ보다 이것을 밀도 ρ로 나눈 값 $\nu = \mu/\rho$가 자주 쓰이며, ν를 동점성계수(kinematic viscosity)라 한다.

Tip 점성계수와 동점성계수의 차원 및 단위

점성계수(viscosity, μ)	차원	$\mathrm{ML}^{-1}\mathrm{T}^{-1}$
	단위	g/cm·s (poises)
동점성계수(kinematic viscosity, $\nu = \frac{\mu}{\rho}$)	차원	$\mathrm{L}^2\mathrm{T}^{-1}$
	단위	$\mathrm{m^2/s}$, $\mathrm{ft^2/s}$, $\mathrm{cm^2/s}$ (stokes)

2.18 Example

비중이 0.9인 기름의 점성계수는 0.004 $\mathrm{kg_f \cdot s/m^2}$이다. 이 기름의 동점성계수는 몇 $\mathrm{m^2/s}$인가? (단, 중력가속도는 9.8 $\mathrm{m/s^2}$이다.)

풀이.

$$동점성계수(\nu) = \frac{점도(\mu)}{밀도(\rho)}$$ 이므로

점성계수는 0.004 $\mathrm{kg_f \cdot s/m^2}$을 MKS 단위계인 kg/m·s의 단위로 환산하면

$$점도(\mu) = \frac{0.004\ \mathrm{kg_f \cdot s}}{\mathrm{m}^2} \times \frac{9.8\ \mathrm{N}}{1\ \mathrm{kg_f}} \times \frac{\mathrm{kg \cdot m/s^2}}{\mathrm{N}} = \frac{0.0392\ \mathrm{kg}}{\mathrm{m \cdot s}}$$

액체의 비중이 0.9이므로 이 값으로부터 액체의 밀도값을 MKS 단위계로 구하면 다음과 같다.

$$액체의\ 밀도(\rho) = 0.9 \times \frac{1000\ \mathrm{kg}}{\mathrm{m}^3} = \frac{900\ \mathrm{kg}}{\mathrm{m}^3}$$ 이 된다

따라서 액체의 동점성계수$(\nu) = \frac{\mu}{\rho} = \frac{0.0392\ \mathrm{kg/m \cdot s}}{900\ \mathrm{kg/m^3}} = 4.36 \times 10^{-5}\ \mathrm{m^2/s}$가 된다.

3. 점도의 단위

점도의 차원이 $[ML^{-1}T^{-1}]$이므로 점도의 기본단위는 다음과 같다. 이동하고자 하는 유체에 대한 내부저항을 점도라고 하였다. 이러한 점도의 단위를 cgs와 MKS 단위계에서 살펴보면 cgs 단위계에서 점도의 단위는 g/cm·s이고 MKS계에서 점도의 기본단위는 kg/m·s가 된다.

유체가 흐름에 저항하는 성질을 점도라 하며, 먼저 cgs 단위계에서의 점도의 단위를 poise라 한다.

$$1 \text{ poise} = 1 \text{ g/cm} \cdot \text{s}$$

이 단위를 MKS 단위로 환산하면 다음과 같다.

$$1 \text{ poise} = \frac{1 \text{ g}}{\text{cm} \cdot \text{s}} \times \frac{1 \text{ kg}}{1000 \text{ g}} \times \frac{100 \text{ cm}}{1 \text{ m}} = \frac{0.1 \text{ kg}}{\text{m} \cdot \text{s}}$$

앞서 밀도에 대한 단위계에서도 설명하였듯이 소방유체에서는 단위계를 힘의 단위로 많이 표현한다. 따라서 위에서 구해진 점도의 단위를 힘의 단위계로 환산하면 다음과 같다. 질량단위계를 힘의 단위계로 환산할 때에는 중력가속도를 주로 사용한다.

우선 1 poise의 MKS 단위값인 0.1 kg/m·s를 힘의 단위로 환산하면 다음과 같다.

$$1 \text{ poise} = \frac{0.1 \text{ kg}}{\text{m} \cdot \text{s}} = \frac{0.1 \text{ kg}}{\text{m} \cdot \text{s}} \times \frac{\text{m}}{\text{m}} \times \frac{\text{s}}{\text{s}} = \frac{0.1 \text{ kg} \cdot \text{m}}{\text{s}^2} \times \frac{\text{s}}{\text{m}^2} = \frac{0.1 \text{ N} \cdot \text{s}}{\text{m}^2}$$

$1 \text{ kg}_f = 9.8 \text{ N}$이므로 이 값을 kg_f의 단위로 바꾸면 다음과 같다.

$$1 \text{ poise} = \frac{0.1 \text{ N} \cdot \text{s}}{\text{m}^2} = \frac{0.1 \text{ N} \cdot \text{s}}{\text{m}^2} \times \frac{1 \text{ kg}_f}{9.8 \text{ N}} = 0.0102 \text{ kg}_f \cdot \text{s/m}^2$$

Tip 점도의 단위

$$1 \text{ poise} = \frac{1 \text{ g}}{\text{cm} \cdot \text{s}} = \frac{1 \text{ g}}{\text{cm} \cdot \text{s}} \times \frac{1 \text{ kg}}{1000 \text{ g}} \times \frac{100 \text{ cm}}{1 \text{ m}} = \frac{0.1 \text{ kg}}{\text{m} \cdot \text{s}}$$

$$1 \text{ poise} = \frac{0.1 \text{ N} \cdot \text{s}}{\text{m}^2} = \frac{0.1 \text{ N} \cdot \text{s}}{\text{m}^2} \times \frac{1 \text{ kg}_f}{9.8 \text{ N}} = 0.0102 \text{ kg}_f \cdot \text{s/m}^2$$

$$1 \text{ poise} = \frac{0.0102 \text{ kg}_f \cdot \text{s}}{\text{m}^2} = \frac{0.0102 \text{ kg}_f \cdot \text{s}}{\text{m}^2} \times \frac{9.8 \text{ N}}{1 \text{ kg}_f} = \frac{0.1 \text{ N} \cdot \text{s}}{\text{m}^2}$$

$$\frac{1 \text{ kg}_f \cdot \text{s}}{\text{m}^2} = \frac{1 \text{ poise}}{0.0102} = 98.04 \text{ poise}$$

4. 전단응력에 따른 유체의 종류

앞서 살펴본 그림 2-4에서 보는 바와 같이 서로 평행한 두 판 사이에 유체가 들어 차 있는 경우(실제의 경우는 원통형 관에 유체가 들어 차 있는 것으로 원통형 관의 벽에서 유체는 고정되어 있는 것처럼 보이며, 원통형 관의 중심부에 있는 유체가 우선적으로 이동하게 된다.) 이동하는 평판이 움직이면 유체도 따라 움직이게 된다. 유체가 판과 함께 움직이는 이유는 유체가 지닌 점성(viscosity) 때문이다. 점성은 유체가 지닌 저항력으로 작용한다. 유체의 점성으로 인해 유체의 내부까지 힘이 전달된다. 이 힘을 전단응력(shear stress, τ)이라 하며, 전단응력은 유체의 상부에서 하부까지 무한한 수의 면을 통해 전달된다.

유체의 종류에는 여러 가지의 분류체계가 사용된다. 시간적으로 유속이나 밀도 등의 변화가 시간의 변화에 따라 크게 변하지 않으면 이를 정상상태(steady state)라고 하여 시간에 따른 변화를 고려하지 않는다. 시간에 따른 변화를 모두 고려하는 것을 비정상상태(unsteady state)라고 한다. 또한 quasi-steady, quasi-unsteady 등의 용어도 있다. 점성을 고려한 유동을 점성유동, 점성을 무시한 가상의 유동을 비점성유동이라고 한다. 또 유체입자의 회전을 무시한 유동을 비회전유동이라고 한다. 압축성을 고려한 유동을 압축성유동, 압축성을 무시한 유동을 비압축성유동이라고 한다. 여기에서는 유체가 이동할 때 저항력으로 작용하는 유체의 점성으로 인해 유체의 내부까지 전달되는 힘인 전단응력(shear stress, τ)에 따른 유체의 종류에 대하여 살펴보기로 하자.

(1) 뉴턴유체(Newtonian fluid)

그림 2-5에서 보는 바와 같이 전단응력이 속도구배에 비례하는 유체를 뉴턴유체라 한다. 대부분의 용액, 기체가 이에 속한다. 한 물질의 점도 값이 전단속도(shear rate)의 변화에 대해서 무관한 용액을 뉴턴유체라고 한다.

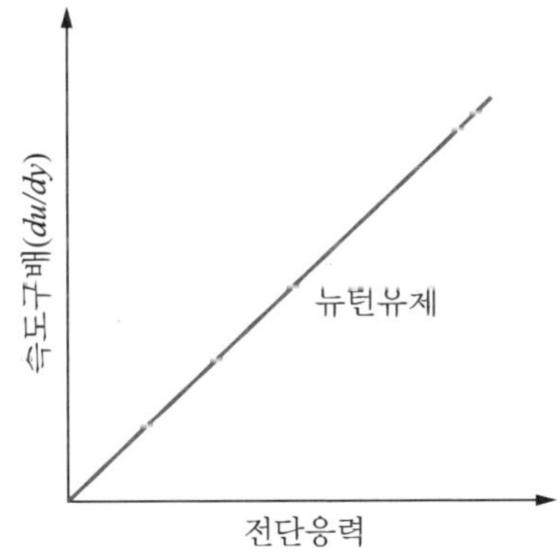

그림 2-5 전단응력과 속도구배

뉴턴유체의 대표적인 예로서 회전형 점도계에서 서로 다른 rpm에서 점도를 측정했을 때, 그 측정값이 rpm의 변화에 관계없이 일정한 용액 등 단일조성의 유체들이 해당한다. 이를 점성과 관련된 식에서 살펴보면 $\tau = \mu\left(\frac{du}{dy}\right)^n$ 에서 $n=1$인 유체를 뉴턴유체라 하며, 뉴턴유체에는 물, 공기 및 그 밖의 기체, 그리고 저분자의 액체들이 있다.

(2) 비뉴턴유체(Non-Newtonian fluid)

일반적으로 뉴턴유체가 아닌 유체 전부를 일컬으며 대부분의 용액이 이에 속한다. 전단응력(shear stress) 대 전단속도(shear rate)의 관계가 일정하지 않은 것을 말한다. 즉, 전단속도가 변화할 때 전단응력의 변화가 같은 비율로 변화하지 않음을 의미한다. 따라서 전단속도의 변화에 따라서 점도의 변화가 다양하게 나타난다. 시간에 대한 영향 여부에 따라서 시간의존성을 가진 형태와 시간에 무관한 형태로 나뉜다.

$\tau = \mu\left(\frac{du}{dy}\right)^n$ 에서 $n \neq 1$인 유체를 비뉴턴유체라 하며, 이러한 비뉴턴유체에는 팽창성(dilatant) 유체($n<1$)인 수지(resin), 고온의 유리, 아스팔트 등이 있다. 또한 의소성(pseudo plastic) 유체($n>1$)라고 하여 고분자 및 펄프의 용액 등이 있다.

Tip 뉴턴유체와 비뉴턴유체

뉴턴유체

$\tau = \mu\left(\frac{du}{dy}\right)^n$ 에서 $n=1$인 유체로 전단응력(τ)과 전단속도$\left(\frac{du}{dy}\right)$의 비가 일정한 유체

비뉴턴유체

$\tau = \mu\left(\frac{du}{dy}\right)^n$ 에서 $n \neq 1$인 유체로 전단응력(τ)과 전단속도$\left(\frac{du}{dy}\right)$의 비가 일정하지 않은 유체

$n<1$인 유체를 팽창성(dilatant) 유체라 한다.
$n>1$인 유체를 의소성(pseudo plastic) 유체라 한다.

표 2-3 점도의 종류

점도의 종류	특 징	단 위
상대 점도	① 비뉴턴유체 용액의 점도 ② 하나의 변형률(shear rate)에서 측정된 값	poise
절대 점도	① 중력에 관계없이 측정되는 점도 ② 용액의 절대점도를 말한다.	
동 점 도	① 중력의 영향 하에서 측정된 점도 ② 움직이는 유체의 점도	동점도 = 점도/밀도

표 2-4 흐름에 따른 점도의 분류

	특 징
의소성(Pseudo-plastic)	변형율(Shear rate)이 증가함에 따라 점도가 감소
팽창성(Dilatant)	변형율(Shear rate)의 증가에 따라 점도값도 함께 증가
플라스틱(Plastic)	정적인 조건하에서 고체와 같이 행동 유동이 시작되기 전에 일정한 양의 힘을 가해야 한다.
틱소트로피(Thixotropy)	일정한 변형(shearing) 상태의 시간에 따라 점성이 감소
레오펙틱(Rheopectic)	일정한 변형율(Shear rate)에서 시간에 따라 점도가 증가

2.19 Example

$1\ \mathrm{kg_f \cdot s/m^2}$은 몇 poise인가?

풀이.

점성계수의 단위환산 $1\ \text{poise} = 0.1\ \mathrm{N \cdot s/m^2}$로부터

$$\frac{1\ \mathrm{kg_f \cdot s}}{\mathrm{m^2}} = \frac{1\ \mathrm{kg_f \cdot s}}{\mathrm{m^2}} \times \frac{9.8\ \mathrm{N}}{1\ \mathrm{kg_f}} = \frac{9.8\ \mathrm{N \cdot s}}{\mathrm{m^2}} = \frac{9.8\ \mathrm{N \cdot s}}{\mathrm{m^2}} \times \frac{10\ \text{poise}}{\frac{1\ \mathrm{N \cdot s}}{\mathrm{m^2}}} = 98\ \text{poise}$$

2.20 Example

비중이 0.9인 기름의 점성계수가 $0.004\ \mathrm{kg \cdot s/m^2}$이다. 이 기름의 동점성계수는 몇 $\mathrm{m^2/s}$인가?

풀이.

동점성계수 = 점성계수/밀도

기름의 비중이 0.9이므로 기름의 밀도는 $900\ \mathrm{kg/m^3}$의 값을 갖는다.

$$\text{동점성계수} = \frac{\text{점성계수}}{\text{밀도}} = \frac{0.004\ \mathrm{kg \cdot s}}{\mathrm{m^2}} \times \frac{\mathrm{m^3}}{900\ \mathrm{kg}} = 4.45 \times 10^{-6}\ \mathrm{m \cdot s}$$

$$= 4.45 \times 10^{-6}\ \mathrm{m \cdot s} \times \frac{9.8\ \mathrm{m}}{\mathrm{s^2}} = 4.35 \times 10^{-5}\ \mathrm{m^2/s}$$

2.21 Example

점성계수가 $1.4 \times 10^{-3}\ \mathrm{kg/m \cdot s}$인 유체가 평판 위를 $U = 850y - 5 \times 10^{-6} y^3$ (m/s)의 속도분포로 흐르고 있다. 여기서 y (m)는 벽면으로부터 측정된 수직거리일 때 이때 벽면에서의 전단응력은 몇 $\mathrm{N/m^2}$인가?

풀이.

전단응력(τ) = 점성계수(μ) × 속도구배(du/dy)으로부터 $\tau = \mu \times \dfrac{du}{dy}$에서 $\dfrac{du}{dy}$는 다음과 같다.

기초적인 미분 형태인 $(x^n)' = nx^{n-1}$에 의하여

$U = 850y - 5 \times 10^{-6} y^3$에서 $\dfrac{du}{dy} = 850 - 3 \times 5 \times 10^{-6} y^2$이 된다.

벽면에서는 $y=0$이 되므로 $\frac{du}{dy}=850\,\mathrm{s}^{-1}$이 된다.

주어진 조건에서 물의 점도 $\mu=1.4\times10^{-3}\,\mathrm{kg/m\cdot s}$일 때 전단응력은 다음과 같다.

$$\tau=\mu\frac{du}{dy}=\frac{1.4\times10^{-3}\,\mathrm{kg}}{\mathrm{m\cdot s}}\times\frac{850}{\mathrm{s}}=\frac{1.19\,\mathrm{kg}}{\mathrm{m\cdot s^2}}=\frac{1.19\,\mathrm{kg\cdot m}}{\mathrm{m^2\cdot s^2}}=1.19\,\mathrm{N/m^2}$$

2.4 유체의 압축성과 탄성

1. 체적압축계수 또는 압축률(compressibility)

유체에는 공기와 같이 외부에서 힘을 가하면 부피가 변화하는 압축성유체와 물처럼 외부에서 힘을 가해도 부피가 변화하지 않는 비압축성유체가 존재한다. 일반적으로 압축성 유체의 경우 온도가 일정하게 유지될 때 압력이 증가하면 부피가 감소하게 된다. 이를 보일의 법칙이라고 하며 $P_1V_1=P_2V_2$와 같이 나타낸다. 여기에서는 유체의 압축성에 대해 살펴보기로 하자. 그림에서 보는 바와 같이 초기 압력이 P이고 부피가 V인 물체에 dP만큼의 압력을 가하면 압력의 변화에 의해 나중 압력이 dP만큼 증가하여 $P+dP$가 되고, 체적이 압축되어 액체의 부피가 dV만큼 감소하여 $V-dV$가 된다. 이와 같이 일정한 부피를 지닌 물체에 작용하는 압력이 변화하면 부피도 같이 변화하게 된다. 이때 가해진 압력과 변화된 부피와의 관계를 압축률로 나타낼 수 있다.

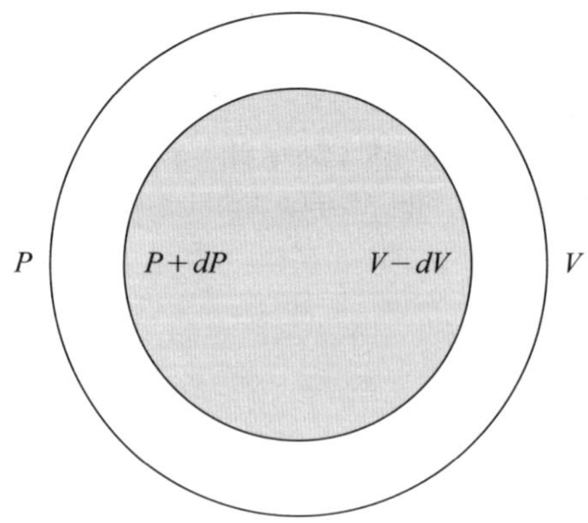

그림 2-6 유체의 압력과 부피의 변화

압축률은 압력변화에 의한 부피의 변화율을 의미하는 값이다. 압력의 변화값을 dP라 하고 부피의 변화값을 dV라 하면, 부피 변화율은 dV/V로 표시된다. 액체의 압축률(compressibility)을 β라고 하면 다음과 같이 표시된다.

$$\beta = \frac{\text{부피 변화율}}{\text{압력 변화}} = -\frac{\frac{dV}{V}}{dP} = -\frac{1}{V}\frac{dV}{dP} = \frac{1}{V}\frac{\Delta V}{\Delta P}$$

단위는 m^2/N이며, 압력은 가해진 값이므로 압력의 변화(dP)는 +의 값을 가지나 부피는 감소하여 부피의 변화(dV)는 −의 값을 가진다. 부피의 변화율에 따른 압력의 변화는 다음과 같이 나타낸다.

$$\Delta P = \frac{1}{\beta} \times \frac{\Delta V}{V} \tag{2-6}$$

Tip 압축률(β)은 압력 변화(dP)에 대한 부피 변화(dV/V)율을 의미한다.

압축률 $\beta = -\frac{\frac{dV}{V}}{dP} = -\frac{1}{V}\frac{dV}{dP} = \frac{1}{V}\frac{\Delta V}{\Delta P}$에서 $\Delta P = \frac{1}{\beta} \times \frac{\Delta V}{V}$

표 2-5 물의 압축률(m^2/N)

압력(atm) \ 온도(℃)	0	10	20	50
1~25	5.18×10^{-2}	4.94×10^{-2}	4.85×10^{-2}	-
25~50	5.09×10^{-2}	4.86×10^{-2}	4.70×10^{-2}	-
50~75	5.03×10^{-2}	4.67×10^{-2}	4.50×10^{-2}	-
75~100	4.96×10^{-2}	4.64×10^{-2}	4.47×10^{-2}	-
100~500	4.69×10^{-2}	4.42×10^{-2}	4.29×10^{-2}	4.11×10^{-2}
500~1000	4.11×10^{-2}	3.90×10^{-2}	3.76×10^{-2}	3.61×10^{-2}
1000~1500	3.53×10^{-2}	3.44×10^{-2}	3.34×10^{-2}	3.21×10^{-2}

2. 체적단성계수(Bulk modulus)

유체의 체적탄성계수(bulk modulus)는 압축률의 역수로서 $K = \frac{1}{\beta} = -V\frac{dP}{dV} = V\frac{\Delta P}{\Delta V}$로 나타내고, 단위는 N/m^2이다. 기체의 경우 등온 변화 시 체적탄성계수(K)는 보일의 법칙인 $P_1V_1 = P_2V_2$의 관계로부터 $P_2 = P_1 \times \frac{V_1}{V_2}$와 같다.

2.22 Example

물의 체적탄성계수가 3×10⁴ kgf/cm²일 때 물의 체적을 1.5% 감소시키기 위해서는 몇 kgf/ cm²의 압력을 가하여야 하는가?

풀이.

$$P_2 = P_1 \times \frac{V_1}{V_2} \Rightarrow \Delta P = K \times \frac{\Delta V}{V}$$

$$\Delta P = K \times \frac{\Delta V}{V} = \frac{30000\ \mathrm{kg_f}}{\mathrm{cm}^2} \times \frac{1.5}{100} = 450\ \mathrm{kg_f/cm^2}$$

2.23 Example

배관속의 물에 압력을 가했더니 물의 체적이 0.75% 감소하였다. 이때 가해진 압력은 얼마인가? (단, 물의 체적탄성계수가 3×10^4 $\mathrm{kg_f/cm^2}$이다.)

풀이.

물의 체적탄성계수가 3×10^4 $\mathrm{kg_f/cm^2}$이므로 물의 압축률은 체적탄성계수의 역수인 3.3×10^{-5} $\mathrm{cm^2/kg_f}$이다.

$$\Delta P = \frac{1}{\beta} \times \frac{\Delta V}{V} = \frac{1\ \mathrm{kg_f}}{3.3\times10^{-5}\ \mathrm{cm}^2} \times \frac{0.75}{100} = 227.3\ \mathrm{kg_f/cm^2}$$

2.24 Example

체적탄성계수가 2.5×10^4 $\mathrm{kg_f/cm^2}$인 물의 부피를 1% 감소시키기 위해서는 몇 $\mathrm{kg_f/cm^2}$의 압력을 가해 주어야 하는가?

풀이.

체적탄성계수(K)와 압축률(β)

① 체적탄성계수 $K = \dfrac{\Delta P}{\Delta V/V}$

여기서 ΔP : 가해진 압력, $\Delta V/V$: 체적감소율

② 압축률 $\beta = \dfrac{1}{K}$

여기서 K : 체적탄성계수

$$\beta = \frac{1}{K} = \frac{\Delta V/V}{\Delta P}$$

체적탄성계수(K)와 가해진 압력(ΔP) 사이의 관계로부터

$K = \dfrac{\Delta P}{\Delta V/V}$이므로 $\Delta P = K \times \dfrac{\Delta V}{V} = 2.5\times10^4\ \mathrm{kg_f/cm^2} \times \dfrac{1}{100} = 250\ \mathrm{kg_f/cm^2}$

2.25 Example

어떤 액체가 0.01 m³의 체적을 갖는 배관 속에서 50 kPa의 압력을 받고 있다. 이 때 압력이 100 kPa으로 증가되었을 때 액체의 체적이 0.0099 m³으로 축소되었다면 이 액체의 체적탄성계수는 몇 kPa인가?

풀이.

체적탄성계수(K)와 압축률(β)

① 체적탄성계수 $K = \dfrac{\Delta P}{\Delta V/V}$

여기서, ΔP : 가해진 압력, $\Delta V/V$: 체적감소율

② 압축률 $\beta = \dfrac{1}{K}$

여기서, K는 체적탄성계수

$$\beta = \frac{1}{K} = \frac{\Delta V/V}{\Delta P}$$

체적탄성계수(K)와 가해진 압력(ΔP) 사이의 관계로부터 $K = \dfrac{\Delta P}{\Delta V/V}$이므로

압력 변화 $\Delta P = 100\,\text{kPa} - 50\,\text{kPa} = 50\,\text{kPa}$

부피 변화율 $\Delta V/V = \dfrac{0.01\,\text{m}^3 - 0.0099\,\text{m}^3}{0.01\,\text{m}^3} = 0.01$

$$K = \frac{\Delta P}{\Delta V/V} = \frac{50\,\text{kPa}}{0.01} = 5000\,\text{kPa}$$

2.5 표면장력과 모세관현상

1. 표면장력

(1) 표면장력의 정의

표면장력(Surface tension)은 액체의 표면이 수축하여 스스로 가장 작은 면적을 만들려고 하는 힘을 의미한다. 바늘 등의 금속 물질, 면도 칼날, 포일 조각과 같은 조그마한 물체들이 물의 표면 위에 뜨는 것들이 모두 표면장력의 현상에 의하여 발생하는 것이다.

분자 사이에 작용하는 힘에 따라 분자가 서로 접촉하여 응축하려고 하며, 이 결과 표면적이 적은 원모양이 되려고 한다. 액체의 온도가 오르면 분자 운동이 활발하게 되므로 표면장력은 온도가 오르면 낮아지는 특성을 가진다. 표면장력이 클수록 분자 간의 인력이 강하기 때문에 증발하는 데 많은 시간이 걸린다. 우리 주변에서 흔히 볼 수 있는 물질의 표면장력의 순서를 살펴보면 수은 > 물 > 비눗물 > 에탄올 순으로 표면장력이 크다. 표면장력이 클수록 분자 간의 인력이 강하기 때문에 증발하는 데 많은 시간이 걸린다.

표면장력은 액체분자의 상호 작용력의 척도이며 액체의 종류에 따라 다른 값을 가진다.

표면장력의 크기는 면적에 따른 에너지값[에너지/면적] 또는 단위길이에 대한 힘의 값[힘/길이]으로 정의되어 있다.

$$\text{표면장력}(\sigma) = \text{에너지} / \text{넓이} = \text{힘} / \text{길이}$$
$$(\text{ergs/cm}^2 = \text{dynes/cm} = \text{N/m})$$

> **Tip 표면장력**
> ① 유체의 표면적 작용하여 표면적을 최소로 하는 힘
> ② 분자간의 인력에 의하여 표면을 가능한 작게 하려는 경향이 있는 액체 상태에서 외력이 무시될 경우 거의 구형을 유지하려는 데 작용하는 장력
> ③ 표면장력(σ) = 에너지/넓이 = 힘/길이 (ergs/cm^2 = dynes/cm = N/m)

2.26 Example

그림에서 피스톤 A_2의 반지름이 A_1 반지름의 2배일 때 힘 F_1, F_2사이의 관계는?

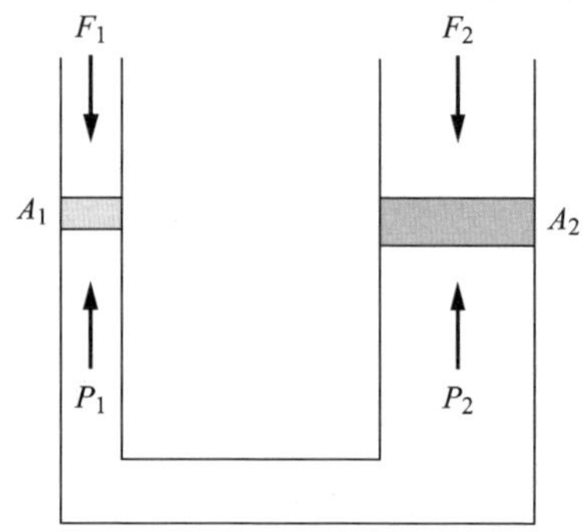

풀이.

위 조건에서 피스톤의 높이가 같으므로 피스톤에 작용하는 압력은 서로 같은 값을 가진다.

$P = \dfrac{F}{A}$에서 $\dfrac{F_1}{A_1} = \dfrac{F_2}{A_2}$이므로 $F_1 = \dfrac{A_1}{A_2} \times F_2$가 된다.

A_2의 반지름은 A_1의 반지름의 2배이므로 $D_2 = 2D_1$이므로, $A_2 = 4A_1$

따라서 $F_1A_2 = F_2A_1$에서 $F_1 4A_1 = F_2A_1$ 따라서 $F_2 = 4F_1$

2. 모세관현상

(1) 모세관현상의 정의

모세관현상(Capillarity)은 공간이나 통기성 물질의 구멍에서 볼 수 있는 현상으로, 작은 관과 같은 통로를 따라 액체가 올라가거나 내려가는 현상을 의미한다. 이러한 모세관현상은 표면장력 때문에 발생한다.

물속에 가는 관을 넣었을 때 물이 관을 따라 올라가는 것은 물 분자와 유리벽면 분자, 또 물 분자 상호간의 인력(引力) 때문에 생긴다. 이 인력은 특정한 높이까지 올라간 액체기둥에 작용하는 중력과 균형을 이룬다. 따라서 모세관의 안지름이 작을수록 물은 더 높이 올라간다. 그러나 수은(Hg)은 그 반대로 안지름이 작아질수록 더 많이 내려간다. 일례로 대기 중에서 수은에 모세관을 넣으면 76 cm의 높이로 수은이 올라가는데, 물과 같은 경우에는 10 m 정도의 높이까지 올라간다.

모세관현상에서 모세관에 부착하는 액체의 부착력의 크기는 온도, 고체면의 종류 상태에 따라 변한다.

① 부착력이 응집력보다 크면 물은 고체면을 퍼지면서 적시게 된다.
② 응집력이 더 크게 되면 물방울과 같은 곡면을 형성하게 된다.

모세관현상은 물과 고체사이의 부착력과 물분자간의 응집력의 상대적 크기에 영향을 받는다. 부착력이 응집력보다 큰 물의 경우에는 모세관 위로 올라가고, 수은의 경우처럼 응집력이 더 크면 반대로 내려간다.

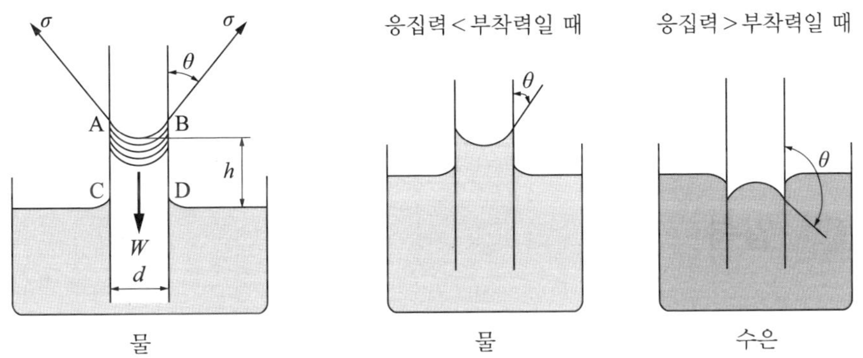

그림 2-7 물과 수은에서의 응집력과 부착력의 관계

(2) 모세관에서 물의 상승높이

모세관을 상승하는 물의 높이에 미치는 영향은 다음과 같다.
① 물의 모세관 상승높이는 관의 재료, 관의 직경 등에 의하여 결정된다.
② 관의 직경이 두 배가 되면 끌어올리는 힘도 두 배가 된다.
③ 물의 중량은 직경의 제곱에 비례한다.
④ 모세관 상승높이는 관의 지름에 반비례한다.

모세관에서 액체의 상승높이 h는

$$h = \frac{4\sigma\cos\theta}{\gamma d} = \frac{2\sigma\cos\theta}{\rho g r}$$

여기서, σ : 표면장력(kg/m)
θ : 접촉각
γ : 단위체적당 비중량(kg_f/m^3) ; 물의 경우 1000 kg_f/m^3
d : 모세관 직경(m)
r : 모세관의 반경

> **Tip** **모세관현상**
> ① 물위에 가는 관을 세우게 되면 부착력이 모세관 내의 물의 중량보다 크다.
> ② 그만큼 모세관 내의 수위를 상승시키는 현상
> ③ 모세관현상에서 액체의 상승높이 $h = \frac{4\sigma\cos\theta}{\gamma d} = \frac{2\sigma\cos\theta}{\rho g r}$
> 여기서 σ : 표면장력(kg/m)
> θ : 접촉각
> γ : 단위체적당 비중량(kg_f/m^3)
> d : 모세관 직경(m)
> r : 모세관의 반경

2.6 압력

1. 압력의 정의

공학적인 관점에서는 단위면적에 작용하는 힘[F/L^2]을 압력이라 하며, 표준단위로는 N/m^2 = Pa(pascal)이 사용된다. 즉, 면적 A에 수직으로 작용하는 힘을 F라 하면 여기에 미치는 압력 P는 F/A이다.

> **Tip** **압력의 정의**
> 압력은 단위면적에 가해진 힘을 의미한다. 압력$(P) = \frac{\text{힘}(F)}{\text{면적}(A)}$

2. 압력의 단위

압력을 단위면적(A)에 수직으로 작용하는 힘(F)으로 나타내서 압력단위에는 힘의 단위(N,

kg_f)가 들어가 있는 것이 주로 사용된다. 부차적으로 사용되는 압력의 단위로는 높이의 단위가 사용되고 있다.

(1) 단위면적당 작용한 힘의 형태의 압력 단위

압력은 단위면적당 작용한 힘으로 정의되므로, 이러한 정의에 따른 압력의 단위체계는 cgs 단위에서는 힘은 dyne, 면적은 cm^2이므로 압력은 $dyne/cm^2 = bar$이고, MKS 단위에서는 힘은 N, 면적은 m^2이므로 압력은 $N/m^2 = Pa$이다. 그리고 FPS 단위계에서는 $lb_f/in^2 = psi$로 표현된다. 이러한 단위환산관계를 구체적으로 살펴보면 다음과 같다. Newton의 운동방정식에 의하면 다음 식이 성립한다.

$$\text{힘} = \text{질량} \times \text{가속도}$$

이므로 가속도는 속도의 변화율이다. 속도의 SI 단위는 m/s이므로 가속도의 MKS 단위는 m/s^2이다. 그러므로

$$\text{힘의 MKS 단위} = \text{질량의 MKS 단위(kg)} \times \text{가속도의 MKS 단위}(m/s^2)$$

힘의 SI 단위 $kg \cdot m/s^2$을 N(Newton)이라 부른다. 앞서 살펴본 바와 같이 압력은 단위면적당 힘이다. 그러므로

$$\begin{aligned}\text{압력의 MKS 단위} &= \frac{\text{힘의 MKS 단위 }(kg \cdot m/s^2)}{\text{면적의 MKS 단위 }(m^2)} \\ &= (kg \cdot m/s^2)/m^2 = N/m^2\end{aligned}$$

이 되는데 이 값을 Pascal(Pa)이라고 한다. 따라서 압력의 MKS 단위는 N/m^2 또는 Pa이라는 단위가 주로 사용된다.

① 1기압의 cgs 단위체계

$$\begin{aligned}1\,atm &= \rho_{H_2O}\, g\, h_{H_2O} = \frac{1\,g}{cm^3} \times \frac{980.6\,cm}{s^2} \times 1033.6\,cm \\ &= 1.013 \times 10^6\ \frac{g}{cm^3 s^2} \times cm^2 = 1.013 \times 10^6\ dyne/cm^2\end{aligned}$$

② 1기압의 MKS 단위체계

$$\begin{aligned}1\,atm &= \rho_{H_2O}\, g\, h_{H_2O} = \frac{1000\,kg}{m^3} \times \frac{9.8\,m}{s^2} \times \frac{s^2}{kg \cdot m}\left|\frac{N}{}\right. \times 10.336\,m \\ &= 101292.8\,N/m^2 = 101.3\,kPa\end{aligned}$$

③ 1기압의 FPS 단위체계

$$1\ \text{atm} = \rho g h = 10336\ \frac{\text{kg}_\text{f}}{\text{m}^2} \times \frac{(0.3048\ \text{m})^2}{1\ \text{ft}^2} \times \frac{1\ \text{lb}_\text{f}}{0.454\ \text{kg}_\text{f}} = 2115.07\ \frac{\text{lb}_\text{f}}{\text{ft}^2}$$

$$= 2115.07\ \frac{\text{lb}_\text{f}}{\text{ft}^2} \times \frac{(1\ \text{ft})^2}{(12\ \text{in})^2} = 14.688\ \frac{\text{lb}_\text{f}}{\text{in}^2} = 14.688\ \text{psi}$$

> ***Tip*** **1기압의 여러 가지 값**
>
> 1 atm = 760 mmHg = 1.0336 kg_f/cm^2
> = 10.33 mH_2O = 1013 mbar = 29.92 inHg = 14.7 psi = 1013×10^3 dyne/cm^2

(2) 수은과 물의 액주를 기준으로 한 압력단위

압력(P)과 힘(F)의 차원으로부터 압력의 차원을 계산하면 다음과 같다.

$$P = \frac{[\text{F}]}{[\text{A}]} = \frac{[\text{F}]}{[\text{L}^2]}$$

가 되며, $F = mg = [\text{M}] \times \frac{[\text{L}]}{[\text{T}^2]} = \frac{[\text{ML}]}{[\text{T}^2]}$가 되므로 이를 정리하면 다음과 같다.

$$P = \frac{[\text{F}]}{[\text{A}]} = \frac{[\text{ML/T}^2]}{[\text{L}^2]} = [\text{M}] \times \frac{[\text{L}]}{[\text{L}^2]} \times \frac{1}{[\text{T}^2]}$$

가 된다. 식의 분자와 분모에 각각 길이의 차원인 [L]을 곱하면 그 결과는 다음과 같다.

$$P = [\text{M}] \times \frac{[\text{L}]}{[\text{L}^2]} \times \frac{1}{[\text{T}^2]} \times \frac{[\text{L}]}{[\text{L}]} = \frac{[\text{M}]}{[\text{L}^3]} \times \frac{[\text{L}]}{[\text{T}^2]} \times [\text{L}]$$

이 된다. 이 식에 있는 각 차원인 $\frac{[\text{M}]}{[\text{L}^3]}$는 밀도($\rho$)이고, $\frac{[\text{L}]}{[\text{T}^2]}$는 가속도이며 [L]은 거리값을 의미한다. 따라서 $P = \frac{mg}{A} = \rho \times g \times h$가 된다.

압력이 액주가 존재하는 단면의 크기에 무관하다면, 압력은 밀도를 아는 유체 기둥의 높이로서 나타낼 수 있다.

$$P = \rho g h = \rho_{\text{Hg}}\, g\, h_{\text{Hg}} = \rho_{\text{H}_2\text{O}}\, g\, h_{\text{H}_2\text{O}} = \gamma_{\text{H}_2\text{O}}\, h_{\text{H}_2\text{O}}$$

여기서, ρ : 밀도
g : 중력가속도
γ : 액체의 비중량

따라서 수은의 액주와 물의 액주의 관계는 다음과 같다.

$$h_{H_2O} = \frac{\rho_{Hg} h_{Hg}}{\rho_{H_2O}}$$

> ***Tip*** **수은과 물의 액주 높이의 관계**
> $h_{H_2O} = \rho_{Hg} h_{Hg} / \rho_{H_2O}$

4℃ 물을 기준으로 한 수은의 비중이 13.6이므로

$$1\ \text{atm} = 760\ \text{mmHg} = [76\ \text{cm}][13.6] = 1033.6\ \text{cmH}_2\text{O} = 10.33\ \text{mH}_2\text{O}$$

거리의 환산인자인 1 ft = 12 inch = 30.48 cm를 사용하여 단위환산하면

$$1\ \text{atm} = 1033.6\ \text{cmH}_2\text{O} \times \frac{1\ \text{ft}}{30.48\ \text{cm}} = 33.91\ \text{ft H}_2\text{O}$$

표 2-6 압력의 차원 및 단위

물리량	의 미	단위(MKS계)	차 원
압력	단위면적당 가해진 힘	N/m^2	$[M][L]/[T]^2[L]^2 = ML^{-1}T^{-2}$

2.27 Example

35 psi을 inHg의 단위로 환산하여라.

풀이.

$$35\ \text{psi} \times \frac{760\ \text{mmHg}}{14.7\ \text{psi}} \times \frac{1\ \text{inHg}}{25.4\ \text{mmHg}} = 71.24\ \text{inHg}$$

2.28 Example

755 mmHg을 kPa의 단위로 환산하여라.

풀이.

$$755\ \text{mmHg} \times \frac{101.3\ \text{kPa}}{760\ \text{mmHg}} = 100.63\ \text{kPa}$$

2.29 Example

0.015 kg_f/cm^2의 압력은 몇 mmAq(mmH_2O)인가?

풀이.

$$\frac{0.015\ \text{kg}_f}{\text{cm}^2} \times \frac{10332\ \text{mmAq}}{1.0332\ \text{kg}_f/\text{cm}^2} = 150\ \text{mmAq}$$

2.30 Example

대기압력이 750 mmHg일 때 압력계의 읽음이 5 kg_f/cm^2이다. 이 압력을 mmHg 단위의 압력값으로 환산하여라.

풀이.

$$\frac{5\ kg_f}{cm^2}\times\frac{760\ mmHg}{1.0332\ kg_f/cm^2}=3677.89\ mmHg$$

밀도 ρ_A인 유체가 지닌 압력을 기둥의 높이로 h_A에 해당하는 값으로 나타내고, 밀도가 ρ_B인 유체의 압력을 기둥의 높이 h_B로 나타낸다면 두 액체의 높이 사이에는 다음과 같은 상관관계가 성립한다. $P=\rho_A g h_A=\rho_B g h_B$이므로, $h_B=\dfrac{\rho_A h_A}{\rho_B}$가 된다. 이처럼 압력을 유체 기둥의 높이로 나타낼 때 그 높이를 압력수두(pressure head)라 한다. 즉, $h=\dfrac{P}{\rho g}=\dfrac{P}{\gamma}$로 표현할 수 있다.

3. 절대압력과 계기압

(1) 표준대기압

지구 표면에는 대기가 둘러싸고 있어서 이 대기에 중력가속도가 작용하여 지구표면에 힘을 미치게 된다. 이 힘으로 인한 압력을 대기압력(atmospheric pressure)이라 한다. 대기에 작용하는 이러한 힘을 대기압이라 하며, 값으로는 1 atm으로 나타낸다.

(2) 절대압력과 게이지(계기)압력

압력게이지로 압력을 측정하면 게이지에 표시되는 압력은 게이지(계기)압이라고 할 수 있다. 따라서 절대압은 이렇게 측정된 게이지압에 대기압이 더해진 값과 같다.
감압하여 진공으로 만들수록 진공도는 커지게 된다. 따라서 장치 안의 절대압력은 대기압에서 진공도를 뺀 값이 된다. 즉 진공계의 경우 진공도 = 대기압 − 절대압력이 된다.

Tip 절대압력 = 대기압 + 게이지압 = 대기압 − 진공도

2.31 Example

산소봄베에 달린 압력계의 바늘이 4.2 kg_f/cm^2을 가리키고 있다. 이때의 대기압이 1016 mbar라면 이 봄베안의 절대압은 몇 kPa인가?

풀이.

절대압=대기압+게이지압이며, 주어진 2개의 서로 다른 압력값을 하나의 단위로 환산하여 계산하면 된다. 즉, 주어진 kg_f/cm^2와 mbar의 단위를 kPa로 환산하여 계산하면 된다. 1기압(atm)의 값이 101.3 kPa=1.013 kg_f/cm^2=1013 mbar 이므로

$$\frac{4.2\ kg_f}{cm^2} = \frac{4.2\ kg_f}{cm^2} \times \frac{101.3\ kPa}{1.013\ kg_f/cm^2} = 420\ kPa$$

$$1016\ mbar = 1016\ mbar \times \frac{101.3\ kPa}{1013\ mbar} = 101.6\ kPa$$이 된다.

따라서 절대압력은 420 kPa+101.6 kPa로부터 521.6 kPa이 된다.

2.32 Example

펌프연성계의 압력이 80 mmHg이다 이 연성계 압력을 절대압으로 계산하면 몇 kg_f/cm^2인가? (단, 대기압은 760 mmHg이다.)

풀이.

절대압=대기압−진공압=760 mmHg−80 mmHg=680 mmHg

$$680\ mmHg \times \frac{1.0332\ kg_f/cm^2}{760\ mmHg} = 0.924\ kg_f/cm^2$$

2.33 Example

국지대기압이 360 mmHg, 게이지압이 0.9 kg_f/cm^2인 경우 절대압력은 몇 kg_f/cm^2인가?

풀이.

$$360\ mmHg \times \frac{1.0332\ kg_f/cm^2}{760\ mmHg} = 0.489\ kg_f/cm^2$$

절대압=대기압+게이지압=0.9 kg_f/cm^2+0.489 kg_f/cm^2=1.389 kg_f/cm^2

2.34 Example

다음 그림에서와 같이 물이 들어 있는 직경 10 cm의 피스톤을 300 kg_f의 힘으로 밀 때 게이지압력는 몇 kg_f/cm^2인가?

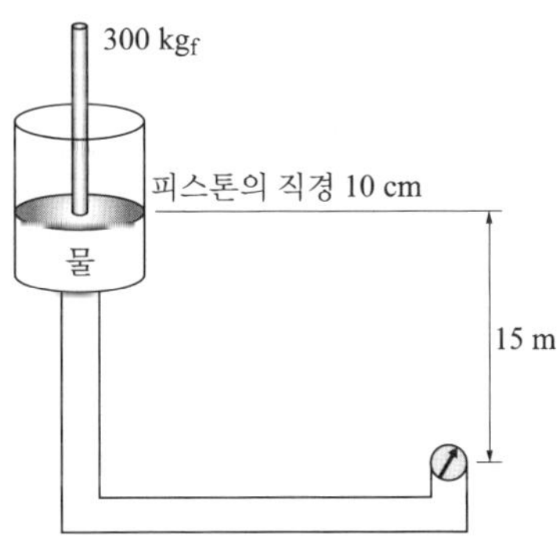

풀이.

압력(P)은 단위면적(A)에 작용한 힘으로 정의된다. 즉, $P=\dfrac{F}{A}$이므로

여기서 직경이 10 cm인 피스톤의 면적은 $A=\dfrac{\pi}{4}\times d^2=\dfrac{\pi}{4}\times(10\text{ cm})^2=78.5\text{ cm}^2$이므로

피스톤에 의한 압력은 $P_P=\dfrac{F}{A}=\dfrac{300\text{ kg}_\text{f}}{78.5\text{ cm}^2}=\dfrac{3.82\text{ kg}_\text{f}}{\text{cm}^2}$가 된다.

게이지는 피스톤으로부터 15 m 아래에 위치하고 있으므로 게이지에 작용하는 압력은 피스톤에 의한 압력과 높이차에 의한 압력 2가지가 영향을 준다.
높이차(H)에 의하여 발생하는 압력은 $P_H=\rho\times g\times H$가 된다.
따라서 높이차에 의한 압력은

$$P_H=\rho\times g\times H=\gamma\times H=\frac{1000\text{ kg}_\text{f}}{\text{m}^3}\times 15\text{ m}\times\left[\frac{1\text{ m}}{100\text{ cm}}\right]^2=\frac{1.5\text{ kg}_\text{f}}{\text{cm}^2}$$

따라서 게이지압력은 $P_g=P_P+P_H=\dfrac{3.82\text{ kg}_\text{f}}{\text{cm}^2}+\dfrac{1.5\text{ kg}_\text{f}}{\text{cm}^2}=5.32\text{ kg}_\text{f}/\text{cm}^2$가 된다.

2.35 Example

물소화설비의 펌프를 작동하면서 흡입구에 설치된 연성계의 압력이 350 mmHg였다. 흡입구를 지나는 물의 정압은 절대압력으로 몇 mmHg인가?

풀이.

연성계는 음의 압력을 나타내므로 절대압=대기압−진공압이 된다.
대기압은 mmHg의 단위로 760 mmHg가 대기압이다. 대기압 값을 여러 단위별로 살펴보면 다음과 같다.

$$1\text{ atm}=760\text{ mmHg}=29.92\text{ inHg}=10.33\text{ mH}_2\text{O}$$
$$=1.0336\text{ kg/cm}^2=14.7\text{ psi(lb/in}^2)=1013\text{ mbar}$$

따라서 절대압은 760 mmHg−350 mmHg=410 mmHg가 된다.

2.36 Example

우유의 비중을 0.96이라 할 때 구경 3 mm인 빨대로 수직방향으로 150 mm 우유를 빨아올리려면 몇 Pa의 압력이 필요한가?

풀이.

압력차(ΔP)의 계산 : $\Delta P=\gamma\Delta h$
여기서, ΔP : 압력차($\text{kg}_\text{f}/\text{cm}^2$), γ : 비중량($\text{kg}_\text{f}/\text{m}^3$), Δh : 높이차(m)

주어진 조건에서 $\Delta h=0\text{ m}-0.15\text{ m}=-0.15\text{ m}$ $\gamma=0.96\times9800\text{ N/m}^3=9408\text{ N/m}^3$이므로
$\Delta P=\Delta h\gamma=(0-0.15)\text{ m}\times9408\text{ N/m}^3=-1411.2\text{ N/m}^2=-1411.2\text{ Pa}$

2.7 온도

온도는 물체의 차고 뜨거운 정도를 수량으로 나타낸 것으로 물체의 상태를 나타내는 양의 하나로서, 통계역학의 입장에서는 물질 내에 있는 원자 또는 분자의 평균운동에너지로 정의한다. 일상생활에서는 열과 혼동하여 사용하는 경우가 많은데, 열은 물체에 출입하는 총 에너지의 양인 반면에 온도는 물체가 가지고 있는 에너지의 수준을 뜻한다. 이 관계는 용기에 물을 담았을 때 용기 내의 물의 양과 높이의 관계와 비슷하다. 열과 온도라는 두 개념이 분명하게 구별된 것은 온도계가 고안되어 온도를 인간의 감각에 의존하지 않고 일정한 수치로서 객관적으로 표시할 수 있게 된 18세기 이후의 일이다.

물질의 온도는 특정 집합상태(고체, 액체 또는 기체)에 있는 그 물질분자들이 가지는 평균 운동에너지의 척도가 된다. 일반적으로 온도에 따라서 변하는 물리적 성질을 측정함으로서 온도를 일 수 있다.

온도의 측정에 이용되는 물성으로는 일정 질량의 유체의 부피(수은 또는 알코올), 도체의 전기저항(저항 온도계), 서로 다른 금속의 접합 점에서의 전압(열전대), 방출되는 복사선의 스펙트라(고온계) 등을 들 수 있다.

온도를 나타내는 척도로는 상대온도와 절대온도가 있다. 상대온도에는 물의 끓는점과 어는점을 기준으로 만들어진 섭씨온도(Celsius, ℃)와 화씨온도(Fahrenheit, °F)가 있으며, 절대온도에는 분자의 운동론에 의해 만들어진 켈빈온도(Kelvin, K)와 랭킨온도(Rankine, °R)가 있으며, 이들은 절대영도를 기준으로 나타낸다.

1. 상대온도

온도는 1기압에서 물의 어는점(T_f)을 0℃ 물의 끓는점(T_b)을 100℃로 하여 이들 사이를 100등분하여 설정된 섭씨온도(℃)라는 상대온도와, 1기압에서 물의 어는점(T_f)을 32°F 물의 끓는점(T_b)을 212°F로 하여 이들 사이를 180등분하여 설정된 화씨온도(°F)라는 상대온도가 널리 사용된다.

섭씨온도(℃)가 0℃부터 100℃까지 100의 간격이 변화할 때, 화씨온도(°F)는 32°F부터 212°F까지 180의 간격이 변화하고 두 온도의 시작점의 온도가 0과 32로 32만큼의 편차를 지니므로 상대온도 ℃와 °F 사이의 관계는 다음과 같다.

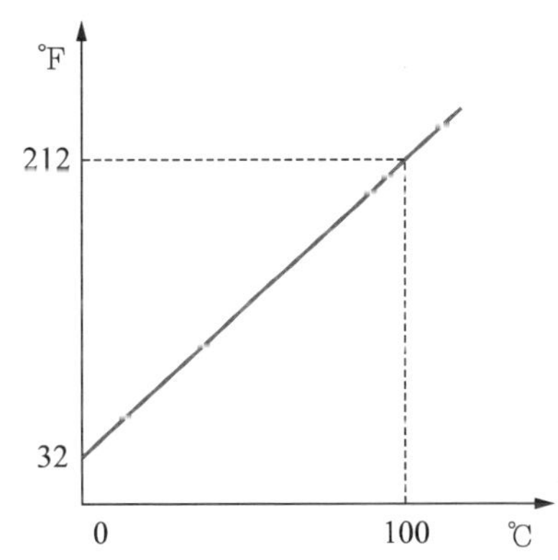

$$°F = ℃ \times \frac{212-32}{100-0} + 32 = ℃ \times 1.8 + 32$$

$$℃ = \frac{°F - 32}{1.8}$$

이러한 관계식을 이용하여 임의의 서로 다른 온도 체계에서 그 온도 사이의 상관관계를 구할 수 있다.

> ***Tip*** 상대온도 ℃와 °F의 관계 $°F = ℃ \times 1.8 + 32$, $℃ = \frac{°F - 32}{1.8}$

2. 절대온도

절대온도 눈금에서는 전부를 양의 수치로 나타내며, 그 기준점인 0℃는 이상기체의 부피가 0이 되는 극한온도, 즉 −273.15℃에 일치한다. 이 점을 기준으로 하여 섭씨 눈금으로 나타낸 수치에 273.15를 더한 것을 절대온도(기호 K)라 한다. 켈빈이 1848년 도입한 것으로서, 켈빈온도라고도 하며, 특히 열역학이론에서는 주로 이 방법으로 온도를 표시한다.

기체와 관련된 식을 사용하는 경우 변수 및 상수항을 나타내는데 통일된 단위를 사용할 필요가 있다. 온도에 대해 사용되는 절대온도의 단위로는 보통 다음과 같은 두 종류가 사용된다. 섭씨온도를 기준으로 한 Kelvin온도와 화씨온도를 기준으로 한 Rankine온도가 있다. 절대온도(K, °R)와 상대온도(℃, °F)의 환산관계는 다음과 같다.

$$K = ℃ + 273.15, \quad °R = °F + 460$$

표 2-7 온도 환산관계

조 건	Celsius(℃)	Fahrenheit(°F)	Kelvin(K)	Rankine(° R)
물의 끓는점	100	212	373	672
물의 어는점	0	32	273	492
절대영도	−273	−460	0	0

2.37 Example

온도계를 이용해서 온도를 측정하였더니 108℃이었다. 이 온도를 다음의 단위로 환산하시오.

① °F ② K ③ °R

풀이.

① 108℃ = 273 + 108 = 381 K ② °F = ℃×1.8 + 32 = 108×1.8 + 32 = 226.4°F

③ °R = °F + 460 = 226.4 + 460 = 686.4°R

2.8 기체 관련 기본법칙

기체는 온도가 증가함에 따라 일정한 압력조건에서는 부피가 증가하고, 일정한 부피가 유지되는 조건에서는 압력이 증가하는 특성을 나타낸다. 이와 같이 온도가 변화함에 따라 변화하는 부피와 압력을 이용하여 기체의 온도변화를 예측한다.

1. 보일의 법칙

온도(T)가 일정할 때 기체의 압력(P)은 부피(V)에 반비례한다. 즉, 압력이 증가할수록 부피는 감소하고 부피가 증가하면 압력이 감소하게 된다.

다음 그림에서 보는 바와 같이 온도가 일정한 조건에서 처음 상태가 압력이 P_1이고 부피가 V_1인 조건에서 변화가 발생하여 압력이 P_2이고 부피가 V_2인 조건으로 변화하였을 경우

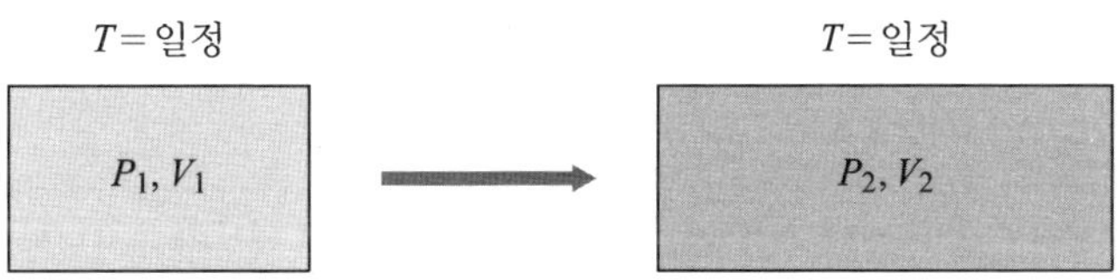

이 변화를 식으로 나타내면 $P_1 V_1 = P_2 V_2$가 된다.

2. 샬의 법칙

압력이 일정하거나 부피가 일정하게 유지되는 조건에서 온도에 대한 부피와 압력의 관계를 나타낸 것이다.

샬의 법칙에 의하면 압력이 일정하게 유지되는 상태에서 기체의 부피는 온도에 비례하는 값을 지닌다. 이것을 식으로 나타내면 $V/T = k$ 또는 $P/T = k$가 된다. 이때 사용되는 온도는 상대온도가 아닌 절대온도를 사용해야 한다.

그림에서 보는 바와 같이 부피가 일정한 조건에서 처음 상태가 압력이 P_1이고 온도가 T_1인 조건에서 변화가 발생하여 압력이 P_2이고 온도가 T_2인 조건으로 변화하였을 경우

이 변화를 식으로 나타내면 $\frac{P_1}{T_1} = \frac{P_2}{T_2}$가 된다.

또한 압력이 일정한 조건에서 처음 상태가 부피가 V_1이고 온도가 T_1인 조건에서 변화가 발생하여 부피가 V_2이고 온도가 T_2인 조건으로 변화하였을 경우

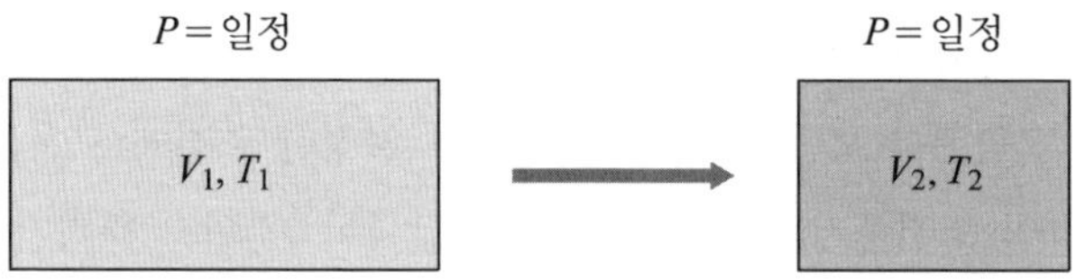

이 변화를 식으로 나타내면 $\frac{V_1}{T_1} = \frac{V_2}{T_2}$가 된다.

2.38 Example

실내온도가 22℃인 밀폐된 공간에서 화재가 발생하여 온도가 850℃로 증가하였다면 공간에서 팽창된 부피는 초기 공기의 몇 배가 되는가? (단, 화재 발생에 따른 공간에서의 압력 변화는 발생하지 않았다.)

풀이.

일정한 압력조건에서 기체의 부피는 온도(절대온도)에 비례하는 경향을 가진다.

$$°F = ℃ \times \frac{212-32}{100-0} + 32 = ℃ \times 1.8 + 32$$

$$℃ = \frac{°F - 32}{1.8}$$

$$K = ℃ + 273$$

즉, 샬의 법칙에 의하면 압력이 일정할 때 기체의 부피는 절대온도에 비례하여 변화한다고 할 수 있다. $\frac{V_1}{T_1} = \frac{V_2}{T_2}$로 표시되며 이때 온도는 상대온도인 ℃ 대신에 절대온도인 K를 사용하여야 한다.

온도가 22℃(=22+273=295 K)에서 850℃(=850+273=1123 K)로 변화하였을 때 기체의 부피는 $\frac{V_1}{295\text{ K}} = \frac{V_2}{1123\text{ K}}$에서 $V_2 = V_1 \times \frac{1123\text{ K}}{295\text{ K}} = 3.8\,V_1$이 된다.

즉 화재에 의하여 밀폐된 공간내의 공기가 3.8배만큼 팽창하였다.

3. 아보가드로의 법칙

모든 기체는 표준상태에서 기체 1 mol이 22.4 L의 부피를 가진다는 것으로, 기체 상태방정식에서 기체상수 R의 기본이 되는 값이다.

4. 이상기체 상태방정식

부피가 일정하게 유지되는 정용(constant volume)상태에서는 $\frac{P_1}{T_1} = \frac{P_2}{T_2}$의 관계를 만족하여 $T_2 = \frac{P_2}{P_1} \times T_1$의 값을 나타낸다. 또한 압력이 일정하게 유지되는 정압상태에서는 $\frac{V_1}{T_1} = \frac{V_2}{T_2}$가 되어 $T_2 = \frac{V_2}{V_1} \times T_1$으로 구할 수 있다. 그리고 부피와 압력이 동시에 변화하는 경우에는 보일-샬의 관계로부터 $\frac{P_1 V_1}{T_1} = \frac{P_2 V_2}{T_2}$에서 변화 후의 온도 $T_2 = \frac{P_2 V_2}{P_1 V_1} \times T_1$를 구할 수 있다.

그 외에 기체의 다른 물성치가 변화하면 기체를 이상기체로 간주하여 이상기체 상태방정식 $PV = nRT$로부터 $T = \frac{PV}{nR}$의 형태로 온도를 결정한다.

2.39 Example

온도가 25℃이고 부피가 0.5 m^3인 용기에 산소 5 kg이 들어 있다. 이 조건에서 용기의 압력은 몇 kPa인가?

풀이.

기체의 온도, 압력 그리고 부피의 변화에 대한 관계는 기체 상태방정식을 이용하여 해결할 수 있다.

기체 상태방정식 $P \times V = n \times R \times T$

여기서 P : 압력

V : 부피

T : 절대온도

n : 기체의 몰수

R : 기체상수

문제에서 온도 $T = 25℃ = 25 + 273 = 298$ K이고, 부피 $V = 0.5$ m^3, 그리고 분자량이 32 kg/kmol인 산소의 질량이 5 kg이 있으므로 이 값을 이용하여 기체 상태방정식을 사용하여 용기의 압력을 구하면 그 결과는 다음과 같다.

$P\times V=n\times R\times T$에서 $P=\dfrac{n\times R\times T}{V}$가 되며, 『기체상수 R은 모든 기체는 표준상태(0℃, 1기압)에서 기체 1 mol의 부피는 22.4 L이고, 기체 1 kmol의 부피는 22.4 m^3의 값 지닌다.』라는 아보가드로의 법칙을 정리한 것으로 이 값을 계산에 활용하면 된다.

$$P=\frac{\dfrac{5\text{ kg }O_2}{32\text{ kg }O_2/\text{kmol}}\times 298\text{ K}\times\dfrac{101.3\text{ kPa}}{273\text{ K}}\times\dfrac{22.4\text{ m}^3}{\text{kmol}}}{0.5\text{ m}^3}=774\text{ kPa}$$

2.40 Example

공기는 0℃, 1기압에서 밀도가 1.293 g/L이다. 1기압에서 공기 1 L가 1 g이 되는 온도는 몇 ℃인가?

풀이.

공기를 이상기체로 간주하면

$PV=nRT=\dfrac{m}{M}RT,\qquad PM=\rho RT$에서 온도 $T=\dfrac{PM}{\rho R}$이 된다.

이 조건에서 공기의 분자량은

$$M=\frac{1.293\text{ g}}{\text{L}}\times\frac{22.4\text{ L}}{\text{mol}}=28.96\ \frac{\text{g}}{\text{mol}}$$

$$T=\frac{PM}{\rho R}=1\text{ atm}\times\frac{28.96\text{ g}}{\text{mol}}\times\frac{\text{L}}{1\text{ g}}\times\frac{\text{mol}\cdot\text{K}}{0.082\text{ atm}\cdot\text{L}}=353.17\text{ K}$$

이 온도를 ℃로 환산하면 353.17 K=353.17−273=80.17 이다.

2.41 Example

이상기체의 법칙이 적용되는 기체 질소를 부피 10 m^3인 용기에 50 kg을 넣고 가열하여 압력이 5 atm이 될 때 기체의 온도(K)는 얼마인가?

풀이.

이상기체 상태방정식으로부터 $PV=nRT$

$$T=\frac{PV}{nR}=\frac{5\text{ atm}\times 10\text{ m}^3}{50\text{ kg}\times\dfrac{1\text{ kmol}}{28\text{ kg}}}\times\frac{\text{kmol}\times 273\text{ K}}{22.4\text{ m}^3\times 1\text{ atm}}=341.25\text{ K}$$

2.42 Example

이상기체에서 온도가 일정한 경우 부피(V)와 압력(P)의 관계를 맞게 표현한 것은 어느 것인가?

① $\dfrac{P}{V}=$일정 ② $\dfrac{V}{P}=$일정 ③ $\left(\dfrac{P}{V}\right)^k=$일정 ④ $PV=$일정

풀이.

기체의 온도(T), 압력(P), 부피(V) 관련 법칙

1. 보일의 법칙

   온도(T)가 일정할 때 기체의 압력(P)은 부피(V)에 반비례한다.

   즉 압력이 증가할수록 부피는 감소하고 부피가 증가하면 압력이 감소하게 된다.

온도가 일정한 조건에서 처음 상태가 압력이 P_1이고 부피가 V_1인 조건에서 변화가 발생하여 압력이 P_2이고 부피가 V_2인 조건으로 변화하였을 경우 변화를 식으로 나타내면 $P_1V_1 = P_2V_2$가 된다.

2. 샤의 법칙

압력이 일정하거나 부피가 일정하게 유지되는 조건에서 온도에 대한 부피와 압력의 관계를 나타낸 것이다.

샤의 법칙에 의하면 압력이 일정하게 유지되는 상태에서 기체의 부피는 온도에 비례하는 값을 지닌다. 이것을 식으로 나타내면 $V/T=k$ 또는 $P/T=k$가 된다. 이때 사용되는 온도는 상대온도가 아닌 절대온도를 사용해야 한다.

부피가 일정한 조건에서 처음 상태가 압력이 P_1이고 온도가 T_1인 조건에서 변화가 발생하여 압력이 P_2이고 온도가 T_2인 조건으로 변화하였을 경우 이 변화를 식으로 나타내면 $\dfrac{P_1}{T_1} = \dfrac{P_2}{T_2}$가 된다.

3. 보일 - 샤의 법칙

기체가 차지하는 부피는 압력에 반비례하며, 절대온도에 비례한다.

부피가 V_1, 압력이 P_1이고 온도가 T_1인 조건에서 변화가 발생하여 부피가 V_2, 압력이 P_2이고 온도가 T_2인 조건으로 변화하였을 경우 이 변화를 식으로 나타내면 $\dfrac{P_1V_1}{T_1} = \dfrac{P_2V_2}{T_2}$가 된다.

답. ④

제2장 연습문제

2-1 유체가 10 m/s의 속도로 흐를 때 이 유체 1 kg이 할 수 있는 운동에너지는 몇 $kg_f \cdot m$인가?

풀이 운동에너지는 $E_K = \frac{1}{2} m U^2$

$$E_K = \frac{1}{2} m U^2 = \frac{1}{2} \times 1\ \mathrm{kg} \times (10\ \mathrm{m/s})^2 = 50\ \mathrm{kg \cdot m^2/s^2}$$

$$E_K = 50\ \mathrm{kg \cdot m^2/s^2} = 50\ \mathrm{kg \cdot m^2/s^2} \times \frac{1\ \mathrm{kg_f}}{9.8\ \mathrm{kg \cdot m/s^2}} = 5.1\ \mathrm{kg_f \cdot m}$$

2-2 중력가속도가 9.8 m/s^2인 지표상에서 질량 50 kg을 스프링 저울로 달았다면 중량은 몇 kg_f 인가?

풀이 중량 $W = mg$에서 주어진 조건에서 질량 $m = 50$ kg, 가속도는 중력가속도로 9.8 m/s^2이다. 따라서 $W = mg$에서 $W = mg = 50\ \mathrm{kg} \times 9.8\ \mathrm{m/s^2} = 490\ \mathrm{kg \cdot m/s^2} = 490\ \mathrm{N}$이 된다. 단위환산 관계에서 $9.8\ \mathrm{N} = 1\ \mathrm{kg_f}$이므로 $W = 490\ \mathrm{N} \times \frac{1\ \mathrm{kg_f}}{9.8\ \mathrm{N}} = 50\ \mathrm{kg_f}$가 된다.

2-3 그림과 같이 유량 0.314 m^3/s로 분출하는 물 제트가 5 m/s의 속도로 이동하고 있는 평판에 충돌할 때 평판에 작용하는 힘은 몇 N인가? (단, 제트의 지름은 200 mm이다.)

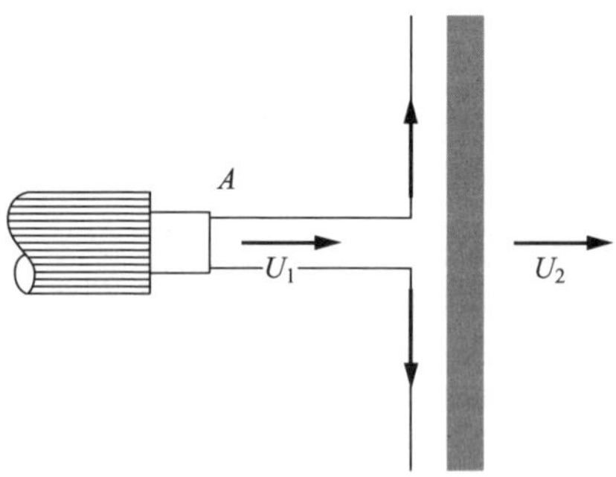

풀이 질량(m)과 힘(F)의 관계에 대한 단위를 차원으로 환산을 해보면 여러 가지 형태로 나타낼 수 있다. $F = mg$에서 질량 m의 차원은 [M]이고 중력가속도 g의 차원은 $[LT^{-2}]$이 된다. 따라서 $[F] = [M] \times \frac{[L]}{[T^2]} = [M] \times \frac{[L]}{[T^2]} \times \frac{[L^3]}{[L^3]} = \frac{[M]}{[L^3]} \times \frac{[L]}{[T]} \times \frac{[L^3]}{[T]}$로 나타낼 수 있다.

여기서 $\frac{[M]}{[L^3]}$는 밀도 ρ이고, $\frac{[L]}{[T]}$는 유속 U이고, $\frac{[L^3]}{[T]}$는 유량 Q이므로 $F=mg$는 $F=\rho UQ$로 나타낼 수 있다.

따라서 주어진 문제에서 소방용수인 물의 밀도는 1000 kg/m^{3}이고, 제트의 지름이 200 mm이므로 제트의 단면적(A)을 구할 수 있다.

면적 $A=\frac{\pi}{4}D^2=\frac{\pi}{4}(0.2\text{ m})^2 ≒ 0.0314\text{ m}^2$

물 제트의 유속 $U=\frac{Q}{A}=\frac{0.314\text{ m}^3/\text{s}}{0.0314\text{ m}^2}=10\text{ m/s}$

이때 평판에 가해진 소방용수의 실제속도는 물 제트의 속도 10 m/s와 평판의 이동속도인 5 m/s를 고려하면 10 m/s − 5 m/s = 5 m/s가 된다.

그러므로 면적 $A=0.0314\text{ m}^2$, 유속 $U=5$ m/s이 되어 평판을 이동시키는 물 제트의 유량

$Q=U\times A=5\text{ m/s}\times 0.0314\text{ m}^2=0.157\text{ m}^3/\text{s}$

$F=\rho UQ=\frac{1000\text{ kg}}{\text{m}^3}\times\frac{5\text{ m}}{\text{s}}\times\frac{0.157\text{ m}^3}{\text{s}}=\frac{785\text{ kg}\cdot\text{m}}{\text{s}^2}=785\text{ N}$

2-4 그림과 같이 평판이 10 m/s의 속도로 움직이고 있다. 여기에 노즐에서 20 m/s의 속도로 분출된 물 분류(단면적 0.02 m^2)가 평판에 수직으로 충돌할 때 평판에 작용하는 힘은 몇 N인가?

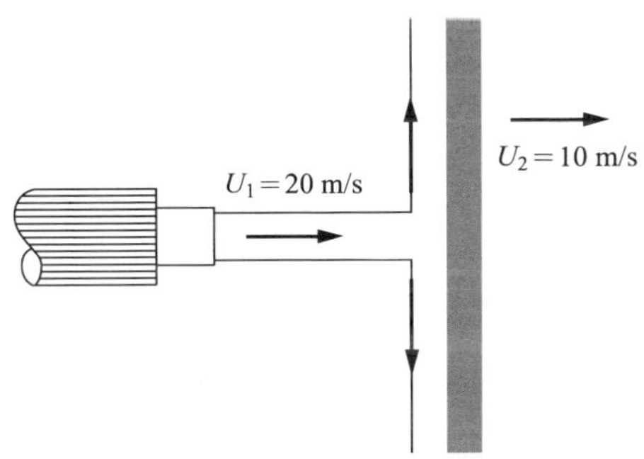

풀이 노즐에서 분출된 물에 의해 평판에 가해진 힘은 $F=\rho UQ$로 나타낼 수 있다.

따라서 주어진 문제에서 소방용수인 물의 밀도는 1000 kg/m^{3}이고, 분출된 물 분류의 단면적(A)이 0.02 m^{2}이다. 이때 평판에 가해진 소방용수의 실제속도는 물 분류 속도 20 m/s와 평판의 이동 속도인 10 m/s를 고려하면 20 m/s − 10 m/s = 10 m/s가 된다.

그러므로 면적 $A=0.02\text{ m}^2$, 유속 $U=10$ m/s이 되어 평판을 이동시키는 물 제트의 유량

$Q=U\times A=10\text{ m/s}\times 0.02\text{ m}^2=0.2\text{ m}^3/\text{s}$

$F=\rho UQ=\frac{1000\text{ kg}}{\text{m}^3}\times\frac{10\text{ m}}{\text{s}}\times\frac{0.2\text{ m}^3}{\text{s}}=\frac{2000\text{ kg}\cdot\text{m}}{\text{s}^2}=2000\text{ N}$

2-5 그림과 같이 곡면판이 제트 흐름을 받고 있다. 제트흐름의 속도가 U(m/s)이고, 유량이 Q(m^3/s), 밀도가 ρ (kg/m^3), 그리고 유출되는 방향을 θ라고 하면 곡면판이 받는 x방향의 힘의 값은 어떻게 구하는가? (④)

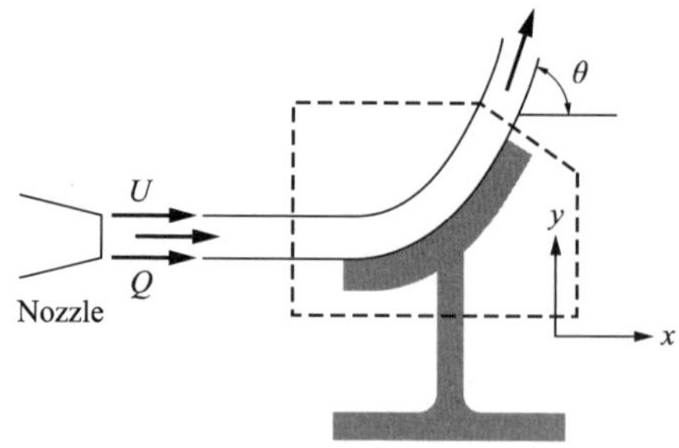

① $F=\rho QU^2\cos\theta$
② $F=\rho QU\cos\theta$
③ $F=\rho QU\sin\theta$
④ $F=\rho QU(1-\cos\theta)$

풀이 질량(m)과 힘(F)의 관계에 대한 단위를 차원으로 환산을 해보면 여러 가지 형태로 나타낼 수 있다.
$F=mg$에서 질량 m의 차원은 [M]이고 중력가속도 g의 차원은 $[LT^{-2}]$이 된다.
따라서 $[F]=[M]\times\frac{[L]}{[T^2]}=[M]\times\frac{[L]}{[T^2]}\times\frac{[L^3]}{[L^3]}=\frac{[M]}{[L^3]}\times\frac{[L]}{[T]}\times\frac{[L^3]}{[T]}$로 나타낼 수 있다.
여기서 $\frac{[M]}{[L^3]}$는 밀도 ρ이고, $\frac{[L]}{[T]}$는 유속 U이고, $\frac{[L^3]}{[T]}$는 유량 Q이므로 $F=mg$는 $F=\rho UQ$로 나타낼 수 있다.
따라서 유출방향 θ에 대해 곡면판이 받는 x방향의 힘은 $F=\rho QU(1-\cos\theta)$가 된다.

2-6 그림에서 마찰을 무시하고, 날개가 제트의 방향을 180° 바꾼다고 했을 때 제트에 의해서 날개에 작용하는 힘의 크기는 몇 N인가?

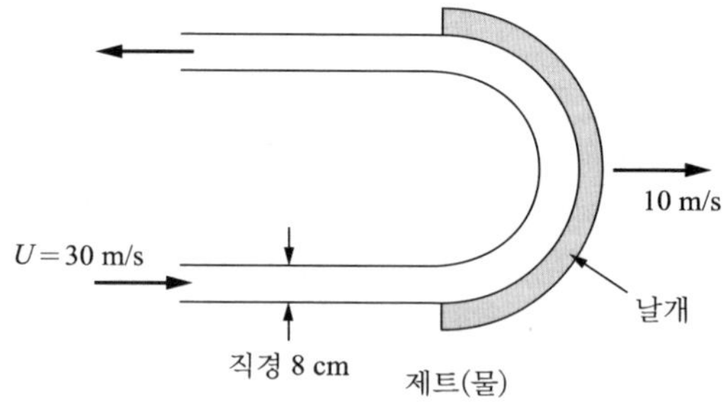

풀이 제트흐름에 의해서 날개에 작용하는 힘의 크기 F는 $F=\rho UQ$로 나타낼 수 있다. 이때 날개에 작용하는 힘은 두 지점에 작용하므로 실제 $F=2\rho UQ$가 된다.
주어진 조건에서 가해지는 유속은 30 m/s이고, 날개가 이동하는 속도는 10 m/s이므로 날개에서의 속도는 30 m/s − 10 m/s = 20 m/s가 된다.
유량(Q)과 면적(A)의 관계($Q=UA$)로부터
유량 $Q=UA$이므로 $Q=UA=\frac{20\text{ m}}{s}\times\frac{\pi}{4}D^2=\frac{20\text{ m}}{\text{s}}\times\frac{\pi}{4}(0.08\text{ m})^2=\frac{0.1005\text{ m}^3}{\text{s}}$

날개에 가해진 힘 $F=2\rho UQ$이므로

$$F=2\rho UQ=2\times\frac{1000\ \mathrm{kg}}{\mathrm{m}^3}\times\frac{20\ \mathrm{m}}{\mathrm{s}}\times\frac{0.1005\ \mathrm{m}^3}{\mathrm{s}}=\frac{4020\ \mathrm{kg}\cdot\mathrm{m}}{\mathrm{s}^2}=4020\ \mathrm{N}$$

2-7 그림과 같이 단면적이 A인 원형관으로 밀도가 ρ인 비압축성유체가 U의 유속으로 들어와 직경이 $D/3$인 원형 노즐로 분출되고 있다. 제트에 의해서 평판에 작용하는 힘은 어떻게 표시 되는가?

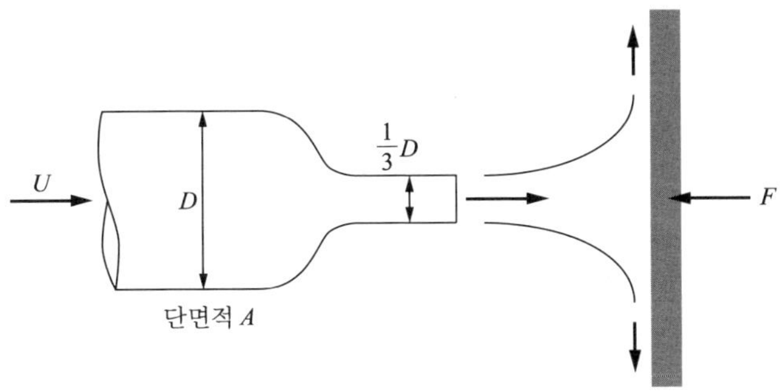

풀이 제트흐름에 의해서 평판에 가해지는 힘은 $F=\rho UQ$로 나타낼 수 있다.

유량(Q)과 면적(A)의 관계($Q=UA$)로부터 유량 $Q=UA$이므로 $Q=UA=U\times\frac{\pi}{4}D^2$에서 직경이 $\frac{D}{3}$인 원형 노즐로 분출되므로 이때 유속은 $(3^2)=9$배로 증가하게 된다. 따라서 평판에 날개에 가해진 힘 $F=9\rho UQ$가 된다.

2-8 그림과 같이 지름 5 cm인 소방노즐에서 물 제트가 40 m/s의 속도로 건물 벽에 수직으로 충돌하고 있다. 이때 벽이 받는 힘은 약 몇 N인가? (③)

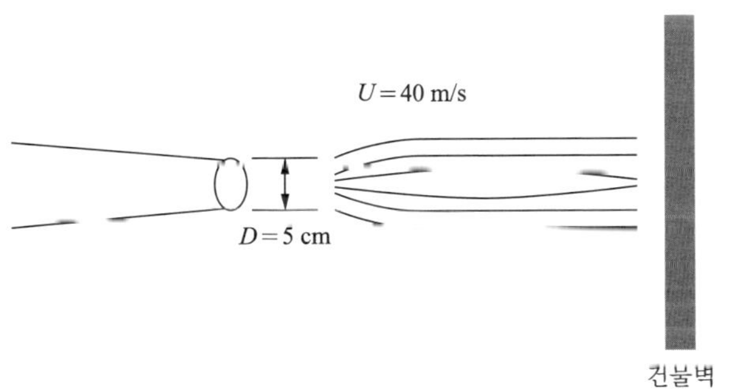

① 32 N ② 314 N ③ 3144 N ④ 31440 N

풀이 소방노즐에서 가해진 소방용수에 의해 건물벽에 가해진 힘은 $F=mg$이므로 $F=\rho UQ$로 나타낼 수 있다.

유량(Q)과 면적(A)의 관계($Q=UA$)로부터 유량 $Q=UA$이므로

$$Q = UA = \frac{40\ \text{m}}{s} \times \frac{\pi}{4} D^2 = \frac{40\ \text{m}}{\text{s}} \times \frac{\pi}{4}(0.05\ \text{m})^2 = \frac{0.0786\ \text{m}^3}{\text{s}}$$

벽에 가해진 힘 $F = \rho UQ$이므로

$$F = \rho UQ = \frac{1000\ \text{kg}}{\text{m}^3} \times \frac{40\ \text{m}}{\text{s}} \times \frac{0.0786\ \text{m}^3}{\text{s}} = \frac{3144\ \text{kg}\cdot\text{m}}{\text{s}^2} = 3144\ \text{N}$$

2-9 그림과 같이 곡면판이 제트를 받고 있다. 제트흐름의 속도가 U(m/s)이고, 유량이 Q(m^3/s), 밀도가 ρ (kg/m^3), 그리고 유출되는 방향을 $\theta(0° < \theta < 90°)$라고 하면 곡면판이 받는 x방향의 힘을 F_x라 하고, 곡면판이 받는 y방향의 힘을 F_y라 할 때 F_y/F_x는 어떻게 구하는가?

(①)

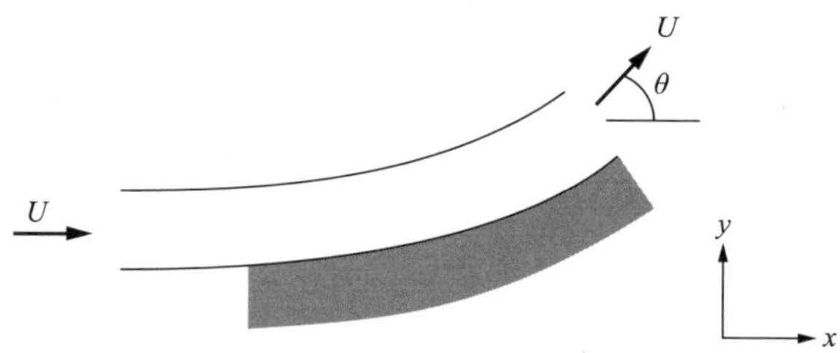

① $\dfrac{F_y}{F_x} = \dfrac{\sin\theta}{(1-\cos\theta)}$ ② $\dfrac{F_y}{F_x} = \dfrac{\cos\theta}{(1-\cos\theta)}$

③ $\dfrac{F_y}{F_x} = \dfrac{\sin\theta}{(1-\sin\theta)}$ ④ $\dfrac{F_y}{F_x} = \dfrac{1-\cos\theta}{\sin\theta}$

풀이 질량(m)과 힘(F)의 관계에 대한 단위를 차원으로 환산을 해보면 여러 가지 형태로 나타낼 수 있다.

$F = mg$에서 질량 m의 차원은 [M]이고 중력가속도 g의 차원은 [LT^{-2}]이 된다.

따라서 $[\text{F}] = [\text{M}] \times \dfrac{[\text{L}]}{[\text{T}^2]} = [\text{M}] \times \dfrac{[\text{L}]}{[\text{T}^2]} \times \dfrac{[\text{L}^3]}{[\text{L}^3]} = \dfrac{[\text{M}]}{[\text{L}^3]} \times \dfrac{[\text{L}]}{[\text{T}]} \times \dfrac{[\text{L}^3]}{[\text{T}]}$로 나타낼 수 있다.

여기서 $\dfrac{[\text{M}]}{[\text{L}^3]}$는 밀도 ρ이고, $\dfrac{[\text{L}]}{[\text{T}]}$는 유속 U이고, $\dfrac{[\text{L}^3]}{[\text{T}]}$는 유량 Q이므로 $F = mg$는 $F = \rho UQ$로 나타낼 수 있다.

따라서 유출방향 θ에 대해 곡면판이 받는 x방향의 힘은 $F_x = \rho QU(1-\cos\theta)$가 된다.

유출방향 θ에 대해 곡면판이 받는 y방향의 힘은 $F_y = \rho QU\sin\theta$가 된다.

그러므로 $\dfrac{F_y}{F_x} = \dfrac{\rho QU\sin\theta}{\rho QU(1-\cos\theta)} = \dfrac{\sin\theta}{(1-\cos\theta)}$가 된다.

2-10 펌프의 양수량 0.8 m^3/min, 관로의 전 손실수두 5 m인 펌프의 중심으로부터 4 m 지하에 있는 물을 25 m의 송출액면에 양수하고자 할 때 펌프의 효율이 80%일 때 펌프의 축동력은 몇 kW인가?

풀이 전동기의 동력 $P(\text{kW}) = \dfrac{\gamma QH}{102\eta} \times K$

$$P(\text{kW}) = \frac{(1000/60) \times Q(\text{m}^3/\text{min}) \times H(\text{m})}{102.04} = 0.163QH\text{가 된다.}$$

동력 전달장치의 효율이 η일 경우 $P(\text{kW}) = \dfrac{0.163QH}{\eta}$이다.

여기서, P : 동력(kW), Q : 토출량(m^3/min), H : 전양정(m)

따라서 주어진 조건으로부터 전양정 $H = 5\text{ m} + 4\text{ m} + 25\text{ m} = 34\text{ m}$이므로

$$P(\text{kW}) = \frac{0.163QH}{\eta} = \frac{0.163 \times 0.8\text{ m}^3/\text{min} \times 34\text{ m}}{0.8} = 5.54\text{ kW}$$

2-11 펌프의 양수 중심으로부터 2 m 아래에 있는 물을 펌프 중심 위 15 m 송출수면으로 양수하려고 한다. 관로의 전 손실수두가 6 m이고, 송출수량이 1 m^3/min라면 펌프의 동력은 약 몇 kW인가?

풀이 전동기의 동력 $P(\text{kW}) = \dfrac{\gamma QH}{102\eta} \times K$

$$P(\text{kW}) = \frac{(1{,}000/60) \times Q(\text{m}^3/\text{min}) \times H(\text{m})}{102.04} = 0.163QH\text{가 된다.}$$

동력 전달장치의 효율이 η일 경우 $P(\text{kW}) = \dfrac{0.163QH}{\eta}$이다.

여기서, P : 동력(kW), Q : 토출량(m^3/min), H : 전양정(m)

따라서 주어진 조건으로부터 전양정 $H = 2\text{ m} + 6\text{ m} + 15\text{ m} = 23\text{ m}$이며, 펌프의 효율이 제시되지 않았으므로 펌프의 효율은 100%로 간주한다.

$$P(\text{kW}) = \frac{0.163QH}{\eta} = \frac{0.163 \times 1\text{ m}^3/\text{min} \times 23\text{ m}}{1} = 3.749\text{ kW}$$

2-12 펌프의 토출량이 5 L/s, 양정이 25 mAq, 펌프의 효율이 65%이고 전달계수가 1.1일 때 펌프의 용량은 몇 kW인가?

풀이 전동기의 동력은 다음과 같이 계산한다.

$$P(\text{kW}) = \frac{(\text{kg}_\text{f}/\text{m}^3) \times (\text{m}^3/\text{s}) \times \text{m}}{102.04} = \frac{\gamma QH}{102.04}\text{가 된다.}$$

여기서, P : 동력(kW), γ : 물의 비중량($\text{kg}_\text{f}/\text{m}^3$), Q : 토출량(m^3/s), H : 전양정(m)

동력 전달장치의 효율이 η일 경우 $P(\text{kW}) = \dfrac{\gamma QH}{102.04\eta}$이다.

$$P(\text{kW}) = \frac{(\text{kg}_\text{f}/\text{m}^3) \times (\text{m}^3/\text{s}) \times \text{m}}{102.04} = \frac{(1000\text{ kg}_\text{f}/\text{m}^3) \times [Q(\text{m}^3/\text{min}) \times 1\text{ min}/60\text{ s}] \times \text{m}}{102.04}$$

$$P(\text{kW}) = \frac{(1000/60) \times Q(\text{m}^3/\text{min}) \times H(\text{m})}{102.04}\text{가 된다.}$$

여기서, P : 동력(kW), Q : 토출량(m^3/min), H : 전양정(m)

펌프의 동력에서 $P(\text{kW}) = \dfrac{0.163QH}{\eta}$

Q는 $\dfrac{5\text{ L}}{\text{s}} \times \dfrac{60\text{ s}}{1\text{ min}} \times \dfrac{1\text{ m}^3}{1000\text{ L}} = \dfrac{0.3\text{ m}^3}{\text{min}}$ 이 된다.

$$P(\text{kW}) = \frac{0.163 \times Q \times H}{\eta} \times K = \frac{0.163 \times \dfrac{0.3\text{ m}^3}{\text{min}} \times 25\text{ m}}{0.65} \times 1.1 = 2.07\text{ kW}$$

2-13 송풍기의 풍량이 20 m^3/min이고 전압이 150 mmAq, 전압효율이 0.6일 때 축동력은 몇 W 인가?

풀이 전동기의 동력은 다음과 같이 계산한다.

펌프의 동력에서 $P(\text{kW}) = \dfrac{0.163QH}{\eta}$

여기서, P : 동력(kW), Q : 토출량(m^3/min), H : 전양정(m)

$$P(\text{kW}) = \frac{0.163 \times Q \times H}{\eta} = \frac{0.163 \times \dfrac{20\text{ m}^3}{\text{min}} \times 0.15\text{ m}}{0.6} = 0.815\text{ kW} = 815\text{ W}$$

2-14 관속을 흐르는 물의 압력 손실이 40 kPa이고 유량이 3 m^3/s이면 물의 흐름에 대한 동력 손실은 약 몇 kW인가?

풀이 전동기의 동력은 다음과 같이 계산한다.

펌프의 동력에서 $P(\text{kW}) = \dfrac{0.163QH}{\eta}$

여기서, P : 동력(kW), Q : 토출량(m^3/min), H : 전양정(m)

주어진 조건에서 유량 Q=3 m^3/s이므로 $Q = \dfrac{3\text{ m}^3}{\text{s}} = \dfrac{3\text{ m}^3}{\text{s}} \times \dfrac{60\,s}{1\text{ min}} = \dfrac{180\text{ m}^3}{\text{min}}$ 이고

주어진 조건에서 압력손실 40 kPa

$H = 40\text{ kPa} \times \dfrac{10.33\text{ mAq}}{101.3\text{ kPa}} = 4.08\text{ mAq}$가 된다.

$$P(\text{kW}) = \frac{0.163 \times Q \times H}{\eta} = \frac{0.163 \times \dfrac{180\text{ m}^3}{\text{min}} \times 4.08\text{ m}}{1} = 119.7\text{ kW}$$

2-15 어떤 수평관 속에 물이 2.8 m/s의 평균속도와 45 kPa의 압력으로 흐르고 있다. 이 물의 유량이 0.75 m^3/s이고 전달계수가 1.1이고 손실수두를 무시할 경우 물의 수송에 필요한 동력은 몇 kW인가?

풀이 펌프의 동력에서 $P(\text{kW}) = \dfrac{0.163QH}{\eta}\times K$

주어진 조건에서 유량 $Q=0.75\ \text{m}^3/\text{s}$이므로 $Q = \dfrac{0.75\ \text{m}^3}{\text{s}} = \dfrac{0.75\ \text{m}^3}{\text{s}}\times\dfrac{60\ \text{s}}{1\ \text{min}} = \dfrac{45\ \text{m}^3}{\text{min}}$이고

주어진 조건에서 압력손실 45 kPa

$H = 45\ \text{kPa}\times\dfrac{10.33\ \text{mAq}}{101.3\ \text{kPa}} = 4.59\ \text{mAq}$가 된다.

$$P(\text{kW}) = \frac{0.163\times Q\times H}{\eta}\times K = 0.163\times\frac{45\ \text{m}^3}{\text{min}}\times 4.59\ \text{m}\times 1.1 = 37.03\ \text{kW}$$

2-16 직경이 20 cm인 어떤 수평관 속에 물이 5 m/s의 평균속도와 100 kPa의 압력으로 흐르고 있다. 전달계수가 1.1이고 손실수두를 무시할 경우 물을 이송하는데 필요한 동력은 몇 kW인가?

풀이 펌프의 동력에서 $P(\text{kW}) = \dfrac{0.163QH}{\eta}\times K$

주어진 조건에서 유속과 유량의 관계로부터 관의 직경이 D이고 유속이 U일 때 $A=\dfrac{\pi}{4}D^2$이므로 유량(Q)는 다음과 같다. $Q= UA = U\times\dfrac{\pi}{4}D^2$이 된다.

주어진 조건에서 $D=20\ \text{cm}=0.2\ \text{m}$이므로 $A = \dfrac{\pi}{4}(0.2\ \text{m})^2 = 0.0314\ \text{m}^2$이며,

$Q= UA = U\times\dfrac{\pi}{4}D^2$에서 $Q = UA = U\times\dfrac{\pi}{4}D^2 = \dfrac{5\ \text{m}}{\text{s}}\times 0.0314\ \text{m}^2 = \dfrac{0.157\ \text{m}^3}{\text{s}}$가 된다.

$$Q = \frac{0.157\ \text{m}^3}{\text{s}} = \frac{0.157\ \text{m}^3}{\text{s}}\times\frac{60\ \text{s}}{1\ \text{min}} = \frac{9.42\ \text{m}^3}{\text{min}}$$

유량 $Q=9.42\ \text{m}^3/\text{min}$이고, 주어진 조건에서 압력손실 100 kPa

$H = 100\ \text{kPa}\times\dfrac{10.33\ \text{mAq}}{101.3\ \text{kPa}} = 10.19\ \text{mAq}$가 된다.

$$P(\text{kW}) = \frac{0.163\times Q\times H}{\eta}\times K = 0.163\times\frac{9.42\ \text{m}^3}{\text{min}}\times 10.19\ \text{m}\times 1.1 = 17.21\ \text{kW}$$

2-17 펌프의 송출유량이 400 L/min이고, 양정이 60 m, 펌프의 효율이 65%이고 전달계수가 1.2일 때 펌프의 축동력은 몇 kW인가?

풀이 펌프의 동력 $P(\text{kW}) = \dfrac{0.163QH}{\eta}\times K$에서

Q는 $\dfrac{400\ \text{L}}{\text{min}}\times\dfrac{1\ \text{m}^3}{1000\ \text{L}} = \dfrac{0.4\ \text{m}^3}{\text{min}}$이 된다.

$$P(\text{kW}) = \frac{0.163\times Q\times H}{\eta}\times K = \frac{0.163\times\dfrac{0.4\ \text{m}^3}{\text{min}}\times 60\ \text{m}}{0.65}\times 1.2 = 7.22\ \text{kW}$$

2-18 배관의 내경이 150 mm인 원통형 관이 수평거리로 1 km 떨어져 있고, 유량이 2 m³/min일 때, 펌프의 동력은 몇 kW인가? (단, 펌프의 효율은 70%이며, 관 마찰손실계수는 0.02이다.)

풀이 (1) 내경이 150 mm이므로 이 배관의 단면적 $A=\frac{\pi}{4}D^2$에서

$A=\frac{\pi}{4}D^2=\frac{\pi}{4}(0.15\ \mathrm{m})^2=0.0176\ \mathrm{m}^2$이 된다.

연속방정식 $Q=UA$에서 속도 U를 구하면 다음과 같다.

$$U=\frac{Q}{A}=\frac{\frac{2\ \mathrm{m}^3}{\mathrm{min}}\times\frac{1\ \mathrm{min}}{60\ \mathrm{s}}}{0.0176\ \mathrm{m}^2}=\frac{1.89\ \mathrm{m}}{\mathrm{s}}$$

(2) 마찰손실계수가 0.02일 때 관로 마찰손실수두는

$h_L=f\times\frac{L}{D}\times\frac{U^2}{2g}=0.02\times\frac{1000\ \mathrm{m}}{0.15\ \mathrm{m}}\times\frac{(1.89\ \mathrm{m/s})^2}{2\times 9.8\ \mathrm{m/s^2}}=24.3\ \mathrm{m}$이 된다.

(3) 펌프의 동력 $P(\mathrm{kW})=\frac{0.163QH}{\eta}\times K$에서

$$P(\mathrm{kW})=\frac{0.163\times Q\times H}{\eta}\times K=\frac{0.163\times\frac{2\ \mathrm{m}^3}{\mathrm{min}}\times 24.3\ \mathrm{m}}{0.7}\times 1=11.31\ \mathrm{kW}$$

2-19 펌프의 토출량이 2 m³/min이고 전양정이 80 m, 펌프 효율이 65%, 여유율이 1.1일 경우 전동기의 동력은 몇 kW인가?

풀이 펌프의 동력 $P(\mathrm{kW})=\frac{0.163QH}{\eta}\times K$에서

$$P(\mathrm{kW})=\frac{0.163\times Q\times H}{\eta}\times K=\frac{0.163\times\frac{2\ \mathrm{m}^3}{\mathrm{min}}\times 80\ \mathrm{m}}{0.65}\times 1.1=44.2\ \mathrm{kW}$$

2-20 펌프로 지하 5 m에 있는 물을 지상 40 m의 물탱크까지 1분간 1.5 m³을 올리려면 약 몇 마력(PS)의 동력이 필요한가? (단, 펌프 효율이 60%이고 관에서 전손실수두는 9 m라고 한다.)

풀이 펌프의 동력 $P(\mathrm{kW})=\frac{0.163QH}{\eta}\times K$에서

따라서 주어진 조건으로부터 $H=5\ \mathrm{m}+40\ \mathrm{m}+9\ \mathrm{m}=54\ \mathrm{m}$

$$P(\mathrm{kW})=\frac{0.163\times Q\times H}{\eta}\times K=\frac{0.163\times\frac{1.5\ \mathrm{m}^3}{\mathrm{min}}\times 54\ \mathrm{m}}{0.6}=22\ \mathrm{kW}$$

동력의 단위에서 W의 값과 마력(HP)의 관계로부터

$$1\ \mathrm{HP}=76\ \frac{\mathrm{kg_f\cdot m}}{\mathrm{s}}=76\ \frac{\mathrm{kg_f\cdot m}}{\mathrm{s}}\times\frac{9.8\ \mathrm{N}}{1\ \mathrm{kg_f}}=\frac{744.8\ \mathrm{N\cdot m}}{\mathrm{s}}$$

$$1\ \text{HP} = \frac{744.8\ \text{N}\cdot\text{m}}{\text{s}} = \frac{744.8\ \text{N}\cdot\text{m}}{\text{s}} \times \frac{\text{J}}{\text{N}\cdot\text{m}} = \frac{744.8\ \text{J}}{\text{s}}$$

$$1\ \text{HP} = \frac{744.8\ \text{J}}{\text{s}} = 744.8\ \text{J/s} \times \frac{\text{W}}{\text{J/s}} = 744.8\ \text{W} = 0.745\ \text{kW}$$

동력의 단위에서 W의 값과 마력(PS)의 관계로부터

$$1\ \text{PS} = 75\ \frac{\text{kg}_\text{f}\cdot\text{m}}{\text{s}} = 75\ \frac{\text{kg}_\text{f}\cdot\text{m}}{\text{s}} \times \frac{9.8\ \text{N}}{1\ \text{kg}_\text{f}} = \frac{735\ \text{N}\cdot\text{m}}{\text{s}}$$

$$1\ \text{PS} = \frac{735\ \text{N}\cdot\text{m}}{\text{s}} = \frac{735\ \text{N}\cdot\text{m}}{\text{s}} \times \frac{\text{J}}{\text{N}\cdot\text{m}} = \frac{735\ \text{J}}{\text{s}}$$

$1\ \text{PS} = \frac{735\ \text{J}}{\text{s}} = 735\ \text{J/s} \times \frac{\text{W}}{\text{J/s}} = 735\ \text{W} = 0.735\ \text{kW}$이므로

앞서 계산된 22 kW를 PS의 단위로 환산하면 다음과 같다.

$$22\ \text{kW} = 22\ \text{kW} \times \frac{1\ \text{PS}}{0.735\ \text{kW}} = 29.93\ \text{PS}$$

2-21 비중이 1.03인 바닷물에 전체부피의 15%가 밖에 떠 있는 빙산이 있다. 이 빙산의 비중은?

풀이 액체에 물체의 일부가 떠있는 경우 물체의 비중은 액체의 비중을 기준으로 계산한다. 물체의 비중이 액체의 비중보다 크다면 물체는 가라앉게 되며, 물체의 비중이 액체의 비중보다 작은 경우 물체가 액체의 표면에 떠있다. 이러한 특성을 이용하여 액체에 떠있는 비중은 액체의 비중과 떠있는 물체의 비율로부터 구할 수 있다. 빙산의 비중을 S_s라 하면 빙산의 비중 S_s = 바닷물의 비중 × 바닷물에 잠긴 부분(%)으로 나타낸다.

따라서 빙산의 비중 $S_s = 1.03 \times 0.85 = 0.875$가 된다.

2-22 20℃의 기름을 비중계로 비중을 측정할 때 0.83의 값을 얻었다. 비중량은 몇 N/m^3인가?

풀이 20℃에서 물의 밀도를 MKS 단위값으로 하면 1000 kg/m^3이 된다.

주어진 조건에서 비중이 0.83인 기름의 밀도(ρ)는 1000 $\text{kg/m}^3 \times 0.83 = 830\ \text{kg/m}^3$가 된다.

비중량(γ)과 밀도(ρ)의 관계에서

$$\gamma = \rho \times g = \frac{830\ \text{kg}}{\text{m}^3} \times 9.8 \frac{\text{m}}{\text{s}^2} = 8134\ \frac{\text{kg}\cdot\text{m}}{\text{s}^2} \times \frac{1}{\text{m}^3} = 8134\ \frac{\text{N}}{\text{m}^3}$$

2-23 중량이 90 N으로 측정된 돌이 물에 잠기면 중량이 50 N으로 측정된다. 이 돌의 체적(m^3)과 비중은 각각 얼마인가?

풀이 물의 밀도를 MKS 단위값으로 하면 1000 kg/m^3이 된다.

물의 비중량을 N/m^3의 단위로 계산하면 다음과 같다.

$\gamma = \rho g = \frac{1000\ \text{kg}}{\text{m}^3} \times \frac{9.8\ \text{m}}{\text{s}^2} = \frac{9800\ \text{N}}{\text{m}^3}$이 된다. 즉, 물 1 m^3의 중량은 9800 N이라고 할 수

있다. 여기서, 돌의 체적은 다음과 같다.

$$V = \frac{\text{공기 중 돌의 중량} - \text{물속에서의 돌의 중량}}{\text{물의 비중량}} = \frac{90\,\text{N} - 50\,\text{N}}{\frac{9800\,\text{N}}{\text{m}^3}} = 0.004\,\text{m}^3$$

여기서, 돌의 비중은 다음과 같다.

$$\text{비중} = \frac{\text{공기 중 돌의 중량}}{\text{공기 중 돌의 중량} - \text{물속에서의 돌의 중량}} = \frac{90\,\text{N}}{90\,\text{N} - 50\,\text{N}} = 2.25$$

2-24 어떤 물체가 공기 중에서의 중량은 1.5 N이고, 물속에서의 중량은 1.1 N이다. 이 물체의 비중은 얼마인가?

풀이 물체의 비중은 다음과 같다.

$$\text{비중} = \frac{\text{공기 중 물체의 중량}}{\text{공기 중 물체의 중량} - \text{물속에서의 물체의 중량}} = \frac{1.5\,\text{N}}{1.5\,\text{N} - 1.1\,\text{N}} = 3.75$$

2-25 납으로 만든 추의 중량이 공기 중에서 4 N이고, 어떤 액체 중에서는 2.97 N이다. 이 추에 의하여 배제된 체적이 $1.29 \times 10^{-4}\,\text{m}^3$이면 이 액체의 비중은 얼마인가?

풀이 부력은 물체에 의하여 배제된 액체의 중량과 같다.

물의 밀도를 MKS 단위값으로 하면 1000 kg/m^{3}이 된다. 물의 비중량을 계산하면 다음과 같다.

$$\gamma = \rho g = \frac{1000\,\text{kg}}{\text{m}^3} \times \frac{9.8\,\text{m}}{\text{s}^2} = \frac{9800\,\text{N}}{\text{m}^3}$$

액체의 중량 = 4 N − 2.97 N = 1.03 N

액체의 비중량 = 1.03 N / $1.29 \times 10^{-4}\,\text{m}^3$ = 7985 N/m^3

액체의 비중 = 액체의 비중량 / 물의 비중량 = 7985 N/m^3 / 9800 N/m^3 = 0.814

2-26 액체의 비중을 측정하기 위하여 쇠로 만든 추(중량이 5 N이고, 체적이 $1.5 \times 10^{-4}\,\text{m}^3$)를 액체 중에 넣고 중량을 재었더니 3.6 N이다. 이 액체의 비중량은 얼마인가?

풀이 부력은 물체에 의하여 배제된 액체의 중량과 같다.

부력 = 공기 중의 중량 − 액체 중의 중량 = 5 N − 3.6 N = 1.4 N

액체의 비중량 = 1.4 N / $1.5 \times 10^{-4}\,\text{m}^3$ = 9333 N/m^3

2-27 중량이 430 kN이고, 길이 14 m, 폭 6.2 m, 높이 2 m인 상자형의 바지(barge)선이 물 위에 떠 있다. 이때 상자형 바지선의 잠긴 부분의 높이는 약 몇 m인가?

풀이 유체 속에 잠긴 물체의 부력은 물체에 의하여 배제된 액체의 중량과 같다.

부력 $F_B = \gamma V = \gamma A h = W$

여기서, F_B : 부력, γ : 비중량, V : 물에 잠긴 부피, h : 물에 잠긴 깊이, A : 면적, W : 중량

$F_B = \gamma V = \gamma A h = W$에서 물에 잠긴 깊이 h는

$$h = \frac{W}{\gamma A} = \frac{430\ \text{kN}}{\frac{9800\ \text{N}}{\text{m}^3} \times 14\ \text{m} \times 6.2\ \text{m}} = 0.51\ \text{m}$$

2-28 수은의 비중이 13.55일 때 비체적은 몇 m^3/kg인가? (②)

① 13.55 ② $\frac{1}{13.55} \times 10^{-3}$ ③ $\frac{1}{13.55}$ ④ 13.55×10^{-3}

풀이 비체적은 다음과 같다. $V_s = \frac{1}{\rho}$

비중은 다음과 같다. 액체의 비중 $= \frac{\rho}{\rho_w} = \frac{\gamma}{\gamma_w}$

물의 밀도를 MKS 단위값으로 하면 1000 kg/m^3이 된다. 따라서 비중이 13.55인 수은의 밀도값은 MKS 단위로 $13.55 \times 1000\ kg/m^3 = 13550\ kg/m^3$이 된다.

따라서 비체적은 다음과 같다. $V_s = \frac{1}{\rho} = \frac{1}{13550\ \text{kg/m}^3} = \frac{1}{13.55} \times 10^{-3}\ \text{m}^3/\text{kg}$

2-29 체적이 5.3 m^3이고, 중량이 45000 N인 유체의 비중은 얼마인가? (③)

① 0.623 ② 0.682 ③ 0.866 ④ 0.901

풀이 유체의 비중은 다음과 같다. 액체의 비중 $= \frac{\rho}{\rho_w} = \frac{\gamma}{\gamma_w}$

물의 밀도를 MKS 단위값으로 하면 1000 kg/m^3이 된다.

물의 비중량을 계산하면 다음과 같다.

$$\gamma_w = \rho g = \frac{1000\ \text{kg}}{\text{m}^3} \times \frac{9.8\ \text{m}}{\text{s}^2} = \frac{9800\ \text{N}}{\text{m}^3}$$

체적이 5.3 m^3이고 중량이 45000 N인 유체의 비중량은 다음과 같다.

$$\gamma_{유체} = \frac{45000\ \text{N}}{5.3\ \text{m}^3} = \frac{8490\ \text{N}}{\text{m}^3}$$

따라서 유체의 비중 $= \frac{\rho}{\rho_w} = \frac{\gamma}{\gamma_w} = \frac{8490\ \text{N/m}^3}{9800\ \text{N/m}^3} = 0.866$

2-30 1기압 4℃에서 물이 비중량은 몇 kg_f/m^3인가?

풀이 비중량(γ)과 밀도(ρ)의 관계로부터 $\gamma = \rho \times g$가 된다.

1기압 4℃에서 물의 밀도가 $\frac{1\ \text{g}}{\text{cm}^3} = \frac{1000\ \text{kg}}{\text{m}^3}$이므로 이 값으로부터 비중량은

$$\gamma_w = \rho g = \frac{1000\ \text{kg}}{\text{m}^3} \times \frac{9.8\ \text{m}}{\text{s}^2} \times \frac{1\ \text{kg}_f}{9.8\ \text{N}} = \frac{1000\ \text{kg}_f}{\text{m}^3}$$

2-31 비중이 1.08인 바닷물에 빙산이 전체부피 중의 88%가 잠겨있다. 이 빙산의 비중은 얼마인가?

풀이 빙산의 비중은 해수의 비중에 잠겨있는 부분의 체적 분율을 곱한 결과와 같다. 따라서 빙산의 비중은 $1.08 \times 0.88 = 0.9504$

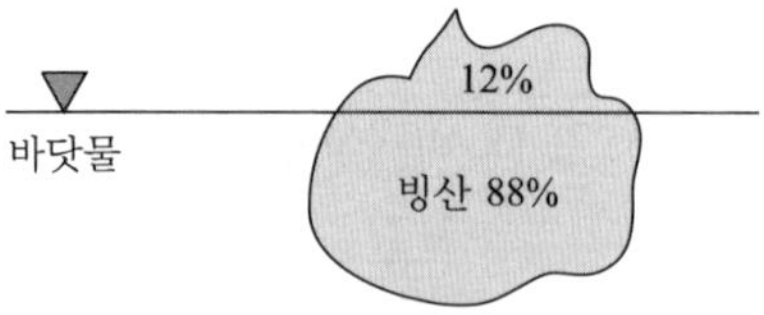

2-32 단면적이 50 cm인 원통형 물체를 물 위에 놓았더니 그중 일부분이 물 위에 떠 있다. 이 조건에서 이 원통형 물체의 질량은 몇 g인가?

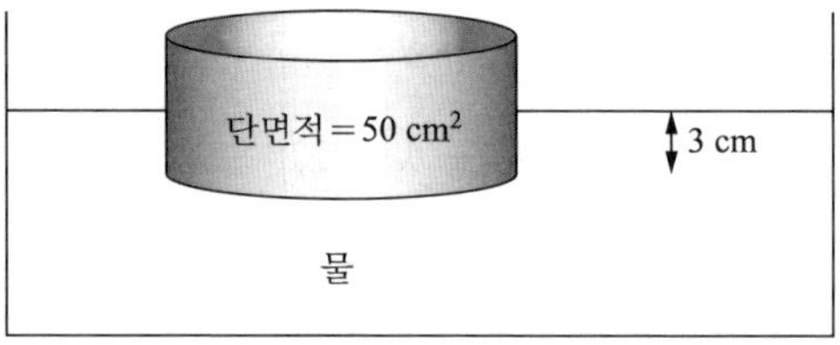

풀이 물의 비중은 1이므로 물위에 일부분이 떠 있는 물체의 질량은 다음과 같이 구한다.
물체의 질량 = 물의 밀도 × 물에 잠긴 물체의 부피

물의 밀도 $\rho = \dfrac{1\text{ g}}{\text{cm}^3}$ 이므로 물체의 질량은 $\dfrac{1\text{ g}}{\text{cm}^3} \times 50\text{ cm}^2 \times 3\text{ cm} = 150\text{ g}$

2-33 공기 중에서 중량이 950 N인 물체가 물에 잠겨 있다. 이 물체의 물속에서의 중량이 450 N이라고 한다면 이 물체의 체적은 몇 m^3인가?

풀이 물속에 잠긴 물체에 가해지는 부력은 물체의 공기 중에서의 힘과 물속에서의 힘의 차이라고 할 수 있다. 여기서 물의 비중량

$$\gamma = \rho g = \frac{1000\text{ kg}}{\text{m}^3} \times \frac{9.8\text{ m}}{\text{s}^2} = \frac{9800\text{ N}}{\text{m}^3}$$

따라서 이 물체의 부력은 $950\text{ N} - 450\text{ N} = 500\text{ N}$이다. "물속에 잠긴 물체의 부력은 물의 비중량 × 물체의 부피"이므로 물체의

$$\text{부피} = \frac{500\text{ N}}{9800\text{ N/m}^3} = 0.051\text{ m}^3$$

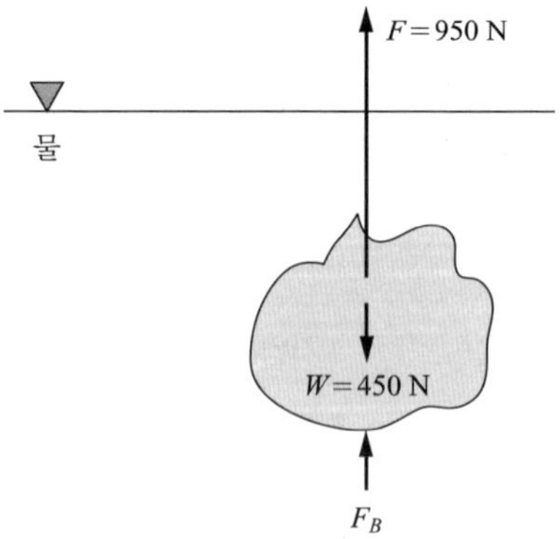

2-34 체적이 15 m^3인 액체의 중량이 9000 kg_f일 때, 이 액체의 밀도는 몇 N/m^3인가?

풀이 주어진 중량 단위인 kg_f를 N의 단위로 환산하는 것으로 $1\ kg_f = 9.8\ N$이므로

$$9000\ kg_f = 9000\ kg_f \times \frac{9.8\ N}{1\ kg_f} = 88200\ N$$

따라서 액체의 밀도는 $\frac{88200\ N}{15\ m^3} = 5880\ N/m^3$이 된다.

2-35 밀도가 100 $kg_f \cdot s^2/m^4$인 액체의 밀도값을 kg/m^3으로 나타내면 얼마인가?

풀이 액체의 밀도 $\frac{100\ kg_f \cdot s^2}{m^4} = \frac{100\ kg_f \cdot s^2}{m^4} \times \frac{9.8\ N}{1\ kg_f} \times \frac{1\ kg \cdot m/s^2}{1\ N} = \frac{980\ kg}{m^3}$

2-36 밀도가 100 $kg_f \cdot s^2/m^4$인 액체의 비용량(specific volume)은 몇 m^3/kg인가?

풀이 주어진 중량의 단위 kg_f를 질량의 값인 kg으로 환산하면

$$\frac{100\ kg_f \cdot s^2}{m^4} = \frac{980\ kg}{m^3}$$

따라서 액체의 비용량은 $\frac{1\ m^3}{980\ kg} = 1.02 \times 10^{-3}\ m^3/kg$이 된다.

2-37 대기 중에서 어느 물체의 중량을 측정하였더니 중량이 1000 N이었다. 이 물체를 물에서 중량을 측정하였더니 중량이 250 N이라면 이 물체의 체적은 몇 m^3인가?

풀이 "대기 중의 물체의 중량=물속에서 물체의 중량+부력"으로 나타낼 수 있다.
또한 "부력=물의 비중량 x 물체의 체적"이다.
위의 조건에서 부력=대기 중 물체의 중량−물속에서 물체의 중량=1000 N−250 N=750 N이 된다. 따라서 "물체의 체적=부력/물의 비중량"이 된다.

물의 비중량 $\gamma = \rho g = \frac{1000\ kg}{m^3} \times \frac{9.8\ m}{s^2} = \frac{9800\ N}{m^3}$이므로

물체의 체적은 $\frac{750\ N}{\frac{9800\ N}{m^3}} = 0.076\ m^3$가 된다.

2-38 단면적 50 cm^2인 직육면체의 물체를 물위에 띄우니 그림과 같이 물속에 잠겨있다. 불제의 중량은 몇 g_f인가?

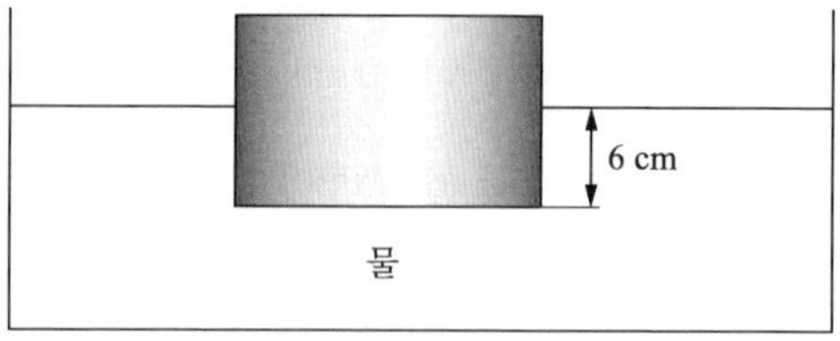

풀이 물체의 중량 $W=$ 비중량(밀도) × 부피가 된다.

$$W = \frac{1000\ \mathrm{kg_f}}{\mathrm{m^3}} \times 50 \times 10^{-4}\ \mathrm{m^2} \times 0.06\ \mathrm{m} = 0.3\ \mathrm{kg_f} = 300\ \mathrm{g_f}$$

2-39 공기 중에서 941 N인 돌이 물에 잠겨 있다. 물에서의 중량이 500 N이라면 이 돌의 체적은 몇 $\mathrm{m^3}$인가?

풀이 부력 $F_B = 941\ \mathrm{N} - 500\ \mathrm{N} = 441\ \mathrm{N}$

$F_B = \gamma \times V$에서 돌의 체적 V는

$$V = \frac{F_B}{\gamma} = \frac{441\ \mathrm{N}}{1000\ \mathrm{kg_f/m^3}} = \frac{441\ \mathrm{N}}{9800\ \mathrm{N/m^3}} = 0.045\ \mathrm{m^3}$$

2-40 유체의 압축률에 대한 설명으로 올바르지 않은 것은 어느 것인가? (②)

① 압축률은 체적탄성계수의 역수이다.
② 유체의 체적 감소는 밀도의 감소와 같은 의미를 가진다.
③ 압축률은 단위압력 변화에 대한 체적의 변형도를 의미한다.
④ 압축률이 적다는 것은 압축하기 어렵다는 것을 의미한다.

풀이 체적탄성계수(K)와 압축률(β)

① 체적탄성계수 $K = \dfrac{\Delta P}{\Delta V/V}$

여기서, ΔP : 가해진 압력, $\Delta V/V$: 체적감소율

② 압축률 $\beta = \dfrac{1}{K} = K^{-1}$

여기서, K는 체적탄성계수

$$\beta = \frac{1}{K} = \frac{\Delta V/V}{\Delta P}$$

③ 밀도는 부피에 반비례하는 것으로 부피가 감소하면 밀도는 증가하는 값을 가진다.
④ 압축하기 어려운 유체는 압축률(β)이 적거나 체적탄성계수(K)가 큰 것을 의미한다.
⑤ 체적탄성계수는 온도와 무관하며, 압력의 증가에 따라 증가하게 된다.

2-41 압력이 P이고, 체적이 V인 유체에 압력을 ΔP만큼 증가시키면 부피는 ΔV만큼 감소하게 된다. 이 경우 유체의 체적탄성계수는 어떻게 표현되는가? (②)

① $K=-\dfrac{VdV}{dP}$　　② $K=-\dfrac{dP}{dV/V}$

③ $K=-\dfrac{dP}{dV/P}$　　④ $K=-\dfrac{V}{dV/P}$

풀이 체적탄성계수(K)와 압축률(β)

(1) 압축률

압축률은 압력 변화에 의한 부피의 변화율을 의미하는 값이다. 압력의 변화값을 dP라 하고 부피의 변화값을 dV라 하면, 부피 변화율은 dV/V로 표시된다. 액체의 압축률(compressibility)을 β라고 하면 다음과 같이 표시된다.

$\beta=\dfrac{\text{부피 변화율}}{\text{압력 변화}}=-\dfrac{dV}{V}\Big/dP=-\dfrac{1}{V}\dfrac{dV}{dP}=\dfrac{1}{V}\dfrac{\Delta V}{\Delta P}$로 주어지고, 단위는 m^2/N이다.

부피의 변화율에 따른 압력의 변화는 다음과 같이 나타낸다.

$\Delta P=\dfrac{1}{\beta}\times\dfrac{\Delta V}{V}$

(2) 체적탄성계수(bulk modulus)

유체의 체적탄성계수(bulk modulus)는 압축률의 역수로서 $K=\dfrac{1}{\beta}=-V\dfrac{dP}{dV}=V\dfrac{\Delta P}{\Delta V}$로 나타내고, 단위는 N/m^2이다.

기체의 경우 등온 변화 시 체적탄성계수(K)는 $P_2=P_1\times\dfrac{V_1}{V_2}$와 같다.

2-42 압력이 P, 부피가 V, 그리고 비열비가 k인 이상기체를 등온 압축시킬 때 체적탄성계수는 어떻게 표현되는가? (①)

① P　② V　③ kP　④ kV

풀이 이상기체의 체적탄성계수 $K=\dfrac{\Delta P}{\Delta V/V}$

여기서, ΔP : 가해진 압력, $\Delta V/V$: 체적감소율

등온압축 시 $K=P$이고, 단열압축 시 $K=kP$가 된다.

2-43 용기속의 압축률이 $5\times10^{-10}\,Pa^{-1}$인 물에 압력을 가하였더니 물의 체적이 0.5% 감소하였다. 이때 가해진 압력은 몇 Pa인가? (①)

① 10^7 Pa　② 2×10^7 Pa　③ 10^9 Pa　④ 2×10^9 Pa

풀이 체적탄성계수(K)와 압축률(β)

① 체적탄성계수 $K=\dfrac{\Delta P}{\Delta V/V}$

여기서, ΔP : 가해진 압력, $\Delta V/V$: 체적감소율

② 압축률 $\beta=\dfrac{1}{K}$

여기서, K는 체적탄성계수

$$\beta = \frac{1}{K} = \frac{\Delta V/V}{\Delta P}$$

압축률(β)과 가해진 압력(ΔP)의 관계로부터

$$\Delta P = \frac{\Delta V/V}{\beta} \text{이므로 } \Delta P = \frac{\Delta V/V}{\beta} = \frac{0.5\times10^{-2}}{5\times10^{-10}\,\text{Pa}^{-1}} = 10^7\,\text{Pa}$$

2-44 압축계수가 $5\times10^{-5}\,\text{cm}^2/\text{kg}_f$인 물이 들어 있는 배관에 압력을 가하였더니 물의 부피가 0.5% 만큼 감소하였다. 이때 배관에 가해진 압력은 몇 kg_f/cm^2인가? (②)

① 50 kg_f/cm^2 ② 100 kg_f/cm^2 ③ 150 kg_f/cm^2 ④ 200 kg_f/cm^2

풀이 체적탄성계수(K)와 압축률(β)

① 체적탄성계수 $K = \frac{\Delta P}{\Delta V/V}$

여기서, ΔP : 가해진 압력, $\Delta V/V$: 체적감소율

② 압축률 $\beta = \frac{1}{K}$

여기서, K는 체적탄성계수

$$\beta = \frac{1}{K} = \frac{\Delta V/V}{\Delta P}$$

압축률(β)과 가해진 압력(ΔP)의 관계로부터

$$\Delta P = \frac{\Delta V/V}{\beta} \text{이므로 } \Delta P = \frac{\Delta V/V}{\beta} = \frac{0.5\times10^{-2}}{5\times10^{-5}\,\text{cm}^2/\text{kg}_\text{f}} = 100\,\text{kg}_\text{f}/\text{cm}^2$$

2-45 압축률이 $4.75\times10^{-5}\,\text{cm}^2/\text{kg}_f$인 물이 들어 있는 배관에 압력을 가하여 물의 부피를 2% 압축하는 공정에서 필요한 압력은 약 몇 kg_f/cm^2인가? (④)

① 195 kg_f/cm^2 ② 210 kg_f/cm^2 ③ 350 kg_f/cm^2 ④ 421 kg_f/cm^2

풀이 체적탄성계수(K)와 압축률(β)

① 체적탄성계수 $K = \frac{\Delta P}{\Delta V/V}$

여기서, ΔP : 가해진 압력, $\Delta V/V$: 체적감소율

② 압축률 $\beta = \frac{1}{K}$

여기서, K는 체적탄성계수

$$\beta = \frac{1}{K} = \frac{\Delta V/V}{\Delta P}$$

압축률(β)과 가해진 압력(ΔP)의 관계로부터

$$\Delta P = \frac{\Delta V/V}{\beta} \text{이므로 } \Delta P = \frac{\Delta V/V}{\beta} = \frac{2\times10^{-2}}{4.75\times10^{-5}\,\text{cm}^2/\text{kg}_\text{f}} = 421.05\,\text{kg}_\text{f}/\text{cm}^2$$

2-46 배관속의 체적탄성계수 2 GPa인 물에 압력을 가하였더니 물의 체적이 0.5% 감소하였다. 이때 가해진 압력은 몇 MPa인가? (③)

① 0.1 MPa ② 1 MPa ③ 10 MPa ④ 100 MPa

풀이 체적탄성계수(K)와 압축률(β)

① 체적탄성계수 $K = \dfrac{\Delta P}{\Delta V/V}$

여기서, ΔP : 가해진 압력, $\Delta V/V$: 체적감소율

② 압축률 $\beta = \dfrac{1}{K}$

여기서, K는 체적탄성계수

$$\beta = \frac{1}{K} = \frac{\Delta V/V}{\Delta P}$$

체적탄성계수(K)와 가해진 압력(ΔP) 사이의 관계로부터

$K = \dfrac{\Delta P}{\Delta V/V}$이므로 $\Delta P = K \times \dfrac{\Delta V}{V} = 2 \times 10^9\,\text{Pa} \times 0.5 \times 10^{-2} = 10^7\,\text{Pa} = 10\,\text{MPa}$

2-47 유체의 점성에 관한 설명 중 올바르지 않은 것은? (④)

① 액체의 점성은 온도가 상승하면 감소한다.
② 기체의 점성은 온도가 상승하면 증가한다.
③ 모든 실제유체는 점성을 가진다.
④ 유체의 전단력은 흐름방향에 수평인 방향으로 속도의 변화율에 반비례한다.

풀이 유체의 전단력은 흐름방향에 수평인 방향으로 속도의 변화율에 비례한다.

2-48 다음 설명 중 실제유체에 대한 설명으로 올바른 것은? (②)

① 이상적인 유체를 의미한다.
② 유동 시 마찰이 존재하는 유체를 의미한다.
③ 마찰에 따른 전단응력이 존재하지 않는 유체를 의미한다.
④ 비점성유체를 의미한다.

풀이 실제유체는 유동 시 마찰이 존재하며 점성이 있고 압축성인 유체를 의미한다.

2-49 다음 설명 중 이상유체에 대한 설명으로 올바른 것은? (①)

① 점성이 없고 비압축성인 유체를 의미한다.
② 점성이 없고 이상기체 상태방정식을 만족하는 유체를 의미한다.
③ 점성이 없고 흐름에 따른 마찰손실이 없는 유체를 의미한다.
④ 비점성유체를 의미한다.

풀이 이상유체는 점성이 없고 비압축성인 유체를 의미한다.

2-50 유체의 점성계수의 단위로 poise를 사용하는데 poise의 단위로 올바른 것은 어느 것인가? (②)

① g · cm/s ② g/cm · s ③ cm/g · s ④ g · s/cm

풀이 점도(점성계수)의 단위로 많이 사용되는 poise의 단위는 다음과 같다.

1 poise = 1 g/cm · s = 1 dyne · s/cm^2

2-51 유체의 점성계수가 0.8 poise이고 밀도가 950 kg/m^3일 때 동점도계수는 몇 cm^2/s인가? (②)

① 0.842×10^{-4} cm^2/s ② 0.842 cm^2/s
③ 1187.5 cm^2/s ④ 118.7 cm^2/s

풀이 동점도계수는 점도(점성계수)를 밀도로 나눈 값을 의미한다. 여기서 점도가 0.8 poise = 0.8 g/cm · s이고 밀도가 950 kg/m^3 = 0.95 g/cm^3이므로

$$\text{동점도계수} = \frac{\text{점도}}{\text{밀도}} = \frac{\frac{0.8\ \text{g}}{\text{cm}\cdot\text{s}}}{\frac{0.95\ \text{g}}{\text{cm}^3}} = 0.842\ \text{cm}^2/\text{s}$$

2-52 소방용수의 체적탄성계수가 1.8×10^4 kg_f/cm^2일 때 소방용수의 체적을 2% 감소시키기 위하여 얼마의 압력을 가해야 하는가? (①)

① 360 kg_f/cm^2 ② 340 kg_f/cm^2 ③ 320 kg_f/cm^2 ④ 300 kg_f/cm^2

풀이 체적탄성계수 $K = \frac{\Delta P}{\Delta V/V}$에서 소방용수의 체적인 2% = 0.02만큼 감소하므로 이때 가해진 압력 P는 다음과 같다.

$$K = \frac{\Delta P}{\Delta V/V}\text{에서 } \Delta P = \Delta V/V \times K = \frac{1.8\times10^4\ \text{kg}_f}{\text{cm}^2}\times0.02 = 360\ \text{kg}_f/\text{cm}^2$$

2-53 압축률이 35×10^{-5} cm^2/kg_f인 소방용수가 흐르는 배관에 압력을 가했더니 소방용수의 체적이 1.5% 감소하였다. 이때 가해진 압력은 얼마인가? (④)

① 5.25 kg_f/cm^2 ② 52.5 kg_f/cm^2 ③ 4.28 kg_f/cm^2 ④ 42.8 kg_f/cm^2

풀이 압축률(β)은 체적탄성계수(K)의 역수이다.

따라서 이 조건에서 체적탄성계수는 $K = \frac{1}{\beta} = \frac{\text{kg}_f}{35\times10^{-5}\ \text{cm}^2} = \frac{2857.14\ \text{kg}_f}{\text{cm}^2}$가 된다.

소방용수의 체적인 1.5%=0.015만큼 감소하므로 이때 가해진 압력 P는 다음과 같다.

$$K=\frac{\Delta P}{\Delta V/V}\text{에서 }\ \Delta P=\Delta V/V\times K=\frac{2857.14\ \mathrm{kg_f}}{\mathrm{cm}^2}\times 0.015=42.86\ \mathrm{kg_f/cm^2}$$

2-54 유체 속에 잠긴 물체에 작용하는 부력에 대한 설명으로 올바른 것은 어느 것인가? (②)

① 물체의 중량보다 크다.
② 그 물체에 의하여 배제된 액체의 부피와 같다.
③ 물체의 중량과 같다.
④ 유체의 비중량과 관계가 있다.

풀이 부력(buoyant force)은 정지된 유체에 잠겨 있거나 떠 있는 물체가 유체에 의해 수직방향으로 받는 힘으로, 부력은 그 물체에 의하여 배제된 액체의 중량과 같다.

2-55 A지점에서 중량이 5 $\mathrm{kg_f}$인 물체를 B지점에서 중량을 측정하였더니 4.92 $\mathrm{kg_f}$이였다. A지점에서 중력가속도가 9.81 $\mathrm{m/s^2}$이라면 B지점에서의 중력가속도는 얼마인가? (②)

① 9.615 $\mathrm{m/s^2}$ ② 9.633 $\mathrm{m/s^2}$ ③ 9.692 $\mathrm{m/s^2}$ ④ 9.735 $\mathrm{m/s^2}$

풀이 중력가속도가 9.81 $\mathrm{m/s^2}$인 A지점에서 물체의 질량은 $w=mg$로부터

$$m=\frac{w}{g}=\frac{5\ \mathrm{kg_f}}{9.81\ \mathrm{m/s^2}}\times\frac{9.8\ \mathrm{N}}{1\ \mathrm{kg_f}}\bigg|\frac{1\ \mathrm{kg\cdot m/s^2}}{1\ \mathrm{N}}=4.995\ \mathrm{kg}$$

B지점에서의 중력가속도는 $w=mg$에서

$$g=\frac{w}{m}=\frac{4.92\ \mathrm{kg_f}}{4.995\ \mathrm{kg}}\times\frac{9.8\ \mathrm{N}}{1\ \mathrm{kg_f}}\times\frac{1\ \mathrm{kg\cdot m/s^2}}{1\ \mathrm{N}}=9.65\ \mathrm{m/s^2}$$

2-56 다음의 속도구배와 전단응력에 관한 설명 중에서 뉴턴유체에 대한 설명으로 옳은 것은? (③)

① 유체 유동 시 속도구배와 전단응력의 변화가 직선적인 관계를 갖지 않는 유체이다.
② 유체 유동 시 속도구배는 전단응력과 무관한 유체이다.
③ 유체 유동 시 속도구배와 전단응력의 변화가 원점으로부터 직선적인 관계를 갖는 유체이다.
④ 유체 유동 시 속도구배와 전단응력의 변화가 원점으로부터 지수함수적인 관계를 갖는 유체이다.

풀이 뉴턴유체는 유체 유동 시 속도구배와 전단응력의 변화가 원점으로부터 직선적인 관계를 갖는 유체이다.

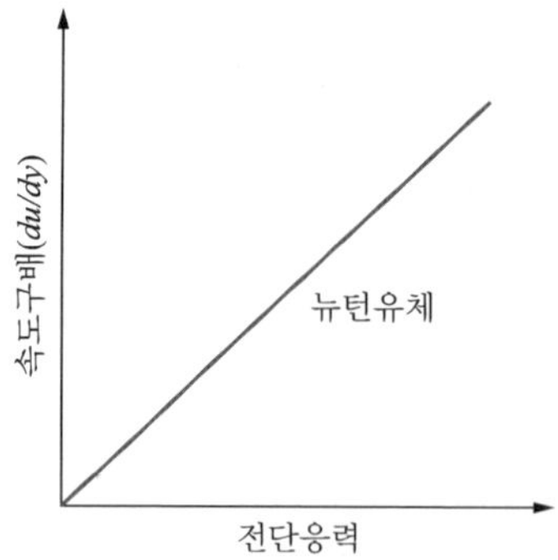

2-57 다음의 내용 중에서 뉴턴의 점성법칙과 관련이 없는 것은 어느 것인가? (④)

① 전단응력(τ) ② 속도구배(dU/dy)
③ 점성계수(μ) ④ 압력(P)

풀이 뉴턴의 점성법칙 $\tau = \mu \dfrac{dU}{dy}$

여기서, τ : 전단응력, μ : 점도(점성계수), $\dfrac{dU}{dy}$: 속도구배

2-58 뉴턴의 점성법칙에서 전단응력이 증가할수록 속도구배는 어떻게 되는가? (②)

① 전단응력에 반비례 ② 전단응력에 비례
③ 전단응력과 무관 ④ 전단응력의 제곱에 비례

풀이 뉴턴의 점성법칙 $\tau = \mu \dfrac{dU}{dy}$

여기서, τ : 전단응력, μ : 점도(점성계수), $\dfrac{dU}{dy}$: 속도구배

2-59 원통형 관으로 유체가 흐를 때 전단응력은 어떻게 되는가? (①)

① 관의 중심에서 전단응력은 0의 값을 갖는다.
② 전단응력은 전제 단면에 걸쳐서 일정하게 유지된다.
③ 유체흐름은 전단응력과 무관하다.
④ 전단응력은 관의 내벽면에서 0의 값을 갖는다.

풀이 뉴턴의 점성법칙 $\tau = \mu \dfrac{dU}{dy}$

여기서, τ : 전단응력, μ : 점도(점성계수), $\dfrac{dU}{dy}$: 속도구배

전단응력은 흐름의 중심에서는 0의 값을 갖고, 관의 중심에서 벽면까지는 상승하며, 반지름에 비례하여 변화한다.

2-60 유체가 흐를 때 전단응력이 작용하지 않으면 어떤 현상이 발생하는가? (④)

① 부피의 변화가 발생한다. ② 흐름이 정지된다.
③ 유체의 속도가 느려진다. ④ 유체의 속도가 빨라진다.

풀이 뉴턴의 점성법칙 $\tau = \mu \frac{dU}{dy}$

여기서, τ : 전단응력, μ : 점도(점성계수), $\frac{dU}{dy}$: 속도구배

유체에 전단응력이 작용하지 않게 되면 마찰이 줄어들어 유체의 흐름속도는 빨라진다.

2-61 두 개의 평형한 평판 사이로 점성을 지닌 유체가 흐를 때 이 유체에 미치는 전단응력은 어떻게 되나? (③)

① 유체가 흐를 때 관벽면에서 0의 값을 갖고, 관의 중심까지 직선적으로 증가한다.
② 전단응력의 작용으로 인하여 유체의 흐름이 정지된다.
③ 흐름의 중심에서는 0의 값을 갖고, 벽면까지 직선적으로 증가한다.
④ 유체의 흐름속도와는 관계없이 항상 일정하게 유지된다.

풀이 뉴턴의 점성법칙 $\tau = \mu \frac{dU}{dy}$

여기서, τ : 전단응력, μ : 점도(점성계수), $\frac{dU}{dy}$: 속도구배

전단응력은 흐름의 중심에서는 0의 값을 갖고, 관의 중심에서 벽면까지는 상승하며, 반지름에 비례하여 변화한다.

2-62 펌프의 동력이 10000 $kg_f \cdot m/hr$일 때 이 값을 kW로 환산하여라.

풀이 $\text{Power} = \frac{10000\ kg_f \cdot m}{hr} \times \frac{1\ hr}{3600\ s} \times \frac{9.8\ N}{1\ kg_f} \times \frac{J}{N \cdot m} = \frac{27.22\ J}{s}$

$= 27.22\ W = 0.0272\ kW$

2-63 표준상태에서 32 g 산소(O_2)의 밀도는 몇 g/L인가?

풀이 표준상태는 1기압 0℃를 의미한다. 이 조건에서는 아보가드로의 법칙에 의하면 모든 기체는 1몰의 부피가 22.4 L를 차지한다고 할 수 있다.
산소 32 g은 1몰이므로 이때 부피는 22.4 L라고 할 수 있다.

$\rho = \frac{질량}{부피} = \frac{32\ g}{22.4\ L} = 1.42\ g/L$가 된다.

2-64 비중이 1.25인 액체의 밀도는 몇 kg/m^{3}인가?

풀이 액체 비중은 액체와 물의 밀도의 비이므로 액체의 밀도는 물의 밀도 × 비중으로부터 구할 수 있다. 4℃의 물을 기준으로 하면, 물의 밀도가 1 g/cm^{3}이므로 이 값을 kg/m^{3}의 값으로 환산하면 다음과 같다.

$$\frac{1\text{ g}}{\text{cm}^3} = \frac{1\text{ g}}{\text{cm}^3} \times \frac{1\text{ kg}}{1000\text{ g}} \times \left(\frac{100\text{ cm}}{1\text{ m}}\right)^3 = \frac{1000\text{ kg}}{\text{m}^3}$$

따라서 비중이 1.25인 액체의 밀도는 $\frac{1000\text{ kg}}{\text{m}^3} \times 1.25 = 1250\text{ kg/m}^3$이 된다.

2-65 소방용 액체 약제 25 L의 중량이 220 N일 때 이 소화약제의 밀도는 몇 kg/L인가?

풀이 소화약제 25 L의 중량이 220 N이므로 소화약제의 밀도는 다음과 같다.

비중량(γ)과 밀도(ρ)의 관계 $\gamma = \rho g$로부터 $\rho = \frac{\gamma}{g}$가 된다.

$$\rho = \frac{\gamma}{g} = \frac{220\text{ N}}{25\text{ L}} \times \frac{1\text{ kg} \cdot \text{m/s}^2}{1\text{ N}} \times \frac{1}{9.8\text{ m/s}^2} = 0.898\text{ kg/L}$$

2-66 어떤 액체 소화약제의 체적이 12 m^{3}일 때 중량이 20000 lb$_f$이었다. 이 액체의 비중은 얼마인가?

풀이 비중은 기준물질의 밀도에 대한 상대적인 밀도값을 의미하므로 액체의 비중 = 액체의 밀도 / 기준물질의 밀도로 구할 수 있다. 액체의 경우 기준물질이 물이므로 기준물질의 밀도는 1 g/cm^3 = 1000 kg/m^{3}의 값을 사용할 수 있다. 주어진 조건에서 중량이 20000 lb$_f$로 주어졌는데 단위환산관계에 의하면 1 lb$_f$는 454 g$_f$의 값을 가진다. 따라서 20000 lb$_f$의 중량을 g$_f$로 단위환산하면 다음과 같다.

$$20000\text{ lb}_f = 20000\text{ lb}_f \times \frac{0.454\text{ kg}_f}{1\text{ lb}_f} = 9080\text{ kg}_f$$

$$\text{액체의 비중량} = \frac{9080\text{ kg}_f}{12\text{ m}^3} = \frac{756.67\text{ kg}_f}{\text{m}^3}$$

$$\text{따라서 액체의 비중} = \frac{756.67\text{ kg}_f/\text{m}^3}{1000\text{ kg}_f/\text{m}^3} = 0.756$$

2-67 부피가 10 m^{3}인 액체의 중량이 7500 kg$_f$일 때, 이 액체의 밀도는 몇 N/m^{3}인가?

풀이 밀도는 단위부피당 질량값을 의미한다.

$7500\ kg_f \times \dfrac{9.8\ N}{1\ kg_f} = 73500\ N$

따라서 액체의 밀도는 $\dfrac{73500\ N}{10\ m^3} = 7350\ N/m^3$이 된다.

2-68 밀도가 98 $kg_f \cdot s^2/m^4$인 액체의 밀도 값을 kg/m^3으로 나타내면 얼마인가?

풀이 소방유체에서는 밀도의 단위를 힘의 단위로 나타내는 경우가 많이 있다. 밀도는 단위부피당 질량값을 의미한다.

$$\frac{98\ kg_f \cdot s^2}{m^4} = \frac{98\ kg_f \cdot s^2}{m^4} \times \frac{9.8\ N}{1\ kg_f} \times \frac{1\ kg \cdot m/s^2}{1\ N} = 960.4\ kg/m^3$$

2-69 밀도가 98 $kg_f \cdot s^2/m^4$인 액체의 비용량(specific volume)은 몇 m^3/kg인가?

풀이 주어진 중량의 단위 kg_f를 질량의 값인 kg으로 환산하면

$$\frac{98\ kg_f \cdot s^2}{m^4} = \frac{98\ kg_f \cdot s^2}{m^4} \times \frac{9.8\ N}{1\ kg_f} \times \frac{1\ kg \cdot m/s^2}{1\ N} = 960.4\ kg/m^3$$

따라서 액체의 비용량은 $\dfrac{1\ m^3}{960.4\ kg} = 1.04 \times 10^{-3}\ m^3/kg$이 된다.

2-70 체적탄성계수가 $8.5 \times 10^3\ kg_f/cm^2$인 액체의 체적을 1.25% 감소시키기 위해서는 몇 $kg_f/\ cm^2$의 압력을 가하여야 하는가?

풀이 $P_2 = P_1 \times \dfrac{V_1}{V_2} \quad \Rightarrow \quad \Delta P = K \times \dfrac{\Delta V}{V}$

$$\Delta P = K \times \frac{\Delta V}{V} = \frac{8500\ kg_f}{cm^2} \times \frac{1.25}{100} = 106.25\ kg_f/cm^2$$

2-71 배관속을 흐르는 액체 소화약제에 압력을 가했더니 소화약제의 체적이 0.3% 감소하였다. 이때 가해진 압력은 얼마인가? (단, 소화약제의 체적탄성계수가 $2.5 \times 10^4\ kg_f/cm^2$이다.)

풀이 체적탄성계수와 압축률의 관계로부터 소화약제의 체적탄성계수가 $2.5 \times 10^4\ kg_f/cm^2$이므로

소화약제의 압축률은 $\dfrac{cm^2}{2.5 \times 10^4\ kg_f} = \dfrac{4 \times 10^{-5}\ cm^2}{kg_f}$이 된다.

따라서 압력은 $\Delta P = \dfrac{1}{\beta} \times \dfrac{\Delta V}{V} = \dfrac{1\ kg_f}{4 \times 10^{-5}\ cm^2} \times \dfrac{0.3}{100} = 75\ kg_f/cm^2$

2-72 비중이 0.9인 액체소화약제의 점성계수는 0.0035 $kg_f \cdot s/m^2$이다. 동점성계수는 몇 m^2/s인가? (단, 중력가속도는 9.8 m/s^2이다.)

풀이 동점성계수(ν) = $\dfrac{점도(\mu)}{밀도(\rho)}$

$$점도(\mu) = \frac{0.0035\ kg_f \cdot s}{m^2} \times \frac{9.8\ N}{1\ kg_f} \times \frac{kg \cdot m/s^2}{N} = \frac{0.0343\ kg}{m \cdot s}$$

$$소화약제의\ 밀도 = 0.9 \times \frac{1000\ kg}{m^3} = \frac{900\ kg}{m^3}$$

$$따라서\ 소화약제의\ 동점성계수(\nu) = \frac{0.0343\ kg/m \cdot s}{900\ kg/m^3} = 3.81 \times 10^{-5}\ m^2/s$$

2-73 그림에서 피스톤 A_2의 반지름이 A_1 반지름의 3배일 때 힘 F_1, F_2사이의 관계는?

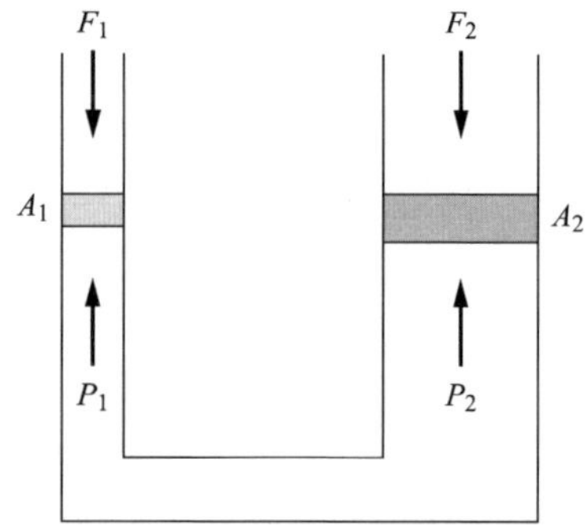

풀이 위 조건에서 피스톤의 높이가 같으므로 피스톤에 작용하는 압력은 서로 같은 값을 가진다.

$P = \dfrac{F}{A}$에서 $\dfrac{F_1}{A_1} = \dfrac{F_2}{A_2}$이므로 $F_1 = \dfrac{A_1}{A_2} \times F_2$가 된다.

A_2의 반지름은 A_1 반지름의 3배이므로 $D_2 = 3D_1$이므로, $A_2 = 9A_1$

따라서 $F_1 A_2 = F_2 A_1$에서 $F_1 A_2 = F_2 A_1$가 되며 $F_1 9A_1 = F_2 A_1$. 따라서 $F_2 = 9F_1$

2-74 구경이 13 mm인 원형 소방호스에 밀도가 0.86 g/cm^3인 액상소화약제가 5 g/s의 질량속도로 흐르고 있다. 이 조건에서 다음을 구하시오. (1) 유량은 몇 cm^3/s인가? (2) 평균속도는 몇 cm/s인가?

풀이 주어진 5 g/s의 질량속도로부터 유량과 평균속도를 구한다.

(1) 유량

질량속도 = 유량 × 밀도이므로

$$유량 = \frac{질량속도}{밀도} = \frac{5\ g/s}{0.86\ g/cm^3} = 5.81\ cm^3/s$$

(2) 평균속도

유량 = 속도 × 면적이므로

$$\text{면적}(A) = \frac{\pi}{4}D^2 = \frac{\pi}{4}(1.3\text{ cm})^2 = 1.32\text{ cm}^2$$

$$\text{평균속도} = \frac{\text{유량}}{\text{면적}} = \frac{5.81\text{ cm}^3/\text{s}}{1.32\text{ cm}^2} = 4.4\text{ cm/s}$$

2-75 20 psi를 cmHg의 단위로 환산하여라.

풀이 psi는 pound per square inch의 약자로 단위로는 lb_f/in^2로 나타낸다. 1 lb는 454 g의 값을 지니고 1 in는 2.54 cm의 값을 나타내므로 20 psi는 다음과 같이 단위환산할 수 있다.

$$\frac{20\text{ lb}}{\text{in}^2}\times\frac{454\text{ g}}{1\text{ lb}}\times\left(\frac{1\text{ in}}{2.54\text{ cm}}\right)^2\times\frac{\text{cm}^3\text{Hg}}{13.6\text{ g}} = 103.48\text{ cmHg}$$가 된다.

2-76 800 mmHg을 kPa의 단위로 환산하여라.

풀이 단위환산 결과에 의하면 1기압(atm)은 760 mmHg이고 101.3 kPa이 된다. 이 결과를 활용하면 다음과 같다. $800\text{ mmHg}\times\frac{101.3\text{ kPa}}{760\text{ mmHg}} = 106.63\text{ kPa}$

2-77 10 kg_f/cm^2의 압력은 몇 mAq(mH_2O)인가?

풀이 힘으로 표시된 압력 단위를 물의 높이로 나타내는 과정을 이해해야 해결할 수 있는 문제이다. 이러한 물의 높이로 표시되는 단위체계는 소방유체에서 널리 사용되고 있는 단위체계이기도 하다. 먼저 물에 대한 밀도값을 살펴보면 물의 밀도는 1000 kg/m^3이며, 비중량으로는 1000 kg_f/m^3의 값으로 나타낸다.

따라서 $\frac{10\text{ kg}_f}{\text{cm}^2}\times\frac{\text{m}^3\text{H}_2\text{O}}{1000\text{ kg}_f}\times\left(\frac{100\text{ cm}}{1\text{ m}}\right)^2 = 100\text{ mH}_2\text{O}$가 된다.

즉, 소방유체의 압력계에서 1 kg_f/cm^2의 압력은 10 mH_2O가 된다.

2-78 압력계의 읽음이 10 kg_f/cm^2이다. 이 압력을 mmHg 단위의 압력값으로 환산하여라.

풀이 이 문제는 압력 단위를 kg_f/cm^2에서 mmHg 체계로 환산하는 문제로 1기압(atm)의 환산관계를 이해하면 쉽게 해결할 수 있다.

$$\frac{10\text{ kg}_f}{\text{cm}^2}\times\frac{760\text{ mmHg}}{1.0332\text{ kg}_f/\text{cm}^2} = 7355.78\text{ mmHg}$$

2-79 소방용 산소통에 달린 압력계의 바늘이 3.5 kg_f/cm^2을 가리키고 있다. 이때의 대기압이 765 mmHg라면 이 산소통안의 절대압은 몇 kPa인가?

풀이 절대압 = 대기압 + 게이지압

게이지압은 $\dfrac{3.5\ kg_f}{cm^2}\times\dfrac{9.8\ N}{1\ kg_f}\times\left(\dfrac{100\ cm}{1\ m}\right)^2=\dfrac{343000\ N}{m^2}=343\ kPa$

대기압은 $765\ mmHg\times\dfrac{101.3\ kPa}{760\ mmHg}=101.97\ kPa$

따라서 절대압 = 대기압 + 게이지압 = 343 kPa + 101.97 kPa = 444.97 kPa이 된다.

2-80 펌프연성계의 압력이 150 mmHg이다. 이 연성계 압력을 절대압으로 계산하면 몇 kg_f/cm^2 인가? (단, 대기압은 760 mmHg이다.)

풀이 연성계의 압력은 음의 압력을 측정하는 장치로 절대압 = 대기압 − 연성계압(진공압)으로 나타낼 수 있다. 따라서 절대압은 = 760 mmHg − 150 mmHg = 610 mmHg이 된다.
1기압은 760 mmHg이고 kg_f/cm^2의 단위로 1기압은 1.0332 kg_f/cm^2의 값을 가지므로 이 값을 이용하여 mmHg를 단위환산 kg_f/cm^2로 나타내면 다음과 같다.

$610\ mmHg\times\dfrac{1.0332\ kg_f/cm^2}{760\ mmHg}=0.829\ kg_f/cm^2$

2-81 다음의 설명 중 올바른 것은? (①)

① 계기압력은 절대압력에서 대기압을 뺀 값과 같다.
② 계기압력은 절대압력과 대기압을 더한 값과 같다
③ 정지한 유체에서는 수평방향으로의 압력이 가장 크게 나타난다.
④ 물속에 잠긴 물체의 부력에서 수중에서의 물체의 무게를 빼면 물체의 공기 중에서의 무게를 예측할 수 있다.

풀이 압력의 종류

① 표준대기압
지구 표면에는 대기가 둘러싸고 있어서, 이 대기에 중력가속도가 작용하여 지구표면에 힘을 미치게 된다. 이 힘으로 인한 압력을 대기압력(atmospheric pressure)이라 한다.

② 절대압력 = 게이지압력 + 대기압 = 대기압 − 진공압
감압하여 진공으로 만들수록 진공도는 커지게 된다. 따라서 장치 안의 절대압력은 대기압에서 진공도를 뺀 값이 된다.
즉 진공계의 경우 절대압력 = 대기압 − 진공압이 된다.

2-82 증기압에 대한 설명 중 올바르지 않은 것은 어느 것인가? (①)

① 기압계에 수은을 이용하는 것이 적합한 이유는 증기압이 높기 때문이다.

② 쉽게 증발하는 휘발성 액체는 증기압이 높다.
③ 증기압은 밀폐된 용기 내의 액체표면을 탈출하는 증기의 양이 액체 속으로 재침투하는 증기의 양과 같을 때의 압력이다.
④ 유동화 하는 액체 내부에서 압력이 증기압보다 낮아지면 액체가 기화하는 공동현상이 발생한다.

풀이 증기압의 성질
① 기압계에 수은을 이용하는 것이 적합한 이유는 증기압이 낮기 때문이다.
② 쉽게 증발하는 휘발성 액체는 증기압이 높다.
③ 증기압은 밀폐된 용기 내의 액체표면을 탈출하는 증기의 양이 액체 속으로 재침투하는 증기의 양과 같을 때의 압력이다.
④ 유동화 하는 액체 내부에서 압력이 증기압보다 낮아지면 액체가 기화하는 공동현상이 발생한다.
⑤ 증기분자의 질량이 작을수록 큰 증기압이 나타난다.
⑥ 액체의 온도가 상승하면 증기압이 증가한다.
⑦ 분자의 운동이 커지면 증기압이 증가한다.
⑧ 증발과 응축이 평형상태일 때 압력을 포화 증기압이라 한다.
⑨ 증기압이 클수록 증발속도는 빠르다.

2-83 온도가 T인 유체가 정압이 P인 상태로 관속을 흐를 때 공동현상이 발생하는 조건으로 가장 적절한 것은 어느 것인가? (단, 유체 온도 T에 해당하는 포화 증기압을 P_s라 한다.) (③)

① $P > P_s$ ② $P > 2P_s$ ③ $P < P_s$ ④ $P < 2P_s$

풀이 유동화하는 액체내부에서 압력(P)이 증기압(P_s)보다 낮아지면 액체가 기화하는 공동현상이 발생한다.

2-84 이상기체에서 온도가 일정할 경우 부피(V)와 압력(P)의 관계를 맞게 표현한 것은? (③)

① $\frac{P}{V}$ = 일정 ② $\frac{P}{V^2}$ = 일정 ③ PV = 일정 ④ PV^2 = 일정

풀이 온도가 일정할 때 압력(P)과 부피(V)의 관계는 보일의 법칙으로 PV = 일정으로 나타낸다.

2-85 피이프 내를 흐르는 유체의 압력을 측정하는 장치가 아닌 것은? (③)

① 부르돈 압력계 ② 마노미터 ③ 위어 ④ 피에조미터

풀이 압력 측정 장치

① 배관을 흐르는 유체의 압력 측정 장치 : 부르돈(Bourdon) 압력계, 마노미터, 피에조미터
② 정압 측정 장치 : 정압관(static tube), 피에조미터
③ 동압 측정 장치 : 시차 액주계, 피토관(Pitot tube), 피토 - 정압관, 열선 속도계

2-86 진공 압력이 40 mmHg일 때 절대압력은 몇 kPa인가? (③)

① 5.33 kPa ② 106.6 kPa ③ 96 kPa ④ 720 kPa

풀이 1기압의 표현 방법

$1\ \text{atm} = 760\ \text{mmHg} = 1.0336\ \text{kg/cm}^2 = 101.3\ \text{kPa(N/m}^2) = 10.33\ \text{mH}_2\text{O} = 1013\ \text{mbar}$
$= 29.92\ \text{inHg} = 14.7\ \text{psi} = 1013 \times 10^3\ \text{dyne/cm}^2$

압력의 종류

(1) 표준대기압
지구 표면에는 대기가 둘러싸고 있어서, 이 대기에 중력가속도가 작용하여 지구표면에 힘을 미치게 된다. 이 힘으로 인한 압력을 대기압력(atmospheric pressure)이라 한다.

(2) 절대압력 = 게이지압력 + 대기압 = 대기압 − 진공압
감압하여 진공으로 만들수록 진공도는 커지게 된다. 따라서 장치 안의 절대압력은 대기압에서 진공도를 뺀 값이 된다. 즉 진공계의 경우 절대압력 = 대기압 − 진공압이 된다.

주어진 조건에서 진공압력이 40 mmHg이므로 이 조건에서 절대압력을 계산하면 다음과 같다.
절대압력 = 대기압 − 진공압에서 대기압을 값을 진공압에 주어진 mmHg와 같은 단위를 갖는 1 atm = 760 mmHg를 선택하면 쉽게 계산할 수 있다.
절대압력 = 대기압 − 진공압 = 760 mmHg − 40 mmHg = 720 mmHg가 된다.
이 값을 kPa로 환산하면 다음과 같다.

$$720\ \text{mmHg} = 720\ \text{mmHg} \times \frac{101.3\ \text{kPa}}{760\ \text{mmHg}} = 95.97\ \text{kPa}$$

2-87 국소 대기압이 0.08 MPa이고, 절대압력이 0.5 MPa의 경우 게이지압력은 몇 MPa인가?

풀이 주어진 조건에서 국소 대기압이 0.08 MPa이고, 절대압력이 0.5 MPa이므로
절대압력 = 대기압 + 게이지압에서 게이지압력 = 절대압력 − 대기압이다.
게이지압력 = 절대압력 − 대기압 = 0.5 MPa − 0.08 MPa = 0.42 MPa이 된다.

2-88 계기압력이 1.2 MPa이고, 대기압이 96 kPa의 경우 절대압력은 몇 kPa인가?

풀이 주어진 조건에서 계기압(게이지압)이 1.2 MPa(= 1200 kPa)이고, 대기압력이 96 kPa이므로
절대압력 = 대기압 + 게이지압에서 절대압력 = 대기압 + 게이지압 = 1200 kPa + 96 kPa = 1296 kPa이 된다.

2-89 대기압 101 kPa인 곳에서 측정된 진공압력이 7 kPa의 경우 절대압력은 몇 kPa인가?

풀이 주어진 조건에서 대기압이 101 kPa이고, 측정된 진공압이 7 kPa이므로
절대압력 = 대기압 − 진공압에서 절대압력 = 대기압 − 진공압 = 101 kPa − 7 kPa = 94 kPa이 된다.

2-90 수두 100 mmAq로 표시되는 압력은 몇 Pa인가? (④)

① 0.098 Pa ② 0.98 Pa ③ 9.8 Pa ④ 980 Pa

풀이 1기압의 표현 방법

1 atm = 760 mmHg = 1.0336 kg/cm^2 = 101.3 kPa(N/m^2) = 10.33 mH_2O = 1013 mbar
= 29.92 inHg = 14.7 psi = 1013×10^3 $dyne/cm^2$

주어진 조건에서 압력값이 수두로 100 mmAq이므로 이 조건에서 압력을 계산하면 다음과 같다.

1 atm = 760 mmHg = 760 × 13.6 mmAq = 10336 mmAq = 101.3 kPa = 101300 Pa를 선택하면 쉽게 계산할 수 있다. 주어진 mmAq를 Pa로 환산하면 다음과 같다.

$$100\ \text{mmAq} = 100\ \text{mmAq} \times \frac{101300\ \text{Pa}}{10336\ \text{mmAq}} = 980.07\ \text{Pa}$$

2-91 공기는 0℃, 1기압에서 밀도가 1.295 g/L이다. 1.25기압에서 공기 3 L가 5 g이 되는 온도는 몇 K인가? (단, 이 조건에서 공기의 평균 분자량은 29 g/mol로 한다.)

풀이 공기를 이상기체로 간주하면 이상기체 상태방정식 $PV = nRT$로부터

$n(\text{몰수}) = \dfrac{m(\text{질량})}{M(\text{분자량})}$이므로 $PV = nRT = \dfrac{m}{M}RT$가 된다.

이를 정리하면 $PV = \dfrac{m}{M}RT$가 된다.

이 식으로부터 온도 $T = \dfrac{PM}{R} \times \dfrac{V}{m}$가 된다.

따라서 주어진 조건을 위 식에 대입하면

$$T = \frac{PM}{R} \times \frac{V}{m} = \frac{1.25\ \text{atm} \times 29\ \text{g/mol}}{\dfrac{1\ \text{atm} \times 22.4\ \text{L}}{273\ \text{K} \times \text{mol}}} \times \frac{3\ \text{L}}{5\ \text{g}} = 265.07\ \text{K}$$

2-92 공간의 부피가 10 m^3인 밀폐된 공간에서 화재가 발생하여 공간의 내부 온도가 25℃에서 1000℃로 상승하였다. 이때 밀폐된 공간의 압력은 얼마나 변화하겠는가?

풀이 $\dfrac{P_1}{T_1} = \dfrac{P_2}{T_2}$의 관계로부터

T_1 = 25℃ = 273 + 25 = 298 K, T_2 = 1000℃ = 273 + 1000 = 1273 K가 된다.

따라서 $P_2 = P_1 \times \frac{T_2}{T_1} = P_1 \times \frac{1273}{298} = 4.27P_1$이 되어 압력이 4.27배 증가하였다.

2-93 이상기체에 대한 설명 중 올바르지 않은 것은? (②)

① 엔탈피는 온도만의 함수이다.
② 정압비열은 온도와 압력의 함수이다.
③ 내부에너지는 온도만의 함수이다.
④ 엔트로피는 온도와 압력의 함수이다.

풀이 이상기체의 에너지 특성
① 엔탈피는 온도만의 함수이다.
② 정압비열은 온도와 엔탈피의 함수이다.
③ 내부에너지는 온도만의 함수이다.
④ 엔트로피는 온도와 압력의 함수이다.

2-94 다음 이상기체에 대한 설명 중 올바르지 않은 것은? (④)

① 아보가드로 법칙을 만족하는 기체이다.
② 기체입자는 완전 탄성체이다.
③ 내부에너지는 체적에 무관하며 온도에 의해 변화한다.
④ 기체의 인력 및 기체 자신의 부피를 고려한 기체이다.

풀이 이상기체의 특성
① 이상기체는 아보가드로 법칙을 만족하는 기체이다.
② 이상기체의 기체입자는 완전 탄성체이다.
③ 내부에너지는 체적에 무관하며 온도에 의해 변화한다.
④ 이상기체는 기체의 인력 및 기체 자신의 부피를 고려하지 않은 기체이다.

2-95 다음 중 이상기체 상태방정식 $PV = nRT$에 만족하기 어려운 조건은 어느 것인가? (②)

① 분자량이 작은 기체　　② 압력이 높은 경우
③ 온도가 낮은 경우　　④ 상온 대기압에서 공기

풀이 이상기체 상태방정식은 저온에서 분자량이 작은 기체에 잘 적용된다.

2-96 이상기체에 대한 설명 중 올바르지 않은 것은? (③)

① 정적비열은 온도만의 함수이다.
② 정압비열은 정적비열보다 크다.
③ 정압비열과 정적비열의 차는 온도의 함수이다.

④ 정압비열은 온도에 따라서 그 값이 변화한다.

풀이 이상기체의 에너지 특성
정압비열과 정적비열의 차는 기체상수(R)이다.

2-97 이상기체에 대한 설명 중 올바르지 않은 것은? (①)

① 압축률이 큰 기체는 압축하기 어렵다.
② 체적탄성계수의 단위는 압력의 단위와 같다.
③ 이상기체를 등온압축 시킬 때 체적탄성계수는 절대압력과 같은 값이다.
④ 동일온도와 압력에서 일정량의 기체가 차지하는 부피는 기체의 종류에 관계없이 일정하다.

풀이 이상기체의 에너지 특성

① 압축률이 큰 기체는 압축시키기 쉽다. 압축률 $= \dfrac{1}{\text{체적탄성계수}}$

② 체적탄성계수의 단위는 압력의 단위와 같다. 체적탄성계수 $= \dfrac{\text{가해진 압력}(\Delta P)}{\text{체적의 감소율}(\Delta V/V)}$

③ 이상기체를 등온압축 시킬 때 체적탄성계수는 절대압력과 같은 값이다.

④ 동일 온도와 압력에서 일정량의 기체가 차지하는 부피는 기체의 종류에 관계없이 일정하다. 아보가드로의 법칙에 의하면 모든 기체는 표준상태 기체 1 mol의 부피는 22.4 L로 일정하다.

2-98 1기압 0℃에서 공기의 밀도를 알고 있다. 자동차 타이어 속에 들어 있는 공기의 밀도를 알고자 하면 이 공기에 대한 어떤 물리량을 측정해야 하는가? (③)

① 부피와 압력 ② 부피와 온도 ③ 압력과 온도 ④ 질량과 압력

풀이 공기와 같은 기체는 압축성유체로 밀도는 온도와 압력에 따라 변화하므로 기체 상태방정식을 이용하여 구하여야 한다. 기체의 밀도 $\rho = \dfrac{PM}{RT}$이 된다.

2-99 파이프에 수소가스가 0.01 kg/s의 질량속도로 흐르고 있다. 안지름이 50 mm이고, 이때 수소의 압력과 온도는 15℃, 30000 N/m²로 측정되었다. 수소의 기체상수는 424 N·m/kg·K 라고 할 때 수소의 평균 이동속도는 몇 m/s인가? (③)

① 10.2 m/s ② 18.4 m/s ③ 20.8 m/s ④ 32.7 m/s

풀이 수소와 같은 기체는 압축성유체로 밀도는 온도와 압력에 따라 변화하므로 기체 상태방정식을 이용하여 구하여야 한다.

기체의 밀도 $\rho = \dfrac{PM}{RT}$이므로 주어진 조건에서 수소의 밀도는 다음과 같다

$$\rho_{H_2} = \frac{PM_{H_2}}{RT} = \frac{30000\ \text{N/m}^2}{\dfrac{424\ \text{N}\cdot\text{m}}{\text{kg}\cdot\text{K}} \times (273+15)\ \text{K}} = \frac{0.245\ \text{kg}}{\text{m}^3}\text{이다.}$$

또한 질량속도($\dot{m}$)와 직경(D)의 관계를 나타내는 연속방정식을 이용하여 해결할 수 있다.

관의 직경 D에서 $A = \frac{\pi}{4}D^2$이므로 $A = \frac{\pi}{4}D^2 = \frac{\pi}{4}(0.05\ \text{m})^2 = 0.00196\ \text{m}^2$이 된다.

$\dot{m} = \rho UA$에서 $U = \dfrac{\dot{m}}{\rho_{H_2}A} = \dfrac{0.01\ \text{kg/s}}{0.245\ \text{kg/m}^3 \times 0.00196\ \text{m}^2} = 20.82\ \text{m/s}$

2-100 직경 300 mm인 파이프에 공기가 4 kg/s의 질량속도로 흐르고 있다. 관속의 압력과 온도는 21℃, 150 kPa으로 측정되었고, 공기의 기체상수는 287 J/kg·K라고 할 때 공기의 평균 이동속도는 몇 m/s인가? (①)

① 31.8 m/s ② 42.4 m/s ③ 52.2 m/s ④ 62.4 m/s

풀이 공기와 같은 기체는 압축성유체로 밀도는 온도와 압력에 따라 변화하므로 기체 상태방정식을 이용하여 구하여야 한다.

공기의 밀도 $\rho = \dfrac{PM}{RT}$이므로 주어진 조건에서 공기의 밀도는 다음과 같다.

$$\rho_{air} = \frac{PM_{air}}{RT} = \frac{150 \times 10^3\ \text{Pa} \times \dfrac{\text{N/m}^2}{\text{Pa}}}{\dfrac{287\ \text{J}}{\text{kg} \cdot \text{K}} \times \dfrac{\text{N} \cdot \text{m}}{\text{J}} \times (273+21)\ \text{K}} = \frac{1.78\ \text{kg}}{\text{m}^3}\text{이다.}$$

또한 질량속도($\dot{m}$)와 직경(D)의 관계를 나타내는 연속방정식을 이용하여 해결할 수 있다.

관의 직경 D에서 $A = \frac{\pi}{4}D^2$이므로 $A = \frac{\pi}{4}D^2 = \frac{\pi}{4}(0.3\ \text{m})^2 = 0.07065\ \text{m}^2$이 된다.

$\dot{m} = \rho UA$에서 $U = \dfrac{\dot{m}}{\rho_{air}A} = \dfrac{4\ \text{kg/s}}{1.78\ \text{kg/m}^3 \times 0.07065\ \text{m}^2} = 31.8\ \text{m/s}$

2-101 공기가 게이지압력이 2.06×10^5 Pa인 상태로 직경 0.15 m인 파이프속을 흐르고 있다. 이때 대기압이 1.03×10^5 Pa이고 공기의 유속이 4 m/s라고 한다면 공기의 온도가 37℃이고 기체상수가 287 J/kg·K라고 할 때 공기의 평균 질량속도는 몇 kg/s인가? (②)

① 0.024 kg/s ② 0.245 kg/s ③ 2.45 kg/s ④ 24.5 kg/s

풀이 질량속도($\dot{m}$)와 면적(A), 유속(U)의 관계를 나타내는 연속방정식을 이용하여 해결할 수 있다.

관의 직경 D에서 $A = \frac{\pi}{4}D^2$이므로 $A = \frac{\pi}{4}D^2 = \frac{\pi}{4}(0.15\ \text{m})^2 = 0.0177\ \text{m}^2$이 된다.

$\dot{m} = \rho UA$에서 밀도를 알면 계산 가능하므로 공기의 밀도를 계산하면 공기와 같은 기체는 압축성유체로 밀도는 온도와 압력에 따라 변화하므로 기체 상태방정식을 이용하여 구하여야 한다.

공기의 밀도 $\rho = \dfrac{PM}{RT}$이므로 주어진 조건에서 공기의 밀도는 다음과 같다. 이때 압력이 게이지압력이 주어졌으므로 게이지압 + 대기압 = 절대압의 관계로부터 압력 $P = 2.06\times10^5\ \text{Pa} + 1.03\times10^5\ \text{Pa} = 3.09\times10^5\ \text{Pa}$

$$\rho_{air} = \frac{PM_{air}}{RT} = \frac{3.09\times10^5\ \text{Pa}\times\dfrac{\text{N/m}^2}{\text{Pa}}}{\dfrac{287\ \text{J}}{\text{kg}\cdot\text{K}}\times\dfrac{\text{N}\cdot\text{m}}{\text{J}}\times(273+37)\ \text{K}} = \frac{3.47\ \text{kg}}{\text{m}^3}\text{이다.}$$

따라서 $\dot{m} = \rho UA$에서 $\dot{m} = \rho UA = \dfrac{3.47\ \text{kg}}{\text{m}^3}\times\dfrac{4\ \text{m}}{\text{s}}\times0.0177\ \text{m}^2 = 0.245\ \text{kg/s}$

2-102 압력이 100 kPa이고, 온도가 27℃일 때 5 m×10 m×5 m인 실내에 있는 공기의 질량은 몇 kg인가? (단, 공기의 기체상수는 287 J/kg · K이다.)

풀이 기체는 온도, 압력, 부피, 질량의 관계를 나타내는 기체 상태방정식을 활용하여 질량을 계산할 수 있다. 기체 상태방정식 $PV = mRT$에서 P : 압력, V : 부피, T : 절대온도, m : 질량 그리고 R은 기체상수를 의미한다.

$$m = \frac{PV}{RT} = \frac{100\times10^3\ \text{Pa}\times250\ \text{m}^3\times\dfrac{\text{N/m}^2}{\text{Pa}}\times\dfrac{\text{J}}{\text{N}\cdot\text{m}}}{287\ \text{J/kg}\cdot\text{K}\times300\ \text{K}} = 290.36\ \text{kg}\text{이다.}$$

2-103 온도 38℃, 압력 1.38 MPa인 공기의 밀도는 약 몇 kg/m^{3}인가? (이때 기체상수는 8.314 kJ/kmol · K이며, 공기의 평균 분자량은 29 kg/kmol이다.)

풀이 기체는 압축성유체로 밀도는 온도와 압력에 따라 변화하므로 기체 상태방정식을 이용하여 구하여야 한다. 기체의 밀도 $\rho = \dfrac{PM}{RT}$이므로 주어진 조건에서 공기의 밀도는 다음과 같다.

$$\rho_{air} = \frac{PM_{air}}{RT} = \frac{1380\ \text{kPa}\times\dfrac{\text{N/m}^2}{\text{Pa}}\times\dfrac{29\ \text{kg}}{\text{kmol}}}{\dfrac{8.314\ \text{kJ}}{\text{kmol}\cdot\text{K}}\times\dfrac{\text{N}\cdot\text{m}}{\text{J}}\times(273+38)\ \text{K}} = 15.48\ \text{kg/m}^3\text{이다.}$$

2-104 온도가 90℃, 압력이 600 kPa인 이산화탄소(CO_2)의 밀도는 약 몇 kg/m^{3}인가? (이때 기체상수는 8.314 kJ/kmol · K이다.)

풀이 기체는 압축성유체로 밀도는 온도와 압력에 따라 변화하므로 기체 상태방정식을 이용하여 구하여야 한다. 기체의 밀도 $\rho = \dfrac{PM}{RT}$이므로 주어진 조건에서 이산화탄소의 밀도는 다음과 같다.

$$\rho_{CO_2} = \frac{PM_{CO_2}}{RT} = \frac{600\ \text{kPa}\times\dfrac{\text{N/m}^2}{\text{Pa}}\times\dfrac{44\ \text{kg}}{\text{kmol}}}{\dfrac{8.314\ \text{kJ}}{\text{kmol}\cdot\text{K}}\times\dfrac{\text{N}\cdot\text{m}}{\text{J}}\times(273+90)\ \text{K}} = 8.75\ \text{kg/m}^3\text{이다.}$$

2-105 1 kg의 액화 이산화탄소가 15℃에서 대기 중으로 방출될 경우 몇 L가 되겠는가?

풀이 기체 상태방정식

$PV=\frac{m}{M}RT$에서 부피는 $V=\frac{m}{PM}RT$가 된다.

주어진 조건에서 $P=1$ atm, $T=15℃=15+273=288$ K, 질량$(m)=1$ kg이므로

$$V=\frac{m}{PM}RT=\frac{1\ \text{kg}}{1\ \text{atm}\times 44\ \text{kg/kmol}}\times 288\ \text{K}\times\frac{1\ \text{atm}\times 22400\ \text{L}}{\text{kmol}\times 273\ \text{K}}=537.06\ \text{L}$$

2-106 온도가 4.5℃인 이산화탄소가스 2.3 kg이 체적 0.283 m^3인 용기에 가득 차 있다. 이때 용기 중에 있는 이산화탄소에 가해진 압력은 몇 kPa인가?

풀이 기체 상태방정식

$PV=\frac{m}{M}RT$에서 압력은 $P=\frac{m}{VM}RT$가 된다.

주어진 조건에서 부피 $V=0.283\ m^3$, $T=4.5℃=4.5+273=277.5$ K,
이산화탄소의 질량$(m)=2.3$ kg이므로

$$P=\frac{m}{VM}RT=\frac{2.3\ \text{kg}}{0.283\ \text{m}^3\times 44\ \text{kg/kmol}}\times 277.5\ \text{K}\times\frac{101.3\ \text{kPa}\times 22.4\ \text{m}^3}{\text{kmol}\times 273\ \text{K}}=426.04\ \text{kPa}$$

2-107 체적이 0.5 m^3인 탱크에 산소가 10 kg이 들어 있다. 이 때 온도가 27℃라 할 때 압력은 몇 MPa인가?

풀이 기체 상태방정식

$PV=\frac{m}{M}RT$에서 압력은 $P=\frac{m}{VM}RT$가 된다.

주어진 조건에서 부피 $V=0.5\ m^3$, $T=27℃=27+273=300$ K,
산소의 질량$(m)=10$ kg이므로

$$P=\frac{m}{VM}RT=\frac{10\ \text{kg}}{0.5\ \text{m}^3\times 28.82\ \text{kg/kmol}}\times 300\ \text{K}\times\frac{0.1013\ \text{MPa}\times 22.4\ \text{m}^3}{\text{kmol}\times 273\ \text{K}}=1.73\ \text{MPa}$$

2-108 공기의 기체상수 R의 값으로 올바른 것은 어느 것인가? (④)

① 27 N·m/kg·K ② 29.27 N·m/kg·K
③ 29.27 kg_f·m/kg·K ④ 288.4 J/kg·K

풀이 기체 상태방정식

$PV=\frac{m}{M}RT$에서 기체상수 $R=\frac{mT}{PVM}$이 된다. 이때 각 값은 표준 상태조건으로 압력은 P = 대기압(1 atm), 부피는 $V=22.4\ m^3$, $T=0℃=0+273=273$ K, 그리고 질량 m와 분자량 M

은 각 기체에 따라 다른 값을 가진다.

그러므로 $R = \dfrac{101.3\ \text{kPa} \times 22.4\ \text{m}^3}{\text{kmol} \times 273\ \text{K}} = \dfrac{8.311\ \text{kPa} \times \text{m}^3}{\text{kmol} \times \text{K}}$이며 이 값을 단위환산하면 여러 가지 형태의 기체상수 R값이 구해진다.

$$R = \frac{8.311\ \text{kPa} \times \text{m}^3}{\text{kmol} \times \text{K}} = \frac{8.311 \times 10^3 \times \text{N} \cdot \text{m}}{\text{kmol} \times \text{K}} = \frac{8.311 \times 10^3 \times \dfrac{\text{J}}{\text{N} \cdot \text{m}} \times \text{N} \cdot \text{m}}{\text{kmol} \times \text{K}} = \frac{8.311 \times 10^3\ \text{J}}{\text{kmol} \times \text{K}}$$

$$R = \frac{8.311\ \text{kPa} \times \text{m}^3}{\text{kmol} \times \text{K}} = \frac{8.311\ \text{kPa} \times \text{m}^3 \times \dfrac{1\ \text{atm}}{101.3\ \text{kPa}}}{\text{kmol} \times \text{K}} = \frac{0.082\ \text{atm} \times \text{m}^3}{\text{kmol} \times \text{K}}$$

주어진 조건처럼 기체가 공기인 경우 공기의 평균 분자량은 약 28.82 kg/kmol이므로, 이 값을 대입하면 기체상수 R을 구할 수 있다.

$R = \dfrac{8.311\ \text{kJ}}{\text{kmol} \times \text{K}} \times \dfrac{1\ \text{kmol}}{28.82\ \text{kg}} = \dfrac{0.28838\ \text{kJ}}{\text{kg} \times \text{K}} = 288.38\ \text{J/kg} \cdot \text{K}$이 된다.

2-109 다음의 설명 중에서 이상기체 상태방정식에 포함되어 있는 기체상수 R과 관계가 없는 것은 어느 것인가? (②)

① 보일 - 샬의 법칙을 만족한다.
② 1 kg · m의 기체를 1 K만큼 가열했을 때 기체의 팽창에 따른 일의 양을 의미한다.
③ 절대온도에 반비례하고 절대압력과 체적의 곱에 비례한다.
④ 돌턴의 분압 법칙을 만족한다.

풀이 기체 상태방정식

$PV = \dfrac{m}{M} RT$에서 기체상수 $R = \dfrac{mT}{MPV}$이 된다. 이때 각 값은 표준 상태조건으로 압력은 P = 대기압(1 atm), 부피는 $V = 22.4\ \text{m}^3$, $T = 0℃ = 0 + 273 = 273\ \text{K}$, 그리고 질량 m와 분자량 M은 각 기체에 따라 다른 값을 가진다.

그러므로 $R = \dfrac{101.3\ \text{kPa} \times 22.4\ \text{m}^3}{\text{kmol} \times 273\ \text{K}} = \dfrac{8.311\ \text{kPa} \times \text{m}^3}{\text{kmol} \times \text{K}}$이며 이 값을 단위환산하면 여러 가지 형태의 기체상수 R값이 구해진다.

$$R = \frac{8.311\ \text{kPa} \times \text{m}^3}{\text{kmol} \times \text{K}} = \frac{8.311 \times 10^3 \times \text{N} \cdot \text{m}}{\text{kmol} \times \text{K}} = \frac{8.311 \times 10^3 \times \dfrac{\text{J}}{\text{N} \cdot \text{m}} \times \text{N} \cdot \text{m}}{\text{kmol} \times \text{K}} = \frac{8.311 \times 10^3\ \text{J}}{\text{kmol} \times \text{K}}$$

$$R = \frac{8.311\ \text{kPa} \times \text{m}^3}{\text{kmol} \times \text{K}} = \frac{8.311\ \text{kPa} \times \text{m}^3 \times \dfrac{1\ \text{atm}}{101.3\ \text{kPa}}}{\text{kmol} \times \text{K}} = \frac{0.082\ \text{atm} \times \text{m}^3}{\text{kmol} \times \text{K}}$$

2-110 물에 있어서 압력과 비등점과의 관계에 대해 올바르게 설명된 것은 어느 것인가? (①)

① 압력이 증가하면 비등점이 높아진다.
② 압력이 증가하면 비등점이 낮아진다.

③ 압력과 비등점은 무관하다.
④ 압력과 비등점은 거의 같이 변한다.

풀이 물의 경우 압력이 증가하면 비등점이 같이 높아진다. 참고로 물의 상평형도에 따르면 삼중점(0.006 atm, 0.0098℃)부터 압력이 증가하면 비등점이 증가하여 임계점까지 증가하게 된다.

2-111 이상기체의 내부에너지에 대한 줄(Joule)의 법칙에 대한 설명으로 맞는 것은 어느 것인가? (④)

① 내부에너지는 위치만의 함수이다.
② 내부에너지는 압력만의 함수이다.
③ 내부에너지는 엔탈피만의 함수이다.
④ 내부에너지는 온도만의 함수이다.

풀이 이상기체에서 내부에너지($\Delta E = Q - W$)는 온도만의 함수이다.

2-112 다음에 제시된 조건 중에서 기체가 가장 액화하기 쉬운 것은 어느 조건인가? (③)

① 고온, 고압의 상태
② 고온, 저압의 상태
③ 저온, 고압의 상태
④ 저온, 저압의 상태

풀이 온도가 낮고 압력이 높을수록 기체는 용해되기 쉬워진다. 온도가 일정한 경우에는 압력이 증가하면 용해도는 증가한다(헨리의 법칙).

2-113 기체의 용해도에 대한 설명으로 알맞은 것은 어느 것인가? (①)

① 기체의 용해도는 압력의 상승에 따라 증가한다.
② 기체의 용해도는 압력의 상승에 따라 감소한다.
③ 기체의 용해도는 온도와 압력에 무관하다.
④ 기체의 용해도는 온도의 상승에 따라 증가한다.

풀이 온도가 낮고 압력이 높을수록 기체는 용해되기 쉬워진다. 온도가 일정한 경우에는 압력이 증가하면 용해도는 증가한다(헨리의 법칙 $C = HP$, 여기서 C : 기체의 용해도, P : 압력, H : 헨리상수).

Chapter 3

정지하고 있는 유체에 작용하는 힘

3.1 유체의 일반적 특징
3.2 유체의 유속
3.3 정지하고 있는 유체에 작용하는 힘
3.4 유체 정역학의 응용
3.5 압력의 측정

물질의 형태는 액체, 고체, 그리고 기체로 구별되는데 이중에서 흐를 수 있는 성질을 가진 물질을 유체라고 분류할 수 있다. 소방유체역학에서 다루는 유체는 일반적으로 흐름을 지니는 물질을 의미하며 액체와 기체로 구분되어진다. 정지상태에 있는 유체는 극히 적은 전단력을 받으면 연속적으로 변형된다. 그러나 빠른 속도로 전단변형을 일으킬 때는 저항을 나타내며 전단응력이 생긴다. 이러한 성질을 점성이라 한다.

유체역학은 정지하고 있거나 또는 운동을 하고 있는 유체의 성질을 다루는 분야로 유체의 운동이나 또는 유체 상호간에 작용하는 힘의 관계를 공부하는 학문분야이다. 소방에서 유체역학의 중요성은 소방에서 유체가 차지하는 역할을 생각하면 분명하게 이해될 것이다. 화재현장에서 급수 설비로부터 발화지점까지 이동하는 소방용수의 경우 관로, 밸브 및 펌프 등으로 구성된 설비를 이동하여야 한다. 이동과정에서 여러 가지 수리학적 변화가 발생한다. 이러한 과정을 이해하고 효율적인 소화를 위한 소방용수의 필요량을 계산하거나 이때 적합한 이송 설비를 이해하기 위해서는 유체역학에 대한 기초적인 지식이 필요하다. 따라서 이 장에서는 유체의 일반적인 특징과 유체의 정역학적 특징에 대하여 살펴보기로 하자.

3.1 유체의 일반적 특징

소방에서 소화설비로 사용되는 물소화설비, 스프링클러설비, 송수연결관을 흐르는 소방용수에 대한 이해를 위해서는 유체의 일반적인 특성에 대한 이해가 선행되어야 한다. 이를 위하여 이 장에서는 유체의 분류, 유체의 흐름 특성에 따른 유체의 특성에 대하여 살펴보기로 하자.

1. 유체의 분류

(1) 점성에 따른 분류

유체는 극히 밀도가 작은 상태의 기체를 제외하고는 연속성을 지닌 균일한 물질이다. 유체는 고체와 달라서 쉽게 변형하는 물질이지만 변형에 대한 저항을 나타내는 성질을 점성이라 한다. 이러한 점성에 따라 유체를 분리하면 점성을 지니는 점성유체와 점성을 지니지 않는 비점성유체로 구분할 수 있다.

유체역학적 측면에서 유체의 점성이 지니는 특징은 아래와 같다.

① 액체의 점성은 온도가 상승하면 감소한다.
② 유체의 전단응력은 흐름방향에 수평인 방향으로의 속도변화율에 비례한다.
③ 이상유체가 아닌 모든 실제유체는 점성을 가진다.

(2) 밀도에 따른 분류

일정한 부피가 가지는 질량의 값으로 표시되는 밀도에 따른 유체의 분류 체계를 살펴보자. 유체의 밀도가 온도와 압력의 함수이므로 외부에서 유체의 온도와 압력을 변화시키게 되면 유체를 구성하는 물질의 부피가 변화하여 밀도의 변화로 나타나게 된다.

유체는 외부에서 힘이 가해져도 부피가 변화하지 않는 즉, 물과 같은 유체가 존재하는데 이러한 유체를 비압축성유체라고 한다. 또한 외부에서 힘이 가해지면 공기와 같이 체적이 잘 변화하는 유체도 존재한다. 이처럼 외부에서 가해진 힘에 의하여 부피가 변화하는 유체를 압축성유체라고 한다.

> ***Tip*** **밀도에 따른 유체의 분류**
> 비압축성유체 : 외부에서 힘이 가해져도 부피가 변화하지 않는 물과 같은 유체
> 압축성유체 : 외부에서 힘이 가해지면 공기와 같이 체적이 잘 변화하는 유체

> ***Tip*** 이상유체는 비압축성으로 점성을 지니지 않은 유체를 의미한다.

2. 레이놀즈수(Reynolds number)

유속에 따라 유체의 흐름 형태가 구분되는데, 이러한 흐름의 형태는 레이놀즈수(Reynolds number, N_{Re})라는 값으로 분류한다. 따라서 여기에서는 레이놀즈수와 그에 따른 흐름 특성에 대하여 살펴보기로 하자.

유체가 정해진 관로를 흐를 경우 아래 그림과 같이 흐르고자 하는 힘(추진력)과 유체의 흐름에 방해가 되는 힘(저항력) 2가지가 서로 공존하게 된다. 이때 발생하는 두 힘에 의해서 유체의 흐름 현상은 변화가 발생한다. 유체가 계속해서 흐르고자 하는 힘은 관성력의 형태이며, 유체의 흐름을 방해하고자 하는 형태의 힘은 점성력이라고 할 수 있다. 따라서 관성력과 점성력의 비를 사용하여 유체의 흐름 특성을 나타낼 수 있다.

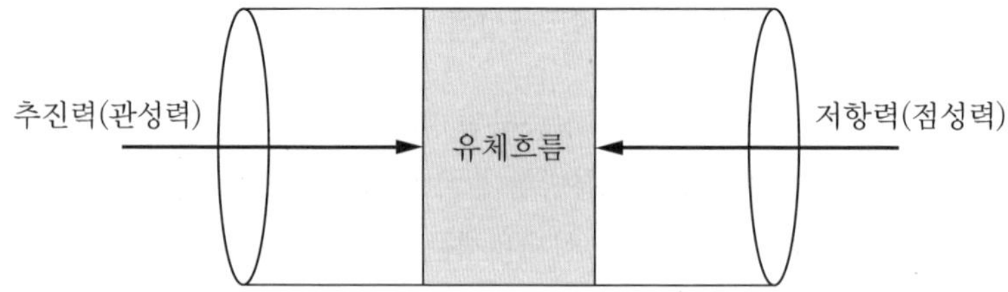

그림 3-1 유체의 흐름에 작용하는 힘

이것을 레이놀즈 수라 정의라 하며 다음과 같이 표시한다. 즉, 유체의 흐름 상태는 유체가 흐르는 관의 유로의 모양과 유체의 성질에 따라 달라진다. 원통형 관에 유체가 흐를 경우 관의 내경과 평균속도, 유체의 밀도와 점도로서 유체의 흐름 상태를 나타낼 수 있으며 다음과 같이 레이놀즈수(Reynolds number, N_{Re})를 정의한다.

$$N_{Re} = \frac{\text{관성력}}{\text{점성력}} = \frac{DU\rho}{\mu} \tag{3-1}$$

여기서, ρ : 유체의 밀도 $[ML^{-3}]$
D : 관의 직경 $[L]$
U : 유체의 속도 $[LT^{-1}]$
μ : 유체의 점도 $[ML^{-1}T^{-1}]$

$$N_{Re} = \frac{DU\rho}{\mu} = L \times \frac{L}{T} \times \frac{M}{L^3} \times \frac{L \cdot T}{M} = [-] \tag{3-2}$$

> **Tip** **레이놀즈수**
>
> $$N_{Re} = \frac{\text{관성력}}{\text{점성력}} = \frac{DU\rho}{\mu}$$
>
> 여기서 ρ : 유체의 밀도$[ML^{-3}]$ D : 관의 직경$[L]$
> U : 유체의 속도$[LT^{-1}]$ μ : 유체의 점도$[ML^{-1}T^{-1}]$
>
> $$N_{Re} = \frac{DU\rho}{\mu} = L \times \frac{L}{T} \times \frac{M}{L^3} \times \frac{L \cdot T}{M} = [-]$$

레이놀즈수(Reynolds number, N_{Re})는 차원이 없는 수(dimensionless number)이다. 단위계만 통일되면 같은 값이 얻어진다. 레이놀즈수는 유체의 흐름특성을 구분하게 해주는 것으로 관성력에 대한 점성력의 비를 나타낸다.

(1) 층류흐름

층류흐름은 흐르는 유체의 층(layer)과 층 사이에 혼합없이 일정하게 흐르는 특성을 지닌 것으로 레이놀즈수(Reynolds number, N_{Re})는 보통 2100 이하의 값을 가진다.

(2) 난류흐름

난류흐름은 흐르는 유체의 층(layer)과 층 사이에 혼합이 발생하는 흐름으로 레이놀즈수(Reynolds number, N_{Re})는 보통 4000보다 큰 값을 가진다.

> **Tip** **레이놀즈수에 따른 유체 흐름**
>
> 층류흐름 : 레이놀즈수(Reynolds number, N_{Re})는 보통 2100 이하의 값을 가진다.
>
> 전이영역 : 레이놀즈수가 2100~4000까지의 흐름
>
> 난류흐름 : 레이놀즈수(Reynolds number, N_{Re})는 보통 4000보다 큰 값을 가진다.

3.1 Example

직경이 6 cm인 소방호스 내를 유속 0.3 m/s의 속도로 소방용수가 흐르고 있다. 이때 레이놀즈수는 얼마인가? (단, 이 조건에서 소방용수의 동점도계수는 $1.8\times10^{-6}\ m^2/s$이다.)

풀이.

$N_{Re} = \dfrac{DU\rho}{\mu} = \dfrac{DU}{\mu/\rho} = \dfrac{DU}{\nu}$에서

동점도계수 $\mu/\rho = 1.8\times10^{-6}\ m^2/s$, $D=6\ cm$, $U=0.3\ m/s$이므로, 이를 정리하면

$$N_{Re} = \frac{DU\rho}{\mu} = \frac{DU}{\frac{\mu}{\rho}} = \frac{0.06\ m \times \frac{0.3\ m}{s}}{\frac{1.8\times10^{-6}\ m^2}{s}} = 10000$$

3.2 Example

비중이 0.8, 점도가 5 cP인 유체를 1 m/s의 속도로 내경 10 cm인 관을 사용하여 수송할 때 유체의 흐름 형태는 무엇인가?

풀이.

$N_{Re} = \dfrac{DU\rho}{\mu}$에서 유체의 비중이 0.8이므로 $\rho=0.8\ g/cm^3$, $D=10\ cm$, 유체의 유속 $U=1\ m/s=100\ cm/s$ 그리고 유체의 점도 $\mu=5\ cP=0.05\ P=0.05\ g/cm\cdot s$가 된다.

따라서 $N_{Re} = \dfrac{DU\rho}{\mu} = \dfrac{\frac{0.8\ g}{cm^3}\times\frac{100\ cm}{s}\times10\ cm}{\frac{0.05\ g}{cm\cdot s}} = 16000$이므로 유체의 흐름은 난류의 형태이다.

3.3 Example

동점도계수가 $0.8\times10^{-6}\ \mathrm{m^2/s}$인 액체가 내경 250 mm인 관속을 3 m/s의 유속으로 흐르고 있다. 이 유체의 레이놀즈수는 얼마인가?

풀이.

$$N_{Re}=\frac{DU\rho}{\mu}=\frac{DU}{\mu/\rho}=\frac{DU}{\nu}\text{에서}$$

$$D:\ 250\ \mathrm{mm}=25\ \mathrm{cm},\quad U:\ 3\ \mathrm{m/s},\quad \frac{\mu}{\rho}=\frac{0.8\times10^{-6}\ \mathrm{m^2}}{\mathrm{s}}$$

$$N_{Re}=\frac{DU\rho}{\mu}=\frac{DU}{\frac{\mu}{\rho}}=\frac{0.25\ \mathrm{m}\times\frac{3\ \mathrm{m}}{\mathrm{s}}}{\frac{0.8\times10^{-6}\ \mathrm{m^2}}{\mathrm{s}}}=937500\ \text{(난류흐름)}$$

3.2 유체의 유속

1. 유체의 유속

유체(액체와 기체 등과 같이 흐를 수 있는 물체)의 흐름에서 수송되는 물질의 속도를 유속이라 한다. 일반적으로 유속(flow rate)이라고 하는 것은 단위시간당 이동한 거리를 의미한다.

직경이 D인 원형 관에서 유량(Q)을 흐름의 단면적(A)으로 나누면 유속(U)을 구할 수 있다. 원통형 관의 단면적 A는 $A=\pi r^2=\pi\left(\frac{D}{2}\right)^2=\frac{\pi}{4}D^2$이 된다. 유체가 유속 U로 흐를 때, 이동된 유체의 량(Q)은 유속에 비례하고, 관의 면적(A)에 비례하는 값을 가진다. 즉 $Q=UA$가 된다. 따라서 평균속도는 다음과 같다.

$$\bar{u}=\frac{Q}{A}=\frac{Q}{\frac{\pi}{4}D^2}\quad[\mathrm{m/s}]\tag{3-3}$$

여기서, Q : 유량($\mathrm{m^3/s}$)

$\bar{u}$: 평균속도(m/s)

A : 유로의 단면적($\mathrm{m^2}$)

D : 관의 내경(m)

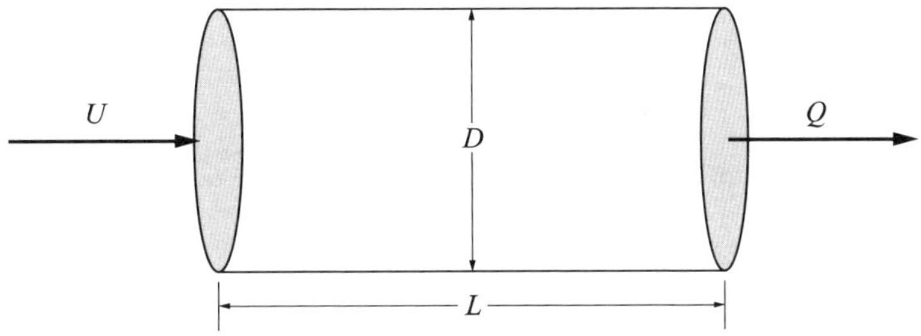

그림 3-2 유속(U)과 유량(Q)

> ***Tip*** **원의 단면적**
>
> 직경이 D인 원통형 관의 단면적 A는 $A = \pi r^2 = \pi\left(\frac{D}{2}\right)^2 = \frac{\pi}{4}D^2$

3.4 Example

직경(D)이 13 mm인 소방용 관창을 통하여 소방용수가 130 L/min의 유량으로 이동한다. 이때 소방용수의 흐름속도(유속)는 몇 m/s인가?

풀이.

관창의 직경이 13 mm이므로 D=13 mm=0.013 m가 되어

$A = \pi r^2 = \pi\left(\frac{D}{2}\right)^2 = \frac{\pi}{4}D^2 = \frac{\pi}{4}(0.013\ \mathrm{m})^2 = 0.000132\ \mathrm{m}^2$이 된다.

소방용수의 유량이 130 L/min이므로, 1000 L=1 m^3의 부피 환산관계로부터

$$\frac{130\ \mathrm{L}}{\mathrm{min}} = \frac{130\ \mathrm{L}}{\mathrm{min}} \times \frac{1\ \mathrm{m}^3}{1000\ \mathrm{L}} \times \frac{1\ \mathrm{min}}{60\ \mathrm{s}} = \frac{0.00217\ \mathrm{m}^3}{\mathrm{s}}$$

따라서 유속은 $U = Q/A = Q\Big/\frac{\pi}{4}D^2$로부터 $U = \frac{0.00217\ \mathrm{m}^3/\mathrm{s}}{0.000132\ \mathrm{m}^2} = 16.414\ \mathrm{m/s}$이다.

3.5 Example

내경이 20 cm인 강관 내를 3.6 m^3/min의 유량으로 물이 흐르고 있을 때 유속은 몇 m/s인가?

풀이.

내경이 20 cm이므로 관의 단면적 $A = \frac{\pi}{4}D^2$에서

$A = \frac{\pi}{4}D^2 = \frac{\pi}{4}(0.2\ \mathrm{m})^2 = 0.0314\ \mathrm{m}^2$이 된다.

연속방정식 $Q = UA$에서 유속 U를 구하면 다음과 같다.

$$U = \frac{Q}{A} = \frac{3.6\ \mathrm{m}^3/\mathrm{min} \times 1\ \mathrm{min}/60\ \mathrm{s}}{0.0314\ \mathrm{m}^2} = 1.91\ \mathrm{m/s}$$

3.6 Example

물소화설비의 배관 속을 흐르는 물의 유량이 1800 L/min, 내경이 100 mm일 때 유속은 몇 m/s인가?

풀이.

내경이 100 mm = 10 cm이므로 관의 단면적 $A = \frac{\pi}{4}D^2$에서

$A = \frac{\pi}{4}D^2 = \frac{\pi}{4}(0.1\text{ m})^2 = 0.00785\text{ m}^2$이 된다.

연속방정식 $Q = UA$에서 유속 U를 구하면 다음과 같다.

$$U = \frac{Q}{A} = \frac{\frac{1800\text{ L}}{\text{min}} \times \frac{1\text{ min}}{60\text{ s}} \times \frac{1\text{ m}^3}{1000\text{ L}}}{0.00785\text{ m}^2} = 3.82\text{ m/s}$$

3.7 Example

옥내소화전설비의 펌프 토출측 주배관의 구경을 선정하려 한다. 주배관내의 유량이 650 L/min, 유속이 3 m/s일 경우 주배관의 관경은 몇 cm인가?

풀이.

$Q = UA$에서 유속 A를 구하고 이 값을 이용하여 직경 D를 구한다.

$$A = \frac{Q}{U} = \frac{\frac{650\text{ L}}{\text{min}} \times \frac{1\text{ min}}{60\text{ s}} \times \frac{1\text{ m}^3}{1000\text{ L}}}{\frac{3\text{ m}}{\text{s}}} = 0.0036\text{ m}^2$$

단면적 $A = \frac{\pi}{4}D^2$에서

$D = \sqrt{\frac{4A}{\pi}} = \sqrt{\frac{4 \times 0.0036\text{ m}^2}{\pi}} = 0.0677\text{ m} = 6.77\text{ cm}$이 된다.

3.8 Example

유량 $Q\,(\text{m}^3/\text{min})$, 속도 $U\,(\text{m/s})$, 내경 $d\,(\text{cm})$의 관계식을 설명하여라.

풀이.

내경이 $d\,(\text{cm})$이므로 관의 단면적 A는

$$A = \frac{\pi}{4}\left(d\text{ cm} \times \frac{1\text{ m}}{100\text{ cm}}\right)^2 = \frac{\pi}{4} \times \frac{d^2\text{ m}^2}{10^4}$$

연속방정식 $Q = UA$이므로 이를 정리하면 다음과 같다.

$Q = UA = U\frac{\text{m}}{s} \times \frac{60\text{ s}}{1\text{ min}} \times \frac{\pi}{4} \times \frac{d^2\text{ m}^2}{10^4} = \frac{U\pi d^2 \times 60\text{ m}^3}{4 \times 10^4\text{ min}}$이 된다.

3.9 Example

물 소화 배관을 흐르는 물의 양을 Q (L/min), 유속을 U (m/s), 배관의 내경을 d (mm)라 할 때 관계식을 설명하여라.

풀이.

내경이 d (cm)이므로 관의 단면적 A는

$$A = \frac{\pi}{4}\left(d\,\mathrm{mm} \times \frac{1\,\mathrm{m}}{10^3\,\mathrm{mm}}\right)^2 = \frac{\pi}{4} \times \frac{d^2\,\mathrm{m}^2}{10^6}$$

연속방정식 $Q = UA$이므로 이를 정리하면 다음과 같다.

$$Q = UA = U\frac{\mathrm{m}}{\mathrm{s}} \times \frac{60\,\mathrm{s}}{1\,\mathrm{min}} \times \frac{\pi}{4} \times \frac{d^2\,\mathrm{m}^2}{10^6} \times \frac{1000\,\mathrm{L}}{1\,\mathrm{m}^3} = \frac{0.0471\,Ud^2\,\mathrm{L}}{\mathrm{min}}$$ 이 된다.

또한 단위시간당 이동한 질량을 질량속도(mass flow rate) 그리고 단위시간당 이동한 부피를 유량(=부피유속)(volume flow rate)이라 한다. 앞서 면적의 변화에 거리의 변화가 수반되면 실제로는 부피의 변화가 발생한다고 했다. 일정한 전단면(cross sectional area, A)을 갖는 유루를 통하여 유체가 일정한 시간(T) 동안 거리(L)만큼 이동하였다면 실제로는 액체는 속도(U [L/T])를 가진다. 여기에 유로가 접한 면적이 고려되면 이때 이동된 액체는 시간의 변화에 따른 부피라고 할 수 있다. 이와 같이 측정된 속도를 유량(부피유속)이라 하고 기호로 Q [부피/시간]로 나타내기로 한다. 유량은 $\mathrm{m^3/s}$, $\mathrm{cm^3/s}$, $\mathrm{ft^3/s}$의 단위를 갖는다.

> ***Tip*** **유량**
>
> ① 유량 = 유속 × 면적 = U(거리/시간) × A(거리^2) = Q(거리^3/시간) = Q(부피/시간)
>
> ② 유량은 $\mathrm{m^3/s}$, $\mathrm{cm^3/s}$, $\mathrm{ft^3/s}$의 단위를 갖는다.

이때 흐르는 유체가 ρ라는 밀도를 지닌 유체라고 한다면 단위부피당 차지하는 질량의 값인 밀도라는 물성치를 사용하여 부피를 질량으로 환산할 수 있다. 따라서 유량을 밀도라는 단위환산인자를 사용하여 단위환산한 값을 질량속도라 하고 기호로 $\dot{m}$ [질량/시간]로 나타낼 수 있다. 질량속도는 일반적으로 kg/s, g/s, lb/s의 단위를 갖는다.

> ***Tip*** **질량속도**
>
> ① 질량속도 = 유량 × 밀도 = Q(부피/시간) × ρ(질량/부피) = $\dot{m}$(질량/시간)
>
> ② 질량속도는 kg/s, g/s, lb/s의 단위를 갖는다.

유속 U (m/s) → × 면적 → 유량 Q (m^3/s) → × 밀도 → 질량속도 $\dot{m}$ (kg/s)

> ***Tip*** 유속 U(m/s)에 그 유체가 흐른 단면적 A(m^2)를 곱해주면 유량 Q(m^3/s)가 되고 유량 Q (m^3/s)에 그 액체의 밀도 ρ(kg/m^3)를 곱해주면 그 값은 질량속도 $\dot{m}$(kg/s)가 된다.

> ***Tip*** **유속의 종류 및 상관관계**
>
> ① 유속(U)
> ② 유량(Q) = 유속(U) × 면적(A)
> ③ 질량속도($\dot{m}$) = 유량(Q) × 밀도(ρ) = 유속(U) × 면적(A) × 밀도(ρ)

> ***Tip*** **질량속도($\dot{m}$)와 중량속도(G)**
>
> ① 질량속도($\dot{m}$) = 유속(U) × 밀도(ρ) × 면적(A) = ρUA
> ② 중량속도(G) = 유속(U) × 비중량(γ) × 면적(A) = γUA

3.10 Example

비중이 0.98인 액상 소화약제가 한 시간 동안 500 m^3이 수송되고 있는 공정이 있다. 이 공정을 통하여 30분 동안에 이동된 소화약제의 양은 몇 kg인가?

풀이.

이 문제는 비중과 유량(Q)이 제시된 조건에서 일정시간 동안 이동된 소화약제의 양(m)을 계산하는 문제이다.

이러한 문제의 해결에서 가장 중요한 것은 유량(Q)이라는 부피값에서 질량(m)을 계산하는 과정이다. 우리가 지금까지 배운 물성치 중에서 질량(m)과 부피(V)의 차원을 동시에 가지고 있는 물성치는 밀도(질량/부피) 밖에 없다. 따라서 밀도(ρ)값이 이 문제를 해결하는 key의 역할을 한다.

제시된 조건에서는 밀도값 대신에 비중값이 제시되었다. 따라서 이 비중값으로부터 밀도값을 구한 다음에 단위환산을 하면 쉽게 그 결과를 구할 수 있다.

즉, 비중=(액체의 밀도) / (물의 밀도)이므로

소화약제의 밀도는 $\frac{1\ \text{g}}{\text{cm}^3}\times 0.98 = \frac{0.98\ \text{g}}{\text{cm}^3}$ 또는 $\frac{1000\ \text{kg}}{\text{m}^3}\times 0.98 = \frac{980\ \text{kg}}{\text{m}^3}$이 된다.

그러므로 제시된 값인 1시간 동안에 이동된 부피값 500 m^3으로부터

$\frac{500\ \text{m}^3}{\text{hr}}\times\frac{980\ \text{kg}}{\text{m}^3} = \frac{490000\ \text{kg}}{\text{hr}}$이 되는데

실제로 이송된 시간은 30분(=0.5 hr)이므로, 0.5 hr 동안에 이동한 소화약제의 양은

$\frac{490000\ \text{kg}}{\text{hr}}\times 0.5\ \text{hr} = 245000\ \text{kg}$이 된다.

3.11 Example

안지름이 2.5 cm인 원통형 관에 밀도가 0.67 g/cm³인 액체가 7 g/s의 질량속도로 흐르고 있다. 이 조건에서 다음을 구하시오. (1) 유량은 몇 cm³/s인가? (2) 평균속도는 몇 cm/s인가?

풀이.

주어진 7 g/s의 질량속도로부터 유량과 평균속도를 구한다.

(1) 유량 : 질량속도 = 유량 × 밀도이므로

$$\text{유량} = \frac{\text{질량속도}}{\text{밀도}} = \frac{\frac{7\text{ g}}{\text{s}}}{\frac{0.67\text{ g}}{\text{cm}^3}} = 10.448\text{ cm}^3/\text{s}$$

(2) 평균속도 : 유량 = 속도 × 면적이므로

$$\text{면적 } A = \frac{\pi}{4}D^2 = \frac{\pi}{4}(2.5\text{ cm})^2 = 4.91\text{ cm}^2$$

$$\text{평균속도} = \frac{\text{유량}}{\text{면적}} = \frac{\frac{10.448\text{ cm}^3}{\text{s}}}{4.91\text{ cm}^2} = 2.13\text{ cm/s}$$

유체의 흐르는 속도를 측정하는 계기의 종류에는 회전차식 유속계와 피토관식 유속계가 있다. 회전차식은 회전차나 프로펠러의 회전 속도가 유속에 비례하는 것을 이용한 것으로 로빈슨 풍속계와 에크만 멜츠 조류계 등이 있다. 피토관식은 피토관을 흐름 속에 놓고, 유체의 동압을 조사해서 유속을 측정하는 것으로, 항공기의 속도계로 채택되고 있다. 이 밖에 전열선에 흐름이 닿게 하고, 흐름에 의한 전열선의 온도강하를 전기저항의 변화로서 포착하여 유속을 구하는 열선 유속계도 있다.

표 3-1 속도의 차원 및 단위

물리량	의 미	단위(MKS계)	차 원
유 속	시간변화에 따른 길이의 변화	m/s	$[L]/[T] = LT^{-1}$
유 량	속도 × 면적(A)	m^3/s	$[L^3]/[T] = L^3T^{-1}$
질량속도	유량 × 밀도(ρ)	kg/s	$[M]/[T] = MT^{-1}$

2. 원통형 관이 아닌 경우 유로의 직경

원관이 아닌 유로내의 흐름에 있어서는 원관의 직경에 해당하는 상당직경(equivalent diameter, D_{eq})을 사용한다.

$$\text{상당직경}(D_{eq}) = \frac{4 \times \text{단면적}}{\text{유체내가 접하는 주변}} = \frac{4 \times S}{L_p} \tag{3-4}$$

(1) 원관의 내경을 D_i, 내관의 외경을 D_o라 하면

$$D_{eq} = \frac{4\left(\frac{\pi {D_o}^2}{4} - \frac{\pi {D_i}^2}{4}\right)}{\pi D_o + \pi D_i} = \frac{{D_o}^2 - {D_i}^2}{D_o + D_i} = D_o - D_i \tag{3-5}$$

(2) 직사각형의 유로

$$D_{eq} = \frac{4(ab)}{2a + 2b} = \frac{2(ab)}{a + b} \tag{3-6}$$

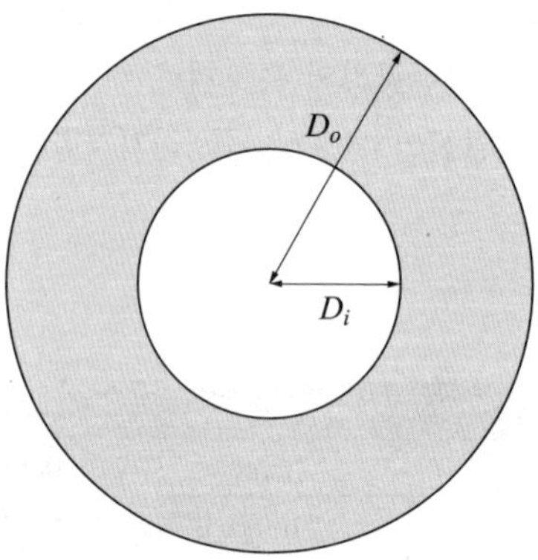

그림 3-3 원통형 관 형태

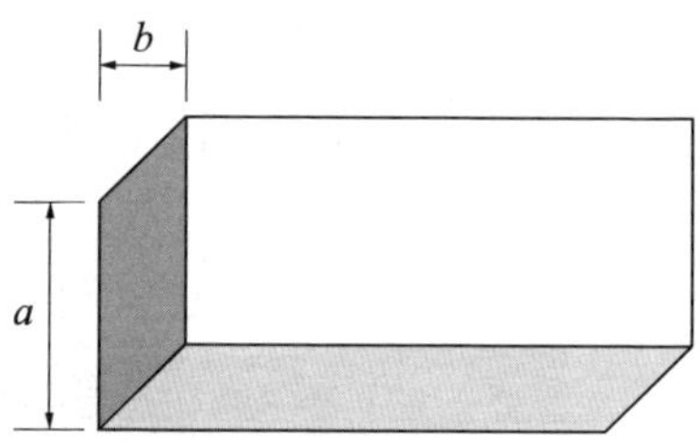

그림 3-4 직사각형 유로

> ***Tip*** **유로의 형태에 따른 상당직경**
>
> ① 원통형에서 상당직경 $D_{eq} = \dfrac{4\left(\dfrac{\pi D_o^2}{4} - \dfrac{\pi D_i^2}{4}\right)}{\pi D_o + \pi D_i} = D_o - D_i$
>
> ② 직사각형 유로에서 상당직경 $D_{eq} = \dfrac{4(ab)}{2a+2b} = \dfrac{2(ab)}{a+b}$

3. 평균속도

유체의 유속은 관의 표면의 형태와 관의 모양, 그리고 관 내부에서 유체가 흐르는 위치에 따라서 달라진다. 일반적으로 관 벽의 표면의 형태에 따라서는 표면이 미끈할수록 유속이 빨라지는데, 이는 유체에 작용하는 저항이 감소하기 때문이라고 할 수 있다. 흐름 특성에 따라 유체는 관내에서 물이 흐를 때 관의 중심에서 유체의 속도가 가장 빠른 분포를 나타낸다. 또한 관벽(pipe wall) 가까이에서는 물이 관 벽에 부착하려는 성질을 보이며, 관벽과 유체사이의 마찰로 인한 저항이 발생하여 유체의 속도가 떨어지게 된다. 유체가 흐를 때 다른 조건의 변화가 없다면 유체의 속도가 감소하여 발생하는 층류일 때 생기는 저항이 난류일 때 생기는 저항보다 크게 나타난다.

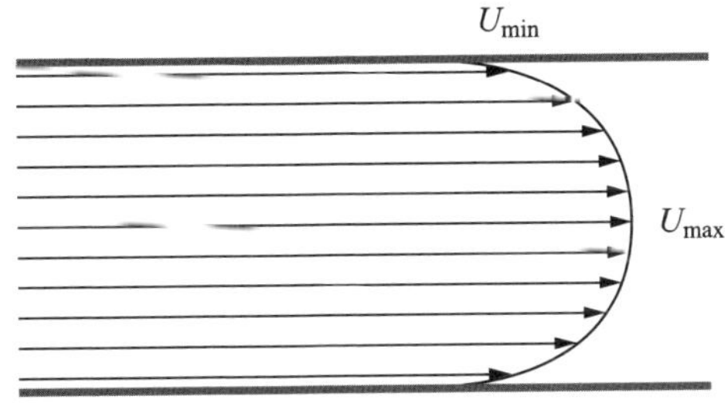

그림 3-5 관 속을 흐르는 유체의 속도분포

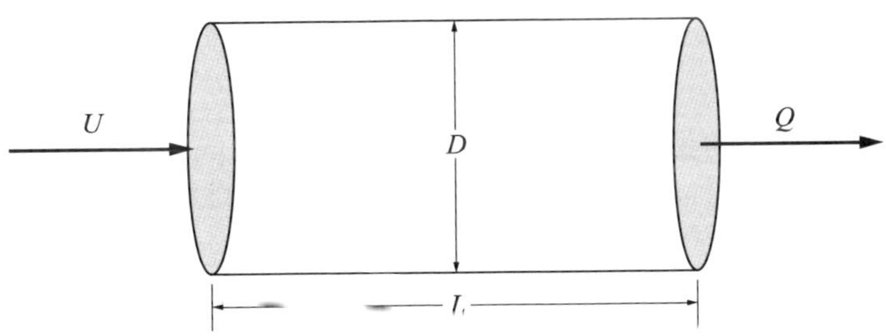

그림 3-6 유속(U)과 유량(Q)

직경이 D인 원형 관에서 유량을 흐름의 단면적으로 나누면 평균속도를 구할 수 있다. 따라서 유체의 유속은 평균이라는 개념으로 나타내는 것이 일반적이다.
즉, 연속방정식 $Q = UA$에서 U를 평균속도로 간주하면

$$\bar{u} = \frac{Q}{A} = \frac{Q}{\frac{\pi}{4}D^2} \quad [\mathrm{m/s}] \tag{3-7}$$

여기서, Q : 유량(m^3/s)
A : 유로의 단면적(m^2)
$\bar{u}$: 평균속도(m/s)
D : 관의 내경(m)

직경(D)과 반경(r) 사이의 관계로부터 $D=2r$이므로 면적 $A=\frac{\pi}{4}D^2=\frac{\pi}{4}(2r)^2=\pi r^2$이 된다. 따라서 $\bar{u}=\frac{Q}{A}=\frac{Q}{\pi r^2}$가 된다.

유체가 흘러가는 관에서 중심부로부터 관벽까지의 반경 r에서 임의의 점에서의 유속은 저항에 의하여 조금씩 다르게 나타날 것이다. 이때 관의 중심부분에서는 최대속도와 평균속도 사이에 대체로 다음과 같은 관계가 성립한다.

$$\bar{u}=\frac{1}{2}U_{\max} \qquad N_{Re}<2100 \tag{3-8a}$$

$$\bar{u}=0.82\,U_{\max} \qquad 4000<N_{Re}<2\times10^5 \tag{3-8b}$$

Tip 유체의 흐름형태에 따른 평균속도

① 층류흐름에서 평균속도 $\bar{u}=\frac{1}{2}U_{\max},\quad N_{Re}<2100$

② 난류흐름에서 평균속도 $\bar{u}=0.82\,U_{\max},\quad 4000<N_{Re}<2\times10^5$

3.12 Example

옥내소화전설비의 펌프의 토출측 주배관의 구경을 결정하려고 한다. 주배관 내의 유량이 500 L/min이고, 유속이 2 m/s일 경우 배관의 크기를 아래 표를 참조하여 결정하여라.

급수관구경(mm)	25	30	35	45	55	65	75	85	90	100

풀이.

$Q=UA=U\times\frac{\pi}{4}D^2$에서 $D=\sqrt{\frac{4Q}{\pi U}}$ 가 된다.

$Q=\frac{500\text{ L}}{\text{min}}=\frac{0.5\text{ m}^3}{\text{min}}=\frac{0.5\text{ m}^3}{\text{min}}\times\frac{1\text{ min}}{60\text{ s}}=\frac{0.0083\text{ m}^3}{\text{s}}$이므로

$D=\sqrt{\frac{4Q}{\pi U}}=\sqrt{\frac{4\times\frac{0.0083\text{ m}^3}{\text{s}}}{\pi\times\frac{2\text{ m}}{\text{s}}}}=0.072\text{ m}=72\text{ mm}$이므로 이것보다 큰 구경 75 mm짜리를 선택해야 한다.

3.13 Example

내경이 30 cm인 수평형 관내를 2.5 m^3/min의 유량으로 소방용수가 흐른다면 이때 유속은 몇 m/s인가?

풀이.

유체의 유량(Q)과 유속(U) 그리고 면적(A)간의 관계는 $Q = UA$라고 할 수 있다. 여기서 A는 단면적으로 $A = \frac{\pi}{4}d^2$으로 나타낸다.

내경이 30 cm인 관의 면적은 $A = \frac{\pi}{4}d^2 = \frac{\pi}{4}(0.3\text{ m})^2 = 0.07065\text{ m}^2$이다.

따라서 유속은 $U = \frac{Q}{A} = \dfrac{\frac{2.5\text{ m}^3}{\text{min}} \times \frac{1\text{ min}}{60\text{ s}}}{0.07065\text{ m}^2} = 0.59\text{ m/s}$

3.3 정지하고 있는 유체에 작용하는 힘

정지하고 있는 유체에 작용하는 압력은 단위면적에 작용하는 유체의 힘으로 정의된다. 면적 A의 유체 위에 힘 F가 균등하게 분포되어 작용한다면 압력은 단위면적당 작용하는 힘이므로 다음과 같이 나타낼 수 있다.

$$P(\text{압력}) = \frac{F(\text{힘})}{A(\text{면적})} \tag{3-9}$$

힘이 균등하게 분포 작용하지 않을 경우, 그 면적상의 임의의 미소면적 dA에 작용하는 힘 dF를 생각하여 압력의 평균치를 의미한다.

$$dP = \frac{dF}{dA} \tag{3-10}$$

그림 3-7에서와 같이 면적이 A인 물탱크에 밀도가 ρ인 소방용수가 Z_a의 높이만큼 차 있는 경우를 생각해 보기로 하자. 여기서 소방용수의 임의의 높이 변화 dZ 부분의 아래쪽에 작용하는 압력이 P라고 하면 dZ 부분의 위쪽에는 dP만큼의 압력변화가 발생하여 $P+dP$의 압력이 작용하게 될 것이다.

정지상태의 유체에서 압력의 성질은 2가지 특성을 나타낸다.

(1) 항상 용기면에 직각으로 작용하며,

(2) 유체 중의 한 점에 작용하는 압력은 모든 방향에서 동등하게 작용한다.

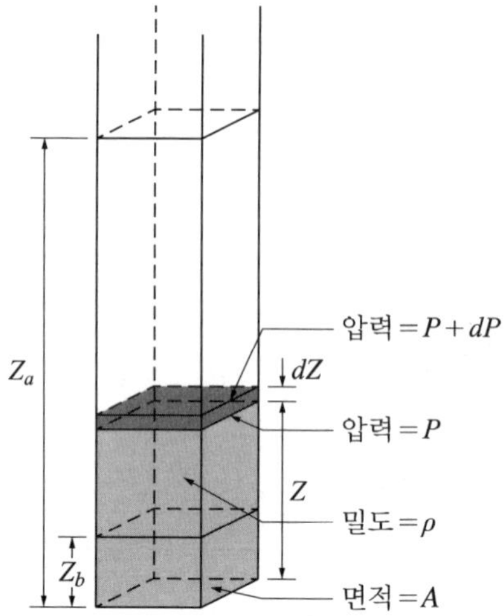

그림 3-7 유체의 정역학적 거동

일정량의 정지하고 있는 유체는 지구표면과 평형단면에서 높이에 따라 압력이 변화한다. 그림에서 보는 바와 같이 단면적 A, 밀도 ρ, 높이 Z인 곳에서 높이 dZ인 미소부피의 유체에 작용하는 힘(힘=압력×면적, $F = PA$)은 크게 다음 3가지 형태로 나타낼 수 있다.

① 위쪽 방향으로 작용하는 압력 P에 의한 힘 = PA
② 아래쪽 방향으로 작용하는 압력 $P+dP$에 의한 힘 = $(P+dP)A$
③ 중력에 의하여 아래쪽 방향으로 작용하는 힘 = $g\rho(A\,dZ)$

정지하고 있는 유체에 대하여 이들 힘의 관계를 나타내면 다음과 같다.

$$\sum \text{위로 작용하는 힘} = \sum \text{아래로 작용하는 힘}$$

이므로

$$\sum \text{위로 작용하는 힘} - \sum \text{아래로 작용하는 힘} = 0$$

그림 3-7에서 위로 작용하는 힘은 PA이고, 아래로 작용하는 힘은 $(P+dP)A$와 $\rho A\,dZg$이므로

$$F = mg = \rho dVg = \rho A\,dZg \tag{3-11}$$

따라서

$$PA - (P+dP)A - g\rho(A\,dZ) = 0 \tag{3-12}$$

이를 정리하면

$$- dP - \rho dZg = 0 \tag{3-13}$$

유체층의 높이가 작을 때 밀도는 일정하므로

$$dP + \rho dZg = 0 \tag{3-14}$$

이를 적분하여 정리하면 $\int_{P_a}^{P_b} dP + \int_{Z_a}^{Z_b} \rho g dZ = 0$이 된다.

소방용수의 밀도가 ρ로 일정하므로

$$(P_b - P_a) + \rho g(Z_b - Z_a) = 0 \tag{3-15}$$

로 나타낼 수 있다. 이를 정리하면 다음과 같다.

$$P_b = P_a + \rho g(Z_b - Z_a)$$

또는

$$P_b - P_a = \rho g(Z_b - Z_a) \tag{3-16}$$

> ***Tip*** **정지하고 있는 유체에 작용하는 힘인 압력의 특징**
>
> ① 유체가 들어 있는 용기의 모양에 관계없이 항상 용기면에 직각으로 작용한다.
> ② 유체 중의 한 점에 작용하는 압력은 모든 방향에서 동등하게 작용한다.
> ③ 정지하고 있는 유체에 작용하는 압력은 유체가 들어 있는 용기의 모양에 관계없이 유체의 높이에 비례한다.
> ④ 정지하고 있는 유체에 작용하는 압력은 유체의 물성(밀도)에 따라 달라진다.

> ***Tip*** **정지하고 있는 유체에 작용하는 압력**
>
> ① $P_b = P_a + \rho g(Z_b - Z_a)$
> ② $\Delta P = \rho g(\Delta Z)$

식 (3-16)은 그림 3-8과 같이 정지된 유체의 아랫부분에 작용하는 압력의 값을 구할 때 널리 사용된다. 즉, 고가수조에 일정량의 높이의 소방용수가 차 있는 경우 고가수조 하단에서 받는 압력을 구하는 경우에 사용할 수 있다. 즉, 소방용수의 차 있는 높이가 h(m)이고 소방용수인 물의 밀도가 ρ(g/cm^3)인 경우 소방용수에 의하여 고가수조의 아랫부분에 가해지는 압력은, 고가수조의 윗부분에 대기압 P_a가 작용하므로 고가수조의 아랫부분에 작용하는 압력 P_b는 다음과 같이 구할 수 있다.

$$P_b = P_a + \rho g h$$

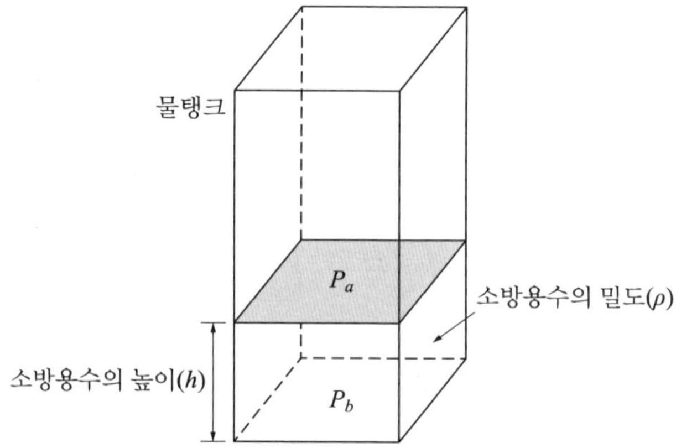

그림 3-8 물탱크 아래 부분에 작용하는 압력

3.14 Example

개방된 고가수조에 깊이 5.5 m의 소방용수가 들어 있다. 이때 고가수조 밑바닥에서의 압력은 몇 N/m^2인가? (이때 고가수조 윗부분에 작용하는 압력은 대기압이다.)

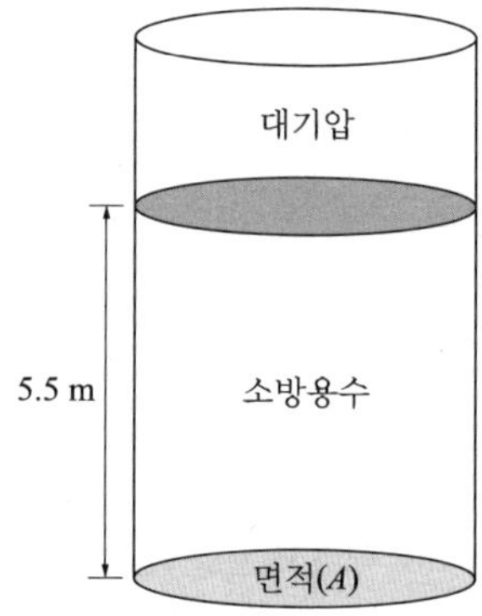

그림 3-9 소방용 수조에서의 압력

풀이.

$P_b = P_a + \rho g h$을 사용하여 구할 수 있다.

고가수조에 들어 있는 액체가 소방용수이므로 밀도(ρ)는 $1\ g/cm^3 = 1000\ kg/m^3$이다.

또한 고가수조 윗부분에 작용하는 압력이 대기압이므로 $P_a = 101.3\ kPa = 101300\ N/m^2$이다.

이 값을 이용하여 고가수조 밑바닥에 작용하는 압력을 계산할 수 있다.

$$P_b = P_a + \rho g h = \frac{101300\ \text{N}}{\text{m}^2} + \frac{1000\ \text{kg}}{\text{m}^3} \times \frac{9.8\ \text{m}}{\text{s}^2} \times 5.5\ \text{m} \times \frac{1\ \text{N}}{1\ \text{kg} \cdot \text{m/s}^2}$$

$$= 101300\ \frac{\text{N}}{\text{m}^2} + 53900\ \frac{\text{N}}{\text{m}^2} = 155200\ \text{N/m}^2$$

3.15 Example

개방된 물통에 깊이 2 m로 물이 들어 있고, 이 물위에 비중이 0.5인 기름이 깊이 2 m의 높이로 떠 있다. 이때 물통 밑바닥에서의 압력은 몇 N/m²인가? (단, 유체 상부 면에 작용하는 대기압은 무시한다.)

풀이.

물통에 물과 기름이 같이 들어 있으므로 물에 의한 압력값과 기름에 의한 압력값을 각각 고려하여야 한다. 따라서 $P_b = P_a + g(\rho_{water} h_{water} + \rho_{oil} h_{oil})$을 사용하여 구할 수 있다.

고가수조에 들어 있는 액체인 물의 밀도(ρ_{water})는 $1\ \text{g/cm}^3 = 1000\ \text{kg/m}^3$이다.

고가수조에 들어 있는 액체인 기름의 밀도(ρ_{oil})는 $0.5\ \text{g/cm}^3 = 500\ \text{kg/m}^3$이다.

또한 고가수조 윗부분에 작용하는 압력인 대기압은 무시하므로 $P_a = 0$이다.

$P_b = P_a + g(\rho_{water} h_{water} + \rho_{oil} h_{oil})$에서 물과 기름에 의한 압력 값을 각각 계산하면

$$P_{water} = g h_{(water)} \rho_{(water)} = \frac{9.8\ \text{m}}{\text{s}^2} \times 2\ \text{m} \times \frac{1000\ \text{kg}}{\text{m}^3} \times \frac{1\ \text{N}}{1\ \text{kg} \cdot \text{m/s}^2} = 19600\ \text{N/m}^2$$

$$P_{oil} = g h_{(oil)} \rho_{(oil)} = \frac{9.8\ \text{m}}{\text{s}^2} \times 2\ \text{m} \times \frac{500\ \text{kg}}{\text{m}^3} \times \frac{1\ \text{N}}{1\ \text{kg} \cdot \text{m/s}^2} = 9800\ \text{N/m}^2$$

$$P_b = g(\rho_{water} h_{water} + \rho_{oil} h_{oil}) = 19600\ \text{N/m}^2 + 9800\ \text{N/m}^2 = 29400\ \text{N/m}^2$$

3.16 Example

그림과 같이 액면으로부터 40 m인 지점의 압력이 4.8 kg$_f$/cm²일 때 이 액체의 비중량은 몇 kg$_f$/m³인가? (단, 대기압의 영향은 없는 것으로 한다.)

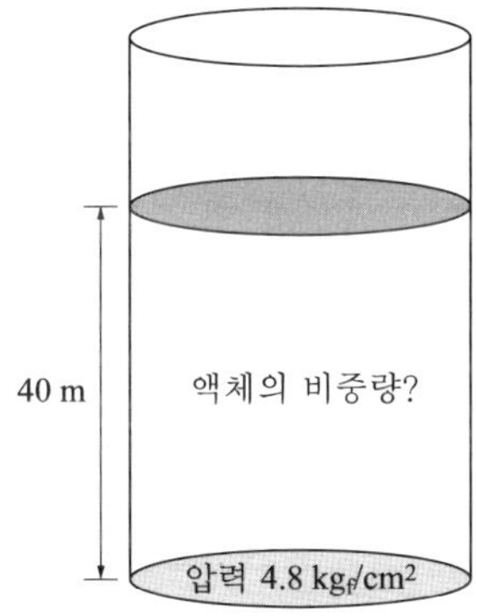

그림 3-10 액체의 비중량과 압력의 관계

풀이.

$\Delta P = P_b - P_a = g\rho h$을 사용하여 구할 수 있다.

액면으로부터 40 m인 지점에서의 압력이 4.8 kg$_f$/cm²이므로

$\Delta P = P_b - P_a = g\rho h$에서 비중량 $g\rho(=\gamma)$은

$$\gamma = \rho g = \frac{\Delta P}{h} = \frac{\dfrac{4.8\ \text{kg}_f}{\text{cm}^2} \times \left(\dfrac{100\ \text{cm}}{1\ \text{m}}\right)^2}{40\ \text{m}} = 1200\ \text{kg}_f/\text{m}^3$$

3.4 유체 정역학의 응용

정지된 유체에 의하여 발생하는 힘에 대한 결과인 $\Delta P = \rho g h$를 활용하여 다음과 같은 몇 가지 응용적인 측면을 살펴보기로 하자.

1. 기압방정식(Barometric equation)

온도가 일정하게 유지되는 등온상태의 기체에서 높이의 변화가 압력에 미치는 영향을 살펴보면 다음과 같다. 앞서 살펴본 식 $\int_{P_a}^{P_b} dP + \int_{Z_a}^{Z_b} \rho g\, dZ = 0$을 이용하여 나타낼 수 있다.

압축성유체의 설명에서 공기와 같은 기체물질은 외부의 온도와 압력의 변화에 의하여 부피가 변화하는 특성을 지닌다고 하였다. 이러한 압축성유체의 경우에는 부피 변화를 밀도의 변화로 표시할 수 있다. 대표적인 압축성유체인 기체의 밀도는 압력에 비례하고 온도에 반비례하므로 다음과 같다. 즉, 기체가 이상기체의 조건에 만족한다면 밀도는 다음과 같이 나타날 수 있다.

즉, $\rho = \dfrac{PM}{RT}$이 되므로 정역학적 평형에서 구한 $\int_{P_a}^{P_b} dP + \int_{Z_a}^{Z_b} \rho g\, dZ = 0$에 기체의 밀도값을 대입하면 기압방정식을 구할 수 있다. $dP + g\rho dZ = 0$이므로 여기에 기체의 밀도값 $\rho = \dfrac{PM}{RT}$을 대입하면 다음과 같은 결과를 얻을 수 있다.

$$dP + g\frac{PM}{RT}dZ = 0 \tag{3-17}$$

높이가 Z_a인 지점에서의 압력을 P_a라 하고, 높이가 Z_b인 지점에서의 압력을 P_b라 하면 이식은 다음과 같다.

$$\int_{P_a}^{P_b} \frac{dP}{P} + \int_{Z_a}^{Z_b} \frac{Mg}{RT} dZ = 0 \tag{3-18}$$

이 식을 기압방정식(Barometric equation)이라 하며, 높이 변화에 따른 압력변화를 측정하는 중요한 식이다. 기체의 외부 온도 변화가 없는 등온상태의 경우에는 식(3-18)에서 T가 일정하므로 이 식을 다음과 같이 나타낼 수 있다.

$$\ln\left(\frac{P_b}{P_a}\right) + \frac{PMg}{RT}(Z_b - Z_a) = \text{constant} \tag{3-19}$$

$$\frac{P_b}{P_a} = \exp\left[-\frac{PMg}{RT}(Z_b - Z_a)\right] \tag{3-20}$$

$$P_b = P_a \exp\left[-\frac{PMg}{RT}(Z_b - Z_a)\right]$$

$$= P_a \exp\left[\frac{PMg}{RT}(Z_a - Z_b)\right] \tag{3-21}$$

> **Tip** **기압방정식(Barometric equation)**
> 온도가 일정한 조건에서 이상기체의 높이변화에 따른 압력변화값은 다음과 같다.
> $P_b = P_a \exp\left[\frac{PMg}{RT}(Z_a - Z_b)\right]$

2. 소방 정수압

정지하여 있는 유체에 중력가속도가 작용하여 생기는 힘에 의하여 ⊥ 밑면에 미치는 압력을 정압(static pressure)이라 한다.

그림 3-11과 같이 높이가 h이고, 밑면의 넓이가 A인 원기둥에 밀도 ρ인 유체가 가득 차 있다. 이 정지 유체의 질량은 $m = \rho V = \rho A h$이 된다. 이 유체가 밑면에 미치는 압력은 $P = \frac{F}{A} = \frac{mg}{A} = \frac{\rho A h g}{A} = \rho g h$으로 나타낼 수 있다. 이를 차원의 관계로 나타내면 다음과 같다.

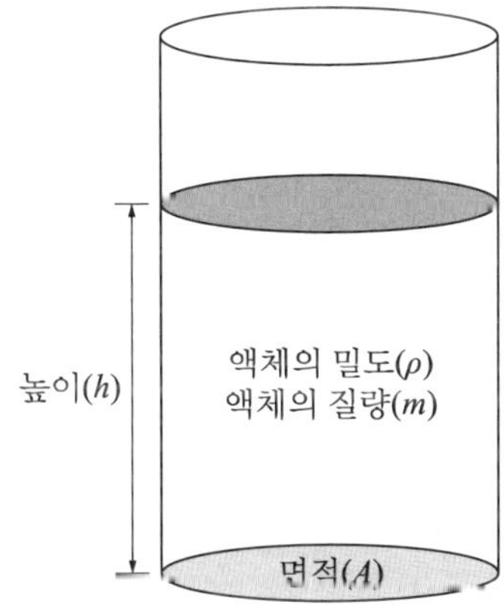

그림 3-11 물탱크속의 소방용수

액주의 높이 h는 거리의 차원이므로 [L], 액체의 밀도 ρ는 단위부피당 차지하는 질량이므로 [M/L^3], 그리고 중력가속도 g는 [L/T^2]이므로 다음과 같다.

$$P = \frac{F}{A} = \rho g h = \left[\mathrm{L} \times \frac{\mathrm{M}}{\mathrm{L}^3} \times \frac{\mathrm{L}}{\mathrm{T}^2} \right] = \left[\frac{\mathrm{M}}{\mathrm{L}\,\mathrm{T}^2} \right]$$

그림 3-12에서 보는 바와 같이 밀도가 ρ인 액체의 수심 h인 지점에 위치하는 물체에 가해지는 압력은 두 가지에 의한 것이라고 할 수 있다.

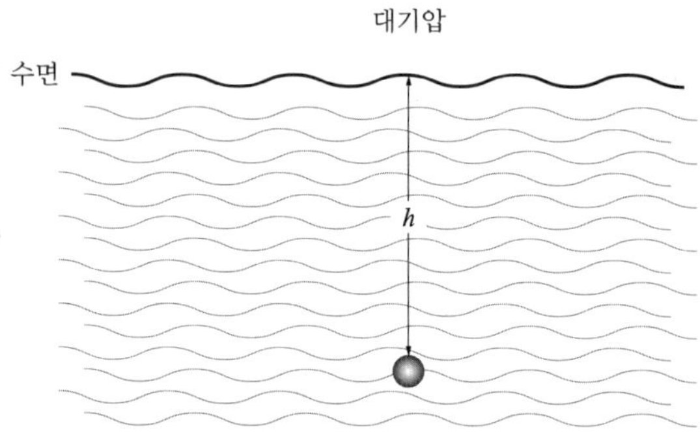

그림 3-12 수심과 압력의 관계

즉 하나는 수면위의 대기압에 의한 것이고 다른 하나는 수면의 높이에 따른 압력이 작용한다고 할 수 있다. 따라서 일정한 높이의 수심(h)을 가지는 위치에 있는 물체에 작용하는 압력은 다음과 같이 나타낼 수 있다.

$$P = P_{\text{수심에 의한 압력}} + P_{\text{대기압}} = \rho g h + P_{\text{atm}} = \gamma h + P_{\text{atm}}$$

3.17 Example

호수 수면으로부터 10 m 깊은 곳의 압력을 psi 단위로 구하시오. (이때의 대기압은 1032 mbar이며, 호수의 비중은 0.99820이다.)

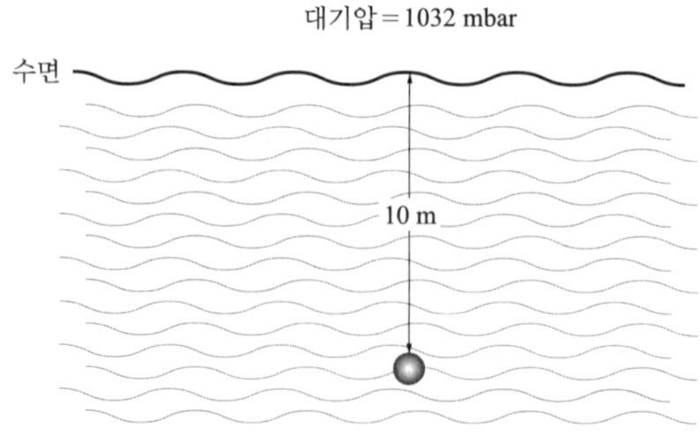

그림 3-13 수심과 압력의 관계

풀이.

$$P = P_a + P_w = P_a + \rho g h$$

$$P = 1032\ \mathrm{mbar} + \frac{998.2\ \mathrm{kg}}{\mathrm{m}^3} \times \frac{9.8\ \mathrm{m}}{\mathrm{s}^2} \times 10\ \mathrm{m} \times \frac{1\ \mathrm{N}}{1\ \mathrm{kg} \cdot \mathrm{m/s}^2}$$

$$= 1032\ \mathrm{mbar} + 97823.6\ \mathrm{N/m}^2$$

$$= 1032\ \mathrm{mbar} \times \frac{14.7\ \mathrm{psi}}{1013\ \mathrm{mbar}} + 97823.6\ \frac{\mathrm{N}}{\mathrm{m}^2} \times \frac{14.7\ \mathrm{psi}}{101.3\ \mathrm{kN/m}^2} = 29.171\ \mathrm{psi}$$

3.5 압력의 측정

1. 압력의 측정방법

소방유체에서 압력의 측정은 일반적으로 수압부가 받는 변위 또는 힘을 검출하여 실시한다. 공업적으로 압력 측정장치로는 마노미터(manometer)를 이용한다.

(1) 마노미터(Manometer)

유리관에 물·수은·알코올 등을 넣은 U자관 압력계가 그 대표적인 것이다. 관의 한쪽 끝을 측정하려는 압력부에 연결하면, 관의 양쪽 끝에 걸리는 압력차와 균형을 이루는 곳까지 액면이 오르내리는데, 이때 좌우의 관 속에 있는 액면의 고저차로부터 양쪽 관에 걸려 있는 압력의 차를 측정할 수 있다.

가장 간단한 형태의 U자관 마노미터는 그림에서 보는 바와 같다. 마노미터 속에는 수은과 같이 밀도를 알 수 있는 액체 A가 채워져 있다. 처음에는 유체 A의 액면은 U자관 양쪽이 수평으로 되어 있으나, 유체 B가 흐르는 유로에 마노미터를 연결하면 U자관 양쪽에서 압력차가 발생하여 한쪽 면의 액면이 상승하여 서로 다른 높이차(R_m)가 발생한다.

여기에서는 널리 사용되는 단순 마노미터, 경사 마노미터 그리고 시차 액주계에 대해서 살펴보기로 하자.

① 단순 마노미터

U자형 관속에 밀도(ρ_a)를 알고 있는 유체(A)를 넣고 그 위에 밀도가 ρ_b인 액체 B를 채웠으며, 액체 B와 A는 혼합되지 않고 B는 A보다 가볍다.

액체의 압력은 액체의 높이에 비례하고, 중력에 비례하며 그 액체가 가지는 고유한 물성치인 밀도에 따라서 다른 값을 가진다. 그림에서 보는 단순 마노미터의 경우 하부에 있는 액체 A의 밀도는 ρ_a이고 상부에 있는 액체 B의 밀도는 ρ_b의 값을 가진다. 이때 상부에서 가해지는 압력 P_a와 P_b가 서로 달라 액체 A의 높이차가 발생한다. 그럼에도 불구하고 액체의 높이가 같은 지점에서는 압력이 서로 같기 때문에 지점 "2"와 지점 "3"에서의 압력은 서로 같다고 할 수 있다. 액체의 높이에 따른 압력값인 $P=\rho g h$를 이용하여 지점 "2"와 지점 "3"에서의 압력을 계산하면 다음과 같다.

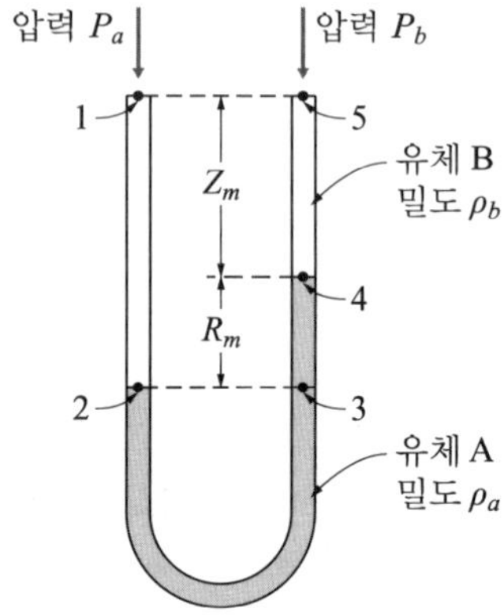

그림 3-14 단순 마노미터

$$P_2 = P_a + \rho_b(Z_m + R_m)g \tag{3-22}$$

$$P_3 = P_b + \rho_b Z_m g + \rho_a R_m g \tag{3-23}$$

$P_2 = P_3$이므로 압력차 $P_a - P_b$는 다음과 같다.

$$P_a + \rho_b(Z_m + R_m)g = P_b + \rho_b Z_m g + \rho_a R_m g \tag{3-24}$$

$$P_a - P_b = (\rho_a - \rho_b)R_m g = (\gamma_a - \gamma_b)R_m \tag{3-25}$$

> ***Tip*** **U자관 마노미터를 이용한 압력의 측정**
> $\Delta P = (\rho_a - \rho_b)R_m g$

3.18 Example

U자관 마노미터를 오리피스에 연결하였더니 50 cm의 높이의 차가 발생하였다. 마노미터의 수은의 비중은 13.6이고 원관속의 유체는 물인 경우 압력차는 몇 kg_f/m^2인가?

풀이.

$\Delta P = P_a - P_b = (\rho_a - \rho_b)R_m g$

$$\Delta P = (13.6-1)\times\frac{1000\ \text{kg}}{\text{m}^3}\times\frac{9.8\ \text{m}}{\text{s}^2}\times 0.5\ \text{m}\times\frac{1\ \text{N}}{1\ \text{kg}\cdot\text{m/s}^2}\times\frac{1\ \text{kg}_\text{f}}{9.8\ \text{N}} = \frac{6300\ \text{kg}_\text{f}}{\text{m}^2}$$

② 경사 마노미터

풍압과 같이 압력차가 적을 경우에는 경사 마노미터를 사용하는데, 이 경우 U자관의 한쪽을 기울여서 액면의 차 R_m의 값을 R_1으로 확대 시킨 것으로 경사각을 α라 하면 경사 마노미터에서 측정된 압력차는 다음과 같다.

단순 마노미터에서 계산된 압력차 $P_b - P_a = (\rho_a - \rho_b)R_m\, g$에서 $R_m = R_1 \sin\alpha$이므로 α라는 경사에 의해서 생성된 높이차 $R_m = R_1 \sin\alpha$이므로 압력차는

$$P_a - P_b = (\rho_a - \rho_b)R_1 \sin\alpha\ g \qquad (3\text{-}26)$$
$$= (\gamma_a - \gamma_b)R_1 \sin\alpha$$

가 된다.

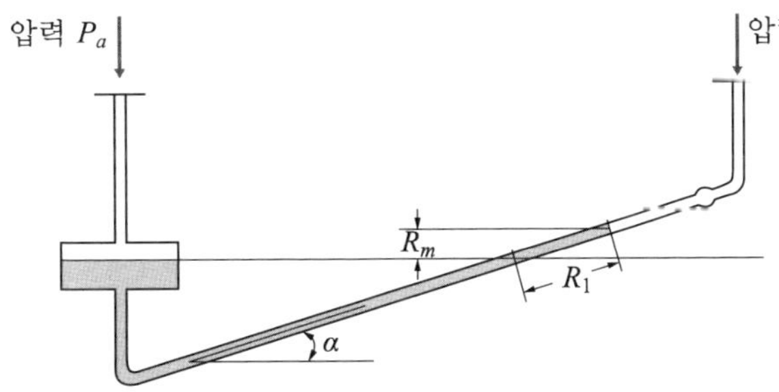

그림 3-15 경사 마노미터

> **Tip** **경사 마노미터를 이용한 압력의 측정**
> $P_a - P_b = (\rho_a - \rho_b)R_1 \sin\alpha\, g = (\gamma_a - \gamma_b)R_1 \sin\alpha$

③ 시차 액주계

시차 압력계는 절대압을 측정하는 것이 아니고 두 곳의 압력차만을 측정하는 압력계이다. 수직관에서 압력은 수직관에 들어 있는 액체의 비중량(γ), 액체의 높이(h) 그리고 중력가속도(g)에 의하여 영향을 받는다. 따라서 위의 그림 3-16에서 C지점과 D지점은 같은 액체가 들어 있고 높이가 같으므로 압력은 서로 같다고 할 수 있다. 이를 이용하면

C지점에서의 압력 : $P_a + \gamma_1 h_1$

D지점에서의 압력 : $P_b + \gamma_2 h_2 + \gamma_3 h_3$

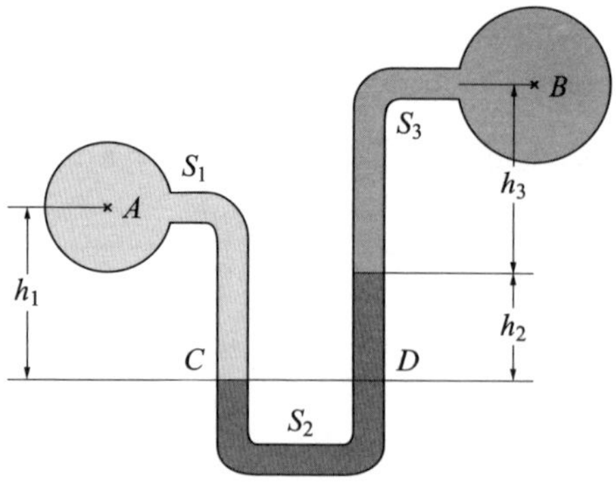

그림 3-16 시차 액주계

액체의 높이가 같으면 C지점에서의 압력과 D지점에서의 압력이 서로 같으므로 $P_a + \gamma_1 h_1 = P_b + \gamma_2 h_2 + \gamma_3 h_3$이 된다. 이 식으로부터 압력차($P_a - P_b$)를 계산하면

$$P_a - P_b = \gamma_2 h_2 + \gamma_3 h_3 - \gamma_1 h_1$$

이 된다.

> ***Tip*** **시차 액주계를 이용한 압력의 측정**
> 시차 액주계는 압력차만을 측정하는 압력계이다.
> $P_a - P_b = \gamma_2 h_2 + \gamma_3 h_3 - \gamma_1 h_1$

3.19 Example

다음 그림에서 A가 나타내는 압력을 올바르게 표시한 것은?

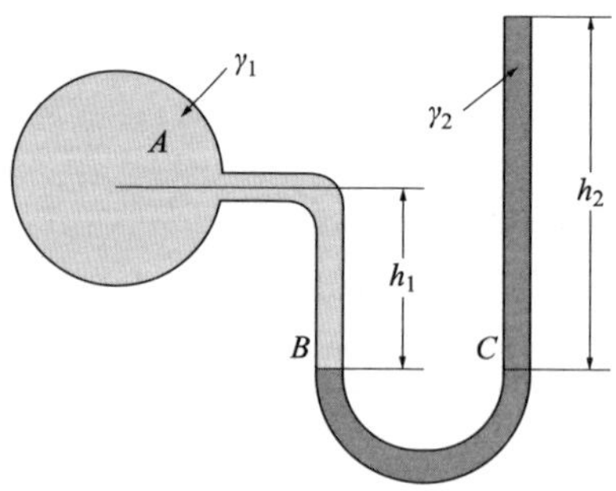

그림 3-17 마노미터

풀이.

동일 기준면에 작용하는 압력은 같다.

그림의 각 위치 A, B, C에서의 압력을 살펴보면 다음과 같이 나타낼 수 있다.

액체의 높이가 h_1이고 이때 액체의 비중량이 γ_1인 액체가 들어 있는 B지점에서의 압력은

$P_b = P_a + \gamma_1 h_1$

액체의 높이가 h_2이고 이때 액체의 비중량이 γ_2인 액체가 들어 있는 C지점에서의 압력은

$P_c = \gamma_2 h_2$

B지점과 C지점은 서로 높이가 같으므로 이때의 압력 P_b와 P_c는 서로 같으므로 $P_b = P_c$에서 $P_a + \gamma_1 h_1 = \gamma_2 h_2$이 된다. 이 값을 정리하면 $P_a = \gamma_2 h_2 - \gamma_1 h_1$가 된다. 여기서 $\gamma = \rho g$이다.

3.20 Example

그림과 같이 액주계에서 $\gamma_1 = 1000\ \mathrm{kg_f/m^3}$, $\gamma_2 = 13600\ \mathrm{kg_f/m^3}$, $h_1 = 500\ \mathrm{mm}$, $h_2 = 800\ \mathrm{mm}$ 일 때 관 중심 A의 게이지압은 몇 $\mathrm{kg_f/m^2}$인가? (여기서 $\gamma = \rho g$이다.)

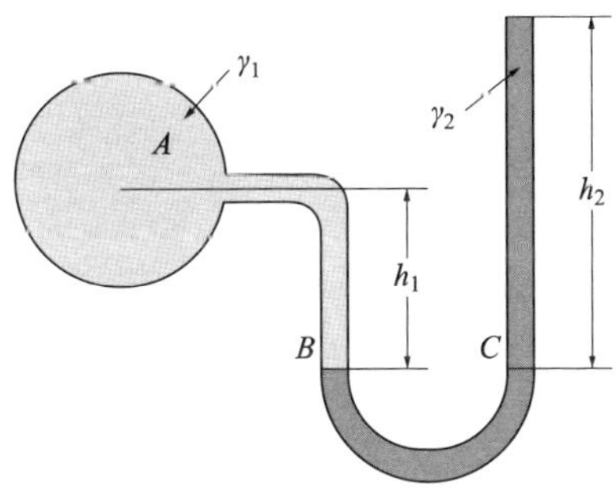

그림 3-18 액주계

풀이.

동일 기준면에 작용하는 압력 $P_b = P_c$

$P_b = P_a + \gamma_1 h_1$, $P_c = \gamma_2 h_2$에서 $P_b = P_c$이므로

$$P_a = \gamma_2 h_2 - \gamma_1 h_1 = \frac{13600\ \mathrm{kg_f}}{\mathrm{m^3}} \times 0.8\ \mathrm{m} - \frac{1000\ \mathrm{kg_f}}{\mathrm{m^3}} \times 0.5\ \mathrm{m} = 10380\ \mathrm{kg_f/m^2}$$

3.21 Example

물이 들어 있는 U자관 속에 기름을 넣었더니 기름 25 cm와 물 15 cm의 액주가 평형을 이루었다면 이 기름의 비중은 얼마인가?

풀이.

평형을 이루었다는 건 기름 25 cm의 압력과 물 15 cm의 압력이 같아졌다는 의미이다. 즉, $\gamma_{oil} h_{oil} = \gamma_{water} h_{water}$. 따라서 $\rho_{oil} g h_{oil} = \rho_{water} g h_{water}$

$$\rho_{oil} = \frac{\rho_{water} g h_{water}}{g h_{oil}} = \frac{\rho_{water} h_{water}}{h_{oil}} = \frac{1\ \mathrm{g}}{\mathrm{cm^3}} \times \frac{15\ \mathrm{cm}}{25\ \mathrm{cm}} = \frac{0.6\ \mathrm{g}}{\mathrm{cm^3}}$$

$$\text{기름의 비중} = \frac{\text{기름의 밀도}}{\text{물의 밀도}} = \frac{0.6\ \mathrm{g/cm^3}}{1\ \mathrm{g/cm^3}} = 0.6$$

그밖에 기체나 액체의 압력을 측정하기 위한 계기에는 기압계, 압력차계, 고압계, 진공계 등 용도별로 여러 종류가 있으며, 구조도 다양하다. 측정원리 면에서 살펴보면

① 어떤 물체(예를 들면 液柱)의 무게와 평형시켜 압력을 측정하는 것,
② 압력을 받은 탄성체(彈性體)가 휘는 정도로 그 크기를 측정하는 것,
③ 압력에 의해서 변화하는 어떤 종류의 물리적 성질을 이용하는 것

으로 나누어진다.

> ***Tip*** **압력 측정 장치의 원리**
> ① 어떤 물체(예를 들면 液柱)의 무게와 평형시켜 압력을 측정
> ② 압력을 받은 탄성체(彈性體)가 휘는 정도로 그 크기를 측정
> ③ 압력에 의해서 변화하는 어떤 종류의 물리적 성질을 이용하는 것

2. 압력의 형태

소방유체에서 사용되는 압력의 형태에는 정압(static pressure)과 동압(velocity pressure)의 2가지가 있다. 여기에서는 정압과 동압에 대해서 살펴보기로 하자.

(1) 정압(Static pressure)

정압은 유체 중에 어떤 점에서 모든 방향에서 같은 크기로 나타나는 압력으로 정지하고 있는 유체뿐 아니라 운동하고 있는 유체 중에 존재하는 압력이다. 일반적으로 정압은

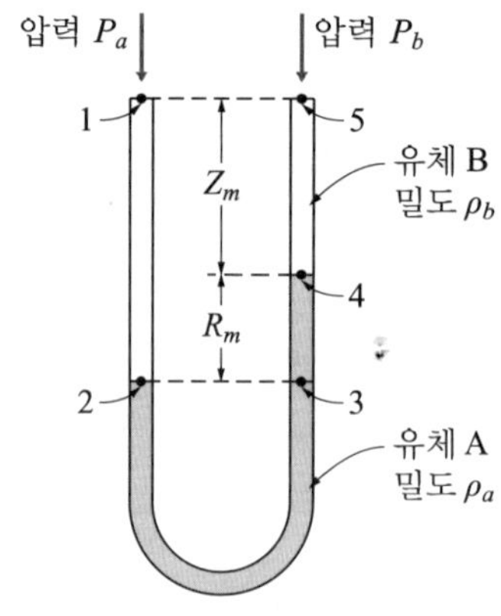

그림 3-14 단순 마노미터

유체의 흐름이 없을 때 또는 유체의 흐름을 고려하지 않을 때 나타내는 압력으로 위치에너지의 형태로 나타낸다. 유체의 흐름에서 정압은 모든 방향으로 동일한 크기의 압력을 작용하며, 이때 압력의 측정은 마노미터로 한다.

$P_a + g\rho_b(Z_m + R_m) = P_b + g\rho_b Z_m + g\rho_a R_m$가 되며 이를 정리하면 다음과 같다.

$$P_a - P_b = g(\rho_a - \rho_b)R_m$$

3.22 Example

저부의 압력이 1.27 kg$_f$/cm^{2}에 있을 경우 밀도 0.642 g/cm^{3}인 액주의 높이(m)를 구하여라. (단, 위쪽은 대기에 개방되어 있다.)

풀이.

위쪽이 대기에 개방되어 있으므로 대기압이 작용한다고 할 수 있다.

$\Delta P - \rho g h$에서 $h = \dfrac{\Delta P}{\rho g}$이므로

$$h = \frac{(1.27 - 1.033)\dfrac{\text{kg}_f}{\text{cm}^2} \times \left(\dfrac{100\ \text{cm}}{1\ \text{m}}\right)^2 \times \dfrac{9.8\ \text{N}}{1\ \text{kg}_f}}{\dfrac{642\ \text{kg}}{\text{m}^3} \times \dfrac{9.8\ \text{m}}{\text{s}^2} \times \dfrac{1\ \text{N}}{1\ \text{kg}\cdot\text{m/s}^2}} - \frac{23226\ \text{N/m}^2}{6291.6\ \text{N/m}^3} = 3.7\ \text{m}$$

(2) 동압(Velocity pressure)

동압은 운동하고 있는 유체 중에만 존재하는 압력이다. 따라서 동압은 유체가 흐를 때 발생하는 운동에너지의 형태로 나타낸다.

공기가 이동하는 방향으로 작용하는 압력을 동압 또는 속도압이라고 한다. 운동에너지 관계식인 $KE = \dfrac{U^2}{2g}$에서 운동에너지는 속도의 제곱근에 비례한다고 할 수 있다. 따라서 운동에너지에 의해 발생되는 동압에 의한 유체의 수두 H는 $\dfrac{U^2}{2g}$로 나타낸다.

$H = \dfrac{U^2}{2g}$이므로 동압에 의한 속도는 다음과 같다.

$$U = \sqrt{2gH} \tag{3-27}$$

여기서, H : 유체의 속도수두

U : 유체의 속도(m/s)

> **Tip 동압에 의한 유체의 유속**
>
> $U = \sqrt{2gH}$
>
> 여기서 H : 유체의 속도수두, U : 유체의 속도(m/s)

> **Tip 압력 측정 장치**
>
> ① 배관을 흐르는 유체의 압력 측정 장치 : 부르돈 압력계, 마노미터, 피에조미터
> ② 정압 측정 장치 : 정압관(static tube), 피에조미터
> ③ 동압 측정 장치 : 시차 액주계, 피토관(Pitot tube), 피토 - 정압관, 열선 속도계

3.23 Example

수면의 높이가 10 m로 항상 일정한 tank에 5 mm의 구멍이 바닥에 났을 경우 이 구멍을 통한 유체의 유속은 몇 m/s인가?

풀이.

$H = \dfrac{U^2}{2g}$에서 $U^2 = 2gH$이므로 $U = \sqrt{2gH}$가 된다.

$$U = \sqrt{2gH} = \sqrt{2 \times 9.8\ \mathrm{m/s^2} \times 10\ \mathrm{m}} = \sqrt{196\ \frac{\mathrm{m}^2}{\mathrm{s}^2}} = 14\ \mathrm{m/s}$$

참고 소화용수가 노즐을 통하여 방사될 때 방사압력(P)과 토출량(Q)의 관계는 다음과 같이 동압관계식을 이용하여 계산할 수 있다.

$U^2 = 2gH$에서 $U = \sqrt{2gH}$가 된다.

여기서 압력 P($\mathrm{kg_f/cm^2}$)와 높이 H($\mathrm{mH_2O}$)의 관계를 살펴보면 다음과 같다.

$$H(\mathrm{mH_2O}) = \frac{P(\mathrm{kg_f})}{\mathrm{cm}^2} \times \frac{\mathrm{m}^3}{1000\ \mathrm{kg_f\ H_2O}} \times \left[\frac{100\ \mathrm{cm}}{1\ \mathrm{m}}\right]^2 = 10P$$

$Q = UA$에서

$$Q = \sqrt{2gH} \times \frac{\pi}{4}D^2 = \sqrt{2\frac{9.8\ \mathrm{m}}{\mathrm{s}^2}10P} \times \frac{\pi}{4}D^2 = 10.99D^2\sqrt{P}$$

3.24 Example

소화용수가 노즐을 통하여 방사될 때 방사압력이 3 $\mathrm{kg_f/cm^2}$일 때 방수속도는 몇 m/s인가?

풀이.

$H = \dfrac{(U)^2}{2g}$에서 물의 경우 1 $\mathrm{kg_f/cm^2}$의 압력은 수두로는 10 m이다.

$$U = \sqrt{2gH} = \sqrt{2\frac{9.8\ \mathrm{m}}{\mathrm{s}^2} \times 30\ \mathrm{m}} = 24.25\ \mathrm{m/s}$$

(3) 전압(Total pressure)

유체가 흐르는 배관내에서 발생하는 정압과 동압의 합을 전압이라고 할 수 있다.

전압(total pressure) = 정압(static pressure) + 동압(velocity pressure)

전압의 측정은 충돌관을 이용하여 유체가 흐르는 방향으로 작용하는 동압과 정압을 동시에 측정한다.

제3장 연습문제

3-1 파이프 내를 흐르는 유체의 유량을 측정하는 장치가 아닌 것은? (②)

① 벤투리미터 ② 사각위어
③ 오리피스미터 ④ 로터미터

풀이 유량 측정 장치
① 배관의 유량 측정 장치 : 벤투리미터, 오리피스미터, 로터미터, 노즐(유동노즐)
② 개수로의 유량 측정 장치 : 사각위어
정압 측정 장치 : 정압관(static tube), 피에조미터
동압 측정 장치 : 시차 액주계, 피토관(Pitot tube), 피토 - 정압관, 열선 속도계

3-2 파이프 내를 흐르는 유체의 유량 및 유속을 측정하는 장치가 아닌 것은? (①)

① 마노미터 ② 벤투리미터
③ 오리피스미터 ④ 로터미터

풀이 유량 측정 장치
① 배관의 유량 측정 장치 : 벤투리미터, 오리피스미터, 로터미터, 노즐(유동노즐)
② 개수로의 유량 측정 장치 : 사각위어
정압 측정 장치 : 정압관(static tube), 피에조미터
동압 측정 장치 : 시차 액주계, 피토관(Pitot tube), 피토 - 정압관, 열선 속도계

3-3 밀도가 950 kg/m^{3}인 소화약제가 직경이 13 mm인 노즐을 통해서 0.5 m/s의 속도로 배출되고 있다. 이 때 흐르는 소화약제의 점도가 3×10^{-3} kg/m·s일 때 N_{Re}는 얼마인가?

풀이 $N_{Re} = \dfrac{DU\rho}{\mu} = \dfrac{DU}{\dfrac{\mu}{\rho}} = \dfrac{DU}{\nu}$에서

점성계수 $\mu = 3\times10^{-3}$ kg/m·s이고 노즐의 직경 $D = 13$ mm $= 0.013$ m이며 흐름속도가 $U = 0.5$ m/s이고 밀도가 950 kg/m^{3}이므로, 이를 정리하면

$$N_{Re} = \frac{DU\rho}{\mu} = \frac{\mathrm{m\cdot s}}{3\times10^{-3}\,\mathrm{kg}} \times \frac{950\ \mathrm{kg}}{\mathrm{m^3}} \times \frac{0.5\ \mathrm{m}}{\mathrm{s}} \times 0.013\ \mathrm{m} = 2058.3$$

3-4 비중이 0.85, 점도가 0.025 g/cm·s인 유체를 0.3 m/s의 속도로 내경 19 cm인 관을 사용하여 수송할 때 유체의 흐름 형태는?

풀이 $N_{Re} = \dfrac{DU\rho}{\mu}$에서

유체의 비중이 0.85이므로 $\rho = 0.85\ \mathrm{g/cm^3}$, $D = 19\ \mathrm{cm}$, 유체의 유속 $U = 0.3\ \mathrm{m/s} = 30\ \mathrm{cm/s}$ 그리고 유체의 점도 $\mu = 0.025\ \mathrm{g/cm \cdot s}$가 된다.

따라서 $N_{Re} = \dfrac{DU\rho}{\mu} = \dfrac{\dfrac{0.85\ \mathrm{g}}{\mathrm{cm^3}} \times \dfrac{30\ \mathrm{cm}}{\mathrm{s}} \times 19\ \mathrm{cm}}{\dfrac{0.025\ \mathrm{g}}{\mathrm{cm \cdot s}}} = 19380$이므로

유체의 흐름은 난류의 형태이다.

3-5 동점도계수가 $5 \times 10^{-4}\ \mathrm{m^2/s}$인 액체가 내경 190 mm인 관속을 2 m/s의 유속으로 흐르고 있다. 이 유체의 레이놀즈수는 얼마인가?

풀이 $N_{Re} = \dfrac{DU\rho}{\mu} = \dfrac{DU}{\dfrac{\mu}{\rho}} = \dfrac{DU}{\nu}$에서

D : 190 mm = 19 cm, U : 2 m/s, $\dfrac{\mu}{\rho} = \dfrac{5 \times 10^{-4}\ \mathrm{m^2}}{\mathrm{s}}$

$$N_{Re} = \frac{DU\rho}{\mu} = \frac{DU}{\dfrac{\mu}{\rho}} = \frac{0.19\ \mathrm{m} \times \dfrac{2\ \mathrm{m}}{\mathrm{s}}}{\dfrac{5 \times 10^{-4}\ \mathrm{m^2}}{\mathrm{s}}} = 760\ (\text{층류흐름})$$

3-6 구경이 13 cm인 소방노즐을 통하여 소방용수가 350 L/min로 배출되고 있다. 이때 배출되는 소방용수의 유속은 몇 m/s인가?

풀이 $Q = UA = U \times \dfrac{\pi}{4} D^2$에서 $U = \dfrac{Q}{\dfrac{\pi}{4} D^2}$가 된다.

$$Q = \frac{350\ \mathrm{L}}{\mathrm{min}} = \frac{0.35\ \mathrm{m^3}}{\mathrm{min}} = \frac{0.35\ \mathrm{m^3}}{\mathrm{min}} \times \frac{1\ \mathrm{min}}{60\ \mathrm{s}} = \frac{0.0058\ \mathrm{m^3}}{\mathrm{s}}\text{이므로}$$

$$U = \frac{Q}{\dfrac{\pi}{4} D^2} = \frac{4}{\pi} \times \frac{1}{(0.13\ \mathrm{m})^2} \times \frac{0.0058\ \mathrm{m^3}}{\mathrm{s}} = 0.437\ \mathrm{m/s}$$

3-7 내경이 20 cm인 강관 내를 $3.6\ \mathrm{m^3/min}$의 유량으로 물이 흐르고 있을 때 유속은 몇 m/s인가?

풀이 내경이 20 cm이므로 강관의 단면적 $A = \dfrac{\pi}{4} D^2$에서

$A = \dfrac{\pi}{4} D^2 = \dfrac{\pi}{4} (0.2\ \mathrm{m})^2 = 0.0314\ \mathrm{m^2}$이 된다.

연속방정식 $Q = UA$에서 유속 U를 구하면 다음과 같다.

$$U = \frac{Q}{A} = \frac{3.6\ \mathrm{m^3/min} \times 1\ \mathrm{min/60\ s}}{0.0314\ \mathrm{m}^2} = 1.91\ \mathrm{m/s}$$

3-8 내경이 100 mm, 길이 240 m의 관로를 매분 800 L의 물을 높이 60 m의 옥내소화전에서 방수하려고 한다. 배관 내를 흐르는 물의 평균속도는 몇 m/s인가?

풀이 내경이 100mm이므로 단면적 $A = \frac{\pi}{4}D^2$에서

$A = \frac{\pi}{4}D^2 = \frac{\pi}{4}(0.1\ \mathrm{m})^2 = 0.00785\ \mathrm{m}^2$이 된다.

연속방정식 $Q = UA$에서 속도 U를 구하면 다음과 같다.

$$U = \frac{Q}{A} = \frac{\frac{800\ \mathrm{L}}{\mathrm{min}} \times \frac{1\ \mathrm{min}}{60\ \mathrm{s}} \times \frac{1\ \mathrm{m}^3}{1000\ \mathrm{L}}}{0.00785\ \mathrm{m}^2} = 1.7\ \mathrm{m/s}$$

3-9 높이가 15 m인 개방된 고가수조에 소방용수가 1/3만큼 들어 있다. 이때 고가수조 밑바닥에 작용하는 압력은 몇 $\mathrm{N/m^2}$인가? (이때 고가수조 윗부분에 작용하는 압력은 무시한다.)

풀이 $P = \rho gh$을 사용하여 구할 수 있다.

고가수조에 들어 있는 액체가 소방용수, 즉 물이므로 밀도(ρ)는 $1\ \mathrm{g/cm^3} = 1000\ \mathrm{kg/m^3}$이다.

높이가 15 m인 고가수조의 1/3만큼 소방용수가 들어 있으므로 소방용수의 높이는 5 m가 된다.

고가수조 밑바닥에 작용하는 압력을 계산하면 다음과 같다.

$$P_b = \rho gh = \frac{1000\ \mathrm{kg}}{\mathrm{m}^3} \times \frac{9.8\ \mathrm{m}}{\mathrm{s}^2} \times 5\ \mathrm{m} \times \frac{1\ \mathrm{N}}{1\ \mathrm{kg \cdot m/s^2}} = \frac{49000\ \mathrm{N}}{\mathrm{m}^2}$$

3-10 윗부분이 열려있는 고가수조에 소방용수가 3 m만큼 들어 있다. 이때 소방용수에 의해 고가수조 밑바닥에 작용하는 압력은 몇 kPa인가? (이때 고가수조 윗부분에 작용하는 압력은 대기압이다.)

풀이 $P_b = P_a + \rho gh$을 사용하여 구할 수 있다.

고가수조에 들어 있는 액체가 소방용수이므로 밀도(ρ)는 $1\ \mathrm{g/cm^3} = 1000\ \mathrm{kg/m^3}$이다.

또한 고가수조 윗부분에 작용하는 압력이 대기압이므로

$P_a = 101.3\ \mathrm{kPa} = 101300\ \frac{\mathrm{N}}{\mathrm{m}^2}$이다.

이 값을 이용하여 고가수조 밑바닥에 작용하는 압력을 계산할 수 있다.

$$P_b = P_a + \rho gh = \frac{101300\ \mathrm{N}}{\mathrm{m}^2} + \frac{1000\ \mathrm{kg}}{\mathrm{m}^3} \times \frac{9.8\ \mathrm{m}}{\mathrm{s}^2} \times 3\ \mathrm{m} \times \frac{1\ \mathrm{N}}{1\ \mathrm{kg \cdot m/s^2}}$$

$$= \frac{130700\text{ N}}{\text{m}^2} = \frac{130700\text{ N}}{\text{m}^2} \times \frac{1\text{ Pa}}{1\text{ N/m}^2} = 130.7\text{ kPa}$$

3-11 개방된 통에 비중이 0.95인 액체가 5 m의 높이로 들어 있고, 이 액체 위에 비중이 0.5인 기름이 1 m의 높이로 떠 있다. 이때 물통 밑바닥에서 받은 압력은 몇 N/m^2인가? (단, 유체 상부 면에 작용하는 대기압은 무시한다.)

풀이 통에 액체와 기름이 같이 들어 있으므로 액체에 의한 압력값과 기름에 의한 압력값을 각각 고려하여야 한다.

따라서 $P_b = P_a + g(\rho_{liq} h_{liq} + \rho_{oil} h_{oil})$을 사용하여 구할 수 있다.

고가수조에 들어 있는 액체의 밀도(ρ)는 $0.95\text{ g/cm}^3 = 950\text{ kg/m}^3$이다.

고가수조에 들어 있는 액체인 기름의 밀도(ρ)는 $0.5\text{ g/cm}^3 = 500\text{ kg/m}^3$이다.

또한 고가수조 윗부분에 작용하는 압력인 대기압은 무시하므로 $P_a = 0$이다.

$P_b = P_a + g(\rho_{liq} h_{liq} + \rho_{oil} h_{oil})$에서 액체와 기름에 의한 압력 값을 각각 계산하면

$$P_{liq} = g\,h_{(liq)}\,\rho_{(liq)} = \frac{950\text{ kg}}{\text{m}^3} \times \frac{9.8\text{ m}}{\text{s}^2} \times 5\text{ m} \times \frac{1\text{ N}}{1\text{ kg}\cdot\text{m/s}^2} = 46550\,\frac{\text{N}}{\text{m}^2}$$

$$P_{oil} = g\,h_{(oil)}\,\rho_{(oil)} = \frac{500\text{ kg}}{\text{m}^3} \times \frac{9.8\text{ m}}{\text{s}^2} \times 1\text{ m} \times \frac{1\text{ N}}{1\text{ kg}\cdot\text{m/s}^2} = 4900\,\frac{\text{N}}{\text{m}^2}$$

$$P_b = g(\rho_{liq} h_{liq} + \rho_{oil} h_{oil}) = 46550\text{ N/m}^2 + 4900\text{ N/m}^2 = 51450\text{ N/m}^2$$

3-12 소방용수 저장탱크에 들어 있는 액체의 높이를 측정해 보았더니 높이가 25 m이었고, 탱크 하부에서의 액체에 의해서 받은 압력이 $2\text{ kg}_f\text{/cm}^2$일 때 이 액체의 밀도는 몇 kg/m^3인가?

풀이 $\Delta P = P_b - P_a = \rho g h$을 사용하여 구할 수 있다.

액면으로부터 25 m인 지점에서의 압력이 $2\text{ kg}_f\text{/cm}^2$이므로 $\Delta P = 2\text{ kg}_f\text{/cm}^2$

$\Delta P = P_b - P_a = \rho g h$에서 액체의 밀도 ρ는

$$\rho = \frac{\Delta P}{gh} = \frac{\dfrac{2\text{ kg}_f}{\text{cm}^2} \times \left(\dfrac{100\text{ cm}}{1\text{ m}}\right)^2 \times \dfrac{9.8\text{ N}}{1\text{ kg}_f}}{\dfrac{9.8\text{ m}}{\text{s}^2} \times 25\text{ m}} = \frac{106000\text{ N/m}^2}{245\text{ m}^2/\text{s}^2}$$

$$\rho = \frac{\dfrac{196000\text{ N}}{\text{m}^2} \times \dfrac{1\text{ kg}\cdot\text{m/s}^2}{1\text{ N}}}{245\text{ m}^2/\text{s}^2} = \frac{800\text{ kg}}{\text{m}^3}$$

3-13 비중이 0.95인 액체의 액면으로부터 20 m 깊은 곳의 압력을 $\text{kg}_f\text{/cm}^2$ 단위로 구하시오. (이때의 대기압은 1 atm이다.)

풀이 $P = P_a + P_w = P_a + \rho g h = P_a + \gamma h$

여기서 P_a는 1 atm이므로 $P_a = 1\ \text{atm} = 1.0336\ \dfrac{\text{kg}_\text{f}}{\text{cm}^2}$이 된다.

또한 액체의 비중이 0.95이므로 $\rho = \dfrac{950\ \text{kg}}{\text{m}^3}$이 되며 이 값으로부터 비중량 $\gamma = \rho g = \dfrac{950\ \text{kg}_\text{f}}{\text{m}^3}$이 된다.

따라서 $P = 1.0336\ \dfrac{\text{kg}_\text{f}}{\text{cm}^2} + \dfrac{950\ \text{kg}_\text{f}}{\text{m}^3} \times 20\ \text{m} \times \left[\dfrac{1\ \text{m}}{100\ \text{cm}}\right]^2 = 2.9336\ \text{kg}_\text{f}/\text{cm}^2$이 된다.

3-14 U자관 마노미터를 오리피스에 연결하였더니 25 cm의 높이의 차가 발생하였다. 마노미터의 액체의 비중은 2.54이고 원관 속의 흐르는 유체는 물일 때 압력차는 몇 $\text{kg}_\text{f}/\text{cm}^2$인가?

풀이 $\Delta P = P_a - P_b = (\rho_a - \rho_b) R_m g = (\gamma_a - \gamma_b) R_m$

마노미터를 흐르는 두 액체의 비중이 각각 2.54와 1(물)이므로

비중이 2.54인 경우 밀도는 $\rho = \dfrac{2540\ \text{kg}}{\text{m}^3}$이며, 비중량은 $\gamma = \rho g = \dfrac{2540\ \text{kg}_\text{f}}{\text{m}^3}$이 된다.

비중이 1인 경우 밀도는 $\rho = \dfrac{1000\ \text{kg}}{\text{m}^3}$이며, 비중량은 $\gamma = \rho g = \dfrac{1000\ \text{kg}_\text{f}}{\text{m}^3}$이 된다.

따라서 $\Delta P = (2540 - 1000)\ \dfrac{\text{kg}_\text{f}}{\text{m}^3} \times 0.25\ \text{m} = 385\ \dfrac{\text{kg}_\text{f}}{\text{m}^2}$

$\Delta P = 385\ \dfrac{\text{kg}_\text{f}}{\text{m}^2} \times \left[\dfrac{1\ \text{m}}{100\ \text{cm}}\right]^2 = 0.0385\ \text{kg}_\text{f}/\text{cm}^2$

3-15 비중량과 높이가 각각 $\gamma_1 = 1000\ \text{kg}_\text{f}/\text{m}^3$, $h_1 = 0.5\ \text{m}$, $\gamma_2 = 2540\ \text{kg}_\text{f}/\text{m}^3$, $h_2 = 0.85\ \text{m}$일 때 다음 그림에서 A지점에서의 압력값은 몇 $\text{kg}_\text{f}/\text{cm}^2$인가?

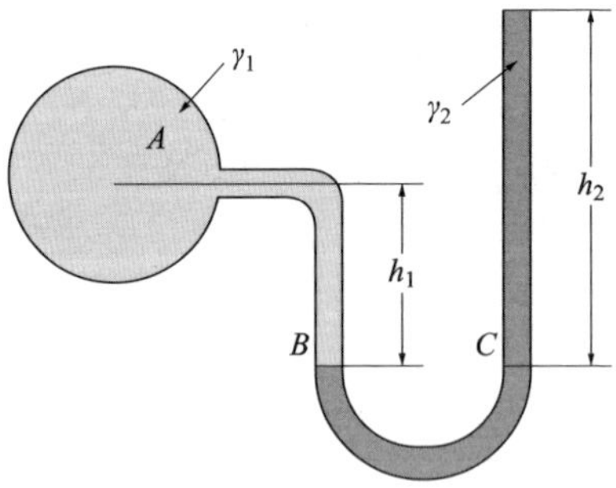

풀이 동일 기준면에 작용하는 압력은 같다.

그림의 각 위치 A, B, C에서의 압력을 살펴보면 다음과 같이 나타낼 수 있다.

액체의 높이가 h_1이고 이때 액체의 비중량이 γ_1인 액체가 들어 있는 B지점에서의 압력은

$P_b = P_a + \gamma_1 h_1$

액체의 높이가 h_2이고 이때 액체의 비중량이 γ_2인 액체가 들어 있는 C지점에서의 압력은

$P_c = \gamma_2 h_2$

B지점과 C지점은 서로 높이가 같으므로 이때의 압력 P_b와 P_c는 서로 같으므로

$P_a + \gamma_1 h_1 = \gamma_2 h_2$이 된다. 이 값을 정리하면 $P_a = \gamma_2 h_2 - \gamma_1 h_1$가 된다.

따라서 $P_a = \gamma_2 h_2 - \gamma_1 h_1$

$$P_a = \gamma_2 h_2 - \gamma_1 h_1 = \frac{2540\ \mathrm{kg_f}}{\mathrm{m^3}} \times 0.85\ \mathrm{m} - \frac{1000\ \mathrm{kg_f}}{\mathrm{m^3}} \times 0.5\ \mathrm{m} = 1659\ \frac{\mathrm{kg_f}}{\mathrm{m^2}}$$

$$P_a = 1659\ \frac{\mathrm{kg_f}}{\mathrm{m^2}} \times \left[\frac{1\ \mathrm{m}}{100\ \mathrm{cm}}\right]^2 = 0.1659\ \mathrm{kg_f/cm^2}$$

3-16 다음 그림과 같은 액주계에서 비중량(γ)과 높이(h)가 각각 $\gamma_1 = 1000\ \mathrm{kg_f/m^3}$, $h_1 = 0.25\ \mathrm{m}$, $\gamma_2 = 13600\ \mathrm{kg_f/m^3}$, $h_2 = 0.75\ \mathrm{m}$일 때 관 중심 A의 압력은 몇 kPa인가?

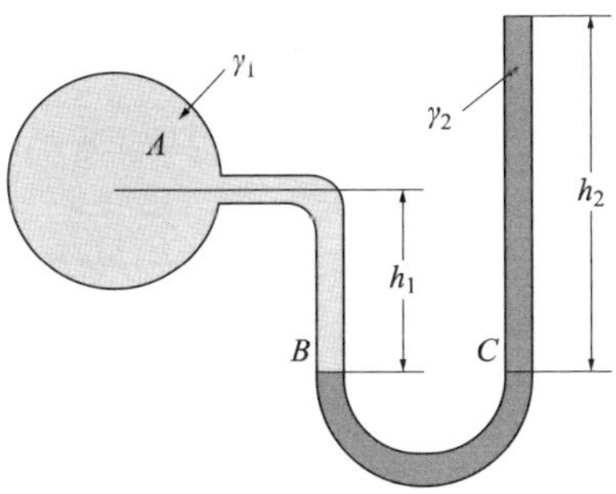

풀이 동일 기준면에 작용하는 압력 $P_b = P_c$

$P_b = P_a + \gamma_1 h_1$, $P_c = \gamma_2 h_2$에서 $P_b = P_c$이므로

$P_a = \gamma_2 h_2 - \gamma_1 h_1$

$$= \frac{13600\ \mathrm{kg_f}}{\mathrm{m^3}} \times 0.75\ \mathrm{m} - \frac{1000\ \mathrm{kg_f}}{\mathrm{m^3}} \times 0.25\ \mathrm{m} = 9950\ \frac{\mathrm{kg_f}}{\mathrm{m^2}}$$

$$P_a = 9950\ \frac{\mathrm{kg_f}}{\mathrm{m^2}} \times \left[\frac{1\ \mathrm{m}}{100\ \mathrm{cm}}\right]^2 = 0.995\ \frac{\mathrm{kg_f}}{\mathrm{cm^2}} = 0.995\ \frac{\mathrm{kg_f}}{\mathrm{cm^2}} \times \frac{101.3\ \mathrm{kPa}}{1.0336\ \mathrm{kg_f/cm^2}} = 97.51\ \mathrm{kPa}$$

3-17 물이 들어 있는 U자관 마노미터에 마노미터 액으로 비중이 13.6인 수은을 채웠다. 유체가 흐를 때 마노미터 수은쪽이 높이가 13 cm이라면 평형을 이루기 위해서는 물의 액주는 높이가 얼마이어야 하는가?

풀이 평형을 이루었다는 건 수은과 물의 압력이 같아졌다는 의미이다.

$\Delta P = P_b - P_a = g(\rho_a - \rho_b)h = (\gamma_a - \gamma_b)h$이므로 $\gamma_{Hg} h_{Hg} = \gamma_{water} h_{water}$

따라서 $\rho_{Hg} h_{Hg} = \rho_{water} h_{water}$에서 물의 액주의 높이($h_{water}$)를 구하면 된다.

$$h_{water} = \frac{h_{Hg}\rho_{Hg}}{\rho_{water}} = \frac{13.6\ \mathrm{g/cm^3} \times 13\ \mathrm{cm}}{1\ \mathrm{g/cm^3}} = 176.8\ \mathrm{cm}$$

3-18 소방용 저장탱크에 밀도가 1.25 g/cm^{3}인 소방용 액체가 꽉 차있다. 소방용 저장탱크 아랫부분에서의 압력이 1.5 kg$_f$/cm^{2}이라고 한다면 소방용 저장탱크의 높이(m)를 구하여라. (단, 위쪽은 대기에 개방되어 있다.)

풀이 위쪽이 대기에 개방되어 있으므로 대기압이 작용한다고 할 수 있다.

$P_a - P_b = \rho g h$ 또는 $\Delta P = \rho g h$에서 소방용 저장탱크 아랫부분에 작용하는 압력은 소방용 액체의 높이에 의한 압력과 대기압 2가지가 모두 작용하여 나타난 결과이다. 따라서 소방용 액체에 의한 압력변화 값은 소방용 탱크 아랫부분에서의 압력값에서 대기압 값을 제외한 값이 되어야 한다.

$$h = \frac{\Delta P}{\rho g} = \frac{\Delta P}{\gamma} = \frac{(1.5 - 1.0336)\,\dfrac{\mathrm{kg_f}}{\mathrm{cm^2}}}{\dfrac{1250\ \mathrm{kg_f}}{\mathrm{m^3}} \times \left[\dfrac{1\ \mathrm{m}}{100\ \mathrm{cm}}\right]^3} = 373.12\ \mathrm{cm} = 3.73\ \mathrm{m}$$

3-19 소화용수가 노즐을 통하여 방사될 때 방사압력(P)과 토출량(Q)의 관계에 대하여 설명하여라.

풀이 $mgH = \dfrac{mU^2}{2}$, $U^2 = 2gH$, $U = \sqrt{2gH}$

$$P\left(\frac{\mathrm{kg_f}}{\mathrm{cm^2}}\right) = 10P(\mathrm{mH_2O})$$

$$Q = UA\text{에서}\ \ Q = \sqrt{2gH} \times \frac{\pi}{4}D^2 = \sqrt{2 \times \frac{9.8\ \mathrm{m}}{\mathrm{s^2}} \times 10P} \times \frac{\pi}{4}D^2 = 10.99D^2\sqrt{P}$$

3-20 그림에서 h의 단위는 m이고 수은의 비중은 13.5, 물의 비중은 1, 물의 비중량은 9800 N/m^{3}일 때 압력차($P_1 - P_2$)는 몇 kN/m^{2}인가? (①)

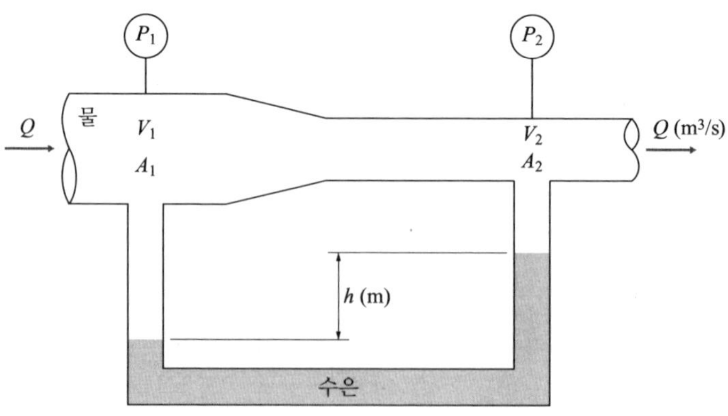

① 122.5h ② 135.5h ③ 122500h ④ 1355000h

풀이 U자관 마노미터에 의한 압력차(ΔP)의 계산

$\Delta P = R_m g(\rho_1 - \rho_2) = R_m(\gamma_1 - \gamma_2)$

여기서, ΔP : 압력차

R_m : 액주의 높이차(m)

g : 중력가속도(9.8 m/s^2)

ρ_1, ρ_2 : 밀도(kg/m^3)

γ_1, γ_2 : 비중량(kg$_f$/m^3)

주어진 조건에서 $R_m = h\,(\mathrm{m})$, $\gamma_1 = 13.5 \times 9800\ \mathrm{N/m^3} = 132300\ \mathrm{N/m^3}$, $\gamma_2 = 9800\ \mathrm{N/m^3}$이므로

$\Delta P = R_m(\gamma_1 - \gamma_2) = h\,(\mathrm{m}) \times (132300 - 9800)\ \mathrm{N/m^3} = 122500h\ (\mathrm{N/m^2}) = 122.5h\ (\mathrm{kN/m^2})$

3-21 그림과 같은 액주계에서 $h_1 = 380$ mm, $h_3 = 150$ mm이고 각각의 비중 $S_1 = 0.82$, $S_2 = 13.6$, $S_3 = 0.82$일 때 압력 $P_a = P_b$가 되는 h_2는 몇 mm인가? (②)

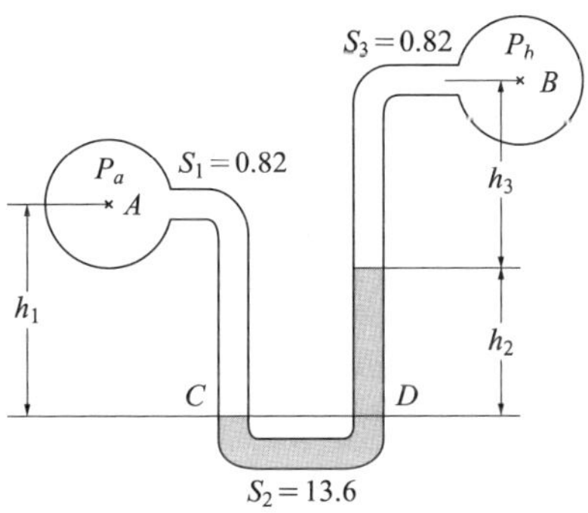

① 11.4 ② 13.9 ③ 22.7 ④ 31.9

풀이 U자관 마노미터에 의한 압력차(ΔP)의 계산

액주의 높이가 같으면 압력은 서로 같으므로 이 원리를 이용하면 주어진 C지점과 D지점에서의 압력은 서로 같다고 할 수 있다. 따라서

C지점에서의 압력 $P_c = P_a + (S_1 \times \gamma_w) \times h_1$

D지점에서의 압력 $P_d = P_b + (S_2 \times \gamma_w) \times h_2 + (S_3 \times \gamma_w) \times h_3$

$P_c = P_d$이므로 이 값을 정리하면

$P_a + (S_1 \times \gamma_w) \times h_1 = P_b + (S_2 \times \gamma_w) \times h_2 + (S_3 \times \gamma_w) \times h_3$가 된다.

주어진 조건에서 $P_a = P_b$이므로 이 값을 정리하면

$(S_1 \times \gamma_w) \times h_1 = (S_2 \times \gamma_w) \times h_2 + (S_3 \times \gamma_w) \times h_3$가 되어

h_2에 대하여 정리하면

$(S_1 \times \gamma_w) \times h_1 - (S_3 \times \gamma_w) \times h_3 = (S_2 \times \gamma_w) \times h_2$

$$h_2 = \frac{(S_1 \times \gamma_w) \times h_1 - (S_3 \times \gamma_w) \times h_3}{(S_2 \times \gamma_w)}$$가 된다.

여기에 주어진 조건의 값을 대입하면

$$h_2 = \frac{(S_1 \times \gamma_w) \times h_1 - (S_3 \times \gamma_w) \times h_3}{(S_2 \times \gamma_w)} = \frac{(0.82) \times 380\,\text{mm} - (0.82) \times 150\,\text{mm}}{(13.6)} = 13.86\,\text{mm}$$

3-22 두 지점의 압력차가 비중이 13.6인 수은 기둥으로 4 cm이고, 또 다른 액체 기둥으로는 25 cm라면 이 액체의 비중은 얼마인가? (②)

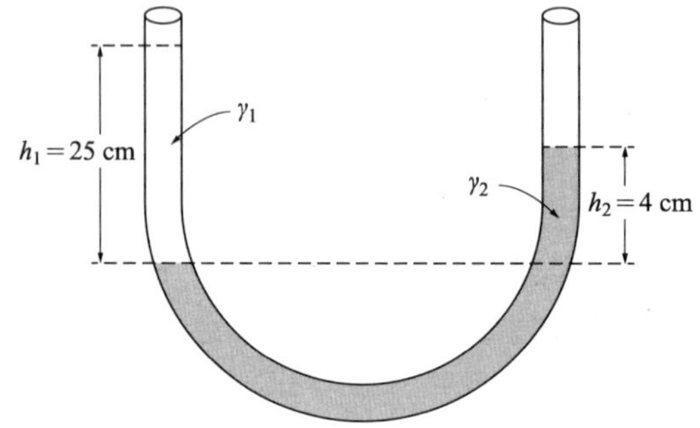

① 1.176 ② 2.176 ③ 3.176 ④ 4.176

풀이 U자관 마노미터에 의한 압력차(ΔP)의 계산

액주의 높이가 같으면 압력은 서로 같으므로 이 원리를 이용하면 $\gamma_1 h_1 = \gamma_2 h_2$가 된다.

이 값으로부터 액체의 비중 γ_1은 $\gamma_1 = \dfrac{\gamma_2 h_2}{h_1} = \dfrac{13.6 \times 4\text{ cm}}{25\text{ cm}} = 2.176$

3-23 그림의 액주계에서 밀도 $\rho_1 = 1000\text{ kg/m}^3$, $\rho_2 = 13600\text{ kg/m}^3$, 높이 $h_1 = 500$ mm, $h_2 = 800$ mm일 때 관 중심 A의 계기 압력은 몇 kPa인가? (①)

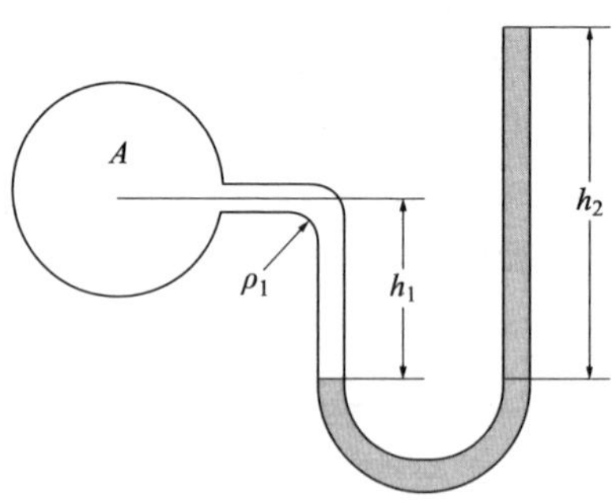

① 101.7 ② 109.6 ③ 126.4 ④ 131.7

풀이 시차 액주계에 의한 압력차(ΔP)의 계산

액주의 높이가 같으면 압력은 서로 같으므로

$P_a + \gamma_1 h_1 = \gamma_2 h_2$

여기서, P_a : 계기압력(kg/cm²)

γ_1, γ_2 : 비중량(kg$_f$/m³)

h_1, h_2 : 높이(m)

주어진 조건에서 밀도 $\rho_1 = 1000$ kg/m³, $\rho_2 = 13600$ kg/m³, 높이 $h_1 = 500$ mm, $h_2 = 800$ mm이므로, 비중량은 $\gamma_1 = 1000$ kg$_f$/m³, $\gamma_2 = 13600$ kg$_f$/m³

$P_a = \gamma_2 h_2 - \gamma_1 h_1 = 13600\ \text{kg}_f/\text{m}^3 \times 0.8\ \text{m} - 1000\ \text{kg}_f/\text{m}^3 \times 0.5\ \text{m} = 10380\ \text{kg}_f/\text{m}^2$가 된다.

이 값을 kPa의 단위로 단위환산하면

1 atm = 760 mmHg = 1.0336 kg$_f$/cm² = 10336 kg$_f$/m² = 101.3 kPa(N/m²)이므로

$$P_a = 10380\ \text{kg}_f/\text{m}^2 = 10380\ \text{kg}_f/\text{m}^2 \times \frac{101.3\ \text{kPa}}{10336\ \text{kg}_f/\text{m}^2} = 101.7\ \text{kPa}$$

3-24 그림과 같은 액주계에서 h_1 = 60 cm, h_2 = 30 cm, h_3 = 120 cm이고 각각의 비중 S_1 = 1, S_2 = 0.65, S_3 = 0.8일 때 압력 $P_b - P_a$의 압력차를 물의 수두로 표시하면 몇 m인가? (①)

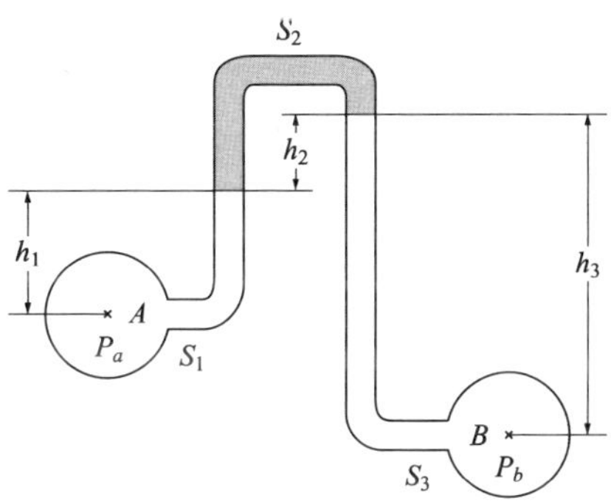

① 0.165　　② 0.555　　③ 0.75　　④ 1.65

풀이 U자관 마노미터에 의한 압력차(ΔP)의 계산

액주의 높이가 같으면 압력은 서로 같으므로

$P_a - S_1\gamma_w h_1 - S_2\gamma_w h_2 = P_b - S_3\gamma_w h_3$

$P_b - P_a = (S_3 \times \gamma_w) \times h_3 - (S_1 \times \gamma_w) \times h_1 - (S_2 \times \gamma_w) \times h_2$

$P_b - P_a = \gamma_3 \times h_3 - \gamma_1 \times h_1 - \gamma_2 \times h_2$가 된다.

여기서, P : 압력(kg/cm²)

γ : 비중량(kg$_f$/m³)

h : 높이(m)

주어진 조건에서 비중 $S_1 = 1$, $S_2 = 0.65$, $S_3 = 0.8$, 높이 h_1 = 60 cm = 0.6 m, h_2 = 30 cm = 0.3 m, h_3 = 120 cm = 1.2 m이므로, 비중량은 $\gamma_1 = 1000$ kg$_f$/m³, $\gamma_2 = 650$ kg$_f$/m³, $\gamma_3 = 800$ kg$_f$/m³이다. 이 값으로부터

$$P_b - P_a = \gamma_3 \times h_3 - \gamma_1 \times h_1 - \gamma_2 \times h_2$$
$$= \frac{800\ \text{kg}_\text{f}}{\text{m}^3} \times 1.2\ \text{m} - \frac{1000\ \text{kg}_\text{f}}{\text{m}^3} \times 0.6\ \text{m} - \frac{650\ \text{kg}_\text{f}}{\text{m}^3} \times 0.3\ \text{m} = 165\ \frac{\text{kg}_\text{f}}{\text{m}^2}$$

이 값을 액주의 높이로 단위환산하면

1 atm = 760 mmHg = 760×13.6(= 10336) mmAq = 1.0336 $\text{kg}_\text{f}/\text{cm}^2$ = 10336 $\text{kg}_\text{f}/\text{m}^2$이므로

$$P_b - P_a = \frac{165\ \text{kg}_\text{f}}{\text{m}^2} = \frac{165\ \text{kg}_\text{f}}{\text{m}^2} \times \frac{10.336\ \text{mAq}}{10336\ \text{kg}_\text{f}/\text{m}^2} = 0.165\ \text{mAq}$$

3-25 다음 그림에서 A지점의 게이지압력은 몇 kPa인가? (③)

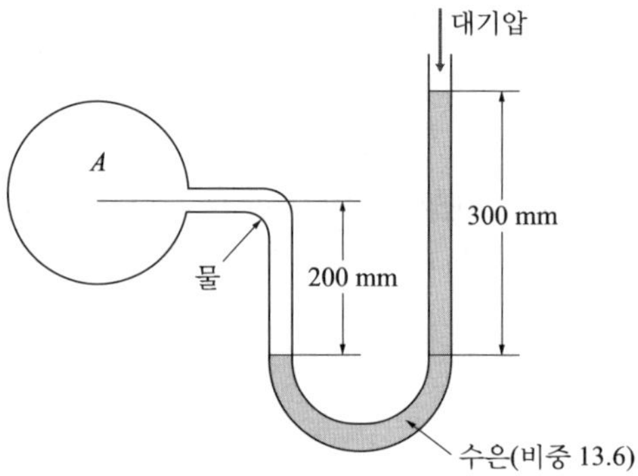

① 1.394 ② 13.94 ③ 139.4 ④ 1394

풀이 시차 액주계에 의한 압력차(ΔP)의 계산

액주의 높이가 같으면 압력은 서로 같으므로

$P_a + \gamma_1 h_1 = \gamma_2 h_2 +$대기압

여기서, P_a : 계기압력($\text{kg}_\text{f}/\text{cm}^2$)

γ_1, γ_2 : 비중량($\text{kg}_\text{f}/\text{m}^3$)

h_1, h_2 : 높이(m)

주어진 조건에서 물의 밀도 ρ_1 = 1000 kg/m³, 수은의 밀도 ρ_2 = 13600 kg/m³, 물의 높이 h_1 = 200 mm, 수은의 높이 h_2 = 300 mm이므로, 비중량은 γ_1 = 1000 $\text{kg}_\text{f}/\text{m}^3$, γ_2 = 13600 $\text{kg}_\text{f}/\text{m}^3$

$$P_a = \gamma_2 h_2 - \gamma_1 h_1 + \text{대기압}$$
$$= 13600\ \text{kg}_\text{f}/\text{m}^3 \times 0.3\ \text{m} - 1000\ \text{kg}_\text{f}/\text{m}^3 \times 0.2\ \text{m} + 10336\ \text{kg}_\text{f}/\text{m}^2$$
$$= 14216\ \text{kg}_\text{f}/\text{m}^2\text{가 된다.}$$

이 값을 kPa의 단위로 단위환산하면

1 atm = 760 mmHg = 1.0336 $\text{kg}_\text{f}/\text{cm}^2$ = 10336 $\text{kg}_\text{f}/\text{m}^2$ = 101.3 kPa(N/m²)이므로

$$P_a = 14216\ \text{kg}_\text{f}/\text{m}^2 = 14216\ \text{kg}_\text{f}/\text{m}^2 \times \frac{101.3\ \text{kPa}}{10336\ \text{kg}_\text{f}/\text{m}^2} = 139.4\ \text{kPa}$$

별해 $P_a = \gamma_2 h_2 - \gamma_1 h_1 +$ 대기압

$$= \frac{13600\ \text{kg}_\text{f}}{\text{m}^3} \times \frac{9.8\ \text{N}}{1\ \text{kg}_\text{f}} \times 0.3\ \text{m} - \frac{1000\ \text{kg}_\text{f}}{\text{m}^3} \times \frac{9.8\ \text{N}}{1\ \text{kg}_\text{f}} \times 0.2\ \text{m} + 101.3\ \text{kPa}$$
$$= 39984\ \text{Pa} - 1960\ \text{Pa} + 101.3\ \text{kPa}$$
$$= 139.4\ \text{kPa}$$

3-26 그림과 같이 관로에 U자관을 장치한 경우 A, B 두 지점간의 압력차 $P_a - P_b$를 구하는 식을 옳게 표현한 것은 어느 것인가? (③)

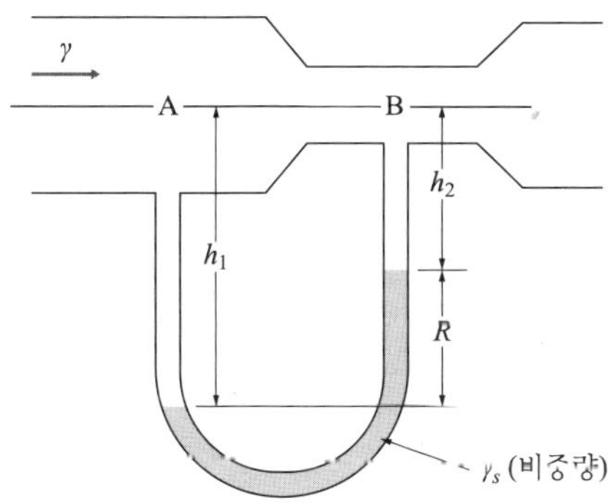

① $2(h_2 - h_1)(\gamma_s - \gamma)$ ② $2(h_2 - h_1)(\gamma - \gamma_s)$
③ $(h_1 - h_2)(\gamma_s - \gamma)$ ④ $(h_1 - h_2)(\gamma - \gamma_s)$

풀이 U자관 마노미터에 의한 압력차(ΔP)의 계산
액주의 높이가 같으면 압력은 서로 같으므로
$\Delta P = R_m g(\rho_1 - \rho_2) = R_m(\gamma_1 - \gamma_2)$이므로 $\Delta P = R_m g(\rho_1 - \rho_2) = (h_1 - h_2)(\gamma_s - \gamma)$가 된다.
여기서, ΔP : 압력차(kgf/cm²)
R_m : 액주의 높이차(m)
g : 중력가속도(9.8 m/s²)
ρ_1, ρ_2 : 밀도(kg/m³)
γ_1, γ_2 : 비중량(kgf/m³)

3-27 그림에서 관 A에는 물이, 관 B에는 비중 0.9인 기름이 흐르며, 마노미터의 액체는 비중이 13.6인 수은이다. $h_1 = 120$ mm, $h_2 = 180$ mm, $h_3 = 300$ mm일 때 두 관의 압력차 $P_a - P_b$는 몇 Pa인가? (③)

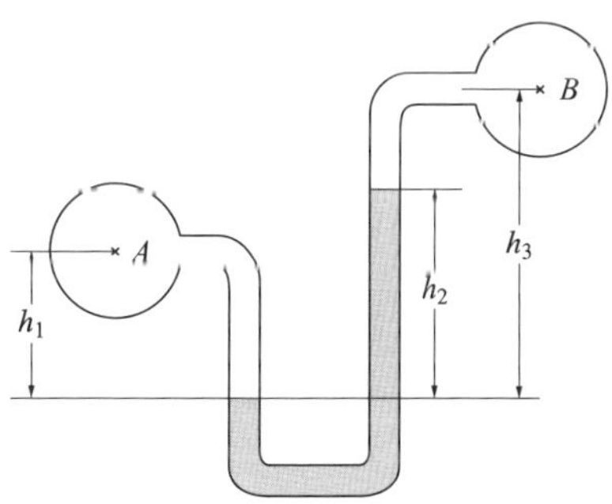

① 2.5×10^3 ② 3.34×10^3
③ 2.39×10^4 ④ 2.5×10^4

풀이 U자관 마노미터에 의한 압력차(ΔP)의 계산
액주의 높이가 같으면 압력은 서로 같으므로
$P_a + h_1\gamma_1 = P_b + (h_3 - h_2)\gamma_3 + h_2\gamma_2$
$P_a - P_b = \gamma_2 \times h_2 + \gamma_3 \times (h_3 - h_2) - \gamma_1 \times h_1$
여기서, P : 압력(kg_f/cm^2)
γ : 비중량(kg_f/m^3)
h : 높이(m)

주어진 조건에서 비중 $S_1 = 1$, $S_2 = 13.6$, $S_3 = 0.9$, 높이 $h_1 = 120\ mm = 12\ cm = 0.12\ m$, $h_2 = 180\ mm = 18\ cm = 0.18\ m$, $h_3 = 300\ mm = 30\ cm = 0.3\ m$이므로, 비중량 $\gamma_1 = 1000\ kg_f/m^3$, $\gamma_2 = 13600\ kg_f/m^3$, $\gamma_3 = 900\ kg_f/m^3$이다.
이 값으로부터 $P_a - P_b = \gamma_2 \times h_2 + \gamma_3 \times (h_3 - h_2) - \gamma_1 \times h_1$

$$P_a - P_b = \frac{13600\ kg_f}{m^3} \times 0.18\ m + \frac{900\ kg_f}{m^3} \times (0.3\ m - 0.18\ m) - \frac{1000\ kg_f}{m^3} \times 0.12\ m$$

$$= 2436\ \frac{kg_f}{m^2}$$

이 값을 Pa로 단위환산하면
1 atm = 760 mmHg = 760×13.6(= 10336) mmAq = 1.0336 kg_f/cm^2 = 10336 kg_f/m^2이므로

$$P_b - P_a = \frac{2436\ kg_f}{m^2} = \frac{2436\ kg_f}{m^2} \times \frac{101300\ Pa}{10336\ kg_f/m^2} = 23874.5\ Pa = 2.387 \times 10^4\ Pa$$

3-28 그림에서 A지점의 압력 P_a와 B지점의 압력 P_b의 압력차 $P_a - P_b$는 몇 kPa인가? (②)

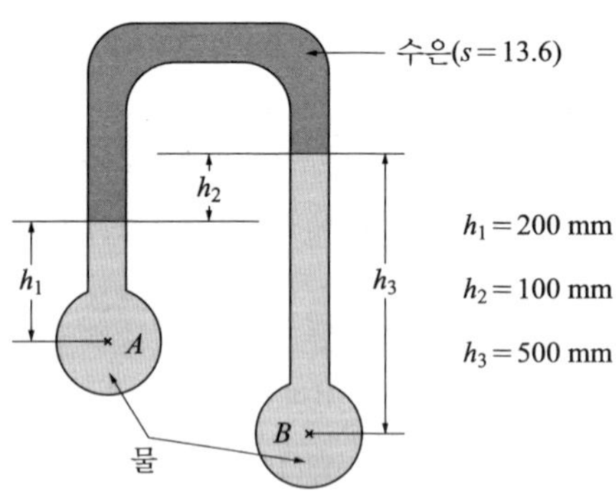

① 9.4 ② 10.4 ③ 11.4 ④ 12.4

풀이 U자관 마노미터에 의한 압력차(ΔP)의 계산
액주의 높이가 같으면 압력은 서로 같으므로
$P_a - P_b = (S_1 \times \gamma_w) \times h_1 + (S_2 \times \gamma_w) \times h_2 - (S_3 \times \gamma_w) \times h_3$

$P_a - P_b = \gamma_1 \times h_1 + \gamma_2 \times h_2 - \gamma_3 \times h_3$가 된다.

여기서, P : 압력(kgf/cm²)

γ : 비중량(kgf/m³)

h : 높이(m)

주어진 조건에서 높이 $h_1 = 200\text{ mm} = 0.2\text{ m}$, $h_2 = 100\text{ mm} = 0.1\text{ m}$, $h_3 = 500\text{ mm} = 0.5\text{ m}$이고,

비중량 $\gamma_1 = 1000\text{ kg}_f/\text{m}^3$, $\gamma_2 = 13600\text{ kg}_f/\text{m}^3$, $\gamma_3 = 1000\text{ kg}_f/\text{m}^3$이다.

이 값으로부터 $P_a - P_b = \gamma_1 \times h_1 + \gamma_2 \times h_2 - \gamma_3 \times h_3$

$$P_a - P_b = \frac{1000\text{ kg}_f}{\text{m}^3} \times 0.2\text{ m} + \frac{13600\text{ kg}_f}{\text{m}^3} \times 0.1\text{ m} - \frac{1000\text{ kg}_f}{\text{m}^3} \times 0.5\text{ m} = 1060\,\frac{\text{kg}_f}{\text{m}^2}$$

이 값을 kPa로 단위환산하면

$1\text{ atm} = 1.0336\text{ kg}_f/\text{cm}^2 = 10336\text{ kg}_f/\text{m}^2 = 101.3\text{ kPa}$이므로

$$P_a - P_b = \frac{1060\text{ kg}_f}{\text{m}^2} = \frac{1060\text{ kg}_f}{\text{m}^2} \times \frac{101.3\text{ kPa}}{10336\text{ kg}_f/\text{m}^2} = 10.339\text{ kPa}$$

Chapter 4

유체의 흐름 특성

4.1 흐름의 연속방정식 (Continuity equation)
4.2 오일러(Euler)의 운동방정식
4.3 Bernoulli의 방정식
4.4 Bernoulli 방정식의 응용

소방설비는 직관으로 구성된 것도 있지만 곡선과 관 부속물에 의한 연결 그리고 관의 크기 변화에 따라 그 내부를 흐르는 소방용수는 여러 가지 형태의 흐름 특성(flow patterns)을 나타낸다.

유체의 흐름 특성은 유체의 흐름속도를 비롯한 여러 가지 유체의 물리적 특성에 의하여 결정된다. 유체 흐름의 형태는 관의 내경과 평균유속, 유체의 밀도와 점도 그리고 유체가 흐르는 관의 표면에 따라 흐름의 특성이 결정된다고 할 수 있다. 이러한 유체의 흐름 특성을 나타내는 방법에는 여러 가지가 있으나 여기에서는 몇 개의 중요한 유체 관련 법칙을 이용하여 유체의 흐름 특성에 대한 설명을 하고자 하였다. 이를 위하여 연속방정식, Euler 식 그리고 베르누이 방정식을 이용하여 흐름 특성에 관한 설명을 하였다.

4.1 흐름의 연속방정식(Continuity equation)

유체는 정상류와 비정상류가 있다. 흐름의 상태(속도, 압력, 밀도, 온도)가 시간에 따라 변하지 않는 것을 정상류라 하고, 변하는 것을 비정상류라고 한다. 유체의 운동에는 유동, 와동, 파동이 있는데 유동은 유체분자가 규칙적으로 일정한 선을 따라 흐르는 층류와 유체 분자가 흩어지는 불규칙적인 흐름인 난류로 구분된다. 와동(vortex)은 작게 소용돌이치며 고리모양을 이루는 흐름이라고 할 수 있다. 유체의 흐름형태 중에서는 엄밀하게 정상류가 아닌 경우가 많지만 일정한 조건에서 운전되는 경우, 일반적으로 정상류로 취급한다.

> ***Tip*** 흐름의 상태가 시간에 따라 변하지 않는 것을 정상류라 하고, 변하는 것을 비정상류라고 한다.

정상류에서는 유체가 도중에 정지하여 고이는 일이 없으므로 관로 임의의 단면을 통과하는 유량은 어느 단면에서도 일정하다. 그러므로 유입되는 질량유량은 저장되는 질량률(rate)에 유출되는 질량유량을 더한 값과 같다.

그림 4-1에서 보는 바와 같이 면적이 A이고 높이가 h인 물탱크에 상부로부터 m_1의 질량으로 소방용수가 공급되고, 물탱크의 아랫부분으로 m_2의 질량으로 소방용수가 유출되는 공정에서 미처 유출되지 못하고 남아있는 질량(m_s)과의 관계를 살펴보면 다음과 같이 나타낼 수 있다. 질량속도는 시간변화에 따른 흐르는 양의 변화를 나타내는 것으로 유입되거나 유출되는 질량속도($\dot{m}$)는 다음과 같이 차원으로 표시할 수 있다.

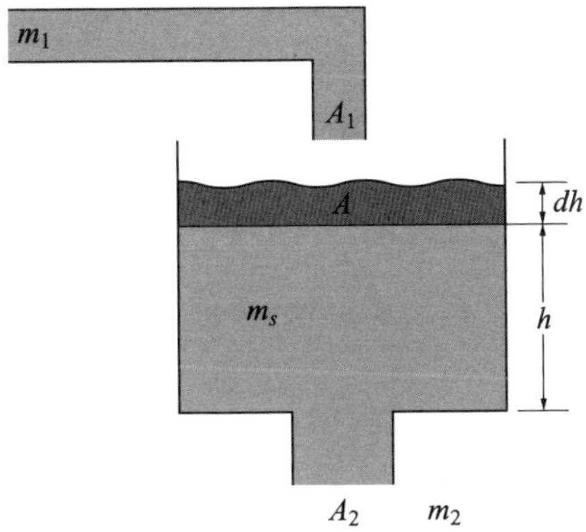

그림 4-1 유체의 연속 흐름

$$\text{질량속도}(\dot{m})\left(=\frac{\text{질량}(m)}{\text{시간}}\right)=\frac{\text{거리}}{\text{시간}}\times\text{면적}\times\frac{\text{질량}(m)}{\text{부피}(V)}$$

$$=\text{유속}\times\text{면적}\times\text{밀도}$$

> ***Tip*** $\text{질량속도}(\dot{m})\left(=\frac{\text{질량}(m)}{\text{시간}}\right)=\frac{\text{거리}}{\text{시간}}\times\text{면적}\times\frac{\text{질량}(m)}{\text{부피}(V)}=\text{유속}\times\text{면적}\times\text{밀도}$

이러한 물리량들은 앞서 살펴본 차원해석과 속도, 면적, 밀도, 힘 등과 같이 널리 알려진 물리량 값을 가지고 나타낼 수 있다.

이러한 관계로부터 질량속도 $\dot{m}_1=\rho_1 A_1 U_1$이 상부로부터 물탱크로 공급되고 질량속도 $\dot{m}_2=\rho_2 A_2 U_2$이 물탱크에서 흘러 나가고 있다. 만약 공급되는 유량이 떠나는 유량보다 크면 탱크중의 액체 수면의 높이(h)는 상승할 것이고 유체는 $\dot{m}_s=\rho A\frac{dh}{dt}$의 비율로 탱크에 저장된다. 따라서 유입되는 질량속도와 유출되는 질량속도 사이의 관계는 다음과 같이 표현될 수 있다.

$$\text{유입 질량속도}(\dot{m}_1)=\text{저장 질량속도}(\dot{m}_s)+\text{유출 질량속도}(\dot{m}_2)$$

$$\rho_1 A_1 U_1=\rho A\frac{dh}{dt}+\rho_2 A_2 U_2 \quad (4\text{-}1)$$

유입 질량속도(kg/s)와 유출 질량속도가 동일하다면 물탱크 중의 수면의 높이변화(dh)는 0이 되며 저장되는 질량은 존재하지 않는다. 그러므로 식 (4-1)은 다음과 같이 표현된다.

$$\dot{m}=\rho_1 A_1 U_1=\rho_2 A_2 U_2 \quad (4\text{-}2)$$

> **Tip** 연속방정식 $\dot{m} = \rho_1 U_1 A_1 = \rho_2 U_2 A_2$

질량속도는 정상상태의 모든 곳에서 일정하다.

$$\log \dot{m} = \log \rho + \log U + \log A \tag{4-3}$$

$$0 = \frac{d\rho}{\rho} + \frac{dA}{A} + \frac{dU}{U} \tag{4-4}$$

비압축성유체에서 $\rho_1 = \rho_2$이므로 $U_1 A_1 = U_2 A_2$가 된다. 단면의 크기(A)가 변화하면 유속(U)이 변화하지만 전체적인 유체의 흐름량, 즉 유량(Q)은 일정하게 유지된다고 할 수 있다.

그림 4-2에서 보는 바와 같이 단면적이 A_1인 지점 "1"을 지나는 유체의 밀도가 ρ_1이고, 유체의 흐름속도가 U_1이며, 지점 "2"에서의 유체의 밀도가 ρ_2이고, 단면적이 A_2 그리고 유체의 흐름속도가 U_2로 변화하였다면 두 지점에서의 유속(U), 밀도(ρ) 그리고 단면적(A) 사이의 관계는 다음과 같다. 흐름 "1"과 흐름 "2"에서 서로 같은 유체가 흘러가는 공정이므로 밀도는 서로 같다고 할 수 있다. 따라서 식 (4-2)는 다음과 같이 나타낼 수 있다.

$$Q = U_1 A_1 = U_2 A_2 = \text{일정} \tag{4-5}$$

여기서, A_1, A_2 : 각 단면에서의 단면적

U_1, U_2 : 각 단면에서 유체의 속도

이 식을 연속방정식(continuous equation)이라 한다.

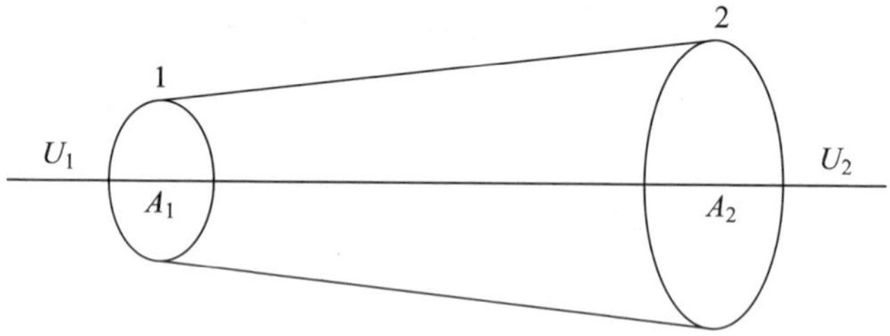

그림 4-2 관 직경 변화에 따른 흐름속도 변화

> **Tip** 비압축성 유체의 연속방정식 $Q = U_1 A_1 = U_2 A_2 =$ 일정

비압축성유체의 경우에는 밀도(ρ)가 일정하게 유지되므로 $Q = U_1 A_1 = U_2 A_2$가 된다. 유체가 원통형 관을 흐른다면 이때 단면적 $A = \frac{\pi}{4} D^2$이므로, 식 (4-5)는 다음과 같이 표현된다. $Q = U_1 \frac{\pi}{4} {D_1}^2 = U_2 \frac{\pi}{4} {D_2}^2$에서 $Q = U_1 {D_1}^2 = U_2 {D_2}^2$이 된다.

이 값으로부터 원통형 흐름관에서 직경이 변화할 때 유속의 변화를 살펴보면 다음과 같다. $U_1 {D_1}^2 = U_2 {D_2}^2$이므로

$$U_2 = U_1 \left(\frac{D_1}{D_2} \right)^2$$

즉, 직경이 D_1인 관에서 유체의 유속(U_1)이 직경이 변화하여 D_2로 변화하면 이때 유속 U_2는 (D_1 / D_2) 비의 제곱근에 비례하는 결과를 나타낸다. 따라서 직경이 2배 증가하면 유속은 1/4($1/2^2$)로 감소한다.

> ***Tip*** 유속(U)과 면적(A)의 관계 $U_1 A_1 = U_2 A_2$ 또는 $U_1 D_1^2 = U_2 D_2^2$

4.1 Example

직경이 4 cm인 파이프 안으로 비중이 0.75인 기름을 31.4 kg/min의 질량속도로 수송하면 파이프 안에서 기름의 평균속도는 몇 m/min인가?

풀이.

유체의 흐름에 따른 유속(U), 흐르는 관의 면적(A) 그리고 유량(Q)의 관계를 연속방정식으로 나타낼 수 있다. 유량(Q)과 질량속도($\dot{m}$)의 관계 $\dot{m} = \rho Q$로부터 $\dot{m} = \rho U A$가 된다.
이 식에 주어진 결과를 대입하면

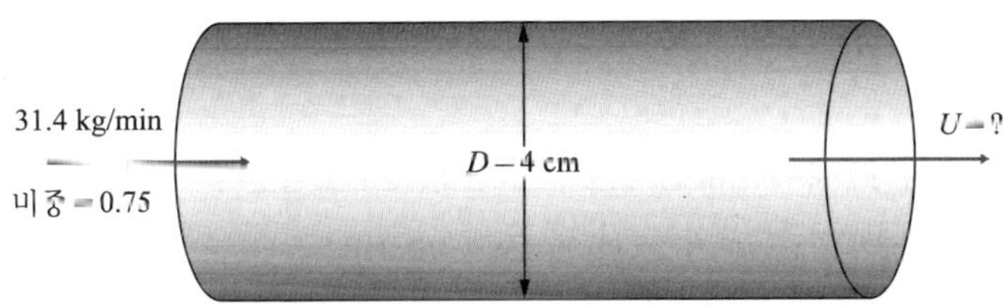

그림 4-3 유속과 유량의 관계

$$U = \frac{\dot{m}}{\rho A} = \frac{\dot{m}}{\rho \frac{\pi}{4} D^2} = \frac{31.4\ \mathrm{kg}}{\mathrm{min}} \times \frac{1}{\frac{750\ \mathrm{kg}}{\mathrm{m}^3}} \times \frac{1}{\frac{\pi}{4} \times (0.04\ \mathrm{m})^2} = 33.33\ \mathrm{m/min}$$

4.2 Example

비중이 0.9인 기름이 내경 50 cm의 관을 흐른다. 이 유체가 내경 100 cm의 관속으로 흘러 들어가면 유속은 어떻게 변화하는가?

풀이.

유체의 유속은 유체가 흐르는 관의 면적에 반비례한다. 일정한 크기를 가진 관에서 흐르던 유체가 관의 크기가 증가하면 흐름 속도가 감소하게 된다.

$\rho_1 U_1 A_1 = \rho_2 U_2 A_2$에서 $U_1 A_1 = U_2 A_2$이므로

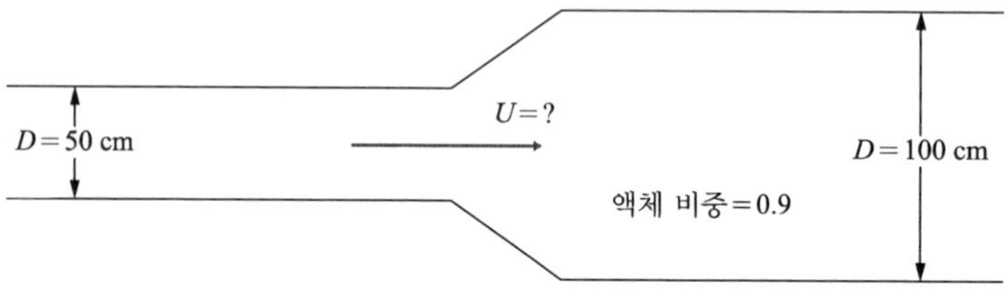

그림 4-4 관경 변화에 따른 유속 변화

$$U_2 = \frac{U_1 A_1}{A_2} = U_1 \frac{D_1^2}{D_2^2} = U_1 \left[\frac{D_1}{D_2}\right]^2 = U_1 \left[\frac{0.5\ \text{m}}{1\ \text{m}}\right]^2 = 0.25\,U_1$$

4.3 Example

직사각형 duct를 아래와 같이 설치할 때 덕트 A, B, C를 통과하는 풍량이 180 m³/min일 때 풍속은 몇 m/s인가? (단, 이때 각 지점 A, B, C의 면적은 $A=(120\times70)\ \text{cm}^2$, $B=(120\times60)\ \text{cm}^2$, $C=(120\times50)\ \text{cm}^2$이다.)

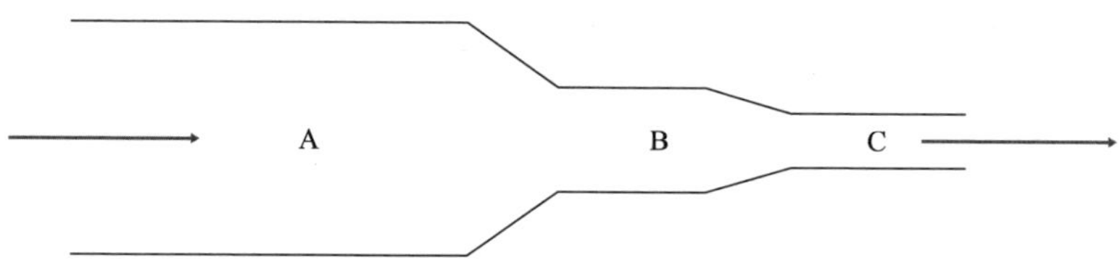

그림 4-5 덕트에서 유체의 흐름

풀이.

연속방정식으로부터 유입되는 유체의 양(Q)이 일정하게 유지되면 흐름속도(U)는 흐르는 관의 면적(A)에 반비례함을 알 수 있다.

주어진 조건에서 풍량을 m^3/s 단위로 환산하면 다음과 같다.

$$Q = \frac{180\ \text{m}^3}{\text{min}} = \frac{180\ \text{m}^3}{\text{min}} \times \frac{1\ \text{min}}{60\ \text{s}} = 3\ \frac{\text{m}^3}{\text{s}}$$

풍량(Q)과 유속(U)의 관계는 $Q = UA$이므로

A에서 풍속 $U_A = \dfrac{Q}{A_A} = \dfrac{\dfrac{3\ \text{m}^3}{\text{s}}}{(120\times70)\ \text{cm}^2 \times \left(\dfrac{1\ \text{m}}{100\ \text{cm}}\right)^2} = 3.571\ \text{m/s}$

$$\text{B에서 풍속 } U_B = \frac{Q}{A_B} = \frac{\frac{3\ \mathrm{m}^3}{\mathrm{s}}}{(120\times 60)\ \mathrm{cm}^2 \times \left(\frac{1\ \mathrm{m}}{100\ \mathrm{cm}}\right)^2} = 4.167\ \mathrm{m/s}$$

$$\text{C에서 풍속 } U_C = \frac{Q}{A_C} = \frac{\frac{3\ \mathrm{m}^3}{\mathrm{s}}}{(120\times 50)\ \mathrm{cm}^2 \times \left(\frac{1\ \mathrm{m}}{100\ \mathrm{cm}}\right)^2} = 5.00\ \mathrm{m/s}$$

4.4 Example

그림과 같이 배관을 통하여 소화약제인 할론 1301의 정상흐름이 일어나고 있다. 이 흐름이 1차원 유동이라 할 때 도입부인 지점 (1)에서 할론 1301의 밀도가 1.4 g/cm^{3}이라면 유출부인 지점 (2)에서 할론 1301의 밀도는 몇 g/cm^{3}인가? (단, 지점 (1), (2)에서의 내부단면적의 직경은 각각 50 mm와 25 mm이다.)

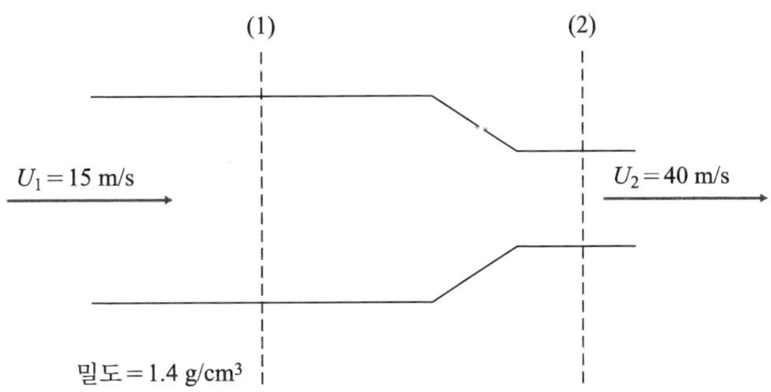

그림 4-6 소화약제의 흐름

풀이.

유체에 관한 연속방정식에서 $Q = UA$이므로 흐름량을 질량속도($\dot{m}$)값으로 환산하면 $\dot{m} = \rho Q = \rho UA$가 된다. 따라서 $\dot{m} = \rho_1 \times U_1 \times A_1 = \rho_2 \times U_2 \times A_2$으로 나타낼 수 있다. 그러므로 지점 (2)에서의 밀도는 다음과 같이 구할 수 있다.

$\rho_1 \times U_1 \times A_1 = \rho_2 \times U_2 \times A_2$에서

$\rho_2 = \dfrac{\dot{m}}{U_2 \times A_2} = \dfrac{\rho_1 \times U_1 \times A_1}{U_2 \times A_2}$에 주어진 값을 대입하면 그 결과는 다음과 같다.

$$\frac{1.4\ \mathrm{g}}{\mathrm{cm}^3} \times \frac{15\ \mathrm{m}}{\mathrm{s}} \times \frac{\pi}{4} \times (5\ \mathrm{cm})^2 \times \frac{100\ \mathrm{cm}}{1\ \mathrm{m}} = \rho_2 \times \frac{40\ \mathrm{m}}{\mathrm{s}} \times \frac{\pi}{4} \times (2.5\ \mathrm{cm})^2 \times \frac{100\ \mathrm{cm}}{1\ \mathrm{m}} \text{ 이므로}$$

$$\rho_2 = \frac{41212.5\ \mathrm{g} \cdot \mathrm{cm}^2/\mathrm{cm}^3 \cdot \mathrm{s}}{19625\ \mathrm{cm}^2/\mathrm{s}} = 2.1\ \mathrm{g/cm}^3$$

4.5 Example

직경 100 mm인 관속을 물이 3 m/s의 평균속도로 흐르고 있을 때 유량은 몇 m^3/min인가?

풀이.

유속과 유량의 관계로부터 관의 직경이 D이고 유속이 U일 때 $A = \frac{\pi}{4}D^2$이므로 유량 Q는

$$Q = UA = U \times \frac{\pi}{4}D^2$$

주어진 조건에서 $D = 100\ \text{mm} = 0.1\ \text{m}$이므로 $A = \frac{\pi}{4}(0.1\ \text{m})^2 = 7.85 \times 10^{-3}\ \text{m}^2$이며,

$Q = UA = U \times \frac{\pi}{4}D^2$에서

$$Q = UA = U \times \frac{\pi}{4}D^2 = \frac{3\ \text{m}}{\text{s}} \times 7.85 \times 10^{-3}\ \text{m}^2 = 0.02355\ \frac{\text{m}^3}{\text{s}}$$

가 되어 이를 단위환산하면

$$Q = \frac{0.02355\ \text{m}^3}{\text{s}} = \frac{0.02355\ \text{m}^3}{\text{s}} \times \frac{60\ \text{s}}{1\ \text{min}} = 1.41\ \text{m}^3/\text{min}$$

4.6 Example

물이 안지름 500 mm인 파이프를 통하여 5 m/s의 평균속도로 흐르고 있을 때 유량은 몇 m^3/s인가?

풀이.

유속과 유량의 관계로부터 관의 직경이 D이고 유속이 U일 때 $A = \frac{\pi}{4}D^2$이므로 유량 Q는 다음과 같다. $Q = UA = U \times \frac{\pi}{4}D^2$이 된다.

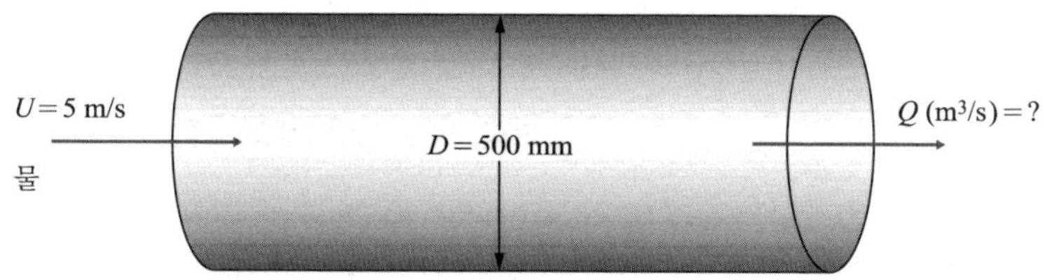

그림 4-7 연속방정식의 응용

주어진 조건에서 $D = 500\ \text{mm} = 0.5\ \text{m}$이므로 $A = \frac{\pi}{4}(0.5\ \text{m})^2 = 0.196\ \text{m}^2$이며,

$Q = UA = U \times \frac{\pi}{4}D^2$에서

$$Q = UA = U \times \frac{\pi}{4}D^2 = \frac{5\ \text{m}}{\text{s}} \times 0.196\ \text{m}^2 = 0.98\ \text{m}^3/\text{s}$$

4.7 Example

평균속도 4 m/s로 지름 75 mm인 관속을 물이 흐르고 있을 때 중량속도는 ① 몇 N/s, ② 몇 kg_f/s인가?

풀이.

유속(U)과 유량(Q) 그리고 질량속도($\dot{m}$)의 관계는 다음과 같다.
유속(U)은 $[LT^{-1}]$의 차원을 가지며, 유량(Q)은 $[L^3T^{-1}]$의 차원을 가지고, 질량속도($\dot{m}$)는 $[MT^{-1}]$의 차원을 가진다. 이들 차원의 관계로 관의 직경이 D이고 유속이 U일 때 $A = \frac{\pi}{4}D^2$이므로 $Q = UA = U \times \frac{\pi}{4}D^2$이 되며, $\dot{m} = \rho UA = \rho U \times \frac{\pi}{4}D^2$로 나타낼 수 있다.

주어진 조건에서 D=75 mm=0.075 m이므로 $A = \frac{\pi}{4}(0.075\ \mathrm{m})^2 = 4.41 \times 10^{-3}\ \mathrm{m}^2$이므로,

① 물의 비중량은 힘의 단위로는 9800 N/m³이므로 중량속도는 다음과 같다.

$$G = \gamma UA = \gamma U \times \frac{\pi}{4}D^2 = \frac{9800\ \mathrm{N}}{\mathrm{m}^3} \times \frac{4\ \mathrm{m}}{\mathrm{s}} \times 4.41 \times 10^{-3}\ \mathrm{m}^2 = 172.9\ \mathrm{N/s}$$

② 이 값을 kg_f의 단위로 환산하면 다음과 같다.

$$G = \gamma UA = \gamma U \times \frac{\pi}{4}D^2 = \frac{172.9\ \mathrm{N}}{\mathrm{s}} \times \frac{1\ \mathrm{kg_f}}{9.8\ \mathrm{N}} = 17.64\ \mathrm{kg_f/s}$$

4.8 Example

비중량이 9,980 N/m³인 유체가 소화설비 배관 내를 분당 50 kN씩 흐른다. 관경이 150 mm라고 한다면 평균유속은 몇 m/s인가?

풀이.

관의 직경이 D이고 유속이 U일 때 $A = \frac{\pi}{4}D^2$이므로
$Q = UA = U \times \frac{\pi}{4}D^2$이 되며, $\dot{m} = \rho UA = \rho U \times \frac{\pi}{4}D^2$로 나타낼 수 있다.

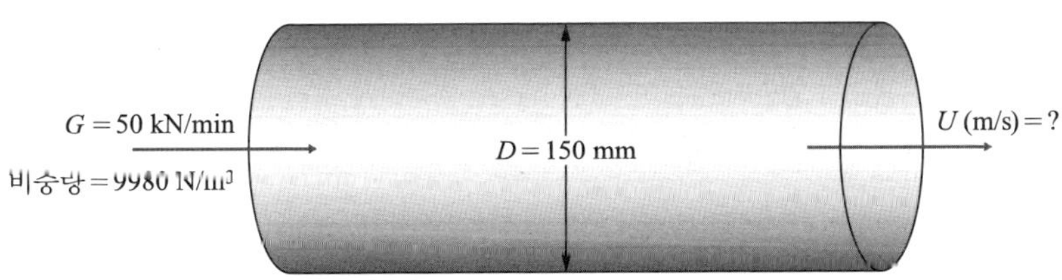

그림 4-8 유속의 계산

주어진 조건에서 D=150 mm=0.15 m이므로 $A = \frac{\pi}{4}(0.15\ \mathrm{m})^2 = 0.0177\ \mathrm{m}^2$이며, 물질의 비중량이 9980 N/m³이며, 중량속도가 50000 N/min이므로 $G = \gamma UA$에서 $U = \frac{G}{\gamma A}$가 된다.

$$U = \frac{G}{\gamma A} = \frac{\frac{50000\ \mathrm{N}}{\mathrm{min}} \times \frac{1\ \mathrm{min}}{60\ \mathrm{s}}}{\frac{9980\ \mathrm{N}}{\mathrm{m}^3} \times 0.0177\ \mathrm{m}^2} = 4.71\ \mathrm{m/s}$$

4.9 Example

내경 20 cm인 배관에 매분 5.5 m^3의 물이 흐르고 있을 때 유속은 몇 m/s인가?

풀이.

관의 직경이 D이고 유속이 U일 때 $A=\frac{\pi}{4}D^2$이므로 $Q=UA=U\times\frac{\pi}{4}D^2$이 되어, 주어진 조건에서 D=20 cm=0.2 m이므로 $A=\frac{\pi}{4}(0.2\text{ m})^2=0.0314\text{ m}^2$이며, 유체의 유량($Q$)이 5.5 m^3/min이고, 유량(Q)과 유속(U)의 관계로부터 $Q=UA$에서 $U=\frac{Q}{A}$가 된다.

$$U=\frac{Q}{A}=\frac{\frac{5.5\text{ m}^3}{\text{min}}\times\frac{1\text{ min}}{60\text{ s}}}{0.0314\text{ m}^2}=2.92\text{ m/s}$$

4.10 Example

배관 내에 중량속도 980 N/s의 물이 흐른다. 직경이 10 cm일 때 유체의 유속은 몇 m/s인가?

풀이.

관의 직경이 D이고 유속이 U일 때 $A=\frac{\pi}{4}D^2$이므로 $Q=UA=U\times\frac{\pi}{4}D^2$이 되며, $G=\gamma UA=\gamma U\times\frac{\pi}{4}D^2$로 나타낼 수 있다.

주어진 조건에서 D=10 cm=0.1 m이므로 $A=\frac{\pi}{4}(0.1\text{ m})^2=7.85\times10^{-3}\text{ m}^2$이며, 유체의 중량속도가 980 N/s이므로 물의 경우 밀도가 질량 단위로는 1000 kg/m^3이고, 힘의 단위로는 9800 N/m^3이므로 $G=\gamma UA$에서 $U=\frac{G}{\gamma A}$가 된다.

$$U=\frac{G}{\gamma A}=\frac{\frac{980\text{ N}}{\text{s}}}{\frac{9800\text{ N}}{\text{m}^3}\times7.85\times10^{-3}\text{ m}^2}=12.73\text{ m/s}$$

4.11 Example

커다란 탱크의 밑면에서 물이 0.05 m^3/s로 일정하게 흘러 나가고, 위에서는 단면적 0.025 m^2인 노즐을 통해 분출속도 8 m/s로 물이 탱크로 유입되고 있다. 이러한 조건에서 탱크내의 물은 몇 m^3/s로 증가하겠는가?

풀이.

탱크의 윗부분에서 유입되는 물의 양을 Q_1, 탱크의 아랫부분에서 유출되는 물의 양을 Q_2라고 하면 일정 시간 경과 후 증가하는 물의 양 Q는 다음과 같다.

$$Q=Q_1-Q_2$$

유입되는 물의 양 Q_1을 계산하기 위해서는 유입되는 관의 직경이 D이고 유속이 U일 때 $A=\frac{\pi}{4}D^2$이므로 $Q=UA=U\times\frac{\pi}{4}D^2$이 된다.

주어진 소선에서 $A=0.025\ \mathrm{m}^2$이므로 $Q_1 = UA = \dfrac{8\ \mathrm{m}}{\mathrm{s}} \times 0.025\ \mathrm{m}^2 = 0.2\ \dfrac{\mathrm{m}^3}{\mathrm{s}}$

따라서 $Q = Q_1 - Q_2 = \dfrac{0.2\ \mathrm{m}^3}{\mathrm{s}} - \dfrac{0.05\ \mathrm{m}^3}{\mathrm{s}} = 0.15\ \mathrm{m}^3/\mathrm{s}$

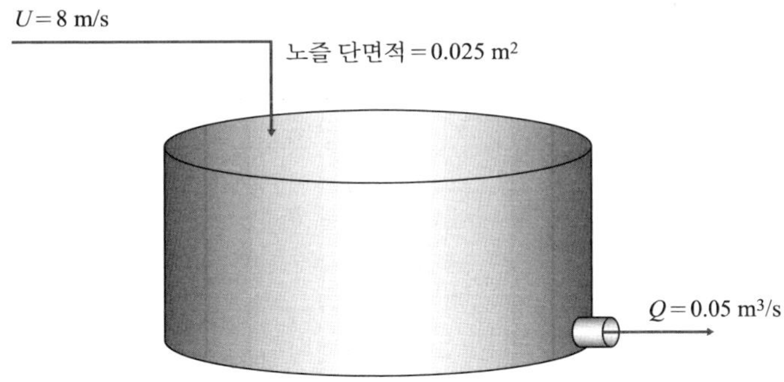

그림 4-9 유량의 변화

4.12 Example

질량속도 900 kg/s로 밀도가 1000 kg/m^{3}인 물이 아래 그림과 같이 관 내부를 흐르고 있다. 지점 ⓑ에서의 평균유속은 몇 m/s인가?

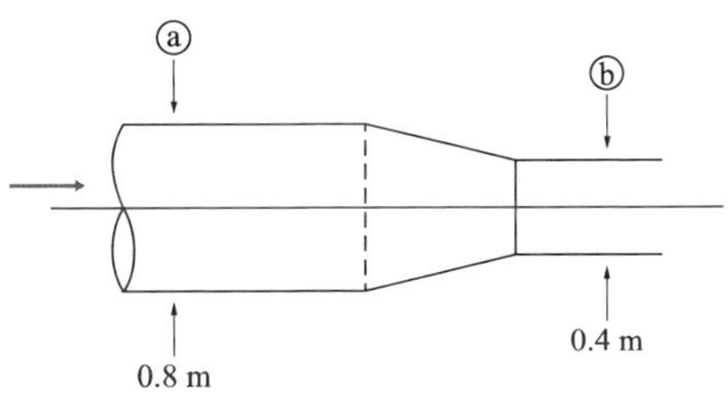

그림 4-10 관경 변화에 따른 유속 변화

풀이.

유체의 도입부와 유출부의 단면적(지경)이 서로 다른 흐름의 경우에도 이동되는 전체 유체의 유량 또는 질량속도는 일정하게 유지된다. 즉 유체가 흐를 때 전체 질량은 변화하지 않는 질량 보존의 관계가 성립한다.

이 경우 직경이 서로 다른 주 지점에서 유체의 흐름량은 일정하게 유지되지만 유체가 흐르는 관의 직경이 서로 다르므로 유체의 유속은 변화한다.

지점 ⓐ에서 유체이 유량을 Q_a라고 하면 $Q_a = U_a A_a$가 되며, 지점 ⓑ에서 유체의 유량을 Q_b라 하면 $Q_b = U_b A_b$가 되며 두 지점에서의 유량은 서로 같다.

직경이 0.8 m인 지점 ⓐ에서 면적 A는 $A = \dfrac{\pi}{4}D^2 = \dfrac{\pi}{4}(0.8\ \mathrm{m})^2 = 0.5024\ \mathrm{m}^2$이 된다.

유입되는 질량속도($\dot{m}$)가 900 kg/s이므로 유속 U은 다음과 같다.

$\dot{m} = \rho UA = \rho U \times \frac{\pi}{4} D^2$에서 유속 U는 $U_a = \frac{\dot{m}}{\rho A_a}$이 된다.

주어진 조건에서 $A = 0.5024\ \mathrm{m}^2$이므로

$$U_a = \frac{\dot{m}}{\rho A} = \frac{900\ \mathrm{kg/s}}{1000\ \mathrm{kg/m^3} \times 0.5024\ \mathrm{m^2}} = 1.79\ \mathrm{m/s}$$

직경이 0.4 m인 지점 ⓑ에서 면적 A는 $A = \frac{\pi}{4} D^2 = \frac{\pi}{4}(0.4\ \mathrm{m})^2 = 0.1256\ \mathrm{m}^2$이 된다.

유입되는 질량속도($\dot{m}$)가 900 kg/s이므로 유속 U는 다음과 같다.

$\dot{m} = \rho UA = \rho U \times \frac{\pi}{4} D^2$에서 유속 U는 $U_b = \frac{\dot{m}}{\rho A_b}$이 된다.

주어진 조건에서 $A = 0.1256\ \mathrm{m}^2$이므로

$$U_b = \frac{\dot{m}}{\rho A} = \frac{900\ \mathrm{kg/s}}{1000\ \mathrm{kg/m^3} \times 0.1256\ \mathrm{m^2}} = 7.16\ \mathrm{m/s}$$

4.2 오일러(Euler)의 운동방정식

서로 떨어져 있는 두 지점사이에 높이차가 있거나, 속도 차가 발생하거나, 압력의 차이가 있는 경우 유체는 흐름이 발생한다. 유체의 흐름이 고체의 벽에 영향을 받지 않는 흐름에서 유체의 흐름에 따라 발생하는 일에 대해서 살펴보기로 하자.

그림 4-11에서 보는 바와 같이 지면으로부터 Z만큼 떨어진 위치에 있는 원통형 관이 각 θ만큼 기울게 설치되어 있다. 원통형 관의 중심을 기준으로 유체가 U의 속도로 공급되는 지점과 $U+dU$의 속도로 유체가 나오는 지점사이에는 ΔZ만큼의 높이차가 발생하고 있다. 이러한 조건에서 원통형 관의 단면적을 dA, 유체의 평균밀도를 ρ, 도입부분의 속도와 압력을 U와 P 그리고 유출부분의 속도와 압력을 $U+dU$ 그리고 $P+dP$라 하고 유체가 이동한 거리를 dS라 하면, 이 원통형 관을 흐르는 유체에 작용하는 힘은 다음과 같다.

① 유체가 흐르는 방향으로는 압력에 의한 힘이 발생한다.
② 수직방향으로는 중력에 의한 힘이 발생한다.

따라서 이들 힘과 전체 힘 사이의 관계는 다음과 같다.

압력에 의하여 발생한 힘 − 중력에 의한 힘 = 전체 힘

압력에 의하여 발생한 힘 : $F_p = P \times dA - (P + dP) \times dA = -dP \times dA$ (4-6)

중력에 의하여 발생한 힘 : $F_g = mg\sin\theta = \rho g\, dA\, dS \sin\theta$ (4-7)

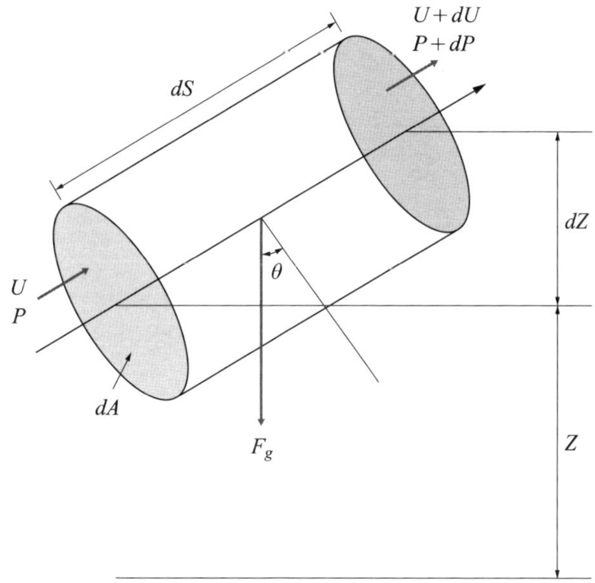

그림 4-11 유체의 운동량

식 (4-7)에서 $\rho dA\, dS$는 $\rho \Delta V$(부피변화)이므로 질량($m = \rho \Delta V$)으로 나타낼 수 있다.

전체 힘(뉴턴의 운동 제2법칙에 의한 힘) : $F = ma = \rho dA\, dS \dfrac{dU}{dt}$ (4-8)

여기서, m : 질량(부피×밀도＝면적×길이×밀도) 즉, $m = V \times \rho = dA \times dS \times \rho$가 된다.
따라서 식(4-6)부터 식(4-8)에 의하여 dZ의 높이 변화를 지닌 원통형 관에 ρ의 밀도를 가진 유체가 흐를 때 이 유체에 발생하는 운동의 상관관계는 다음과 같다.

$$-dPdA - g\rho dA\, dS \sin\theta = \rho dS dA \frac{dU}{dt} \tag{4-9}$$

위 식을 정리하면

$$dPdA + g\rho dA\, dS \sin\theta + \rho dS dA \frac{dU}{dt} = 0$$

이 식을 단순화하기 위하여 각 항을 $\rho dA\, dS$으로 나누면 다음과 같이 된다.

$$\frac{dP}{\rho dS} + g \sin\theta + \frac{dU}{dt} = 0 \tag{4-10}$$

그림 4-11에서 살펴보면 여기서 $\sin\theta = dZ/dS$이므로 이 값을 식(4-10)에 대입하여 정리하면 다음의 결과 식을 얻는다.

$$\frac{dP}{\rho dS} + g\frac{dZ}{dS} + \frac{dU}{dt} = 0 \tag{4-11}$$

식 (4-11)에서 $\frac{dU}{dt} = \frac{dS}{dt} \times \frac{dU}{dS} = U\frac{dU}{dS}$이므로 이 결과를 이용하여 식 (4-11)을 정리하면

$$\frac{dP}{\rho dS} + g\frac{dZ}{dS} + U\frac{dU}{dS} = 0 \tag{4-12}$$

식 (4-12)를 각 항 $\times dS$를 하면 그 결과는 다음과 같다.

$$\frac{dP}{\rho} + gdZ + UdU = 0 \tag{4-13}$$

이 식을 오일러(Euler) 방정식이라 한다.

> **Tip** 오일러의 방정식
>
> $$\frac{dP}{\rho} + gdZ + UdU = 0$$

4.3 Bernoulli의 방정식

유체속의 한 지점에서의 압력은 방향에 관계없이 일정하게 작용하는데 이것을 정압이라 하고, 정압의 크기는 유체가 정지상태에서 최대가 된다. 유체가 흐를 때의 입자는 속도를 가지며, 이 속도가 압력으로 나타내어지는데 유체의 운동에너지를 해당되는 압력으로 환산한 것을 동압이라 한다. 정상흐름에서의 압력은 전압(total pressure)이고, 이것은 정압과 동압을 합한 값과 같다. 전압이 일정하기 때문에 동압이 증가하면 상대적으로 정압은 감소하게 된다. 즉 유체에 작용하는 이들 압력간의 관계는

정압(static pressure) + 동압(dynamic pressure) = 전압(total pressure)

으로 나타낼 수 있다. 베르누이 정리는 유체에 작용하는 정압과 동압 사이의 관계를 나타낸 것이다.

베르누이 방정식은 앞서 얻어진 Euler 방정식으로부터 미소 구간 dS에 대하여 구할 수 있다. 식 (4-13)으로부터

$$\frac{dP}{\rho} + g\,dZ + U\,dU = 0$$

위 식을 미분식으로 표시하면 $U\,dU = d\left(\frac{1}{2}U^2\right)$이므로

$$\frac{dP}{\rho} + g\,dZ + d\left(\frac{1}{2}U^2\right) = 0 \qquad (4\text{-}14)$$

① 비압축성 유체에서의 베르누이 방정식

비압축성유체의 경우 밀도가 변화하지 않으므로 식(4-14)는 다음과 같다.

$$\frac{\Delta P}{\rho} + g\,\Delta Z + U\,\Delta U = 0$$

$$\frac{P_2 - P_1}{\rho} + g(Z_2 - Z_1) + \frac{1}{2}({U_2}^2 - {U_1}^2) = 0 \qquad (4\text{-}15)$$

여기서, $\frac{\Delta P}{\rho} = \frac{P_2 - P_1}{\rho}$: 압력에너지

$g\,\Delta Z = g(Z_2 - Z_1)$: 위치에너지

$\frac{1}{2}\Delta U^2 = \frac{1}{2}({U_2}^2 - {U_1}^2)$: 운동에너지

즉, 베르누이 관계식은 유체가 이동할 때 발생하는 압력에너지, 위치에너지 그리고 운동에너지의 상관관계를 나타낸다.

② 압축성 유체에서의 베르누이 방정식

압축성유체의 경우에는 밀도가 변화하므로

$$\frac{\Delta P}{\rho} + g\,\Delta Z + \frac{\Delta U^2}{2} = 0 \qquad (4\text{-}16)$$

각 항을 g로 나누면 그 결과는 다음과 같다. $\frac{\Delta P}{\rho g} + \Delta Z + \frac{\Delta U^2}{2g} = 0$이 된다. 여기서 ρg는 비중량 γ이므로 이 식을 다음과 같이 나타낼 수 있다.

$$\frac{\Delta P}{\gamma} + \Delta Z + \frac{\Delta U^2}{2g} = 0 \qquad (4\text{-}17)$$

여기서, $\dfrac{\Delta P}{\gamma}$: 압력수두(pressure head)

γ : 비중량$(=\rho g)$

ΔZ : 위치수두(potential head)

$\dfrac{\Delta U^2}{2g}$: 속도수두(velocity head)

이렇게 얻어진 결과 식을 베르누이 방정식이라 하며 유체흐름에서 압력, 운동, 그리고 위치 에너지와의 관계를 나타낸다.

> ***Tip*** **베르누이 방정식**
>
> $$\frac{\Delta P}{\gamma}+\Delta Z+\frac{\Delta U^2}{2g}=0$$
>
> $\dfrac{\Delta P}{\gamma}$: 압력수두(pressure head)
>
> ΔZ : 위치수두(potential head)
>
> $\dfrac{\Delta U^2}{2g}$: 속도수두(velocity head)

4.13 Example

아주 큰 개방 탱크의 밑에 장치된 지름 2 cm인 관을 통하여 물이 유출되고 있다. 이관의 끝을 물의 액면으로부터 15 m 아래에 장치하고 유체의 마찰이 없다면 관 출구에서의 유속은 몇 m/s인가?

풀이.

마찰이 없는 이상유체의 경우이므로 베르누이 식을 사용하면

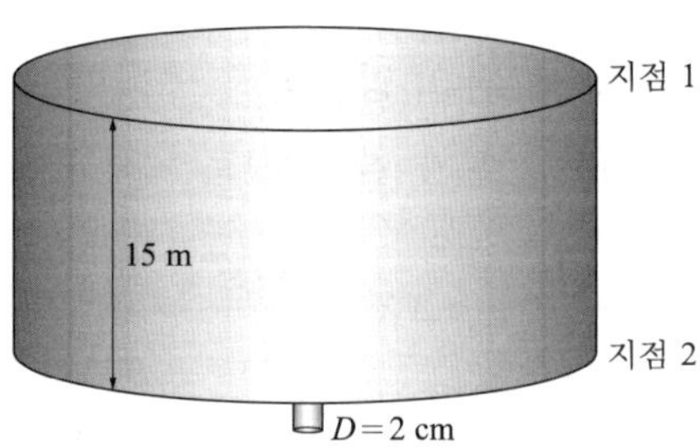

그림 4-12 액주 높이에 따른 유속의 계산

$$\frac{P_2-P_1}{\rho}+g(Z_2-Z_1)+\frac{1}{2}(U_2{}^2-U_1{}^2)=0$$

파이프와 탱크는 대기 중에 열려있으므로 압력이 대기압으로 서로 같은 값을 가진다. $P_1=P_2$

=대기압이고, 유체가 유입되는 부분의 면적이 아주 크다고 하였으므로 순간적인 속도는 거의 0에 접근하는 값을 가진다. 따라서 지점 1에서의 유체의 속도는 매우 작으므로 $U_1 \fallingdotseq 0$이 된다. 물이 유출되는 부분을 기준으로 하면 $Z_2=0$, $Z_1=15\,\text{m}$

따라서 $g(Z_1) = \frac{1}{2}U_2^{\,2}$

$$U_2^{\,2} = 2gZ_1$$

$$U_2 = \sqrt{2gZ_1} = \sqrt{2\times 9.8\,\frac{\text{m}}{\text{s}^2}\times 15\,\text{m}} = 17.1\,\text{m/s}$$

4.14
Example

내경 25 mm의 배관 속을 정상류의 물이 250 L/min로 흐를 때 속도수두는 몇 m인가? (이때 중력가속도는 9.8 m/s^{2}이다.)

풀이.

베르누이 방정식에 의하면 $\frac{\Delta P}{\gamma} + \frac{\Delta U^2}{2g} + \Delta Z = 0$에서 속도수두는 $\frac{\Delta U^2}{2g}$이다.

수어신 조건에서 유속(U)을 계산하기 위해서 직경(D)과 유량(Q)이 주어졌으므로 $Q=UA$에서 계산할 수 있다.

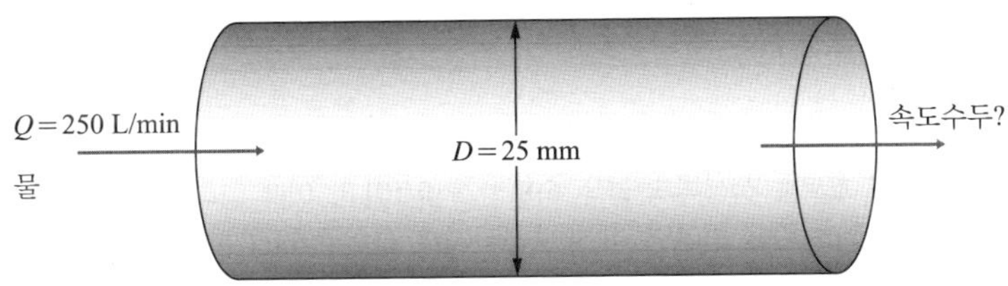

그림 4-13 속도수두의 계산

면적은 $A = \frac{\pi}{4}D^2 = \frac{3.14}{4}\times(2.5\,\text{cm})^2 = 4.9\,\text{cm}^2$이다.

$$U = \frac{Q}{A} = \frac{\frac{250\,\text{L}}{\text{min}}\times\frac{1000\,\text{cm}^3}{1\,\text{L}}\times\frac{1\,\text{min}}{60\,\text{s}}}{4.9\,\text{cm}^2} = \frac{850\,\text{cm}}{\text{s}} = 8.5\,\frac{\text{m}}{\text{s}}$$

따라서 속도수두는 $\frac{\Delta U^2}{2g} = \frac{\left(\frac{8.5\,\text{m}}{\text{s}}\right)^2}{2\times\frac{9.8\,\text{m}}{\text{s}^2}} = 3.68\,\text{m}$가 된다.

4.15 Example

내경 30 mm의 배관 속을 정상류의 물이 125 L/min로 흐르고 이때 압력은 1.25 kg_f/cm^2이다. 이때 압력수두는 약 몇 m인가? (이때 중력가속도는 9.8 m/s^2이다.)

풀이.

베르누이 방정식에 의하면 $\dfrac{\Delta P}{\gamma}+\dfrac{\Delta U^2}{2g}+\Delta Z=0$에서 압력수두는 $\dfrac{\Delta P}{\gamma}$이다.

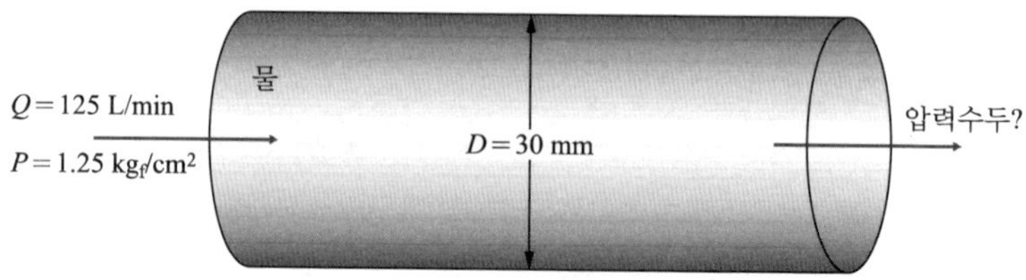

그림 4-14 압력수두의 계산

물의 비중량은 $\gamma=\rho\times g=\dfrac{1000\text{ kg}}{\text{m}^3}\times\dfrac{9.8\text{ m}}{\text{s}^2}=\dfrac{9800\text{ N}}{\text{m}^3}$이다.

따라서 압력수두는 $\dfrac{\Delta P}{\gamma}=\dfrac{\dfrac{1.25\text{ kg}_\text{f}}{\text{cm}^2}\times\left(\dfrac{100\text{ cm}}{1\text{ m}}\right)^2\times\dfrac{9.8\text{ N}}{1\text{ kg}_\text{f}}}{\dfrac{9800\text{ N}}{\text{m}^3}}=12.5\text{ m}$

4.16 Example

배관 속을 흐르는 정상류의 물의 속도가 8 m/s이고, 이때 압력은 2.5 kg_f/cm^2이다. 이 배관이 기준면으로부터 5 m 위에 있다면 이 흐름공정에서 전수두(total head)는 몇 m인가?

풀이.

베르누이 방정식에 의하면 $\dfrac{\Delta P}{\gamma}+\dfrac{\Delta U^2}{2g}+\Delta Z=H$ (total head)

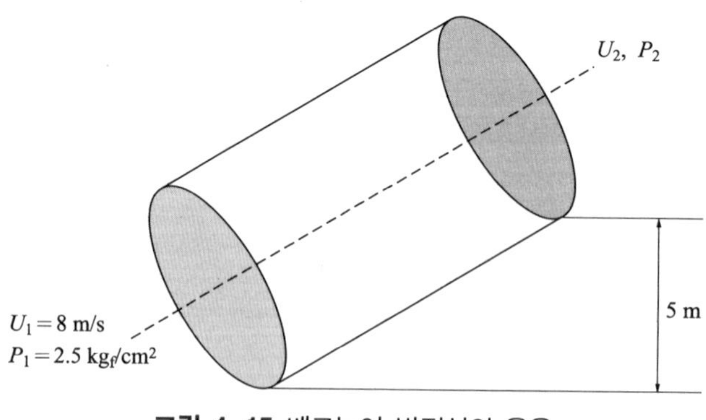

그림 4-15 베르누이 방정식의 응용

물의 비중량은 $\gamma = \rho \times g = \dfrac{1000\ \mathrm{kg}}{\mathrm{m}^3} \times \dfrac{9.8\ \mathrm{m}}{\mathrm{s}^2} = 9800\ \dfrac{\mathrm{N}}{\mathrm{m}^3}$ 이다.

따라서 압력수두는 $\dfrac{\Delta P}{\gamma} = \dfrac{\dfrac{2.5\ \mathrm{kg_f}}{\mathrm{cm}^2} \times \left(\dfrac{100\ \mathrm{cm}}{1\ \mathrm{m}}\right)^2 \times \dfrac{9.8\ \mathrm{N}}{1\ \mathrm{kg_f}}}{\dfrac{9800\ \mathrm{N}}{\mathrm{m}^3}} = 25\ \mathrm{m}$ 이다.

속도수두는 $\dfrac{\Delta U^2}{2g} = \dfrac{\left(\dfrac{8\ \mathrm{m}}{\mathrm{s}}\right)^2}{2 \times \dfrac{9.8\ \mathrm{m}}{\mathrm{s}^2}} = 3.26\ \mathrm{m}$

위치수두 $\Delta Z = 5\ \mathrm{m}$

따라서 전수두(total head) $H = \dfrac{\Delta P}{\gamma} + \dfrac{\Delta U^2}{2g} + \Delta Z = 25\ \mathrm{m} + 3.26\ \mathrm{m} + 5\ \mathrm{m} = 33.26\ \mathrm{m}$

4.17 Example

높이가 12.5 m가 되는 탱크의 밑변에 지름이 5 cm인 구멍이 뚫려있다. 이 구멍을 통하여 유출되는 물의 유속은 몇 m/s인가?

풀이.

마찰이 없는 이상유체의 경우이므로 베르누이 식을 사용하면

$$\frac{P_2 - P_1}{\rho} + g(Z_2 - Z_1) + \frac{1}{2}(U_2{}^2 - U_1{}^2) = 0$$

$P_1 = P_2 =$ 대기압

초기의 유체는 정지상태이므로 $U_2 = 0$

높이차 $Z_2 - Z_1 = H$

따라서 $g(H) = \dfrac{1}{2} U_1{}^2$에서 $U_1{}^2 = 2g(H)$이므로 $U^2 = 2gH$이며 속도 $U = \sqrt{2gH}$ 이다.

$U = \sqrt{2gH} = \sqrt{2 \times \dfrac{9.8\ \mathrm{m}}{\mathrm{s}^2} \times 12.5\ \mathrm{m}} = 15.65\ \mathrm{m/s}$가 된다.

4.18 Example

다음 그림과 같이 수조에서 노즐을 통해 물이 방사될 때 노즐에서의 순간 유속은 몇 m/s인가?

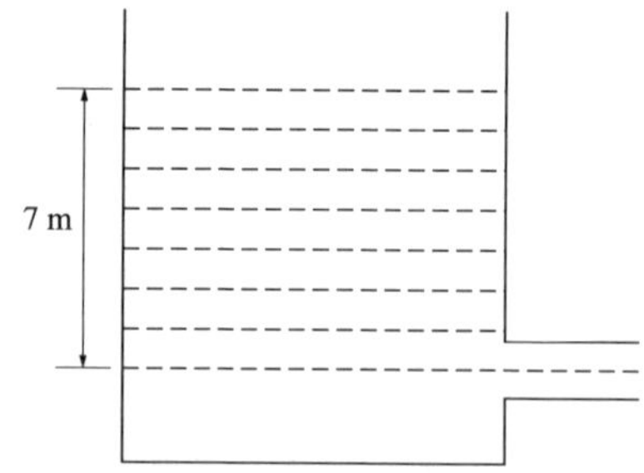

그림 4-16 노즐의 순간 유속

풀이.

마찰이 없는 이상유체의 경우이므로 베르누이 식을 사용하면

$$\frac{P_2 - P_1}{\rho} + g(Z_2 - Z_1) + \frac{1}{2}(U_2{}^2 - U_1{}^2) = 0$$

$P_1 = P_2 =$ 대기압

초기의 유체는 정지상태이므로 $U_2 = 0$

높이차 $Z_2 - Z_1 = H$

따라서 $g(H) = \frac{1}{2}U_1{}^2$에서 $U_1{}^2 = 2g(H)$이므로 $U^2 = 2gH$이며 속도 $U = \sqrt{2gH}$ 이다.

$U = \sqrt{2gH} = \sqrt{2 \times \frac{9.8\ \text{m}}{\text{s}^2} \times 7\ \text{m}} = 11.71\ \text{m/s}$가 된다.

실제유체의 흐름에서는 유체와 고체벽의 계면에서 마찰이 발생한다. 이로 인하여 기계적 에너지는 감소하고 그 감소량만큼이 열로 변화한다. 파이프 라인(pipe line)을 흐르는 유체의 유속은 위치에 따라서 다르게 나타낼 수 있다.

유체와 고체벽면 사이에 마찰이 발생할 때 마찰손실의 합을 ΣF라 하면 마찰이 없는 이상유체의 경우 베르누이 식은 다음과 같이 표현된다.

$$\frac{P_2 - P_1}{\rho} + g(Z_2 - Z_1) + \frac{1}{2}(U_2{}^2 - U_1{}^2) = 0$$

마찰손실의 합(ΣF)을 고려하면 베르누이 식은 다음과 같이 나타낼 수 있다.

$$\frac{P_2 - P_1}{\rho} + g(Z_2 - Z_1) + \frac{1}{2}(U_2{}^2 - U_1{}^2) + \sum F = 0 \qquad (4\text{-}18)$$

$$\sum F = F_s + F_f$$

여기서, F_s : 표면마찰(유체가 관벽을 따라 흐를 때 계면에서의 마찰)

F_f : 형태마찰(경계층의 분리현상이 뚜렷할 때 발생하는 마찰)

4.19 Example

직경이 1 m인 수평관에 4℃의 물이 흐르고 있다. 관로의 길이가 10 m이고 초기압력은 2 atm에서 최종상태의 압력이 1 atm인 상태로 1 m/s의 속도로 물이 흐를 경우 발생하는 마찰손실의 합은 몇 J/kg인가?

풀이.

마찰이 발생하는 경우 베르누이 식은 다음과 같다.

$$\frac{P_2 - P_1}{\rho} + g(Z_2 - Z_1) + \frac{1}{2}(U_2{}^2 - U_1{}^2) + \sum F = 0$$

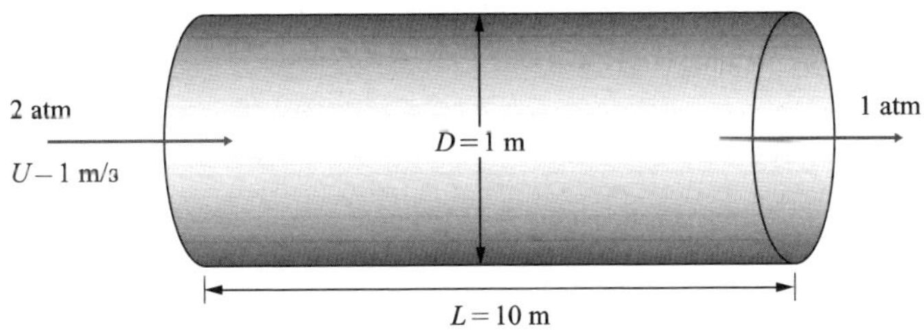

그림 4-17 마찰손실의 계산

수평관이므로 $Z_1 = Z_2$

파이프 라인의 직경이 동일하므로 연속방정식을 이용하면 $U_1 = U_2$

따라서 베르누이 방정식은 다음과 같이 단순화된다.

$$\sum F = \frac{P_1 - P_2}{\rho} = (2-1)\ \text{atm} \times \frac{101.3 \times 10^3\ \text{N/m}^2}{1\ \text{atm}} \times \frac{\text{m}^3}{1000\ \text{kg}} = \frac{101.3\ \text{N}\cdot\text{m}}{\text{kg}}$$

$$= 101.3\ \text{J/kg}$$

4.4 Bernoulli 방정식의 응용

서로 떨어져 있는 두 지점 사이에 높이 차가 있거나, 속도 차가 발생하거나, 압력의 차이가 있는 경우 유체의 흐름이 발생할 때 일에 관한 베르누이 방정식을 널리 사용한다. 여기서 이와 같이 베르누이 방정식을 이용하여 압력, 유속 등을 계산하는 방법에 대해서 살펴보기로 하자.

1. Torricelli의 정리(오리피스관)

소방용수시설에서 저수조로 사용되고 있는 물탱크의 경우를 생각해 보자. 개방된 물탱크에 물이 높이 h만큼 차 있는 물탱크의 아랫부분에 있던 밸브가 개방되어 물이 흐르는 경우 흐름 속도는 어떻게 되겠는가?

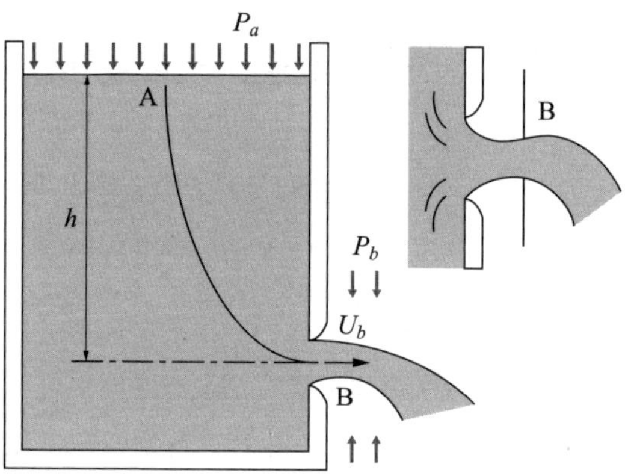

그림 4-18 토리첼리의 정리

위의 그림에서 살펴보면 개방된 물탱크이므로 지점 A에서의 압력은 P_a(=대기압)이고 높이는 h 그리고 유체의 흐름속도는 U_a라고 할 수 있으며 지점 B에서의 압력은 P_b(=대기압)이고 높이는 0 그리고 유체의 흐름속도는 U_b라고 할 수 있다. 이를 비압축성 유체에 대한 베르누이 방정식(4-15)에 대입하면 다음과 같은 식을 얻을 수 있다.

$$\frac{P_b - P_a}{\rho} + (Z_b - Z_a)g + \frac{(U_b^{\,2} - U_a^{\,2})}{2} = 0 \tag{4-19}$$

지점 A에서의 압력과 지점 B에서의 압력은 대기압으로 서로 같으므로 $P_b - P_a = 0$가 된다. 따라서 $(0-h)g + \dfrac{(U_b{}^2 - U_a{}^2)}{2} = 0$이므로

$$\frac{U_b{}^2 - U_a{}^2}{2} = gh \tag{4-20}$$

이다. 여기서 단면적 A가 B에 비하여 매우 크므로 $U_b \gg U_a$이며, U_a는 초기에 정지된 상태이므로 $U_b = U$라 할 수 있다. $\dfrac{U^2}{2g} = h$에서

$$U = \sqrt{2gh} \tag{4-21}$$

가 된다.

> ***Tip*** **토리첼리의 정리 (오리피스관에서 유체의 흐름속도)**
> $U = \sqrt{2gh}$

지점 B에 방사노즐이 부착되어 유체가 흐르는 경우를 생각해 보자.
방사노즐에 의한 방출속도(오리피스 분출속도) $U = C_V\sqrt{2gh}$ 이므로 방사노즐에 의한 방수량 Q(L/min)은 다음과 같이 구할 수 있다.

$U = C_V\sqrt{2gh}$ 에서 압력 $P = g\rho h = \gamma h$이므로 $h = \dfrac{P}{\rho g} = \dfrac{P}{\gamma}$가 된다. 이 값을 대입하면 $U = C_V\sqrt{2gh} = C_V\sqrt{\dfrac{2gP}{\gamma}}$ 가 된다. 연속방정식에서 유량(Q)과 유속(U)의 관계로부터 $Q = UA$이므로 아래와 같다.

$$\begin{aligned} Q &- UA \\ &= C_V\sqrt{2gh} \times \frac{\pi}{4}D^2 = C_V\sqrt{\frac{2gP}{\gamma}} \times \frac{\pi}{4}D^2 \end{aligned}$$

여기서, D : 노즐반경(mm)
P : 방사압(kg$_f$/cm^2; 대기압 1.0332 kg$_f$/cm^2)
g : 중력가속도(9.8 m/s^2)
C_V : 오리피스의 속도계수 0.99

$$\sqrt{\frac{2gP}{\gamma}} = \sqrt{2 \times \frac{9.8\ \text{m}}{\text{s}^2} \times \frac{\text{m}^3}{1000\ \text{kg}_\text{f}} \times \left(\frac{100\ \text{cm}}{1\ \text{m}}\right)^2 \times \frac{1.0332\ \text{kg}_\text{f}}{\text{cm}^2}} = \frac{14\ \text{m}}{\text{s}} \sqrt{P}$$

이 값을 이용하여 $Q = UA = C_V \sqrt{\frac{2gP}{\gamma}} \times \frac{\pi}{4} D^2$를 구할 수 있다.

$$Q = C_V \times \frac{\pi}{4} D^2 \times \frac{14\ \text{m}}{\text{s}} \sqrt{P}$$

이 값에 위에서 제시된 D (mm), 그리고 C_V값을 대입하면 Q를 계산할 수 있다.

$$Q = \frac{14\ \text{m}}{\text{s}} \times \frac{60\ \text{s}}{1\ \text{min}} \times 0.99 \times \frac{3.14}{4} \times 1\ \text{mm}^2 \times \left(\frac{1\ \text{m}}{1000\ \text{mm}}\right)^2 \times \frac{1000\ \text{L}}{1\ \text{m}^3} \times D^2 \sqrt{P}$$

단위를 정리하면 다음과 같다.

$$Q = 0.653 D^2 \sqrt{P} \quad [\text{L/min}]$$

> **Tip** 방사압(P)과 방출량(Q)의 관계
> $Q = 0.653 D^2 \sqrt{P}$ [L/min]

4.20 Example

방사구경 20 mm인 노즐선단에서 피토게이지로 방수압력을 측정한 결과 4 kg$_\text{f}$/cm^{2}일 때 방수량은 몇 L/min인가?

풀이.

$Q = 0.653 D^2 \sqrt{P}$에서

$$Q = 0.653 D^2 \sqrt{P} = 0.653 \times (20\ \text{mm})^2 \sqrt{\frac{4\ \text{kg}_\text{f}}{\text{cm}^2}} = 522.4\ \text{L/min}$$

4.21 Example

소화용수가 노즐을 통하여 방사될 때 방사 압력이 1.7 kg$_\text{f}$/cm^{2}일 때 방수속도는 몇 m/s인가?

풀이.

$H = \frac{(U)^2}{2g}$에서

물의 경우 1 kg/cm^{2}의 압력은 수두로는 10 m이다. 따라서 1.7 kg$_\text{f}$/cm^2 = 17 m가 된다.

$$U = \sqrt{2gH} = \sqrt{2\ \frac{9.8\ \text{m}}{\text{s}^2} \times 17\ \text{m}} = 18.25\ \text{m/s}$$

4.22 Example

저장탱크에 수면으로부터 5.6 m인 지점에 오리피스를 설치하였다. 이 오리피스의 속도계수(C_V)를 0.98이라 할 경우 오리피스를 통하여 외부로 방출되는 물의 속도는 몇 m/s인가? (단, 대기압은 1.0332 kg_f/cm^2, 중력가속도는 9.8 m/s이다.)

풀이.

오리피스의 분출속도 $U = C_V\sqrt{2gh}$ 이므로 이를 이용하여 계산하면 다음과 같이 구할 수 있다. $U = C_V\sqrt{2gh}$ 에서

$$U = 0.98\sqrt{2\times\frac{9.8\ \mathrm{m}}{\mathrm{s}^2}\times 5.6\ \mathrm{m}} = 0.98\sqrt{\frac{109.76\ \mathrm{m}^2}{\mathrm{s}^2}}$$

$$U = 0.98\times\frac{10.47\ \mathrm{m}}{\mathrm{s}} = 10.267\ \mathrm{m/s}$$

표 4-1 소방설비에 사용되는 유속계 및 유량계

오리피스미터(Orifice meter)	① 설치용이/유지관리비 많이 소요 ② 유속/유량 손실 많다. ⇒ 정확한 측정 곤란 ③ 소방설비분야에서 가장 널리 사용
벤투리미터(Venturi meter)	① 고가/유지관리비 적게 소요 ② 유속/유량 손실 적다. ⇒ 정확한 측정 가능
피토관(Pitot tube)	① 유체의 국부속도 측정에 사용
로터미터(Rotameter)	① 부자가 설치되어 있다. ② 육안으로 유속/유량 측정 가능
위어(Weir)	① 개수로의 수력을 측정하는데 사용

2. 벤투리미터(Venturi meter)

벤투리미터는 관의 축소와 확대를 통하여 유입되는 유체의 압력차를 이용하여 유체의 흐름양을 측정하는 장치이다. 앞서 계산된 베르누이 방정식을 이용하면 다음과 같이 나타낼 수 있다.

$$\frac{\Delta P}{\rho} + g\,\Delta Z + \frac{\Delta U^2}{2} = 0$$

으로부터 다음과 같이 계산할 수 있다. 각 항을 g로 나누면

$$\frac{\Delta P}{\rho\times g} + \Delta Z + \frac{\Delta U^2}{2g} = 0$$

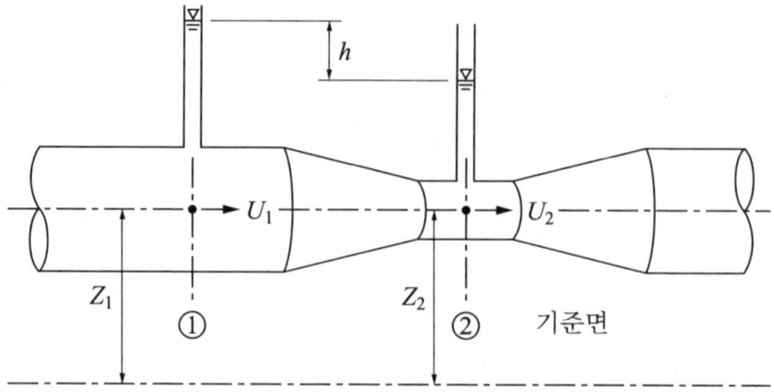

그림 4-19 벤투리미터

$$\frac{\Delta P}{\gamma} + \Delta Z + \frac{\Delta U^2}{2g} = 0$$

여기서, $\gamma = \rho \times g$로 비중량이라고 한다.

유체가 오리피스에 수평으로 흐른다면 기준면에서 ①과 ②에서의 높이 Z_1과 Z_2가 서로 같다는 것을 알 수 있다. 이러한 조건에서 베르누이 방정식은

$$\frac{P_2 - P_1}{\gamma} + \frac{{U_2}^2 - {U_1}^2}{2g} = 0$$

이 된다. 각 단면을 통해서 흐르는 유체의 전체 유량(Q)은 항상 일정하므로 지점 ①에서 Q_1과 지점 ②에서의 Q_2는 서로 같다는 것을 알 수 있다. 유체의 밀도는 서로 같으므로 $Q_1 = Q_2 = U_1A_1 = U_2A_2 = Q$이 된다. 여기서 $U_1 = \frac{Q}{A_1}$, $U_2 = \frac{Q}{A_2}$로 나타낼 수 있다. 이 값을 이용하면 $\frac{P_2 - P_1}{\gamma} + \frac{{U_2}^2 - {U_1}^2}{2g} = 0$에서

$$\begin{aligned}\frac{P_1 - P_2}{\gamma} &= \frac{{U_2}^2 - {U_1}^2}{2g} \\ &= \frac{\left(\frac{Q}{A_2}\right)^2 - \left(\frac{Q}{A_1}\right)^2}{2g} = \frac{Q^2}{2g}\left(\frac{1}{A_2^2} - \frac{1}{A_1^2}\right) = \frac{\frac{Q^2}{A_2^2} - \frac{Q^2}{A_1^2}}{2g}\end{aligned}$$

가 되어 이 값을 정리하면 아래와 같다.

$$\frac{P_1 - P_2}{\gamma} = \frac{Q^2}{2g}\left(\frac{A_1^2}{A_1^2A_2^2} - \frac{A_2^2}{A_1^2A_2^2}\right) = \frac{Q^2}{2g}\left(\frac{A_1^2 - A_2^2}{A_1^2A_2^2}\right)$$

$\dfrac{P_1 - P_2}{\gamma} = \dfrac{Q^2}{2g}\left(\dfrac{A_1^2 - A_2^2}{A_1^2 A_2^2}\right)$에서 $\dfrac{P_1 - P_2}{\gamma}$는 압력수두차 H가 된다.

따라서 $H = \dfrac{Q^2}{2g}\left(\dfrac{A_1^2 - A_2^2}{A_1^2 A_2^2}\right)$이 되며, 이 값을 유량 Q의 형태로 정리하면

$2gH = Q^2\left(\dfrac{A_1^2 - A_2^2}{A_1^2 A_2^2}\right)$이 되며, $Q^2 = \dfrac{2gH}{\left(\dfrac{A_1^2 - A_2^2}{A_1^2 A_2^2}\right)} = \dfrac{2gH(A_1^2 A_2^2)}{(A_1^2 - A_2^2)}$가 된다.

따라서 유량 Q는 다음과 같다.

$$Q = \frac{A_1 A_2}{\sqrt{A_1^2 - A_2^2}}\sqrt{2gH}$$

Tip **벤투리미터로 측정된 유량**

$$Q = \frac{A_1 A_2}{\sqrt{A_1^2 - A_2^2}}\sqrt{2gH}$$

3. 플랜지 볼트(Flange volt)에 작용하는 힘

소화노즐을 통해 흐를 때 소방용 호스에 부착된 플랜지 볼트에 작용하는 힘은 다음과 같이 계산한다. 힘(F)과 압력(P)의 관계 $P = \dfrac{F}{A}$에서 $F = PA$가 된다. 여기서 압력 $P = g\rho h = \gamma h$이므로 $F = \gamma h A$가 된다.

따라서 위에서 구한 압력수두 $H = \dfrac{Q^2}{2g}\left(\dfrac{A_1^2 - A_2^2}{A_1^2 A_2^2}\right)$를 대입하면 면적이 A_1인 플랜지 볼트에 작용하는 힘 F는 다음과 같다.

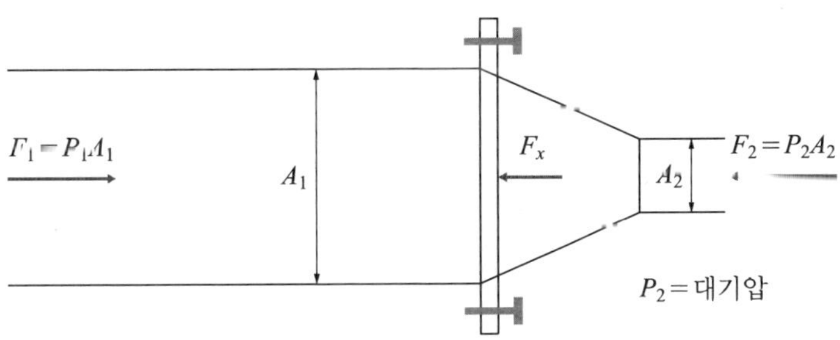

그림 4-20 플랜지 볼트

$$F_x = \frac{\gamma A_1 Q^2}{2g}\left(\frac{A_1^2 - A_2^2}{A_1^2 A_2^2}\right)$$

여기서, F_x : 힘(kgf)

γ : 비중량(kgf/m³)

Q : 유량(m³/s)

A : 면적(m²)

> ***Tip*** **플랜지 볼트에 작용하는 힘**
>
> $$F_x = \frac{\gamma A_1 Q^2}{2g}\left[\frac{A_1^2 - A_2^2}{A_1^2 A_2^2}\right]$$

4.23 Example

지름이 10 cm인 소방용 호스에 노즐구경이 3 cm인 노즐팁이 부착되어 있다. 1.5 m³/min의 방수량으로 대기 중에 방사할 경우 마찰손실을 무시할 경우에 각 물음에 답하여라.

① 소방용 호스의 평균유속은 몇 m/s인가?

② 소방용 호스에 부착된 노즐의 평균유속은 몇 m/s인가?

③ 소방용 호스에 부착된 Flange volt에 작용하는 힘은 몇 N인가?.

풀이.

① 소방용 호스의 평균유속을 구하여라.

$$Q = UA,\ \ U = \frac{Q}{A} = \frac{Q}{\frac{\pi}{4}D^2} = \frac{\frac{1.5\ \mathrm{m}^3}{\mathrm{min}} \times \frac{1\ \mathrm{min}}{60\ \mathrm{s}}}{\frac{\pi}{4}(0.1\ \mathrm{m})^2} = 3.1831\ \mathrm{m/s}$$

② 소방용 호스에 부착된 노즐의 평균유속을 구하시오.

$$U = \frac{Q}{A} = \frac{Q}{\frac{\pi}{4}D^2} = \frac{\frac{1.5\ \mathrm{m}^3}{\mathrm{min}} \times \frac{1\ \mathrm{min}}{60\ \mathrm{s}}}{\frac{\pi}{4}(0.03\ \mathrm{m})^2} = 35.3678\ \mathrm{m/s}$$

③ 소방용 호스에 부착된 Flange volt에 작용하는 힘을 계산하여라.

$$F_x = \frac{\gamma A_1 Q^2}{2g}\left[\frac{{A_1}^2 - {A_2}^2}{{A_1}^2 {A_2}^2}\right]$$

$$F_x = \frac{\frac{1000\ \mathrm{kg_f}}{\mathrm{m}^3} \times \frac{\pi}{4}(0.1\ \mathrm{m})^2}{2 \times \frac{9.8\ \mathrm{m}}{\mathrm{s}^2}} \times \left[\frac{1.5\ \mathrm{m}^3}{\mathrm{min}} \times \frac{1\ \mathrm{min}}{60\ \mathrm{s}}\right]^2 \times \left[\frac{\left\{\frac{\pi}{4}(0.1\ \mathrm{m})^2\right\}^2 - \left\{\frac{\pi}{4}(0.03\ \mathrm{m})^2\right\}^2}{\left\{\frac{\pi}{4}(0.1\ \mathrm{m})^2 \times \frac{\pi}{4}(0.03\ \mathrm{m})^2\right\}^2}\right]$$

$$= 19897.43\ \mathrm{kg_f}$$

$$F_x = 19897.43\ \mathrm{kg_f} \times \frac{9.8\ \mathrm{N}}{1\ \mathrm{kg_f}} = 194994.8\ \mathrm{N}$$

4. 피토관(Pitot tube)

그림 4-21에서 살펴보면 A지점에서의 압력이 P_s이고 유속이 U_s인 흐름이 B지점에서는 압력이 P_o이고 유속이 U_o인 상태로 유지되고 있다. A지점과 B지점에서 유체의 흐름에 베르누이 관계식을 적용하면

$$\frac{P_o - P_s}{\rho} + g(Z_o - Z_s) + \frac{(U_o^{\,2} - U_s^{\,2})}{2} = 0$$

에서 수평관계를 유지하므로

$$\frac{P_o - P_s}{\gamma} + \frac{(U_o^{\,2} - U_s^{\,2})}{2g} = 0 \tag{4-22}$$

그림에서 보면 A지점으로부터 Pitot tube의 개구부까지는 흐름이 정체된 상태이므로 A지점에서의 유속 $U_s = 0$이 된다.

$\dfrac{P_o - P_s}{\gamma} + \dfrac{(U_o^{\,2})}{2g} = 0$에서

$$\frac{P_s - P_o}{\gamma} = \frac{U_o^{\,2}}{2g} \tag{4-23}$$

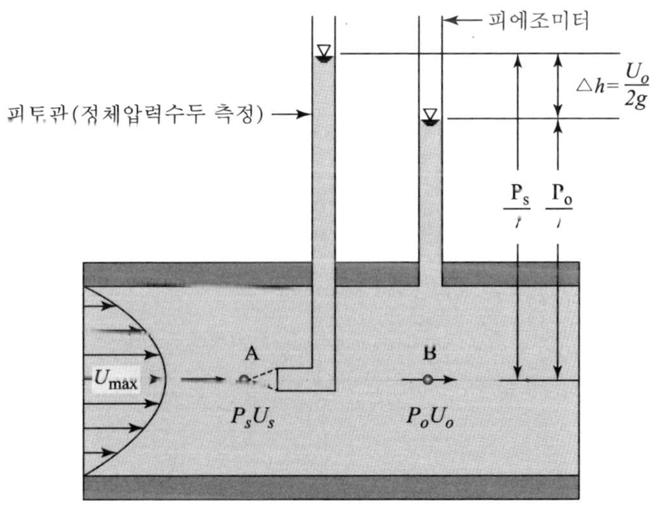

그림 4-21 피토관

$$U_o{}^2 = 2g\left(\frac{P_s - P_o}{\gamma}\right) \text{에서}$$

$$U_o = \sqrt{2g\left(\frac{P_s - P_o}{\gamma}\right)} = \sqrt{2g\,\Delta h}$$

$$(\Delta P = g\rho\,\Delta h = \gamma\,\Delta h)$$

> **Tip** 피토관으로 측정된 유속(U)
>
> $$U_o = \sqrt{2g\left(\frac{P_s - P_o}{\gamma}\right)} = \sqrt{2g\Delta h}$$

4.24 Example

그림과 같이 화살표 방향으로 물이 흐르고 있는 직경 100 mm의 배관에 압력계와 피토계가 설치되어 있다. 압력계와 피토계의 지시바늘이 각각 4 kg_f/cm^2과 4.1 kg_f/cm^2을 가리키고 있다면 유속은 몇 m/s인가?

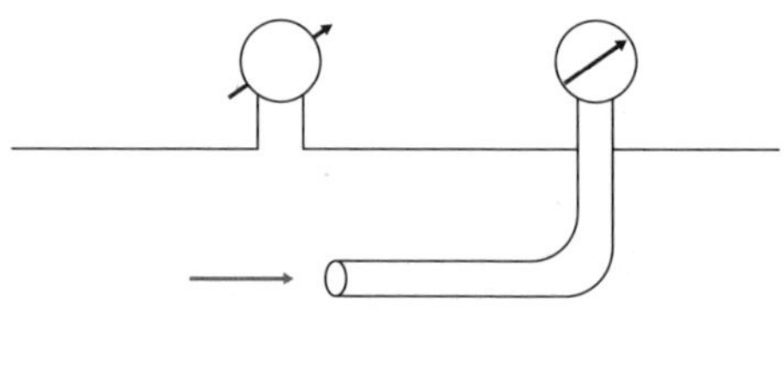

그림 4-22 피토관의 활용

풀이.

피토계는 전압을 측정하고 압력계는 정압을 측정한다. 즉, 전압=정압+동압이므로 유속과 관련 있는 동압을 계산하면 다음과 같다.

동압=전압−정압=4.1 kg_f/cm^2 − 4.0 kg_f/cm^2 = 0.1 kg_f/cm^2

속도수두에 의하면 물이 경우 1 kg_f/cm^2가 10 m가 되므로 0.1 kg_f/cm^2 = 1 m가 된다.

따라서 $U_o = \sqrt{2g\Delta h}$ 로부터

$$U_o = \sqrt{2g\Delta h} = \sqrt{2 \times \frac{9.8\ \text{m}}{\text{s}} \times 1\ \text{m}} = 4.4\ \text{m/s}$$

5. 에너지보존관계에서 베르누이 방정식의 활용

유체가 흐르는 과정에서 외부에서 열을 가하여 주거나, 또는 흐르는 유체가 외부에 어떤 일을 할 경우가 있다. 이때 유체는 내부에너지가 변화한다. 등온이 아닌 경우에는 이러한 에너지를 고려하여야 한다.

내부에너지를 E, 외부에서 유체에 가한 열을 Q', 유체가 외부에 한일을 W_s라 하면 내부에너지의 변화는 $\Delta E = Q' - W_s$이므로 베르누이 방정식은 다음과 같다.

$$\Delta E + \frac{\Delta P}{\rho} + g\Delta Z + \frac{\alpha \Delta \overline{U^2}}{2} = Q' - W_s$$

$$E_1 + \frac{P_1}{\rho} + gZ_1 + \frac{\alpha \overline{U_1^2}}{2} + Q' = E_2 + \frac{P_2}{\rho} + gZ_2 + \frac{\alpha \overline{U_2^2}}{2} + W_s$$

실제로 유체가 받은 열을 Q라 하면, 유체가 받은 열은 마찰에 의한 에너지도 포함하므로

$$Q = Q' + \sum F$$

$$Q' = Q - \sum F$$

따라서 에너지 변화가 존재하는 유체흐름에서의 베르누이 관계는 다음과 같다.

$$\Delta E + \frac{\Delta P}{\rho} + g\Delta Z + \frac{\alpha \Delta \overline{U^2}}{2} = Q - \sum F - W_s$$

한편 일반적으로 내부에너지와 압력에너지의 합을 엔탈피와 같다고 할 수 있으므로 $\Delta H = \Delta E + \Delta(PV) = \Delta E + \frac{\Delta P}{\rho}$에서 이를 이용하여 베르누이 식을 정리하면

$$\Delta H + g\Delta Z + \frac{\alpha \Delta \overline{U^2}}{2} = Q - \sum F - W_s$$

펌프에 의하여 유체가 받은 일을 W_p라 하면

$$\Delta H + g\Delta Z + \frac{\alpha \Delta \overline{U^2}}{2} = Q - \sum F + W_p$$

4.25 Example

4℃ 물이 일정한 직경을 지닌 파이프 내를 일정 유속으로 흐르고 있다. 출구는 입구보다 3 m 높이에 있고, 입구의 압력은 1 kg$_f$/cm^2, 출구의 압력은 1.75 kg$_f$/cm^{2}이다. 펌프는 물 1 kg에 15 kg$_f$·m의 에너지를 공급하여야 한다면 마찰에 의한 에너지 손실은 몇 J/kg인가?

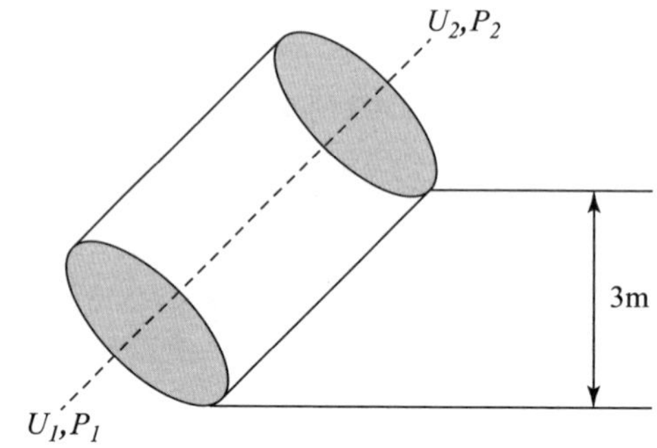

그림 4-23 베르누이 방정식의 활용

풀이.

$$\Delta E + \frac{\Delta P}{\rho} + g\Delta Z + \frac{\alpha \Delta \overline{U^2}}{2} = Q - W_s - \sum F$$

일정온도 : $\Delta E = 0$

단열상태 : $Q = 0$

일정유속 흐름 : $\Delta \overline{U^2} = 0$

$$\frac{\Delta P}{\rho} + \frac{g}{g_c}\Delta Z + W_s = -\sum F$$

$$\sum F = \frac{P_1 - P_2}{\rho} + g(Z_1 - Z_2) + W_s \text{에서}$$

$$\frac{P_1 - P_2}{\rho} = \frac{(1-1.75)\ \text{kg}_\text{f}}{\text{cm}^2} \times \frac{\text{m}^3}{1000\ \text{kg}} \times \left(\frac{100\,\text{cm}}{1\ \text{m}}\right)^2 = \frac{-7.5\ \text{kg}_\text{f} \cdot \text{m}}{\text{kg}}$$

$$g(Z_1 - Z_2) = \frac{9.8\ \text{m}}{\text{s}^2} \times (-3\ \text{m}) \times \frac{\text{kg}}{\text{kg}} \times \frac{1\ \text{N}}{1\ \text{kg} \cdot \text{m/s}^2} \times \frac{1\ \text{kg}_\text{f}}{9.8\ \text{N}} = \frac{-3\ \text{kg}_\text{f} \cdot \text{m}}{\text{kg}}$$

$$W_s = \frac{15\ \text{kg}_\text{f} \cdot \text{m}}{\text{kg}}$$

따라서

$$\sum F = \frac{P_1 - P_2}{\rho} + g(Z_1 - Z_2) + W_s$$

$$= \frac{-7.5\ \text{kg}_\text{f} \cdot \text{m}}{\text{kg}} - \frac{3\ \text{kg}_\text{f} \cdot \text{m}}{\text{kg}} + \frac{15\ \text{kg}_\text{f} \cdot \text{m}}{\text{kg}}$$

$$= \frac{4.5\ \text{kg}_\text{f} \cdot \text{m}}{\text{kg}} = \frac{4.5\ \text{kg}_\text{f} \cdot \text{m}}{\text{kg}} \times \frac{9.8\ \text{N}}{1\ \text{kg}_\text{f}} = \frac{44.1\ \text{N} \cdot \text{m}}{\text{kg}} = \frac{44.1\ \text{J}}{\text{kg}}$$

4.26 Example

비중이 0.8인 유체 1 kg에 대한 전체마찰손실은 12.2 $kg_f \cdot m$일 때 다음의 그림과 같은 계(system)에서 기계적인 일은 몇 J/kg인가?

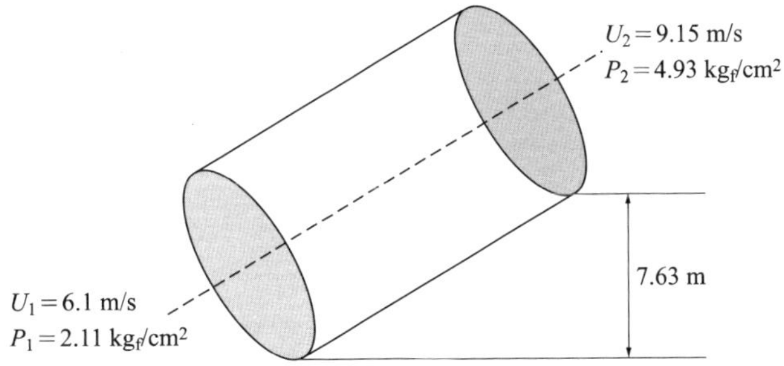

그림 4-24 베르누이 방정식의 활용

풀이.

베르누이 방정식

$$\Delta E + \frac{\Delta P}{\rho} + g\Delta Z + \frac{\alpha \Delta \overline{U^2}}{2} = Q - W_s - \sum F \text{에 의하면}$$

유체의 밀도가 압력이 변화하여도 일정하게 유지되므로, 온도가 일정하게 유지된다고 할 수 있다. 따라서 $\Delta E = 0$, 또한 열전달이 없으므로 $Q = 0$이다.

$$-W_s = \frac{P_2 - P_1}{\rho} + g(Z_2 - Z_1) + \frac{(U_2^{\,2} - U_1^{\,2})}{2} + \sum F$$

$$\frac{P_2 - P_1}{\rho} = (4.93 - 2.11)\,\frac{kg_f}{cm^2} \times \frac{m^3}{800\ kg} \times \frac{(100\ cm)^2}{1\ m^2} = 35.25\,\frac{kg_f \cdot m}{kg}$$

$$g(Z_2 - Z_1) = \frac{9.8\ m}{s^2} \times 7.63\ m \times \frac{kg}{kg} \times \frac{1\ N}{1\ kg \cdot m/s^2} \times \frac{1\ kg_f}{9.8\ N} = \frac{7.63\ kg_f \cdot m}{kg}$$

$$\frac{U_2^2 - U_1^2}{2} = \frac{\left(9.15\,\frac{m}{s}\right)^2 - \left(6.1\,\frac{m}{s}\right)^2}{2} \times \frac{kg}{kg} \times \frac{1\ N}{1\ kg \cdot m/s^2} \times \frac{1\ kg_f}{9.8\ N} = \frac{2.37\ kg_f \cdot m}{kg}$$

$$\sum F = 12.2\,\frac{kg_f \cdot m}{kg}$$

$$W_s - \frac{P_2 - P_1}{\rho} + g(Z_2 - Z_1) + \frac{(U_2^{\,2} - U_1^{\,2})}{2} + \sum F \text{이므로}$$

$$-W_s = (35.25 + 7.63 + 2.37 + 12.2)\,\frac{kg_f \cdot m}{kg} = 57.45\,\frac{kg_f \cdot m}{kg}$$

$$= 57.45\,\frac{kg_f \cdot m}{kg} \times \frac{9.8\ N}{1\ kg_f} = 563.01\ J/kg$$

제4장 연습문제

4-1 다음의 설명 중에서 유체의 흐름 특성을 나타내는 연속방정식과 관계없는 방정식은?(④)

① $Q = UA$

② $\dot{m} = \rho UA$

③ 질량보존의 법칙

④ $A = \frac{\pi}{4}D^2$

풀이 유체의 흐름 특성을 나타내는 연속방정식과 (1) 질량보존의 법칙이며 (2) $Q = UA$ (3) $\dot{m} = \rho UA$ 등으로 나타낼 수 있다. 여기서, A : 면적, U : 유속, Q : 유량, 그리고 $\dot{m}$: 질량 속도이다.

4-2 관의 돌연확대에 따른 손실수두로 알맞은 것은? (④)

① 압력수두에 반비례한다.

② 위치수두에 반비례한다.

③ 유량에 반비례한다.

④ 속도수두에 비례한다.

풀이 관의 돌연확대에 따른 손실수두는 $h_L = \frac{(U_1 - U_2)^2}{2g}$ 이므로 관의 돌연확대에 따른 손실수두는 속도수두에 비례하는 결과를 보인다.

4-3 오일러 방정식을 유도하는데 관계가 없는 가정치는 무엇인가? (③)

① 유체의 유동이 정상 유동일 경우

② 입자가 유선(stream line)을 따라 유동할 경우

③ 유체가 비압축성유체일 경우

④ 유체의 마찰이 없는 경우

풀이 오일러 방정식을 유도하는데 필요한 가정

① 유체의 유동이 정상 유동일 경우

② 입자가 유선(stream line)을 따라 유동할 경우

③ 유체의 마찰이 없는 경우

4-4 내경의 변화가 없는 수평형 배관 속을 소방용수가 흐를 때 발생하는 현상에 관한 설명으로 옳은 것은? (③)

① 물의 속도수두는 배관내의 모든 부분에서 같다.

② 물의 압력수두는 배관내의 모든 부분에서 같다.

③ 물의 속도수두와 압력수두의 총합은 배관내의 모든 부분에서 같다.
④ 배관내의 어느 부분에서도 위치에너지는 존재하지 않는다.

풀이 내경의 변화가 없는 수평형 배관 속을 소방용수가 흐를 때 속도수두와 압력수두의 총합은 배관내의 모든 부분에서 같다. 즉, 베르누이 방정식에 의하면 $\frac{\Delta P}{\gamma}+\frac{\Delta U^2}{2g}+\Delta Z=0$

4-5 베르누이 방정식 $H=\frac{P_1}{\gamma}+\frac{{U_1}^2}{2g}+Z_1=\frac{P_2}{\gamma}+\frac{{U_2}^2}{2g}+Z_2$의 식 중에서 $\frac{U^2}{2g}$는 무엇을 의미하는가? (①)

① 속도수두
② 압력수두
③ 마찰수두
④ 위치수두

풀이 베르누이 방정식에 의하면 $\frac{\Delta P}{\gamma}+\frac{\Delta U^2}{2g}+\Delta Z=0$

여기서, $\frac{\Delta P}{\gamma}$: 압력수두, $\frac{\Delta U^2}{2g}$: 속도수두, ΔZ : 위치수두

4-6 다음의 설명 중에서 연속방정식을 가장 적절하게 설명한 것은 어느 것인가? (④)

① 연속방정식은 뉴턴의 제2운동법칙이 유체 중의 모든 점에서 만족하는 것이다.
② 연속방정식은 에너지와 일 사이의 관계를 나타낸 것이다.
③ 연속방정식은 한 유선 위의 두 점에 대한 단위체적당의 운동량의 관계를 나타낸 것이다.
④ 연속방정식은 질량보존의 법칙을 유체 유동에 적용한 것이다.

풀이 연속방정식

① 연속방정식은 질량불변의 법칙이다. (질량보존의 법칙)
② 질량속도($\dot{m}$) = 면적(A) × 유속(U) × 유체의 밀도(ρ)
③ 중량속도(G) = 면적(A) × 유속(U) × 유체의 비중량(γ)
④ 유량(Q) = 면적(A) × 유속(U)

4-7 다음의 설명 중에서 연속방정식을 설명한 것이 아닌 식은 어느 것인가? (여기서 A는 단면적, U는 속도, ρ는 밀도, γ는 비중량이다.) (④)

① $\frac{dA}{A}+\frac{d\rho}{\rho}+\frac{dU}{U}=0$
② $A_1U_1=A_2U_2$
③ $\gamma_1A_1U_1-\gamma_2A_2U_2$
④ $d(\rho AU)$ = 일정

풀이 연속방정식과 관련된 식은 다음과 같다.

① $\frac{dA}{A}+\frac{d\rho}{\rho}+\frac{dU}{U}=0$ ② $A_1U_1=A_2U_2$ ③ $\gamma_1A_1U_1=\gamma_2A_2U_2$

④ $d(\rho AU)=0$ ⑤ ρAU = 일정

4-8 1차원 유동에서의 연속방정식에 대한 설명으로 올바른 것은 어느 것인가? (여기서 A는 단면적, U는 속도, ρ는 밀도, γ는 비중량, P는 압력, V는 부피, T는 온도이다.) (②)

① $PV = nRT$
② $\rho_1 A_1 U_1 = \rho_2 A_2 U_2$
③ $\frac{ax}{u} = \frac{ay}{v} = \frac{az}{w}$
④ $\frac{aP}{\rho} + VdV + gaZ = 0$

풀이 연속방정식과 관련된 식은 다음과 같다.

① $\frac{dA}{A} + \frac{d\rho}{\rho} + \frac{dU}{U} = 0$ ② $A_1 U_1 = A_2 U_2$ ③ $\gamma_1 A_1 U_1 = \gamma_2 A_2 U_2$

④ $d(\rho AU) = 0$ ⑤ $\rho AU =$ 상수

4-9 검사면을 통과하는 유동에 대하여 질량속도($\dot{m}$)를 다음과 같이 구하는 경우가 있다.
[질량속도($\dot{m}$) = 면적(A)×유속(U)×유체의 밀도(ρ)]
이 식이 성립하기 위해 필요한 조건이 아닌 것은? (②)

① 유동은 검사면에 수직이다.
② 검사면은 원형이다.
③ 밀도는 일정하다.
④ 검사면은 움직이지 않는다.

풀이 질량속도식이 성립하기 위한 조건은 다음과 같다.

① 검사면은 움직이지 않는다.
② 질량속도($\dot{m}$) = 면적(A) × 유속(U) × 유체의 밀도(ρ)
③ 밀도는 일정하게 유지된다.
④ 유동은 검사면에 수직이다.

4-10 다음의 설명 중에서 유량에 대한 설명으로 틀린 것은 어느 것인가? (②)

① 단면적이 일정할 때 속도에 비례한다.
② 단위면적당 질량 유동량을 나타낸다.
③ 유량의 차원은 $[L^3T^{-1}]$이다.
④ 유량의 단위는 m^3/s이다.

풀이 유량(Q)

① 단면적이 일정할 때 유량(Q)은 유속(U)에 비례한다.
② 유량(Q) = 면적(A) × 유속(U)
③ 밀도는 일정하게 유지된다.

4-11 흐르는 유체에 대한 연속방정식이란 어떤 이론과 관련된 법칙인가? (①)

① 질량보존의 법칙
② 에너지보존의 법칙
③ 관성의 법칙
④ 뉴턴의 운동 제2법칙

풀이 연속방정식

① 연속방정식은 질량불변의 법칙이다. (질량보존의 법칙)

② 질량속도($\dot{m}$) = 면적(A) × 유속(U) × 유체의 밀도(ρ)
③ 중량속도(G) = 면적(A) × 유속(U) × 유체의 비중량(γ)
④ 유량(Q) = 면적(A) × 유속(U)

4-12 질량속도 500 kg/s로 소방용수가 수평관 안을 흐르고 있다. 이 배관의 직경이 150 mm일 때 소방유체의 흐름속도는 몇 m/s인가? (소방용수의 밀도는 1 g/cm^{3}이다.)

풀이 유체의 흐름특성을 나타내는 연속방정식에서 $\dot{m}=\rho UA$이므로 여기서 면적은 $A=\frac{\pi}{4}D^2=\frac{3.14}{4}\times(0.15\text{ m})^2=0.0177\text{ m}^2$이다.

소방용수의 밀도는 $\rho=\frac{1\text{ g}}{\text{cm}^3}=\frac{1000\text{ kg}}{\text{m}^3}$이므로 연속방정식 $\dot{m}=\rho UA$로부터

$$U=\frac{\dot{m}}{\rho A}=\frac{\frac{500\text{ kg}}{\text{s}}}{\frac{1000\text{ kg}}{\text{m}^3}\times 0.0177\text{ m}^2}=28.25\text{ m/s}$$

4-13 비중이 0.5인 유체가 지름 65 cm인 관속을 5 kg$_f$/s의 속도로 흐를 때 평균유속은 몇 m/s인가?

풀이 액체의 비중은 물의 밀도에 대한 상대적인 밀도 값이므로 비중이 0.5인 유체의 밀도는 $\rho=\frac{1\text{ g}}{\text{cm}^3}\times 0.5=\frac{0.5\text{ g}}{\text{cm}^3}=500\frac{\text{kg}}{\text{m}^3}$이 된다: 여기서 비중량($\gamma$)과 밀도($\rho$)의 관계 $\gamma=\rho g$로부터 $\gamma=\frac{500\text{ kg}}{\text{m}^3}\times\frac{9.8\text{ m}}{\text{s}^2}\times\frac{1\text{ N}}{1\text{ kg}\cdot\text{m/s}^2}\times\frac{1\text{ kg}_f}{9.8\text{ N}}=\frac{500\text{ kg}_f}{\text{m}^3}$

지름이 65 cm인 관에서의 면적은

$A=\frac{\pi}{4}D^2=\frac{3.14}{4}\times(0.65\text{ m})^2=0.33\text{ m}^2$이다.

주어진 유체의 중량속도 5 kg$_f$/s를 유량으로 환산하면

$$Q=\frac{G}{\gamma}=\frac{\frac{5\text{ kg}_f}{\text{s}}}{\frac{500\text{ kg}_f}{\text{m}^3}}=0.01\frac{\text{m}^3}{\text{s}}$$

연속방정식에서 $Q=UA$이므로 여기서 $U=\frac{Q}{A}=\frac{\frac{0.01\text{ m}^3}{\text{s}}}{0.33\text{ m}^2}=0.03\text{ m/s}$

4-14 유체의 흐름량이 3.5 m^3/min이고 이때 관이 내경이 150 mm일 때 관으로 흐르는 유체의 평균유속은 몇 m/s인가?

풀이 지름이 150 mm = 15 cm인 관에서의 면적은

$$A = \frac{\pi}{4}D^2 = \frac{3.14}{4}\times(0.15\text{ m})^2 = 0.017\text{ m}^2\text{이다.}$$

주어진 유체의 흐름속도 3.5 m^3/min일 때 평균유속은

$$U = \frac{Q}{A} = \frac{\frac{3.5\text{ m}^3}{\text{min}}\times\frac{1\text{ min}}{60\text{ s}}}{0.017\text{ m}^2} = 3.43\text{ m/s}$$

4-15 아래 그림과 같이 지름이 250 mm에서 150 mm로 관이 변화하는 곳으로 밀도가 1 g/cm^3인 소방용수가 흐르고 있다. 이때 공급되는 소방용수의 질량속도가 150 kg/s라고 하면, 작은 관에서의 평균유속은 몇 m/s인가?

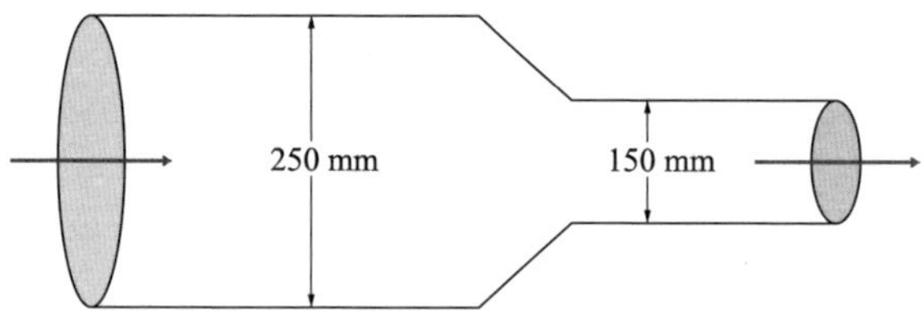

풀이 소방용수의 밀도는 $\rho = \frac{1\text{ g}}{\text{cm}^3} = \frac{1000\text{ kg}}{\text{m}^3}$이 된다. 지름이 150 mm = 15 cm인 관에서의 면적은 $A = \frac{\pi}{4}D^2 = \frac{3.14}{4}\times(0.15\text{ m})^2 = 0.017\text{ m}^2$이다.

주어진 유체의 흐름속도 150 kg/s를 유량으로 환산하면

$$Q = \frac{\dot{m}}{\rho} = \frac{\frac{150\text{ kg}}{\text{s}}}{\frac{1000\text{ kg}}{\text{m}^3}} = 0.15\ \frac{\text{m}^3}{\text{s}}$$

연속방정식에서 $Q = UA$이므로 여기서 $U = \frac{Q}{A} = \frac{\frac{0.15\text{ m}^3}{\text{s}}}{0.017\text{ m}^2} = 8.82\text{ m/s}$

4-16 아래 그림과 같이 내경 50 mm인 배관을 50 L/min의 속도로 흐르다가 내경 25 mm로 축소된 배관을 흐를 때 그 유속은 몇 m/s인가?

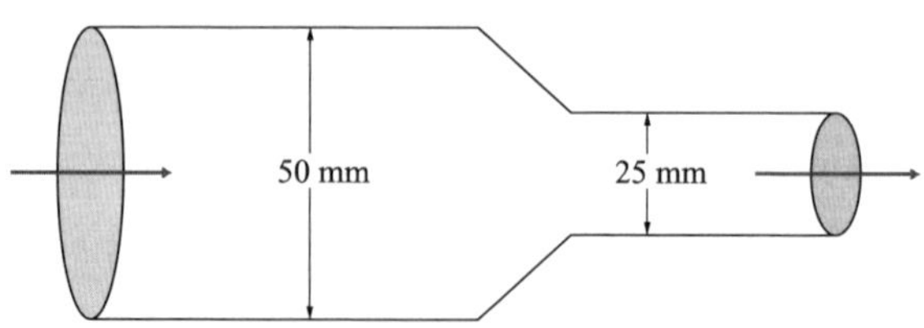

풀이 지름이 25 mm = 2.5 cm = 0.025 m인 관에서의 면적은

$$A = \frac{\pi}{4}D^2 = \frac{3.14}{4}\times(2.5\text{ cm})^2 = 4.9\text{ cm}^2\text{이다.}$$

주어진 유체의 유량이 50 L/min이므로 이를 유속으로 환산하면

$$U = \frac{Q}{A} = \frac{\frac{50\text{ L}}{\text{min}}\times\frac{1\text{ min}}{60\text{ s}}\times\frac{1000\text{ cm}^3}{1\text{ L}}}{4.9\text{ cm}^2} = \frac{170\text{ cm}}{\text{s}} = 1.7\text{ m/s}$$

4-17 옥내소화전설비의 소화전함을 열고 10분간 방수하면서 받아낸 물의 양을 측정하니 2400 L이었다. 이 노즐에서 방수압은 몇 kg_f/cm^2인가? (단, 노즐에서 방출계수는 100이다.)

풀이 $Q = K\sqrt{P}$에서 K는 방출계수, P는 압력 그리고 Q는 유량이다.

이 문제에서 유량은 2400 L/10 min = 240 L/min이고 방출계수 K = 100이다.

따라서 압력 $\sqrt{P} = \frac{Q}{K}$에서 $P = \left(\frac{Q}{K}\right)^2 = \left(\frac{240}{100}\right)^2 = 5.76\text{ kg}_f/\text{cm}^2$

4-18 옥내소화전설비의 소화전함을 열고 호스노즐을 통하여 5분간 방수하면서 받아낸 물의 양을 측정해 보니 1000 L이었다. 이 노즐에서 방수압은 몇 Pa인가? (단, 노즐에서 방출계수는 100이다.)

풀이 $Q = K\sqrt{P}$에서 K는 방출계수, P는 압력 그리고 Q는 유량이다.

이 문제에서 유량은 1000 L/5 min = 200 L/min이고 방출계수 K = 100이다.

따라서 압력 $\sqrt{P} = \frac{Q}{K}$에서 $P = \left(\frac{Q}{K}\right)^2 = \left(\frac{200}{100}\right)^2 = 4\ \frac{\text{kg}_f}{\text{cm}^2}$

이 값을 Pa의 단위로 정리하면

$$P = \frac{4\text{ kg}_f}{\text{cm}^2}\times\frac{9.8\text{ N}}{1\text{ kg}_f}\times\left(\frac{100\text{ cm}}{1\text{ m}}\right)^2 = 3.92\times10^5\text{ Pa}$$

4-19 아래 그림과 같이 내경이 2.5 inch인 소방호스에 1.25 inch인 노즐이 부착되어 있다. 방수량이 0.01 m^3/s으로 대기 중에 방사할 경우 노즐에 걸리는 반발력은 몇 N인가?

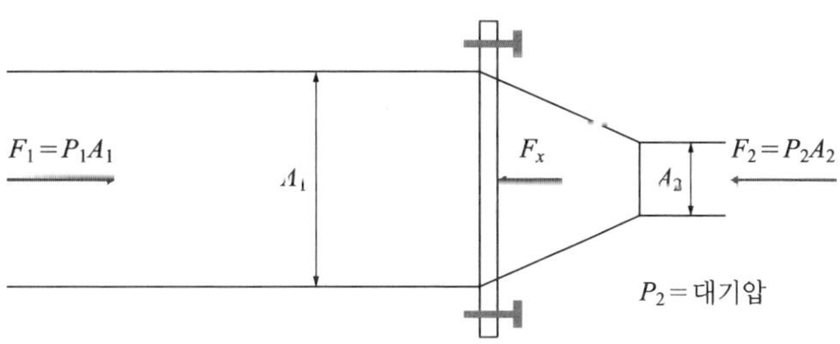

풀이 노즐에 걸리는 반발력 F_x는 다음과 같다. $F_x = \dfrac{\gamma A_1 Q^2}{2g} \times \left(\dfrac{A_1 - A_2}{A_1 \times A_2}\right)^2$

내경이 2.5 inch인 소방호스의 단면적(A_1)은 $A = \dfrac{\pi}{4}D^2$에서

$$A_1 = \frac{\pi}{4}D^2 = \frac{\pi}{4}\left(2.5\ \text{inch} \times \frac{2.54 \times 10^{-2}\ \text{m}}{1\ \text{inch}}\right)^2 = 3.165 \times 10^{-3}\ \text{m}^2\text{이 된다.}$$

내경이 1.25 inch인 노즐의 단면적(A_2)은 $A = \dfrac{\pi}{4}D^2$에서

$$A_2 = \frac{\pi}{4}D^2 = \frac{\pi}{4}\left(1.25\ \text{inch} \times \frac{2.54 \times 10^{-2}\ \text{m}}{1\ \text{inch}}\right)^2 = 7.903 \times 10^{-4}\ \text{m}^2\text{이 된다.}$$

물의 밀도값 또는 비중량을 이용해서 구할 수 있다.

$$\gamma = \rho g = \frac{1000\ \text{kg}}{\text{m}^3} \times \frac{9.8\ \text{m}}{\text{s}^2} \times \frac{1\ \text{kg}_\text{f}}{9.8\ \text{N}} = 1000\ \frac{\text{kg}_\text{f}}{\text{m}^3}$$

이결과를 이용하여 노즐에 걸리는 반발력 F_x를 구하면 다음과 같다.

$$F_x = \frac{\dfrac{1000\ \text{kg}_\text{f}}{\text{m}^3} \times 3.165 \times 10^{-3}\ \text{m}^2 \times \left(\dfrac{0.01\ \text{m}^3}{\text{s}}\right)^2}{2 \times \dfrac{9.8\ \text{m}}{\text{s}^2}} \times \left(\frac{3.165 \times 10^{-3}\ \text{m}^2 - 7.903 \times 10^{-4}\ \text{m}^2}{3.165 \times 10^{-3}\ \text{m}^2 \times 7.903 \times 10^{-4}\ \text{m}^2}\right)^2$$

$$= 14.55\ \text{kg}_\text{f} = 14.55\ \text{kg}_\text{f} \times \frac{9.8\ \text{N}}{1\ \text{kg}_\text{f}} = 142.59\ \text{N}$$

4-20 그림과 같이 소방용수가 흐르고 있는 배관의 A지점은 압력이 10 kPa이고, B지점에서의 압력은 9 kPa이며, C지점에서의 압력은 8 kPa이다. 이때 소방용수의 유량이 10 L/s라면 다음 각 물음에 답하여라.

(1) 지점 A에서의 소방용수의 유속은 몇 m/s인가?

(2) 지점 C에서의 소방용수의 유속은 몇 m/s인가?

(3) 지점 A와 지점 B간의 마찰손실수두는 몇 m인가?

(4) 지점 A와 지점 C간의 마찰손실수두는 몇 m인가?

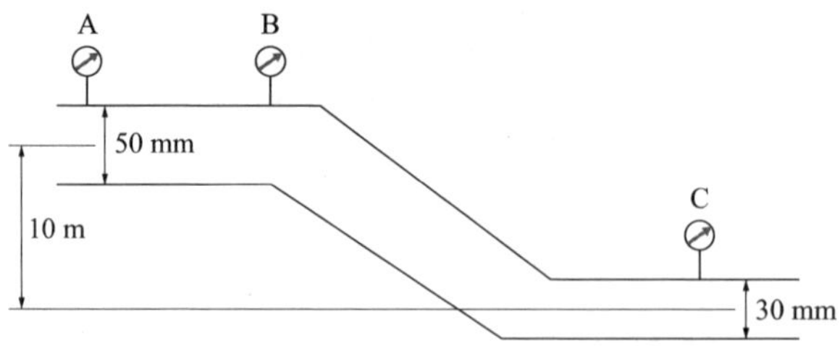

풀이

(1) 지점 A에서의 소방용수의 유속은 몇 m/s인가?

연속방정식에 의하면 유체의 유량(Q)와 유속(U) 그리고 면적(A)간의 관계는 $Q = UA$라고

할 수 있다. 여기서 A는 단면적으로 $A=\frac{\pi}{4}D^2$으로 나타낸다.

직경이 50 mm인 지점 A에서의 면적은 $A=\frac{\pi}{4}D^2=\frac{\pi}{4}(0.05\,\mathrm{m})^2=1.9625\times10^{-3}\,\mathrm{m}^2$이다.

따라서 지점 A에서의 유속은 $U=\frac{Q}{A}=\frac{\frac{10\,\mathrm{L}}{\mathrm{s}}\times\frac{1\,\mathrm{m}^3}{1000\,\mathrm{L}}}{1.9625\times10^{-3}\,\mathrm{m}^2}=5.09\,\mathrm{m/s}$

(2) 지점 C에서의 소방용수의 유속은 몇 m/s인가?

직경이 30 mm인 지점 C에서의 면적은 $A=\frac{\pi}{4}D^2=\frac{\pi}{4}(0.03\,\mathrm{m})^2=7.065\times10^{-4}\,\mathrm{m}^2$이다.

따라서 지점 C에서의 유속은 $U=\frac{Q}{A}=\frac{\frac{10\,\mathrm{L}}{\mathrm{s}}\times\frac{1\,\mathrm{m}^3}{1000\,\mathrm{L}}}{7.065\times10^{-4}\,\mathrm{m}^2}=14.15\,\mathrm{m/s}$

(3) 지점 A와 지점 B간의 마찰손실수두는 몇 m인가?

베르누이 방정식 $\frac{U_A{}^2}{2g}+\frac{P_A}{\gamma}+Z_A=\frac{U_B{}^2}{2g}+\frac{P_B}{\gamma}+Z_B+\Delta H_L$을 이용하여 해결할 수 있다.

여기서 U_A : 5.09 m/s, P_A : 10 kPa이고 U_B : 5.09 m/s, P_B : 9 kPa이며, 두 지점 사이의 높이 차는 0 m이다.

따라서 $\Delta H_L=\frac{U_A^2-U_B^2}{2g}+\frac{(P_A-P_B)}{\gamma}+(Z_A-Z_B)$에서

$$\Delta H_L=\frac{(P_A-P_B)}{\gamma}=\frac{\frac{(10-9)\times10^3\,\mathrm{N}}{\mathrm{m}^2}}{\frac{1000\,\mathrm{kg_f}}{\mathrm{m}^3}\times\frac{9.8\,\mathrm{N}}{1\,\mathrm{kg_f}}}=0.102\,\mathrm{m}\text{가 된다.}$$

(4) 지점 A와 지점 C간의 마찰손실수두는 몇 m인가?

여기서 U_A : 5.09 m/s, P_A : 10 kPa이고 U_C : 14.15 m/s, P_C : 8 kPa이며, 두 지점 사이의 높이차는 10 m이다.

따라서 $\Delta H_L=\frac{U_A^2-U_C^2}{2g}+\frac{(P_A-P_C)}{\gamma}+(Z_A-Z_C)$에서

$$\Delta H_L=\frac{U_A{}^2-U_C{}^2}{2g}+\frac{(P_A-P_C)}{\gamma}+(Z_A-Z_C)$$

$$=\frac{\frac{(5.09^2-14.15^2)\,\mathrm{m}^2}{\mathrm{s}^2}}{2\times9.8\,\mathrm{m/s}^2}+\frac{\frac{(10-8)\times10^3\,\mathrm{N}}{\mathrm{m}^2}}{\frac{1000\,\mathrm{kg_f}}{\mathrm{m}^3}\times\frac{9.8\,\mathrm{N}}{1\,\mathrm{kg_f}}}+10\,\mathrm{m}$$

$$=-8.82\,\mathrm{m}+0.204\,\mathrm{m}+10\,\mathrm{m}=1.384\,\mathrm{m}$$

4-21 직경이 0.5 m인 원통형 배관에 물이 5000 N/s의 속도로 흐를 때 배관내의 평균유속은 몇 m/s인가?

풀이 연속방정식에 의하면 유체의 중량속도(G)와 유속(U) 그리고 면적(A)간의 관계는 $G=\gamma UA$라고 할 수 있다. 여기서 A는 단면적으로 $A=\frac{\pi}{4}D^2$으로 나타낸다.

직경이 0.5 m일 때 면적은 $A=\frac{\pi}{4}D^2=\frac{\pi}{4}(0.5\text{ m})^2=0.19625\text{ m}^2$이다.

중량속도의 단위가 N/s인데 N은 힘의 단위로 이를 부피의 단위로 환산하여야 한다. 힘의 단위를 부피의 단위로 환산하기 위해서는 비중량값을 이용하면 쉽게 해결할 수 있다. 즉, 물의 비중량이 1000 kg_f/m^3이므로 여기에 1 kg_f = 9.8 N의 환산인자를 사용하면 된다.

즉, 물의 비중량은 $\frac{1000\text{ kg}_f}{\text{m}^3}\times\frac{9.8\text{ N}}{\text{kg}_f}=\frac{9800\text{ N}}{\text{m}^3}$이 된다. 이 값으로부터 배관 내를 흐르는 물의 유량은 $\frac{5000\text{ N}}{\text{s}}=\frac{5000\text{ N}}{\text{s}}\times\frac{\text{m}^3}{9800\text{ N}}=0.51\frac{\text{m}^3}{\text{s}}$가 된다.

따라서 유속은 $U=\frac{Q}{A}=\frac{\frac{0.51\text{ m}^3}{\text{s}}}{0.19625\text{ m}^2}=2.6\text{ m/s}$

4-22 관이 급격히 축소되는 배관에 소화약제인 할론 1301이 흐르고 있다. 이때 유입부인 지점 A에서 할론 1301의 밀도가 1.35 g/cm^{3}이라면 유출부인 지점 B에서의 할론 1301의 밀도는 몇 g/cm^{3}인가?

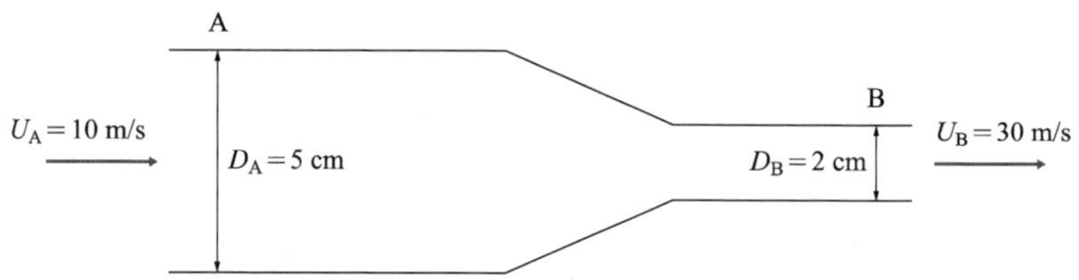

풀이 연속방정식에 의하면 유체의 유량(Q)과 유속(U) 그리고 면적(A)간의 관계는 $Q=UA$라고 할 수 있다. 또한 질량속도($\dot{m}$)는 $\dot{m}=\rho UA$가 된다.

직경이 5 cm = 0.05 m인 지점 A의 면적은 $A=\frac{\pi}{4}D^2=\frac{\pi}{4}(0.05\text{ m})^2=1.9625\times10^{-3}\text{ m}^2$이다.

직경이 2 cm = 0.02 m인 지점 B의 면적은 $A=\frac{\pi}{4}D^2=\frac{\pi}{4}(0.02\text{ m})^2=3.14\times10^{-4}\text{ m}^2$이다.

지점 A에서의 밀도가 1.35 g/cm^{3}이므로 연속방정식 $\dot{m}=\rho UA$으로부터

$\rho_A\times U_A\times A_A=\rho_B\times U_B\times A_B$에서 $\rho_B=\frac{\rho_A\times U_A\times A_A}{U_B\times A_B}$가 된다.

$$\rho_B = \frac{\rho_A \times U_A \times A_A}{U_B \times A_B} = \frac{\frac{1350\text{ kg}}{\text{m}^3} \times \frac{10\text{ m}}{\text{s}} \times 1.9625 \times 10^{-3}\text{ m}^2}{\frac{30\text{ m}}{\text{s}} \times 3.14 \times 10^{-4}\text{ m}^2} = \frac{2812.5\text{ kg}}{\text{m}^3} = 2.8125\text{ g/cm}^3$$

4-23 어느 옥내소화전의 개폐밸브를 열고 유량과 압력을 측정하였더니, 유량은 130 L/min(Liter Per minute, lpm)이고 압력은 1.7 kg_f/cm^2이었다. 이 소화전 설비의 유량을 200 L/min로 하려면 압력은 몇 kg_f/cm^2로 하여야 하는가?

풀이 옥내소화전에서 압력을 변화시켜 유량을 바꾸는 과정에서 압력변화에 따른 유량변화를 측정하는 것이다. $Q = K\sqrt{P}$에서 K는 방출계수, P는 압력 그리고 Q는 유량이다. 주어진 조건에서 유량은 130 L/min이고 압력은 1.7 kg_f/cm^2이므로

방출계수 K는 다음과 같다. $K = \frac{Q}{\sqrt{P}} = \frac{130\text{ L/min}}{\sqrt{1.7\text{ kg}_f/\text{cm}^2}} = 99.705$

따라서 유량이 200 L/min일 때 압력은

$\sqrt{P} = \frac{Q}{K}$에서 $P = \left(\frac{Q}{K}\right)^2 = \left(\frac{200}{99.705}\right)^2 = 4.024\text{ kg}_f/\text{cm}^2$

4-24 방수압력이 1 kg_f/cm^2일 때 방수량이 100 L/min이었다. 만약 방수압력을 4 kg_f/cm^2로 증가시켰을 경우 방수량은 몇 L/min인가?

풀이 옥내소화전에서 압력을 변화시켜 유량을 바꾸는 과정에서 압력변화에 따른 유량변화를 측정하는 것이다. $Q = K\sqrt{P}$에서 K는 방출계수, P는 압력 그리고 Q는 유량이다. 주어진 조건에서 유량은 100 L/min이고 압력은 1 kg_f/cm^2이므로

방출계수 K는 다음과 같다. $K = \frac{Q}{\sqrt{P}} = \frac{100\text{ L/min}}{\sqrt{1\text{ kg}_f/\text{cm}^2}} = 100$

따라서 방수압력이 4 kg_f/cm^2일 때 방수량은

$\sqrt{P} = \frac{Q}{K}$에서 $Q = K\sqrt{P} = 100\sqrt{4} = 200\text{ L/min}$

4-25 옥내소화전을 설치완료하고 최상층에 설치된 테스트 밸브측의 압력을 측정한 결과 4 kg_f/cm^2이었다. 이때 테스트노즐의 오리피스 구경이 15 mm이었다면 방수량은 몇 L/min인가? (단, 노즐의 흐름계수는 0.75이다.)

풀이 오리피스에 의한 방수량은 다음과 같이 계산한다.

$Q = 0.653D^2\sqrt{P}\,C_v$에서 Q : 유량(L/min), D : 직경(mm), P : 압력(kg_f/cm^2), C_v : 흐름계수

$$Q = 0.653D^2\sqrt{P}\,C_v = 0.653 \times (15\text{ mm})^2\sqrt{\frac{4\text{ kg}_f}{\text{cm}^2}} \times 0.75 = 220.38\text{ L/min}$$

4-26 옥내소화전의 노즐에서 방수압을 피토게이지(Pitot gauge)로 측정하였더니 지시압이 2.5 kg_f/cm^2이었다. 이때 방수량은 몇 L/min인가? (단, 노즐의 내경은 13 mm이다.)

풀이 오리피스에 의한 방수량은 다음과 같이 계산한다.

$Q = 0.653D^2\sqrt{P}\,C_v$에서 Q : 유량(L/min), D : 직경(mm), P : 압력(kg_f/cm^2), C_v : 흐름계수

$$Q = 0.653D^2\sqrt{P}\,C_v = 0.653\times(13\,\text{mm})^2\sqrt{\frac{2.5\,\text{kg}_\text{f}}{\text{cm}^2}} = 174.49\,\text{L/min}$$

4-27 옥외소화전 설비의 노즐구경은 19 mm이다. 노즐의 방수압이 3.0 kg_f/cm^2이었다. 이때 방수량은 몇 L/min인가?

풀이 오리피스에 의한 방수량은 다음과 같이 계산한다.

$Q = 0.653D^2\sqrt{P}\,C_v$에서 Q : 유량(L/min), D : 직경(mm), P : 압력(kg_f/cm^2), C_v : 흐름계수

$$Q = 0.653D^2\sqrt{P}\,C_v = 0.653\times(19\,\text{mm})^2\sqrt{\frac{3.0\,\text{kg}_\text{f}}{\text{cm}^2}} = 408.3\,\text{L/min}$$

4-28 관의 직경이 10 mm일 때 수평배관에 물이 흐른다. 동압이 100 kg_f/cm^2일 때 방수량은 몇 L/min인가?

풀이 $Q = 0.653D^2\sqrt{P}$에서

$$Q = 0.653\times(10\,\text{mm})^2\sqrt{\frac{100\,\text{kg}_\text{f}}{\text{cm}^2}} = 653\,\text{L/min}$$

4-29 소화펌프의 성능시험을 위해 다음 그림과 같이 오리피스의 유량측정장치를 설치하고 오리피스 양측의 압력을 측정하였더니, 인입측 압력은 10 kg_f/cm^2, 토출측 압력은 5 kg_f/cm^2이었다. 이때의 유량은 몇 L/min(lpm)인가? (이때 오리피스 상수는 600이라고 가정)

$$\frac{2/P}{(1/A_2^2)-(1/A_1^2)} = 600$$

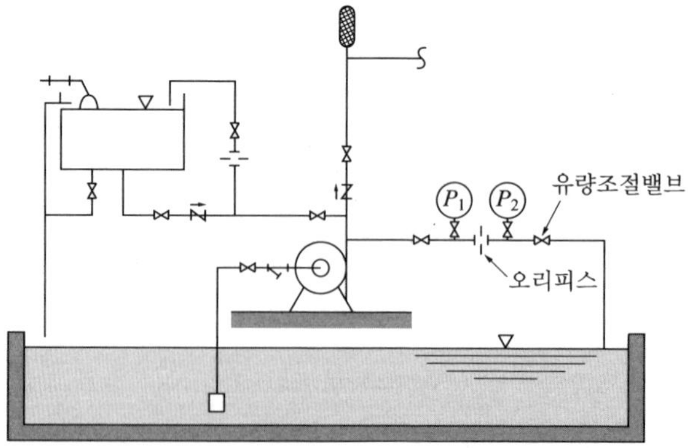

풀이 $Q = k\sqrt{P} = 600\sqrt{(10-5)} = 600\sqrt{5} = 1341.64 \text{ L/min}$

4-30 내경 30 mm의 배관 속을 정상류의 물이 125 L/min로 흐를 때 이 물의 속도수두는 약 몇 m인가? (이때 중력가속도는 9.8 m/s²이다.)

풀이 베르누이 방정식에 의하면 $\dfrac{\Delta P}{\gamma} + \dfrac{\Delta U^2}{2g} + \Delta Z = 0$에서 속도수두는 $\dfrac{\Delta U^2}{2g}$이다.

면적은 $A = \dfrac{\pi}{4}D^2 = \dfrac{3.14}{4} \times (3 \text{ cm})^2 = 7.065 \text{ cm}^2$이다.

$$U = \frac{Q}{A} = \frac{\dfrac{125 \text{ L}}{\text{min}} \times \dfrac{1000 \text{ cm}^3}{1 \text{ L}} \times \dfrac{1 \text{ min}}{60 \text{ s}}}{7.065 \text{ cm}^2} \fallingdotseq \frac{295 \text{ cm}}{\text{s}} = 2.95 \frac{\text{m}}{\text{s}}$$

따라서 속도수두는 $\dfrac{\Delta U^2}{2g} = \dfrac{\left(\dfrac{2.95 \text{ m}}{\text{s}}\right)^2}{2 \times \dfrac{9.8 \text{ m}}{\text{s}^2}} = 0.444 \text{ m}$

4-31 내경 20 mm의 배관속을 정상류의 물이 100 L/min로 흐르고 이때 압력은 1.5 kg$_f$/cm²이다. 이때 속도수두와 압력수두는 각각 몇 m인가? (이때 중력가속도는 9.8 m/s²이다.)

풀이 베르누이 방정식에 의하면 $\dfrac{\Delta P}{\gamma} + \dfrac{\Delta U^2}{2g} + \Delta Z = 0$에서 압력수두는 $\dfrac{\Delta P}{\gamma}$이다.

물에서 비중량은 $\gamma = \rho g = \dfrac{1000 \text{ kg}}{\text{m}^3} \times \dfrac{9.8 \text{ m}}{\text{s}^2} \times \dfrac{\text{s}^2}{\text{kg} \cdot \text{m}}\bigg|\text{N} \times \dfrac{1 \text{ kg}_f}{9.8 \text{ N}} = 1000 \dfrac{\text{kg}_f}{\text{m}^3}$이다.

따라서 압력수두는 $\dfrac{\Delta P}{\gamma} = \dfrac{\dfrac{1.5 \text{ kg}_f}{\text{cm}^2} \times \left(\dfrac{100 \text{ cm}}{1 \text{ m}}\right)^2}{\dfrac{1000 \text{ kg}_f}{\text{m}^3}} = 15 \text{ m}$

속도수두는 $\dfrac{\Delta U^2}{2g}$에서 면적은 $A = \dfrac{\pi}{4}D^2 = \dfrac{3.14}{4} \times (2 \text{ cm})^2 = 3.14 \text{ cm}^2$이다.

$$U = \frac{Q}{A} = \frac{\dfrac{100 \text{ L}}{\text{min}} \times \dfrac{1000 \text{ cm}^3}{1 \text{ L}} \times \dfrac{1 \text{ min}}{60 \text{ s}}}{3.14 \text{ cm}^2} \fallingdotseq \frac{530 \text{ cm}}{\text{s}} = 5.3 \frac{\text{m}}{\text{s}}$$

따라서 속도수두는 $\dfrac{\Delta U^2}{2g} = \dfrac{\left(\dfrac{5.3 \text{ m}}{\text{s}}\right)^2}{2 \times \dfrac{9.8 \text{ m}}{\text{s}^2}} = 1.43 \text{ m}$

4-32 수면을 기준으로 수직방향으로 아래쪽 H에 위치한 오리피스에서 유출되는 물의 속도수두는 어떻게 표시되는가? (단, 오리피스 속도계수는 C_v이고, 오리피스에서 나온 직후의 유속은 $U = C_v\sqrt{2gH}$로 표시된다.)

풀이 베르누이 방정식에 의하면 속도수두 $\frac{U^2}{2g} = H$이므로 이 식을 이용하면 다음과 같은 식을 구할 수 있다. $U = C_v\sqrt{2gH}$이므로 이 값을 대입하면

$$H = \frac{U^2}{2g} = \frac{(C_v\sqrt{2gH})^2}{2g} = \frac{{C_v}^2 \times 2gH}{2g} = {C_v}^2 H$$

4-33 옥내소화전의 노즐을 통해 방사되는 방사 압력이 1.7 $\text{kg}_\text{f}/\text{cm}^2$이다. 이 조건에서 노즐에서의 순간 유속은 몇 m/s인가?

풀이 베르누이 방정식에 의하면 속도수두 $\frac{U^2}{2g} = H$이므로 이 식을 이용하면 다음과 같은 식을 구할 수 있다. $H = \frac{U^2}{2g}$에서 $U^2 = 2gH$이며 속도 $U = \sqrt{2gH}$이다.

물에서 비중량은 $\gamma = \rho g = \frac{1000\ \text{kg}}{\text{m}^3} \times \frac{9.8\ \text{m}}{\text{s}^2} \times \frac{1\ \text{kg}_\text{f}}{9.8\ \text{N}} = 1000\ \frac{\text{kg}_\text{f}}{\text{m}^3}$이므로,

방사 압력을 높이로 환산하면 $H = \frac{P}{\gamma} = \frac{\frac{1.7\ \text{kg}_\text{f}}{\text{cm}^2} \times \left(\frac{100\ \text{cm}}{1\ \text{m}}\right)^2}{\frac{1000\ \text{kg}_\text{f}}{\text{m}^3}} = 17\ \text{m}$이다.

그러므로 $U = \sqrt{2gH} = \sqrt{2 \times \frac{9.8\ \text{m}}{\text{s}^2} \times 17\ \text{m}} = 18.25\ \text{m/s}$가 된다.

4-34 그림과 같이 수조에서 직경이 10 cm인 노즐을 통해 물이 방사될 때 노즐에서의 유출되는 물의 유량은 몇 m^3/s인가?

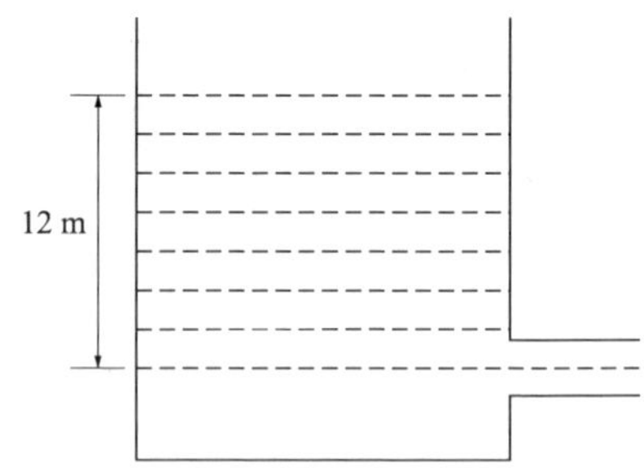

풀이 베르누이 방정식에 의하면 속도수두 $\frac{U^2}{2g} = H$이므로 이 식을 이용하면 다음과 같은 식을 구할 수 있다.

$H = \frac{U^2}{2g}$에서 $U^2 = 2gH$이며 속도 $U = \sqrt{2gH}$이다.

$U = \sqrt{2gH} = \sqrt{2 \times \frac{9.8\ \text{m}}{\text{s}^2} \times 12\ \text{m}} = 15.33\ \frac{\text{m}}{\text{s}}$가 된다.

여기서 면적은 $A = \frac{\pi}{4}D^2 = \frac{3.14}{4} \times (0.1\,\mathrm{m})^2 = 0.00785\,\mathrm{m}^2$이므로

여기서 $Q = UA = \frac{15.33\,\mathrm{m}}{\mathrm{s}} \times 0.00785\,\mathrm{m}^2 = 0.12\,\mathrm{m}^3/\mathrm{s}$

4-35 베르누이 방정식 $H = \frac{P_1}{\gamma} + \frac{U_1^{\,2}}{2g} + Z_1 = \frac{P_2}{\gamma} + \frac{U_2^{\,2}}{2g} + Z_2$은 다음과 같은 가정 하에서 유도되었다. 옳지 못한 것은 어느 것인가? (①)

① 압축성유체의 흐름이다. ② 정상상태의 흐름이다.
③ 유체 간 마찰은 없다. ④ 유체입자가 유선에 따라 움직인다.

풀이 베르누이 방정식의 적용 조건
① 비압축성유체의 흐름 ② 정상상태의 흐름
③ 비점성 흐름 ④ 이상유체 흐름

4-36 베르누이 방정식을 유도하기 위한 가정으로 틀린 것은 어느 것인가? (④)

① 정상유동이다. ② 마찰이 없는 유동이다.
③ 같은 유선 위의 두 점에 작용한다. ④ 점성유동이다.

풀이 베르누이 방정식의 적용 조건
① 비압축성유체의 흐름 ② 정상상태의 흐름
③ 비점성 흐름 ④ 이상유체 흐름

4-37 유체역학 이론에서 에너지보존의 법칙으로 대표되는 계산식은 무엇인가? (①)

① 베르누이 방정식 ② 연속방정식
③ 레이놀즈 식 ④ 뉴턴의 점성법칙

풀이 유체역학에서 사용되는 수식의 특징
① 베르누이 방정식 : 에너지보존의 관계를 나타내는 식
② 연속방정식 : 질량보존의 관계를 나타내는 식
③ 레이놀즈 식 : 유체 흐름에서 흐름 형태를 구분하는 식

4-38 내경 25 mm의 배관 속을 정상류의 물이 250 L/min로 흐를 때 속도수두는 몇 m인가? (이때 중력가속도는 9.8 m/s^{2}이다.)

풀이 베르누이 방정식에 의하면 $\frac{\Delta P}{\gamma} + \frac{\Delta U^2}{2g} + \Delta Z = 0$에서 속도수두는 $\frac{\Delta U^2}{2g}$이다.

면적은 $A = \frac{\pi}{4}D^2 = \frac{3.14}{4} \times (2.5\,\mathrm{cm})^2 = 4.9\,\mathrm{cm}^2$이다.

$$U = \frac{Q}{A} = \frac{\dfrac{250\ \text{L}}{\text{min}} \times \dfrac{1000\ \text{cm}^3}{1\ \text{L}} \times \dfrac{1\ \text{min}}{60\ \text{s}}}{4.9\ \text{cm}^2} = \frac{850\ \text{cm}}{\text{s}} = \frac{8.5\ \text{m}}{\text{s}}$$

따라서 속도수두는 $\dfrac{\Delta U^2}{2g} = \dfrac{\left(\dfrac{8.5\ \text{m}}{\text{s}}\right)^2}{2 \times \dfrac{9.8\ \text{m}}{\text{s}^2}} = 3.68\ \text{m}$

4-39 내경 28 mm의 배관 내에 0.12 m^3/min의 유량으로 물이 흐르고 있을 때 이 물의 속도수두는 몇 m인가? (②)

① 0.2 m ② 0.54 m
③ 1.08 m ④ 2.16 m

풀이 베르누이 방정식에 의하면 $\dfrac{\Delta P}{\gamma} + \dfrac{\Delta U^2}{2g} + \Delta Z = 0$에서 속도수두는 $\dfrac{\Delta U^2}{2g}$이다.

면적은 $A = \dfrac{\pi}{4}D^2 = \dfrac{3.14}{4} \times (2.8\ \text{cm})^2 = 6.15\ \text{cm}^2$이다.

$$U = \frac{Q}{A} = \frac{\dfrac{0.12\ \text{m}^3}{\text{min}} \times \dfrac{1\ \text{min}}{60\ \text{s}}}{6.15\ \text{cm}^2 \times \left(\dfrac{1\ \text{m}}{100\ \text{cm}}\right)^2} = 3.25\ \frac{m}{s}$$

따라서 속도수두는 $\dfrac{\Delta U^2}{2g} = \dfrac{\left(\dfrac{3.25\ \text{m}}{\text{s}}\right)^2}{2 \times \dfrac{9.8\ \text{m}}{\text{s}^2}} = 0.54\ \text{m}$

4-40 배관 내를 흐르는 물의 평균유속이 4 m/s일 때 이때 속도수두는 몇 m인가?

풀이 베르누이 방정식에 의하면 $\dfrac{\Delta P}{\gamma} + \dfrac{\Delta U^2}{2g} + \Delta Z = 0$에서 속도수두는 $\dfrac{\Delta U^2}{2g}$이다.

따라서 속도수두는 $\dfrac{\Delta U^2}{2g} = \dfrac{\left(\dfrac{4.0\ \text{m}}{\text{s}}\right)^2}{2 \times \dfrac{9.8\ \text{m}}{\text{s}^2}} = 0.816\ \text{m}$

4-41 내경 30 mm의 배관 속을 정상류의 물이 125 L/min로 흐르고 이때 압력은 1.25 $\text{kg}_\text{f}/\text{cm}^2$이다. 이때 압력수두는 약 몇 m인가? (이때 중력가속도는 9.8 m/s^2이다.)

풀이 베르누이 방정식에 의하면 $\dfrac{\Delta P}{\gamma} + \dfrac{\Delta U^2}{2g} + \Delta Z = 0$에서 압력수두는 $\dfrac{\Delta P}{\gamma}$이다.

물에서 비중량은 $\gamma = \rho \times g = \frac{9800\ \text{N}}{\text{m}^3} = \frac{9800\ \text{N}}{\text{m}^3} \times \frac{1\ \text{kg}_\text{f}}{9.8\ \text{N}} = \frac{1000\ \text{kg}_\text{f}}{\text{m}^3}$이다.

따라서 압력수두는 $\frac{\Delta P}{\gamma} = \frac{\frac{1.25\ \text{kg}_\text{f}}{\text{cm}^2} \times \left(\frac{100\ \text{cm}}{1\ \text{m}}\right)^2}{\frac{1000\ \text{kg}_\text{f}}{\text{m}^3}} = 12.5\ \text{m}$

4-42 높이가 12.5 m가 되는 탱크의 밑변에 지름이 5 cm인 구멍이 뚫려있다. 이 구멍을 통하여 유출되는 물의 유속은 몇 m/s인가?

풀이 베르누이 방정식에 의하면 속도수두 $\frac{U^2}{2g} = H$이므로 이 식을 이용하면 다음과 같은 식을 구할 수 있다.

$H = \frac{U^2}{2g}$ 에서 $U^2 = 2gH$이며 속도 $U = \sqrt{2gH}$이다.

$U = \sqrt{2gH} = \sqrt{2 \times \frac{9.8\ \text{m}}{\text{s}^2} \times 12.5\ \text{m}} = 15.65\ \text{m/s}$가 된다.

4-43 수직방향으로 15 m/s의 속도로 내뿜는 물은 공기저항을 무시할 때 몇 m까지 상승하는가?

풀이 베르누이 방정식에 의하면 속도수두 $\frac{U^2}{2g} = H$이므로 이 식을 이용하면 다음과 같은 식을 구할 수 있다.

$H = \frac{U^2}{2g} = \frac{(15\ \text{m/s})^2}{2 \times 9.8\ \text{m/s}^2} = 11.5\ \text{m}$

4-44 노즐에서 10 m/s로서 수직방향으로 물을 분사할 때 저항이 무시될 때 상승 높이는 몇 m인가?

풀이 베르누이 방정식에 의하면 속도수두 $\frac{U^2}{2g} = H$이므로 이 식을 이용하면 다음과 같은 식을 구할 수 있다.

$H = \frac{U^2}{2g} = \frac{(10\ \text{m/s})^2}{2 \times 9.8\ \text{m/s}^2} = 5.1\ \text{m}$

4-45 흐르는 물의 유속을 측정하기 위해 그림과 같이 피토관이 설치되어 있다. ΔH=12 cm이고 중력가속도가 9.8 m/s^{2}일 때 이 물의 유속은 몇 m/s인가?

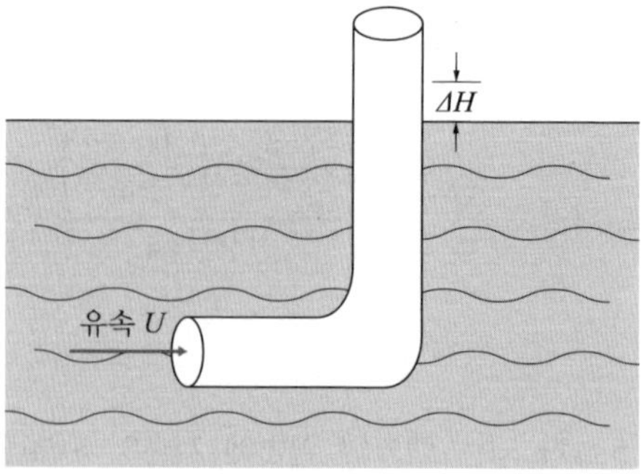

풀이 운동방정식과 속도수두손실 관계식으로부터

$H = \dfrac{U_1^{\,2}}{2g}$ (m)에서 $U^2 = 2gH$이므로 $U = \sqrt{2gH}$가 된다.

주어진 조건에서 $H = 12\ \text{cm} = 0.12\ \text{m}$이고 중력가속도 $g = 9.8\ \text{m/s}^2$이므로

$U = \sqrt{2gH} = \sqrt{2 \times 9.8\ \text{m/s}^2 \times 0.12\ \text{m}} = 1.533\ \text{m/s}$

4-46 그림과 같이 내경이 각각 100 mm, 50 mm인 두 배관이 수평으로 연결된 상태에서 화살표의 방향으로 소방용수가 흐르고 있다. 이때 압력계 A, B의 수압은 각각 4.5 kg_f/cm^2, 4.0 kg_f/cm^2이며, 내경 100 mm인 배관에서 소방용수의 유속은 1 m/s이다. 소방용수의 열역학적 상태 변화를 무시할 경우 이러한 조건에서 지점 A, B간에 발생된 마찰손실수두는 몇 m인가?

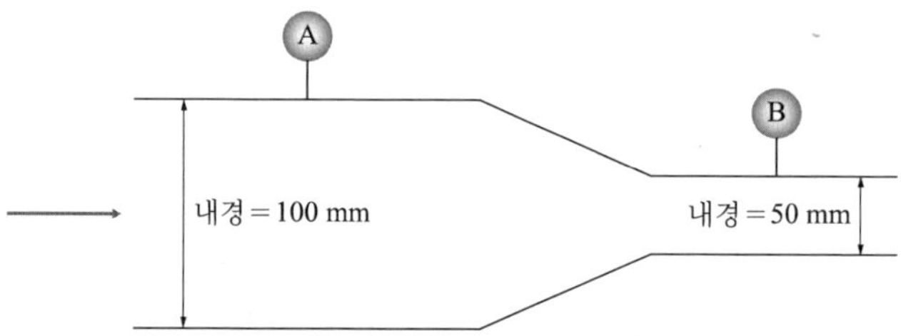

풀이 베르누이 방정식에 의하면 $\dfrac{P_A - P_B}{\gamma} + \dfrac{U_A^2 - U_B^2}{2g} + (Z_A - Z_B) = H$ (total head)

물에서 비중량은 $\gamma = \rho \times g = \dfrac{1000\ \text{kg}}{\text{m}^3} \times \dfrac{9.8\ \text{m}}{\text{s}^2} = \dfrac{9800\ \text{kg} \cdot \text{m/s}^2}{\text{m}^3} = 9800\ \dfrac{\text{N}}{\text{m}^3}$이므로

$\gamma = \rho \times g = \dfrac{9800\ \text{N}}{\text{m}^3} = \dfrac{9800\ \text{N}}{\text{m}^3} \times \dfrac{1\ \text{kg}_f}{9.8\ \text{N}} = \dfrac{1000\ \text{kg}_f}{\text{m}^3}$가 된다.

따라서 압력수두는 $\dfrac{P_A - P_B}{\gamma} = \dfrac{\dfrac{(4.5 - 4.0)\ \text{kg}_f}{\text{cm}^2} \times \left(\dfrac{100\ \text{cm}}{1\ \text{m}}\right)^2}{\dfrac{1000\ \text{kg}_f}{\text{m}^3}} = 5\ \text{m}$이다.

속도수두를 계산하기 위해 주어진 조건에서 A지점에서의 유속은 1 m/s이고 B지점에서의 유속

은 연속방정식을 이용하여 구하면 $Q = U_A A_A = U_B A_B$에서 $A = \frac{\pi}{4} D^2$이므로 A지점과 B지점에서의 면적은 다음과 같다.

$A_A = \frac{\pi}{4}(0.1\ \text{m})^2 = 0.00785\ \text{m}^2$, $A_B = \frac{\pi}{4}(0.05\ \text{m})^2 = 0.00196\ \text{m}^2$이 된다.

$Q = U_A A_A = U_B A_B$에서 $1\ \text{m/s} \times 0.00785\ \text{m}^2 = U_B \times 0.00196\ \text{m}^2$가 되어 $U_B = 4\ \text{m/s}$가 된다.

속도수두는 $\frac{U_A^2 - U_B^2}{2g} = \frac{[(1\ \text{m/s})^2 - (4\ \text{m/s})^2]}{2 \times \frac{9.8\ \text{m}}{\text{s}^2}} = -0.76\ \text{m}$

위치수두 $Z_A - Z_B = 0\ \text{m}$ (수평)

따라서 (total head)

$$H = \frac{P_A - P_B}{\gamma} + \frac{U_A^2 - U_B^2}{2g} + (Z_A - Z_B) = 5\ \text{m} + (-0.76\ \text{m}) + 0\ \text{m} = 4.24\ \text{m}$$

4-47 그림과 같이 600 mm 관을 통해 소방용수가 5 m/s의 유속으로 흐르고 있다. A지점의 고도는 45 m이고, 압력이 2 $\text{kg}_\text{f}/\text{cm}^2$이다. B지점의 고도는 40 m이고, 압력이 1.5 $\text{kg}_\text{f}/\text{cm}^2$이다. 이때 A지점과 B지점간의 수두손실은 몇 m인가?

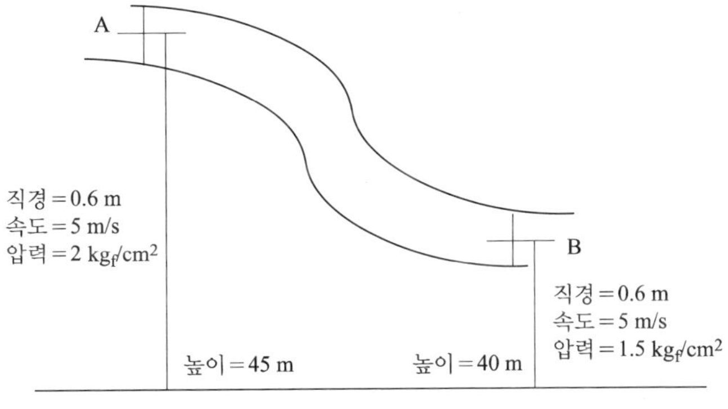

풀이 베르누이 방정식에 의하면 $\frac{P_A - P_B}{\gamma} + \frac{U_A^2 - U_B^2}{2g} + (Z_A - Z_B) = H$ (total head)

물에서 비중량은 $\gamma = \rho \times g = \frac{9800\ \text{N}}{\text{m}^3} = \frac{9800\ \text{N}}{\text{m}^3} \times \frac{1\ \text{kg}_\text{f}}{9.8\ \text{N}} = \frac{1000\ \text{kg}_\text{f}}{\text{m}^3}$이다.

따라서 압력수두는 $\frac{P_A - P_B}{\gamma} = \frac{\frac{(2-1.5)\ \text{kg}_\text{f}}{\text{cm}^2} \times \left(\frac{100\ \text{cm}}{1\ \text{m}}\right)^2}{\frac{1000\ \text{kg}_\text{f}}{\text{m}^3}} = 5\ \text{m}$이다.

속도수두는 두 지점 A와 B에서 속도가 서로 같으므로 0의 값을 가진다.

위치수두 $Z_A - Z_B = 45\ \text{m} - 40\ \text{m} = 5\ \text{m}$

따라서 (total head) $H=\dfrac{P_A-P_B}{\gamma}+\dfrac{U_A^2-U_B^2}{2g}+(Z_A-Z_B)=5\text{ m}+5\text{ m}=10\text{ m}$

4-48 수평관 내부를 흐르는 소방용수의 속도가 12 m/s, 압력이 1.05 $\text{kg}_\text{f}/\text{cm}^2$이다. 중력가속도가 9.8 m/s^2일 때 속도수두와 압력수두는 각각 몇 m인가? (③)

① 속도수두 : 7.35 m, 압력수두 : 9.5 m
② 속도수두 : 7.5 m, 압력수두 : 10.5 m
③ 속도수두 : 7.35 m, 압력수두 : 10.5 m
④ 속도수두 : 7.5 m, 압력수두 : 9.52 m

풀이 베르누이 방정식에 의하면 $\dfrac{dP}{\gamma}+\dfrac{dU^2}{2g}+dZ=H$ (total head)

물에서 비중량은 $\gamma=\rho\times g=\dfrac{9800\text{ N}}{\text{m}^3}=\dfrac{9800\text{ N}}{\text{m}^3}\times\dfrac{1\text{ kg}_\text{f}}{9.8\text{ N}}=\dfrac{1000\text{ kg}_\text{f}}{\text{m}^3}$ 이다.

따라서 압력수두는 $\dfrac{dP_A}{\gamma}=\dfrac{\dfrac{1.05\text{ kg}_\text{f}}{\text{cm}^2}\times\left(\dfrac{100\text{ cm}}{1\text{ m}}\right)^2}{\dfrac{1000\text{ kg}_\text{f}}{\text{m}^3}}=10.5\text{ m}$ 이다.

속도수두는 $\dfrac{dU^2}{2g}=\dfrac{\left(\dfrac{12\text{ m}}{\text{s}}\right)^2}{2\times\dfrac{9.8\text{ m}}{\text{s}^2}}=7.35\text{ m}$

4-49 관속을 물이 유속 10 m/s로 유동하다가 관경의 변화로 유속이 5 m/s로 변화되었다면 유동 마찰손실이 무시되고 위치에너지가 일정할 때 압력수두의 변화는 얼마인가?

풀이 베르누이 방정식에 의하면 $\dfrac{P_A-P_B}{\gamma}+\dfrac{U_A^2-U_B^2}{2g}+(Z_A-Z_B)=H$ (total head)에서 위치에너지의 변화가 무시되므로 $\dfrac{P_B-P_A}{\gamma}=\dfrac{U_A^2-U_B^2}{2g}$가 된다.

$$\frac{P_B-P_A}{\gamma}=\frac{U_A^2-U_B^2}{2g}=\frac{(10\text{ m/s})^2-(5\text{ m/s})^2}{2\times(9.8\text{ m/s}^2)}=3.82\text{ m}$$

4-50 기준면에서 4 m 높은 곳에 물이 2 m/s의 속도로 흐른다. 이 지점에서의 압력이 600 Pa일 때 유체가 흐를 때 전 수두는 약 몇 m인가?

풀이 베르누이 방정식에 의하면 $\dfrac{P_A-P_B}{\gamma}+\dfrac{U_A^2-U_B^2}{2g}+(Z_A-Z_B)=H$ (total head)

물에서 비중량은 $\gamma = \rho \times g = \frac{1000\text{ kg}}{\text{m}^3} \times \frac{9.8\text{ m}}{\text{s}^2} = \frac{9800\text{ kg}\cdot\text{m/s}^2}{\text{m}^3} = 9800\ \frac{\text{N}}{\text{m}^3}$ 이다.

따라서 압력수두는 $\frac{P_A - P_B}{\gamma} = \frac{600\text{ Pa} \times \frac{\text{N/m}^2}{\text{Pa}}}{\frac{9800\text{ N}}{\text{m}^3}} = 0.06\text{ m}$ 이다.

속도수두는 $\frac{U^2}{2g} = \frac{\left(\frac{2\text{ m}}{\text{s}}\right)^2}{2 \times \frac{9.8\text{ m}}{\text{s}^2}} = 0.2\text{ m}$

위치수두 $Z_A - Z_B = 4\text{ m}$

따라서 (total head) $H = \frac{P}{\gamma} + \frac{U^2}{2g} + Z = 0.06\text{ m} + 0.2\text{ m} + 4\text{ m} = 4.26\text{ m}$

4-51 펌프의 흡입이론에서 볼 때 대기압이 100 kPa인 곳에서 펌프의 흡입배관으로 물을 흡수할 수 있는 이론 최대 높이는 약 몇 m인가?

풀이 베르누이 방정식에 의하면 $\frac{P_A - P_B}{\gamma} + \frac{U_A^2 - U_B^2}{2g} + (Z_A - Z_B) = H$ (total head)

물에서 비중량은 $\gamma = \rho \times g = \frac{1000\text{ kg}}{\text{m}^3} \times \frac{9.8\text{ m}}{\text{s}^2} = \frac{9800\text{ kg}\cdot\text{m/s}^2}{\text{m}^3} = 9800\ \frac{\text{N}}{\text{m}^3}$ 이다.

위의 조건에서 $\frac{P_A - P_B}{\gamma} = H$이므로

따라서 압력수두는 $\frac{P_A - P_B}{\gamma} = \frac{100\text{ kPa} \times \frac{1000\text{ N/m}^2}{\text{kPa}}}{\frac{9800\text{ N}}{\text{m}^3}} = 10.2\text{ m}$ 이다.

4-52 소화전 배관에 물이 9 m/s의 속도로 흐르고 이때 압력이 150 kPa이었다. 소화전 배관은 기준면으로부터 4 m 높은 곳에 있다면 전 수두는 약 몇 m인가?

풀이 베르누이 방정식에 의하면 $\frac{P_A - P_B}{\gamma} + \frac{U_A^2 - U_B^2}{2g} + (Z_A - Z_B) = H$ (total head)

물에서 비중량은 $\gamma = \rho \times g = \frac{1000\text{ kg}}{\text{m}^3} \times \frac{9.8\text{ m}}{\text{s}^2} = \frac{9800\text{ kg}\cdot\text{m/s}^2}{\text{m}^3} = 9800\ \frac{\text{N}}{\text{m}^3}$ 이다.

따라서 압력수두는 $\frac{P_A - P_B}{\gamma} = \frac{150\text{ kPa} \times \frac{1000\text{ N/m}^2}{\text{kPa}}}{\frac{9800\text{ N}}{\text{m}^3}} = 15.3\text{ m}$ 이다.

속도수두는 $\frac{U^2}{2g} = \frac{\left(\frac{9\ \text{m}}{\text{s}}\right)^2}{2 \times \frac{9.8\ \text{m}}{\text{s}^2}} = 4.1\ \text{m}$

위치수두 $Z_A - Z_B = 4\ \text{m}$

따라서 (total head) $H = \frac{P}{\gamma} + \frac{U^2}{2g} + Z = 15.3\ \text{m} + 4.1\ \text{m} + 4\ \text{m} = 23.4\ \text{m}$

Chapter 5

유체의 흐름형태에 따른 마찰손실

5.1 원통형 관 속을 흐르는 흐름 특성
5.2 흐름에서의 손실수두

일정한 직경과 길이를 가진 관(pipe line)을 통해 소방용수가 흐를 때 소방용수의 흐름을 더 빨리 흐르게 하는 추진력과 흐름을 방해하고자 하는 저항력이 동시에 작용한다. 또한 관의 형태에 따라 추진력과 저항력이 서로 다르게 나타난다. 이처럼 소방용수가 관을 통해 흐를 때 발생하는 저항력은 유체의 흐름과 반대 방향으로 작용하는 힘으로 유체 자체의 특성에 의한 것과 흐르는 관의 특성에 의한 것으로 나누어 볼 수 있다. 이러한 저항력은 유체의 흐름을 결정하는 중요한 요인이라고 할 수 있다.

5.1 원통형 관 속을 흐르는 흐름 특성

1. 원통형 관 속을 흐르는 층류흐름에서 유체의 속도 분포

옥내·외 소화전설비, 스프링클러설비 등 수계 소화설비를 흐르는 소방용수는 거의 대부분 원통형 관을 통해서 이동한다. 따라서 여기에서는 원통형 관을 통해 유체가 흐를 때 발생하는 유체의 흐름 특성 및 저항력에 대해서 살펴보기로 하자. 그림 5-1에서 보는 바와 같이 유체가 유입되는 지점에서 압력은 P_1이고 유체가 유출되는 지점에서 압력이 P_2인 유체의 흐름이 있다. 이때 유체가 흐르는 관로의 직경이 $D(=2r)$이며 길이가 L인 원통형 관 속으로 유체가 층류흐름을 유지하면서 흐르고 있는 조건에서 유체의 흐름에 따른 특성을 살펴보기로 하자.

유체의 흐름은 정상류이며 관은 수평상태로 유지되며 관중심에서의 유속이 가장 크다면 반경이 r인 원통형 관에 흐르고 있는 유체에 작용하는 힘의 관계를 살펴보자.
그림 5-1에서 보는 바와 같이 압력 P_1이 면적 A_1에 작용하고 압력 P_2는 면적 A_2에 작용하고 있는 상태에서 원통형 관의 면적은 변화가 없으므로 면적 $A_1 = A_2$가 된다.

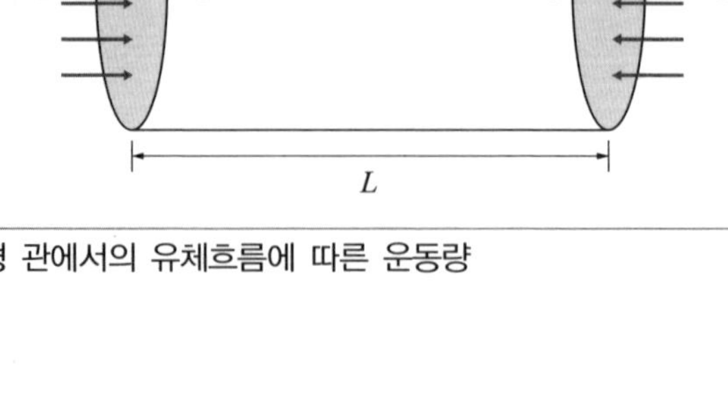

그림 5-1 원통형 관에서의 유체흐름에 따른 운동량

따라서 힘의 평형에 대하여 살펴보면 압력 P_1에 의한 힘 F_1과 압력 P_2에 의한 힘 F_2 그리고 저항(전단응력)에 의한 힘 F_r 사이의 관계는 다음과 같다.

$$F_1 = F_2 + F_r \tag{5-1}$$

압력 P_1에 의한 힘(F_1)은 P_1이 면적 A_1에 작용하는 힘이며, 압력 P_2에 의한 힘(F_2)은 P_2가 면적 A_2에 작용하는 힘과 같다. 또한 저항에 의한 힘(F_r)은 관의 길이 L에 작용한 힘과 같다고 할 수 있다. 따라서 각각의 힘은 다음과 같이 나타낼 수 있다.

① 압력 P_1에 의한 힘 : $F_1 = P_1 A_1$
② 압력 P_2에 의한 힘 : $F_2 = P_2 A_2$
③ 저항에 의한 힘 : $F_r = \tau A_L$

이므로 이 값을 식 (5-1)에 대입하면

$$P_1 A_1 = P_2 A_2 + \tau A_L \tag{5-2}$$

이 되며 반경이 r이고 길이가 L인 원통형 관의 단면적 $A = \pi r^2$이고 원통형 관의 면적은 $A_L = 2\pi r L$이므로 식 (5-2)는

$$P_1 \pi r^2 = P_2 \pi r^2 + 2\pi r L \times \tau \tag{5-3}$$

가 된다. 식 (5-3)의 각 항을 $2\pi r L$로 나누면 전단응력(τ)은 다음과 같이 나타낼 수 있다.

$$\tau = \frac{P_1 \pi r^2 - P_2 \pi r^2}{2\pi r L} = \frac{(P_1 - P_2) \times r}{2L}$$

여기서, $r = \dfrac{D}{2}$이므로

$$\tau = \frac{(P_1 - P_2) \times r}{2L} = \frac{(P_1 - P_2) \times \dfrac{D}{2}}{2L} = \frac{(P_1 - P_2) \times D}{4L} = \frac{\Delta P \times D}{4L}$$

이 된다.

> ***Tip*** **원통형 관 속에서 전단응력(τ)과 압력강하(ΔP)의 관계**
>
> ① 정상류 ② 층류흐름에서 $\tau = \dfrac{\Delta P \times D}{4L}$

5.1 Example

지름이 10 cm이며, 길이가 10 m인 수평형 원통 관에 소방용수가 층류로 흐르고 있다. 이때 발생하는 압력 변화가 500 kPa이라면 이 흐름을 통해 관의 벽에서 발생하는 전단응력은 몇 N/m^2인가?

풀이.

압력 P_1에 의한 힘은 P_1이 면적 A_1에 작용하는 힘이며, 압력 P_2에 의한 힘은 P_2가 면적 A_2에 작용하는 힘과 같다. 또한 저항에 의한 힘은 관의 길이 L에 작용한 힘과 같다고 할 수 있다. 따라서 $F_1 = P_1A_1$, $F_2 = P_2A_2$, $F_r = \tau A_L$이므로 $P_1A_1 = P_2A_2 + \tau A_L$이 되며, $P_1\pi r^2 = P_2\pi r^2 + 2\pi rL \times \tau$가 된다.

이 식을 πr^2으로 나누면

$P_1 = P_2 + \frac{2L}{r} \times \tau = P_2 + \frac{2L}{\frac{D}{2}} \times \tau = P_2 + \frac{4L}{D} \times \tau$로부터 전단응력을 계산할 수 있다.

따라서 전단응력 $\tau = \frac{\Delta P \times D}{4L}$이므로 $\tau = \frac{\frac{500 \times 10^3\ \mathrm{N}}{\mathrm{m}^2} \times 0.1\ \mathrm{m}}{4 \times 10\ \mathrm{m}} = 1250\ \mathrm{N/m^2}$

앞에서 구해진 식 (5-3)의 $P_1\pi r^2 = P_2\pi r^2 + 2\pi rL \times \tau$에서 저항에 의한 힘에 작용하는 전단응력($\tau$)은 뉴턴의 점성법칙에 의하면 $\tau = -\mu\frac{dU}{dr}$이므로 이 값을 $P_1\pi r^2 = P_2\pi r^2 + 2\pi rL \times \tau$에 대입하여 정리하면 다음과 같다.

$$P_1\pi r^2 = P_2\pi r^2 + 2\pi rL\left(-\mu\frac{dU}{dr}\right) \tag{5-4}$$

가 된다. 식 $P_1\pi r^2 = P_2\pi r^2 + 2\pi rL\left(-\mu\frac{dU}{dr}\right)$의 각 항을 πr^2으로 나누면

$$P_1 = P_2 + \frac{2L}{r}\left(-\mu\frac{dU}{dr}\right) = P_2 - \frac{2\mu L}{r}\frac{dU}{dr} \tag{5-5}$$

로 나타낼 수 있다. 식 (5-5)를 정리하면

$$(P_1 - P_2)r\,dr = -2\mu L\,dU \tag{5-6}$$

식 $(P_1 - P_2)r\,dr = -2\mu L\,dU$을 속도의 형태로 나타내기 위하여 양변을 $2\mu L$로 나누면

$$dU = -\frac{(P_1 - P_2)r\,dr}{2\mu L} \tag{5-7}$$

이 된다. 식 $dU = -\frac{(P_1 - P_2)r\,dr}{2\mu L}$을 적분하면 그 결과는 다음과 같다.

$$\int dU = -\int \frac{(P_1 - P_2) r\,dr}{2\mu L} = -\frac{(P_1 - P_2)}{2\mu L}\int r dr \tag{5-8}$$

이 된다. 식 (5-8)에서 속도(U)의 값은

$$U = -\frac{(P_1 - P_2)}{2\mu L}\int r dr \tag{5-9}$$

가 된다. 식 $U = -\frac{(P_1 - P_2)}{2\mu L}\int rdr$에서 $\int rdr = \frac{1}{2}r^2 + c$가 되므로 원통형 관에서 흐르는 유체의 속도 U는 다음과 같다.

$$U = -\frac{(P_1 - P_2)}{2\mu L} \times \frac{1}{2}r^2 + C = -\frac{(P_1 - P_2)r^2}{4\mu L} + C \tag{5-10}$$

가 된다. 원통형 관의 중심으로부터 반경이 증가하여 관의 벽에 이르게 되면 즉 $r = r_o$일 때 유체의 흐름속도 $U ≒ 0$이 되므로 상수 $C = \frac{(P_1 - P_2)r_o^2}{4\mu L}$가 된다. 이 결과를 식 (5-10)에 대입하면

$$U = -\frac{(P_1 - P_2)r^2}{4\mu L} + \frac{(P_1 - P_2)r_o^2}{4\mu L} = \frac{(P_1 - P_2)}{4\mu L}(r_o^2 - r^2) \tag{5-11}$$

식 (5-11)에 $\Delta P = (P_1 - P_2) = \rho g h = \gamma h$의 결과를 이용하여 정리하면 식 (5-11)은 다음과 같다.

$$U = \frac{(P_1 - P_2)}{4\mu L}(r_o^2 - r^2) = \frac{\Delta P}{4\mu L}(r_o^2 - r^2) = \frac{\gamma h}{4\mu L}(r_o^2 - r^2) \tag{5-12}$$

> ***Tip*** **원통형 관 속에서 유체의 속도**
>
> $$U = \frac{(P_1 - P_2)}{4\mu L}(r_o^2 - r^2) = \frac{\Delta P}{4\mu L}(r_o^2 - r^2) = \frac{\gamma h}{4\mu L}(r_o^2 - r^2)$$

2. 원통형 관 속을 흐르는 층류흐름에서 유체의 유량

그림 5-2에서 보는 바와 같이 원통형 관 속을 유체가 흐를 때 유체의 속도 분포는 관의 중심에서 유속이 최대이므로 관의 중심을 기준으로 하여 $r = 0$일 때 $U_{r=0} = U_{max}$의 값을 가

지며, 관의 벽 $r=r_o$에서 유속이 최저값을 가지므로 $U_{r=r_o}=U_{\min}\fallingdotseq 0$의 값을 가진다고 할 수 있다. 그림 5-2에서 반지름이 r인 부분에서 유량변화 dQ는 다음과 같이 나타낼 수 있다. $A=\pi r^2$이므로 $dA=2\pi r dr$이 되어

$$dQ = UdA = U2\pi rdr \tag{5-13}$$

이 된다. 식 (5-13)인 $dQ=UdA=U2\pi rdr$을 적분하면 다음과 같다.

$$\int_0^Q dQ = U\int_0^{r_o} 2\pi rdr \tag{5-14}$$

이 된다. 여기에 식 (5-12)에서 구한 $U=\frac{\gamma h}{4\mu L}(r_o^2-r^2)$값을 $\int_0^Q dQ=U\int_0^{r_o} 2\pi rdr$에 대입하여 정리하면 식 (5-14)는 다음과 같다.

$$\int_0^Q dQ = \frac{\gamma h}{4\mu L}(r_o^2-r^2)\int_0^{r_o} 2\pi rdr \tag{5-15}$$

이므로 식 (5-15)인 $\int_0^Q dQ = \frac{\gamma h}{4\mu L}(r_o^2-r^2)\int_0^{r_o} 2\pi rdr$의 적분 결과로부터

$$Q = \frac{2\pi\gamma h}{4\mu L}\int_0^{r_o}(r_o^2-r^2)rdr \tag{5-16}$$

$$= \frac{2\pi\gamma h}{4\mu L}\int_0^{r_o}(r_o^2 r-r^3)dr$$

$$= \frac{2\pi\gamma h r_o^2}{4\mu L}\times\frac{1}{2}r_o^2 - \frac{2\pi\gamma h}{4\mu L}\times\frac{1}{4}r_o^4 \tag{5-17}$$

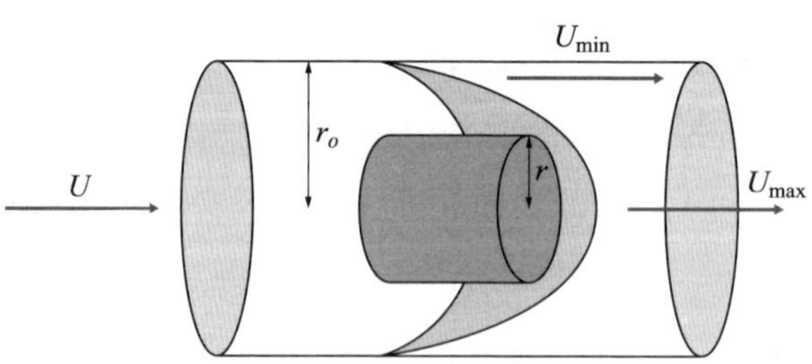

그림 5-2 원통형 관에서 유체의 속도 분포

여기서 직경(D)과 반경(r)의 관계인 $D=2r$로부터

$$Q = \frac{\pi\gamma h r_o^4}{4\mu L} - \frac{\pi\gamma h r_o^4}{8\mu L} = \frac{\pi\gamma h}{8\mu L} r_o^4 = \frac{\pi\gamma h}{8\mu L}\left(\frac{D}{2}\right)^4 \quad (5\text{-}18)$$

$$= \frac{\pi\gamma h}{8\times 2^4\mu L} D^4 = \frac{\pi\gamma h}{128\mu L} D^4 = \frac{\pi\,\Delta P}{128\mu L} D^4 \quad (5\text{-}19)$$

식 (5-19)를 하겐-포아젤(Hagen-Poiseuille) 식이라 한다. 즉, 하겐-포아젤 식에 의하면 원통형 관 속을 흐르는 유체의 유량(Q)은

① 압력차(ΔP)에 비례하고,
② 직경(D)의 4제곱에 비례하며,
③ 유체의 점성(μ)에 반비례하고,
④ 유체가 이동한 거리(L)에 반비례한다

고 할 수 있다.

> ***Tip*** **유량(Q)으로 표시되는 Hagen-Poiseuille 식**
>
> $$Q = \frac{\pi\gamma h}{8\times 2^4\mu L} D^4 = \frac{\pi\gamma h}{128\mu L} D^4 = \frac{\pi\Delta P}{128\mu L} D^4$$

Hagen-Poiseuille 식은 정상류 흐름의 뉴턴유체가 층류로 흐를 때 유체의 유량(Q)과 압력강하(ΔP) 그리고 유체의 특성에 관한 것을 나타낸 식이다. 즉 유량(Q)은 유체가 흐르는 원통형 관의 반지름(r)의 4제곱에 비례하고, 점성계수(μ)에 반비례하는 결과를 보여준다.

식 (5-19)에서 $Q = UA = U\times\frac{\pi}{4}D^2$이고 $U\times\frac{\pi}{4}D^2 = \frac{\pi\Delta P}{128\mu L}D^4$이므로 아래와 같다.

$$\frac{U}{4} = \frac{\Delta P}{128\mu L} D^2$$

따라서 Hagen-Poiseuille 식을 다음과 같이 나타낼 수도 있다.

$$\Delta P = \frac{128\mu L U}{4D^2} = \frac{32\mu L U}{D^2} \quad (5\text{-}20)$$

> ***Tip*** **압력(P)으로 표시되는 Hagen-Poiseuille 식**
>
> $$\Delta P = \frac{128\mu L U}{4D^2} = \frac{32\mu L U}{D^2}$$

5.2 Example

지름이 5 cm이고 길이가 20 m인 원통형 관으로 점성계수가 0.6 poise인 유체가 0.05 m^3/s의 유량으로 흐르고 있다. 이 유체를 수송하는데 필요한 동력장치의 압력은 몇 kPa인가?

풀이.

유체의 흐름에서 일정한 유량(Q)을 일정거리(L)까지 이동하는데 동력장치인 펌프를 사용하게 된다. 이때 사용한 펌프의 압력은 실제적으로 유체의 이동에 필요한 압력변화 값과 같으므로 유량에 따른 압력변화를 계산하기 위해서는 하겐-포아젤 식을 이용하여야 한다.

따라서 $Q = \dfrac{\pi\gamma h}{8\times 2^4\mu L}D^4 = \dfrac{\pi\gamma h}{128\mu L}D^4 = \dfrac{\pi\Delta P}{128\mu L}D^4$이므로 $\Delta P = \dfrac{128\mu LQ}{\pi D^4}$이 된다.

주어진 값으로부터 $Q=0.05\ m^3/s$, $L=20\ m$, $D=5\ cm=0.05\ m$

$$\mu = \frac{0.6\ g}{cm\cdot s} = \frac{0.6\ g}{cm\cdot s}\times\frac{1\ kg}{1000\ g}\times\frac{100\ cm}{1\ m} = \frac{0.06\ kg}{m\cdot s}$$

따라서

$$\Delta P = \frac{128\mu LQ}{\pi D^4} = \frac{128\times\dfrac{0.06\ kg}{m\cdot s}\times 20\ m\times\dfrac{0.05\ m^3}{s}}{\pi(0.05\ m)^4} = \frac{391337.6\ kg}{m\cdot s^2} = 391337.6\ \frac{N}{m^2}$$

$$\Delta P = \frac{391.3376\times 10^3\ N}{m^2} = 391.3376\ kPa$$

5.3 Example

0.002 m^3/s의 유량으로 지름 4 cm, 길이 10 m인 관속을 점성계수 0.56 poise인 기름이 흐르고 있다. 이 기름을 수송하는데 필요한 펌프의 압력은 몇 kPa인가?

풀이.

하겐-포아젤 식은 층류흐름에서 유량, 관경, 점성계수, 압력강하 등의 관계를 나타낸 식이다.

$Q = \dfrac{\Delta P\pi D^4}{128\mu L}$이 된다. $Q = \dfrac{\Delta P\pi D^4}{128\mu L}$에서 $\Delta P = \dfrac{128\mu LQ}{\pi D^4}$이 된다.

여기서, $Q=0.002\ m^3/s$, $D=4\ cm=0.04\ m$, $\mu=0.56\ poise$, $L=10\ m$이므로

$$\mu = 0.56\ poise\times\frac{\dfrac{g}{cm\cdot s}\times\dfrac{1\ kg}{10^3\ g}\times\dfrac{10^2\ cm}{1\ m}}{poise} = 0.056\ \frac{kg}{m\cdot s}$$

$\Delta P = \dfrac{128\mu LQ}{\pi D^4}$이므로 주어진 값을 대입하면

$$\Delta P = \frac{128\mu LQ}{\pi D^4} = \frac{128\times\dfrac{0.056\ kg}{m\cdot s}\times 10\ m\times\dfrac{0.002\ m^3}{s}}{3.14\times(0.04\ m)^4} = 1.78\times 10^4\ \frac{kg\cdot\dfrac{m^3}{s^2}}{m^4}$$

$$= 1.78\times 10^4\ \frac{N}{m^2}$$

$$\Delta P = 1.78\times 10^4\ \frac{N}{m^2} = 17.8\ kPa$$

3. 원통형 관 속을 흐르는 유체의 마찰손실수두

Hagen-Poiseuille 식으로부터 유체의 평균속도는 다음과 같이 구할 수 있다. 연속방정식인 $Q = UA$의 관계를 이용하여 평균속도를 구하면 다음과 같다.

식 (5-18)의 $Q = \dfrac{\pi\gamma h}{8\mu L} r_o^4$와 $Q = UA$ 그리고 $A = \pi r_o^2$으로부터 평균속도를 계산하면

$$U = \frac{Q}{A} = \frac{\pi\gamma h}{8\mu L} r_o^4 \times \frac{1}{\pi r_o^2} = \frac{\gamma h r_o^2}{8\mu L} \tag{5-21}$$

이 조건에서 압력강하 $\Delta P = \gamma h$이므로 $U = \dfrac{Q}{A} = \dfrac{\gamma h r_o^2}{8\mu L}$에 있는 γh 대신에 ΔP를 사용하면 다음과 같이 나타낼 수 있다.

$$U = \frac{\Delta P r_o^2}{8\mu L} \tag{5-22}$$

이므로 이 값을 압력변화의 형태로 나타내면

$$\Delta P = \frac{8\mu L U}{r_o^2} \tag{5-23}$$

식 (5-23)에서 평균속도 대신에 유량(Q)과 압력변화(ΔP)의 관계로 나타내기 위하여 $Q = UA = U\pi r_o^2$에서 $U = \dfrac{Q}{\pi r_o^2}$을 대입하면 압력변화(ΔP)와 유량(Q)과의 관계식은 다음과 같다.

$$\Delta P = \frac{8\mu L}{r_o^2} \times \frac{Q}{\pi r_o^2} = \frac{8\mu L Q}{\pi r_o^4} = \frac{128\mu L Q}{\pi D^4} \tag{5-24}$$

Tip **층류흐름에서 압력변화(ΔP)와 유량(Q)의 관계**

$Q = \dfrac{\pi \Delta P D^4}{128\mu L}$에서 $\Delta P = \dfrac{128\mu L Q}{\pi D^4}$가 된다.

① 압력변화는 유량(Q), 이동거리(L), 그리고 점도(μ)에 비례

② 압력변화는 직경(D)의 4제곱에 반비례한다.

압력변화(ΔP)를 의미하는 식 (5-23)은 $\Delta P = \dfrac{8\mu L U}{r_o^2}$와 $\Delta P = \gamma h$의 두 식으로부터 $\gamma h = \dfrac{8\mu L U}{r_o^2}$이 되며 이 식에서 높이(수두)값 h는 다음과 같다.

$$h = \frac{8\mu LU}{\gamma r_o^2} \tag{5-25}$$

여기서 반경 $r_o = D/2$이므로 이 값을 위 식에 대입하면

$$h = \frac{8\mu LU}{\rho g\left(\frac{D}{2}\right)^2} = \frac{32\mu LU}{\rho g D^2} \tag{5-26}$$

식 (5-26)의 분자와 분모에 각각 $2U$를 곱하고, 이 식을 다시 정리하면

$$h = 64\left(\frac{\mu}{\rho UD}\right)\frac{L}{D}\frac{U^2}{2g}$$

가 된다. 여기에서 $\left(\frac{\mu}{\rho UD}\right) = \frac{1}{N_{Re}}$이므로 마찰손실수두는 다음과 같다.

$$h = \frac{64}{N_{Re}}\frac{L}{D}\frac{U^2}{2g} \tag{5-27}$$

이 식에서 $\frac{64}{N_{Re}}$를 마찰손실계수 f라 하면

$$h = f\frac{L}{D}\frac{U^2}{2g}$$

가 되며 이 식을 Darcy-Weisbach의 마찰손실수두 식 또는 Fanning의 방정식이라고 한다. 마찰손실계수 f는 유체가 흐르는 관의 거칠기 및 상대조도(ϵ/D), 그리고 레이놀즈수(N_{Re})에 영향을 받는다. 즉 마찰손실계수 $f = f(N_{Re}, \epsilon/D)$, 압력변화 $\Delta P = \gamma h$이므로

$$\Delta P = \gamma \times f\frac{L}{D}\frac{U^2}{2g} = f\frac{L}{D}\frac{\gamma U^2}{2g} \tag{5-28}$$

이 된다.

> **Tip** Fanning 방정식 (Darcy-Weisbach 식)
>
> $h = f\frac{L}{D}\frac{U^2}{2g}$, $\Delta P = \gamma \times f\frac{L}{D}\frac{U^2}{2g} = f\frac{L}{D}\frac{\gamma U^2}{2g}$

> **Tip** 층류흐름에서 마찰손실계수(f)의 계산
>
> $f = \frac{64}{N_{Re}}$

> **Tip** 난류흐름에서 마찰손실계수(f)의 계산
>
> ① N_{Re} : 50000~10^6의 경우 $f = 0.046 N_{Re}^{-0.2}$
>
> ② N_{Re} : 3000~3×10^6의 경우 $f = 0.0014 + \dfrac{0.012}{N_{Re}^{-0.32}}$

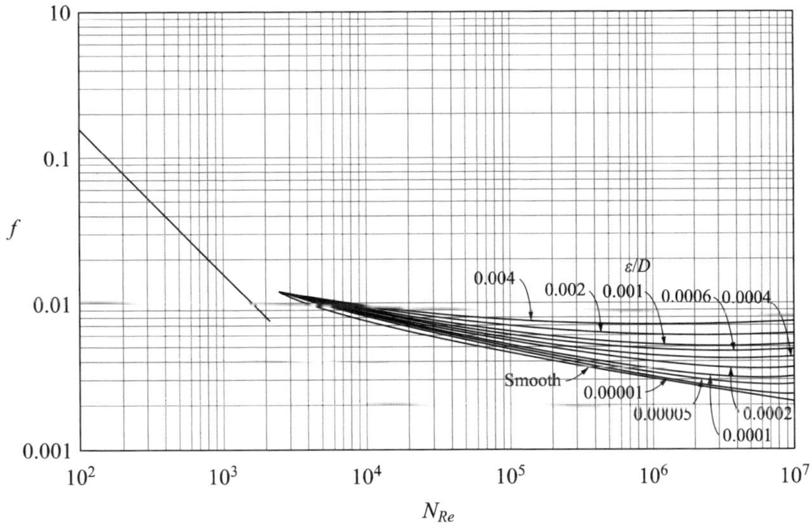

그림 5-3 마찰손실계수 선도

5.4 Example

레이놀즈수가 1200인 유체가 매끈한 원통형 관 내부를 흐를 때 마찰손실계수는 얼마인가?

풀이.

층류흐름에서 레이놀즈수(N_{Re})와 마찰손실계수(f)와의 관계

$$f = \frac{64}{N_{Re}} = \frac{64}{1200} = 0.053$$

5.5 Example

원통형 관 속을 흐르는 흐름에서 관의 직경을 D, 유체의 유속을 U, 유체의 밀도를 ρ, 그리고 점성계수를 μ라고 할 때 층류흐름에서 마찰손실계수 f는 어떻게 표현되는가?

풀이.

층류흐름에서 마찰손실계수 $f = \dfrac{64}{N_{Re}}$이고, 레이놀즈수 $N_{Re} = \dfrac{DU\rho}{\mu} = \dfrac{DU}{\mu/\rho} = \dfrac{DU}{\nu}$이므로

$$f = \frac{64}{N_{Re}} = \frac{64}{\frac{DU\rho}{\mu}} = \frac{64\mu}{DU\rho}$$가 된다.

5.6 Example

밀도가 0.5 g/cm^3, 점도 1 cP인 비압축성유체가 5 cm/s의 속도로 원관을 통하여 층류흐름으로 흐를 때 마찰손실계수가 0.032가 되는 원관의 내경은 얼마인가?

풀이.

$f = \dfrac{64}{N_{Re}} = 0.032$에서 $N_{Re} = 2000$이 된다.

$$N_{Re} = \frac{\rho DU}{\mu} = 2000 \text{에 의해서 } D = \frac{\mu \times 2000}{\rho \times U} = \frac{\dfrac{0.01\ \text{g}}{\text{cm} \cdot \text{s}} \times 2000}{\dfrac{0.5\ \text{g}}{\text{cm}^3} \times \dfrac{5\ \text{cm}}{\text{s}}} = 8\ \text{cm}$$

5.7 Example

비중이 0.5이고, 점성계수가 0.2 g/cm · s인 유체가 지름이 10 cm이며, 길이가 10 m인 수평형 원통관에 100 L/min의 유량으로 흐르고 있다. (1) 이때 발생하는 손실수두는 몇 cm인가? (2) 이때 압력강하는 몇 kg$_f$/cm^{2}인가?

풀이.

(1) 손실수두의 계산

흐름에 따른 손실수두를 계산하기 위해서는 그 흐름의 형태를 먼저 알아야 한다. 즉, 흐름의 형태가 층류흐름이냐 또는 난류흐름이냐에 따라서 손실수두가 달라진다. 흐름의 형태는 레이놀즈수를 계산하여 확인할 수 있다. 따라서 이러한 조건에서 레이놀즈수를 계산하기 위해서는 우선 소방용수의 흐름속도를 먼저 계산하여야 한다.

$Q = UA$이므로 $A = \dfrac{\pi}{4}D^2 = \dfrac{\pi}{4} \times (10\ \text{cm})^2 = 78.5\ \text{cm}^2$

$$U = \frac{Q}{A} = \frac{\dfrac{100\ \text{L}}{\text{min}} \times \dfrac{1000\ \text{cm}^3}{1\ \text{L}} \times \dfrac{1\ \text{min}}{60\ \text{s}}}{78.5\ \text{cm}^2} = 21.23\ \frac{\text{cm}}{\text{s}}$$

$$N_{Re} = \frac{\rho UD}{\mu} = \frac{\dfrac{0.5\ \text{g}}{\text{cm}^3} \times \dfrac{21.23\ \text{cm}}{\text{s}} \times 10\ \text{cm}}{\dfrac{0.2\ \text{g}}{\text{cm} \cdot \text{s}}} = 530.75$$

즉, 유체의 흐름은 층류흐름이다.

따라서 층류흐름에서 발생하는 손실수두는 Darcy-Weisbach 식으로부터 구할 수 있다.

따라서 $h = f\dfrac{L}{D}\dfrac{U^2}{2g}$에서 마찰손실계수 $f = \dfrac{64}{N_{Re}} = \dfrac{64}{530.75} = 0.12$이 된다.

$$h = f\frac{L}{D}\frac{U^2}{2g} = 0.12 \times \frac{1000\ \text{cm}}{10\ \text{cm}} \times \frac{(21.23\ \text{cm/s})^2}{2 \times 980\ \text{cm/s}^2} = 2.76\ \text{cm}$$

(2) 압력강하의 계산

$\Delta P = \gamma h = f \dfrac{L}{D} \dfrac{\gamma U^2}{2g}$ 로부터

$$\Delta P = \gamma h = f \frac{L}{D} \frac{\gamma U^2}{2g}$$

$$= 0.12 \times \frac{1000 \text{ cm}}{10 \text{ cm}} \times \frac{\dfrac{500 \text{ kg}_\text{f}}{\text{m}^3} \times \left(\dfrac{1 \text{ m}}{100 \text{ cm}}\right)^3 \times (21.23 \text{ cm/s})^2}{2 \times 980 \text{ cm/s}^2} = 0.00138 \text{ kg}_\text{f}/\text{cm}^2$$

5.8 Example

비중 0.827, 점도 23 cP의 원유를 1500 m^3/hr로 200 m 떨어진 탱크에 보낸다. 이때 사용된 관의 내경은 304.7 mm이다. 이 관로의 마찰손실은 몇 m이고 마찰에 의한 압력손실은 몇 N/m^2인가? (단, $f = 0.0052$이다.)

풀이.

유체가 흐르는 관에서 발생하는 마찰손실과 마찰손실에 의한 압력손실은 Darcy Weisbach 식으로부터 계산된다.

마찰손실수두는 $h = \dfrac{64}{N_{Re}} \dfrac{L}{D} \dfrac{U^2}{2g}$ 이며 압력변화 $\Delta P = \gamma h$이므로

$\Delta P = \gamma \times f \dfrac{L}{D} \dfrac{U^2}{2g} = f \dfrac{L}{D} \dfrac{\gamma U^2}{2g}$ 이 된다.

주어진 조건에서 이 값을 구하기 위해 유속을 계산하면 다음과 같다.

$$U = \frac{Q}{\dfrac{\pi}{4} D^2} = \frac{1500 \text{ m}^3}{\text{hr}} \times \frac{\dfrac{1 \text{ hr}}{3600 \text{ s}}}{\dfrac{\pi}{4}(0.3047 \text{ m})^2} = 5.72 \frac{\text{m}}{\text{s}}$$

$$h = f \frac{\Delta L}{D} \frac{U^2}{2g} = 0.0052 \times \frac{200 \text{ m}}{0.3047 \text{ m}} \times \frac{\left(\dfrac{5.72 \text{ m}}{\text{s}}\right)^2}{2 \times \dfrac{9.8 \text{ m}}{\text{s}}} = 5.7 \text{ m}$$

$$\Delta P = \gamma \times h = \frac{827 \text{ kg}_\text{f}}{\text{m}^3} \times 5.7 \text{ m} \times \frac{9.8 \text{ N}}{1 \text{ kg}_\text{f}} = 46196.22 \text{ N/m}^2$$

5.9 Example

다음과 같은 조건으로 소방대상물에 옥외소화전 3개를 설치하려고 한다. 이때 직관부분에서의 마찰손실수두는 몇 m인가?

설치조건
① 펌프에서 첫 번째 옥외소화전까지의 직관거리는 100 m
② 관의 내경은 16 cm
③ 마찰손실계수는 0.05
④ 펌프의 토출량 $1.3\ m^3/min$

풀이.

주어진 조건에서 소방용수의 유속을 계산하면

$$Q = \frac{1.3\ \mathrm{m}^3}{\mathrm{min}} = \frac{1.3\ \mathrm{m}^3}{\mathrm{min}} \times \frac{1\ \mathrm{min}}{60\ \mathrm{s}} = 0.0217\ \frac{\mathrm{m}^3}{\mathrm{s}}$$

$$A = \frac{\pi}{4} D^2 = \frac{\pi}{4} \times (0.16\ \mathrm{m})^2 = 0.02\ \mathrm{m}^2$$

$$U = \frac{Q}{A} = \frac{\frac{0.0217\ \mathrm{m}^3}{\mathrm{s}}}{0.02\ \mathrm{m}^2} = 1.085\ \frac{\mathrm{m}}{\mathrm{s}}$$

마찰에 의한 손실수두는 Darcy-Weisbach 식으로부터 구할 수 있다.

$$h = f \frac{L}{D} \frac{U^2}{2g} = 0.05 \times \frac{100\ \mathrm{m}}{0.16\ \mathrm{m}} \times \frac{(1.085\ \mathrm{m/s})^2}{2 \times 9.8\ \mathrm{m/s^2}} = 1.88\ \mathrm{m}$$

5.10 Example

내경이 100 mm, 길이 150 m의 관로에 소방용수를 매분 500 L를 높이 50 m의 옥외소화전에서 방수하려고 한다. 마찰손실계수가 0.025일 때 관로의 마찰손실수두를 계산하여라.

풀이.

손실수두를 계산하기 위하여 유속을 계산하여야 한다. 본 조건에서는 유속을 유량으로부터 추정하여야 한다.

주어진 유량과 직경으로부터 소방용수의 유속을 계산하면

$$Q = \frac{500\ \mathrm{L}}{\mathrm{min}} = \frac{0.5\ \mathrm{m}^3}{\mathrm{min}} = \frac{0.5\ \mathrm{m}^3}{\mathrm{min}} \times \frac{1\ \mathrm{min}}{60\ \mathrm{s}} = 0.0083\ \frac{\mathrm{m}^3}{\mathrm{s}}$$

$$A = \frac{\pi}{4} D^2 = \frac{\pi}{4} \times (0.1\ \mathrm{m})^2 = 0.00785\ \mathrm{m}^2$$

$$U = \frac{Q}{A} = \frac{\frac{0.0083\ \mathrm{m}^3}{\mathrm{s}}}{0.00785\ \mathrm{m}^2} = 1.057\ \frac{\mathrm{m}}{\mathrm{s}}$$

마찰에 의한 손실수두는 Darcy-Weisbach 식으로부터 구할 수 있다.

$$h = f \frac{L}{D} \frac{U^2}{2g} = 0.025 \times \frac{150\ \mathrm{m}}{0.1\ \mathrm{m}} \times \frac{(1.057\ \mathrm{m/s})^2}{2 \times 9.8\ \mathrm{m/s^2}} = 2.137\ \mathrm{m}$$

5.11 Example

0.02 m^3/s의 유량으로 지름 50 cm인 주철관 속을 점성계수가 0.01 $kg_f \cdot s/m^2$이고, 비중이 0.9인 기름이 흐르고 있다. 길이 1000 m에 대한 손실수두를 하겐 - 포아젤 식을 이용하여 계산하면 몇 m인가?

풀이.

하겐 - 포아젤 식은 층류흐름에서 유량, 관경, 점성계수, 압력강하 등의 관계를 나타낸 식이다.

$Q = \dfrac{\Delta P \pi D^4}{128 \mu L}$이 된다. 압력강하($\Delta P$)와 손실수두($h_L$)의 관계로부터 $h_L = \dfrac{\Delta P}{\gamma}$이므로

$Q = \dfrac{\Delta P \pi D^4}{128 \mu L}$에서 $\Delta P = \dfrac{128 \mu L}{\pi D^4} \times Q$이 된다.

따라서 $h_L = \dfrac{128 \mu L}{\pi D^4 \gamma} \times Q$으로 계산된다.

여기서, $Q = 0.02\ m^3/s$

$D = 50\ cm = 0.5\ m$

$\mu = 0.01\ kg_f \cdot s/m^2$

$L = 1000\ m$

$\gamma = 900\ kg_f/m^3$

$h_L = \dfrac{128 \mu L}{\pi D^4 \gamma} \times Q$에 주어진 값을 대입하면

$$h_L = \frac{128 \mu L}{\pi D^4 \gamma} \times Q = \frac{128 \times \dfrac{0.01\ kg_f \cdot s}{m^2} \times 1000\ m \times \dfrac{0.02\ m^3}{s}}{3.14 \times (0.5\ m)^4 \times \dfrac{900\ kg_f}{m^3}} = 0.1449\ m$$

5.12 Example

150 mm 관을 통해 소방용수가 유속 5 m/s로 길이가 500 m인 A지점과 B지점 사이를 흐르고 있다. 이때 손실수두가 10 m라고 한다면 관의 마찰손실계수는 얼마인가?

풀이.

Darcy-Weisbach 식은 곧고 긴 배관에서 손실수두의 계산에 적용하는 식이다.

$h_L = f \times \dfrac{L}{D} \times \dfrac{U^2}{2g}$ (m)이므로 $f = h_L \times \dfrac{D}{L} \times \dfrac{2g}{U^2}$이 된다.

그러므로 주어진 조건에서

$$f = h_L \times \frac{D}{L} \times \frac{2g}{U^2} = 10\ m \times \frac{0.15\ m}{500\ m} \times \frac{2 \times 9.8\ m/s^2}{(5\ m/s)^2} = 0.00235$$

5.13 Example

소화설비 배관 중 안지름이 150 mm이고 길이가 1000 m인 관을 통해 소방용수가 50 L/s의 유량으로 흐른다. 이때 관 마찰손실계수가 0.02이면 마찰손실수두는 몇 m인가?

풀이.

Darcy-Weisbach 식은 곧고 긴 배관에서 손실수두의 계산에 적용하는 식이다.

$h_L = f \times \frac{L}{D} \times \frac{U^2}{2g}$ (m)이므로 주어진 조건에서 안지름이 150 mm인 관을 통해 소방용수가 50 L/s의 유량으로 흐르므로 소방용수의 유속은 다음과 같다.

유속과 유량의 관계로부터 관의 직경이 D이고 유속이 U일 때 $A = \frac{\pi}{4}D^2$이므로 유량(Q)는 다음과 같다. $Q = UA = U \times \frac{\pi}{4}D^2$이 된다.

주어진 조건에서 $D = 150\ \text{mm} = 0.15\ \text{m}$이므로 $A = \frac{\pi}{4}(0.15\ \text{m})^2 = 0.0176\ \text{m}^2$이며,

$$Q = UA = U \times \frac{\pi}{4}D^2 \text{에서 } U = \frac{Q}{A} = \frac{\frac{50\ \text{L}}{\text{s}} \times \frac{1\ \text{m}^3}{1000\ \text{L}}}{0.0176\ \text{m}^2} = 2.84\ \frac{\text{m}}{\text{s}} \text{가 된다.}$$

$$h_L = f \times \frac{L}{D} \times \frac{U^2}{2g} = 0.02 \times \frac{1000\ \text{m}}{0.15\ \text{m}} \times \frac{(2.84\ \text{m/s})^2}{2 \times 9.8\ \text{m/s}^2} = 54.86\ \text{m}$$

5.14 Example

직경이 7.5 cm인 원통형 관을 통해 3 m/s의 유속으로 길이가 200 m인 관으로 소방용수를 흘려보내려고 한다. 이때 마찰손실계수가 0.03이라면 압력강하는 몇 kg_f/cm^2인가?

풀이.

Darcy-Weisbach 식은 곧고 긴 배관에서 손실수두의 계산에 적용하는 식이다.

$h_L = f \times \frac{L}{D} \times \frac{U^2}{2g}$ (m)

압력강하(ΔP)와 손실수두(h_L)의 관계로부터 $h_L = \frac{\Delta P}{\gamma}$이고 $\gamma = \rho \times g$이므로

$$\Delta P = \gamma h_L = f \times \frac{\gamma L}{D} \times \frac{U^2}{2g} = f \times \frac{\rho L}{D} \times \frac{U^2}{2} \text{가 된다.}$$

주어진 조건에서

$$\Delta P = \gamma h_L = f \times \frac{\gamma L}{D} \times \frac{U^2}{2g} = 0.03 \times \frac{\frac{1000\ \text{kg}_f}{\text{m}^3} \times 200\ \text{m} \times (3\ \text{m/s})^2}{0.075\ \text{m} \times 2 \times 9.8\ \text{m/s}^2} = 36734.7\ \frac{\text{kg}_f}{\text{m}^2}$$

$$\Delta P = 36734.7\ \frac{\text{kg}_f}{\text{m}^2} = 36734.7\ \frac{\text{kg}_f}{\text{m}^2} \times \left(\frac{1\ \text{m}}{100\ \text{cm}}\right)^2 = 3.67\ \text{kg}_f/\text{cm}^2$$

4. 하젠 - 윌리암스(Hazen-Williams) 방정식

소방용수가 소방시설의 배관을 흐를 때 유체와 벽면 사이에 마찰이 발생하며, 그 마찰에 의해 압력손실이 발생한다. 이때 발생하는 마찰손실은 소방시설의 관의 직경(D), 흐르는 소방용수의 유량(Q), 그리고 설치된 소방시설 중의 관의 상태에 따라서 결정된다고 할 수 있다. 이처럼 유체가 관을 통해 흐를 때 발생하는 마찰손실을 계산하는 이론식은 많이 있으나 소화설비에서 직관을 통해 유체가 흐를 때 발생하는 마찰손실은 주로 Hazen-Williams 공식을 이용해서 계산한다.

하젠 - 윌리암스 공식(Hazen-Williams Equation)은 유도된 식이 아니라 경험식의 하나의 형태이다. Hazen-Williams 공식은 비교적 큰 관, 관의 직경(D)이 5 cm보다 큰 경우 또는 유속(U)이 3 m/s보다 작은 경우에 대하여 경험적으로 설계되어 미국에서 상수도 시스템의 설계에 많이 사용되어 온 공식이다.

관에서 유체가 흐를 때 유동에 의한 마찰 압력손실을 쉽게 구하기 위해서 여러 가지 방법에 대한 검토가 진행되었으나 그 과정이 용이 하지가 못하다. 그 이유는 유체가 흐를 때 발생하는 마찰손실에 의해 계산되는 마찰손실계수(friction factor, f) 때문이라고 할 수 있다. 그런 이유로 하젠-윌리암스 공식(Hazen-Williams Equation)에서는 마찰손실계수 f를 직접 사용하지 않고 관의 거칠기 등 관(pipe)의 특성에 적합한 새로운 상수를 사용하여 유체의 흐름에 의한 압력손실 값을 간단하게 계산할 수 있도록 한 식이다. Hazen-Williams 공식은 앞서 살펴본 Darcy 방정식을 모태로 출발하여 그 결과를 도출하였다.

Darcy 방정식 $h = f \times \dfrac{L}{D} \times \dfrac{U^2}{2g}$에서 유속($U$)는 연속방정식에 의해 $U = Q/A$가 되며 면적(A)은 $A = \dfrac{\pi}{4}D^2$이 되어 마찰손실 h를 정리하면 $h = f\dfrac{L}{D}\dfrac{U^2}{2g} = f\dfrac{L}{2gD}\left(\dfrac{4Q}{\pi D^2}\right)^2$이 되며, 이 식을 정리하면 다음과 같은 식이 얻어진다.

$$h = \frac{16fLQ^2}{2g\pi^2 D^5} = \frac{8fLQ^2}{g\pi^2 D^5} = \frac{8fL}{g\pi^2} \times \frac{Q^2}{D^5}$$

이 식에서 마찰손실계수(f) 등을 고려하여 Hazen-Williams 공식에서는 "완전히 발달된 난류흐름에서는 마찰손실계수(f)는 레이놀즈수에 의존하지 않고 유체가 흐르는 관의 거칠기 등에 의해서 결정된다."라는 전제하에 주어진 값을 새로운 상수인 C를 도입하여 경험적으로 설명하였다.

Darcy 방정식 $h = \dfrac{16fLQ^2}{2g\pi^2 D^5} = \dfrac{8fLQ^2}{g\pi^2 D^5} = \dfrac{8fL}{g\pi^2} \times \dfrac{Q^2}{D^5}$와 비교하여 Hazen-Williams 공식을 구하면 다음과 같다.

$$h_L = 6.35 \times \frac{Q^{1.85}}{C^{1.85} \times D^{4.87}}$$

여기서, Q : 유량(L/min)
D : 직경(cm)
C : 조도계수
h_L : 마찰손실(m)

> **Tip** Hazen-Williams 공식
> ① $D>5$ cm ② $U<3$ m/s의 경우 $h_L = 6.35 \times \frac{Q^{1.85}}{C^{1.85} \times D^{4.87}}$

Hazen-Williams 공식은 $h_L = 6.35 \times \frac{Q^{1.85}}{C^{1.85} \times D^{4.87}}$ 으로부터 압력손실을 계산하면 다음과 같다.

$$\Delta P = 6.174 \times 10^5 \times \frac{Q^{1.85}}{C^{1.85} \times D^{4.87}} \times L$$

여기서, ΔP : 마찰손실에 의한 압력손실(kg_f/cm^2)
Q : 유량(L/min)
D : 직경(mm)
L : 관의 길이(m)
C : 조도계수

> **Tip** Hazen-Williams 공식에 의한 압력손실의 계산식
> $\Delta P = 6.174 \times 10^5 \times \frac{Q^{1.85}}{C^{1.85} \times D^{4.87}} \times L$

5.15 Example

물분무소화설비의 배관에 물이 흐르고 있다. 두 지점에 흐르는 물의 압력을 측정해 보았더니 각각 4.8 kg_f/cm^2, 3.1 kg_f/cm^2이었다. 만약 유량을 2.5배로 한다면 두 지점간의 압력차는 몇 kg_f/cm^2인가?

풀이.

동일한 구경을 가진 배관에 물이 흐르고 있으므로 조도(C) 및 구경(D)은 일정하다.
유량이 2.5배이므로 Q_1이 1일 때 Q_2는 2.5가 된다.

$\Delta P_m = \frac{Q^{1.85}}{C^{1.85} \times D^{4.87}} \times 10^5 = \left(\frac{10^5}{C^{1.85} \times D^{4.87}}\right) \times Q^{1.85}$에서 $\Delta P_m = (P_1 - P_2) \times 2.5^{1.85}$이다.

따라서, $\Delta P_m = (4.8 - 3.1) \times 2.5^{1.85} = 9.26\ kg_f/cm^2$이다.

5.16 Example

그림과 같은 배관평면도에서 배관 ABCD 및 AEFD간을 흐르는 유량을 각각 계산하여라. (단, 주어진 조건은 아래와 같다.)

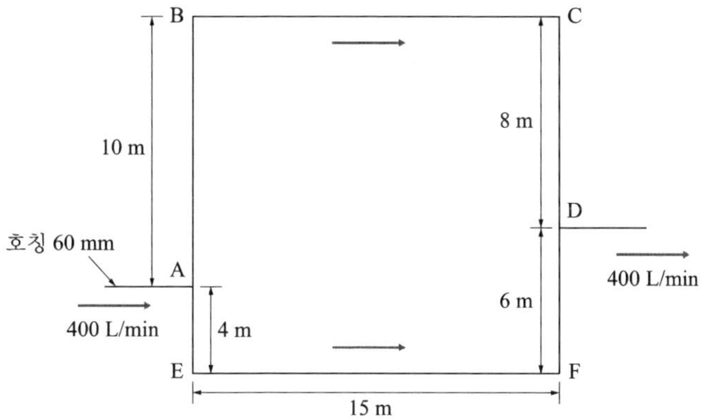

[조건]

1. 호칭 60 mm 배관의 안지름은 63 mm이다.
2. 호칭 60 mm 90°엘보의 등가길이는 2 m이다.
3. A 및 D점에 있는 Tee의 마찰손실은 무시한다.
4. Loop 배관 BCFEB의 호칭구경은 60 mm이다.
5. 하젠 - 윌리암스 공식은 다음과 같다.

$$\Delta P_m = \frac{6.174 \times 10^5 \times Q^{1.85}}{100^{1.85} \times D^{4.87}}$$

여기서, ΔP_m : 관장 1 m당 마찰손실압력(kg_f/cm^2)

Q : 유량(L/min)

D : 관내경(mm)

풀이.

$$\Delta P_{ABCD} = \frac{6.174 \times 10^5 \times Q^{1.85}}{100^{1.85} \times D^{4.87}} \times L_{ABCD}$$

$$= \frac{6.174 \times 10^5 \times Q^{1.85}}{100^{1.85} \times 63^{4.87}} \times [10 + 15 + 8 + (2 \times 2)] = 7.87 \times 10^{-6} \times Q_1^{\ 1.85}$$

$$\Delta P_{AEFD} = \frac{6.174 \times 10^5 \times Q^{1.85}}{100^{1.85} \times D^{4.87}} \times L_{AEFD}$$

$$= \frac{6.174 \times 10^5 \times Q^{1.85}}{100^{1.85} \times 63^{4.87}} \times [4 + 15 + 6 + (2 \times 2)] = 6.168 \times 10^{-6} \times Q_2^{\ 1.85}$$

ΔP_{AEFD} 와 ΔP_{ABCD} 는 서로 같으므로

$7.87 \times 10^{-6} Q_1^{\ 1.85} = 6.168 \times 10^{-6} \times Q_2^{\ 1.85}$이 된다.

따라서 $Q_1^{\ 1.85} = 0.783 Q_2^{\ 1.85}$에서 $Q_1 = 1$일 때 $Q_2 = 1.14$

그러므로 $Q_1 = \dfrac{1}{1 + 1.14} \times \dfrac{400\ \text{L}}{\text{min}} = 187\ \text{L/min}$

$Q_2 = \dfrac{1.14}{1 + 1.14} \times \dfrac{400\ \text{L}}{\text{min}} = 213\ \text{L/min}$

5.2 흐름에서의 손실수두

1. 소방용 호스에서의 손실수두의 계산

소방용 호스에서의 손실수두는 호스의 종류와 호스를 통하여 공급되는 소방용수의 유량에 따라서 달라진다. 소방에서 사용되는 호스의 종류는 재질이 섬유의 일종인 마(麻)형 호스와 호스 내부가 고무성분으로 코팅된 고무내장 호스로 분류된다. 유체는 유체가 흐르는 유로의 종류 및 표면 거칠기에 따라서 손실이 달라진다. 소방용 호스의 종류에 따른 손실수두값을 표 5-1에 나타내었다. 표 5-1은 호스 100 m당 유량 및 호스의 종류에 따른 손실수두값(m)을 나타낸 것이다.

표 5-1 소방용 호스의 마찰손실수두(호스 100m당)

구경종별 / 유량(L/min)	호스의 구경					
	40 mm		50 mm		65 mm	
	마형 호스	고무내장 호스	마형 호스	고무내장 호스	마형 호스	고무내장 호스
130	26	12	7	3	-	-
350	-	-	-	-	10	4

표에서 보면 고무가 내장된 구경 50 mm인 소방호스로 130 L/min의 유량으로 소방용수가 공급된다면 소방용수와 호스 사이에 발생하는 마찰손실은 호스 100 m당 3 m의 마찰손실이 발생된다는 것을 의미한다. 즉, 소방용 호스의 구경이 증가할수록 손실수두는 감소하며, 마(麻)로 된 마(麻)형 호스보다 내부가 고무성분으로 코팅된 고무내장 호스의 마찰손실수두가 감소한다는 것을 알 수 있다.

> **Tip** ① 소방용 호스의 구경이 증가할수록 손실수두는 감소한다.
> ② 고무로 코팅된 고무내장 호스의 마찰손실수두가 마형 호스보다 작다.

5.17 Example

유량이 130 L/min인 경우 방수용 소방호스는 40 mm 고무내장 호스이며 길이는 15 m짜리 2개가 연결되어 사용되고 있다. 이때 고무내장 호스의 손실수두를 계산하여라.

풀이.

표 5-1에 의하면 40 mm 고무내장 호스는 100 m당 마찰손실이 12 m이므로 이를 이용하면 다

음과 같이 계산할 수 있다.

구경종별 유량 (L/min)	호스의 구경					
	40 mm		50 mm		65 mm	
	마형 호스	고무내장 호스	마형 호스	고무내장 호스	마형 호스	고무내장 호스
130	26	12	7	3	-	-
350	-	-	-	-	10	4

주어진 값으로부터 고무내장호스 15 m짜리 2개에서 발생하는 손실수두는

$\frac{12\ \text{m}}{100\ \text{m}} \times 15\ \text{m} \times 2 = 3.6\ \text{m}$ 가 된다.

즉 내경이 40 mm인 고무내장형 소방호스로 물이 유량 130 L/min의 속도로 30 m를 이동하게 되면 약 3.6 m 정도의 손실수두가 발생한다는 의미이다.

2. 소방용 배관에서 손실수두

소방용 배관에서 발생하는 손실수두는 배관을 통하여 공급되는 소방용수의 유량과 소방용 배관의 직경에 따라서 달라진다. 이러한 소방용 배관에서의 손실수두는 직선형 배관의 길이와 배관에 부착된 관 부속물에 의하여 달라진다. 소방용 배관에서의 마찰손실은 직관에 의한 마찰손실과 관 부속물에 의한 마찰손실 등으로 나누어 생각할 수 있다. 즉,

배관에서의 마찰손실 = 배관의 길이에 의한 마찰손실 + 관 부속물에 의한 마찰손실

로 나타낸다.

(1) 소방용 배관에서 손실수두

먼저 소방용 배관에서의 유체의 흐름에 따른 손실수두를 살펴보기로 하자. 앞서 살펴본 바와 같이 배관의 구경과 유량에 의해 손실수두는 변화하는데 관의 길이 100 m당 소방용 배관에서 소방용수의 유량에 따른 마찰손실수두값을 표 5-2에 나타내었다. 표에 의하면 소방용 배관의 크기는 40 mm부터 150 mm까지 다양하며, 이때 관을 통해 흐르는 소방용수의 유량은 130 L/min부터 780 L/min까지의 범위에서의 마찰손실수두를 구할 수 있다.

표 5-2에서 살펴보면 일반적으로 마찰손실은 관의 직경에 반비례하고 유량에 비례하는 경향을 가져 소방용수가 이동하는 직관의 구경이 증가할수록 손실수두값은 감소하는 결과를 보이며, 동일한 직경을 가진 관에서는 소방용수의 흐름속도가 증가할수록 손실수두도 증가하는 결과를 나타낸다.

표 5-2 직관의 마찰손실수두(관 길이 100 m당)

유 량 (L/min)	관의 구경(mm)						
	40	50	65	80	100	125	150
130	13.32	**4.15**	1.23	0.53	0.14	0.05	0.02
260	47.84	14.90	4.40	1.90	0.15	0.18	0.08
390		31.60	9.34	4.02	1.10	0.38	0.17
520			15.65	6.76	1.86	0.64	0.28
650				10.37	2.84	0.99	0.43
780					3.98	1.38	0.60

> ***Tip*** **직관에서의 마찰손실수두**
> ① 관의 직경에 반비례 ② 유량에 비례한다.

표 5-2에서 보면 내경이 50 mm인 소방호스로 130 L/min의 유량으로 소방용수가 공급된다면 소방용수와 호스 사이에 발생하는 직관의 마찰손실수두는 호스 100 m당 4.15 m의 마찰손실이 발생된다는 것을 의미한다.

5.18 Example

직경이 65 mm인 옥내소화전설비로 소방용수가 공급되고 있다. 이때 소방용수의 유량이 390 L/min 이며, 관은 직선배관으로 관의 길이는 50 m이다. 이때 직관에 의한 손실수두는 몇 m인가?

풀이.

표 5-2에 의하면 직경이 65 mm인 직선관에서 관의 길이 100 m당 손실수두는 소방용수의 유량에 따라 그 값이 변화하여 유량이 390 L/min인 경우에는 관 100 m당 9.34 m의 손실수두가 발생한다.

유 량	관의 구경						
	40 mm	50 mm	65 mm	80 mm	100 mm	125 mm	150 mm
130 L/min	13.32	4.15	1.23	0.53	0.14	0.05	0.02
260 L/min	47.84	14.90	4.40	1.90	0.15	0.18	0.08
390 L/min		31.60	**9.34**	4.02	1.10	0.38	0.17
520 L/min			15.65	6.76	1.86	0.64	0.28
650 L/min				10.37	2.84	0.99	0.43
780 L/min					3.98	1.38	0.60

이 값을 이용하여 길이가 50 m인 직선배관에서의 손실수두를 계산하면 그 결과는 다음과 같다.

$$\text{손실수두} = \frac{9.34\ \mathrm{m}}{100\ \mathrm{m}} \times 50\ \mathrm{m} = 4.67\ \mathrm{m}$$

(2) 관 부속물에 의한 손실수두

수원으로부터 화재가 발생하는 지점까지 소방용수가 이동하는 동안 흐르는 배관에는 여러 가지 형태의 관 부속물이 연결되어 있다. 그 중에서 가장 널리 사용되는 부속물이 엘보, T 자관, 밸브 등이다. 이런 관 부속물이 존재하면 직관에 의한 마찰손실수두와는 다른 형태의 손실수두가 발생하게 된다. 이처럼 관 부속물에 의하여 발생하는 손실수두를 계산하기 위하여 표 5-3과 같은 자료를 이용하면 편리하다. 이 표를 이용하면 관부속물의 종류와 관부속물이 연결된 직관의 직경만 알면 각각의 관부속물에 의한 손실수두값을 쉽게 계산할 수 있다. 관부속물 하나의 손실수두를 계산하기 위하여 관부속물 하나에 상당하는 직관길이(m)를 구하여 이를 직관의 길이에 합산하여 전체 직관길이로 나타내는 방법을 이용하여 손실수두를 계산한다.

예를 들면 유량이 650 L/min이고 호칭직경이 100 mm인 직관에 90° 직류 T가 하나 설치되어 있다면 90° 직류 T 하나가 전체직관의 영향을 주는 길이는 다음과 같이 나타낸다. 직경이 100 mm이고, 유량이 650 L/min인 관에서 마찰손실은 표 5-2에 의하면 100 m 당 2.84 m가 된다. 관 부속물인 90° 직류 T 1개당 직경이 100 mm일 때 직관에 상당하는 길이가 표 5-3에 의하면 1.2 m이므로 90° 직류 T 1개에 의한 손실수두는 다음과 같이 계산한다.

$$\text{손실수두} = \frac{2.84}{100\ \text{m}} \times 1.2\ \text{m} = 0.03408\ \text{m}$$

표 5-3 관이음쇠, 밸브류 등의 마찰손실수두에 상당하는 직관길이(m)

호칭경(mm) \ 종류	90°엘보	45°엘보	90°T (분류)	카플링 90°T (직류)	게이트 밸브	볼 밸브	앵글 밸브
15	0.60	0.36	0.90	0.18	0.12	4.50	2.4
25	0.90	0.54	1.50	0.27	0.18	7.50	4.5
32	1.20	0.72	1.80	0.36	0.24	10.50	5.4
40	1.5	0.9	2.1	0.45	0.30	13.8	6.5
50	2.1	1.2	3.0	0.60	0.39	16.5	8.4
65	2.4	1.5	3.6	0.75	0.48	19.5	10.2
80	3.0	1.8	4.5	0.90	0.63	24.0	12.0
100	4.2	2.4	6.3	1.20	0.81	37.5	16.5
125	5.1	3.0	7.5	1.50	0.99	42.0	21.0
150	6.0	3.6	9.0	1.80	1.20	49.5	24.0

(주) ① 이 표의 엘보·T는 나사접합의 관이음쇠에 적합하다.
② 이경소켓, 부싱은 대략 이 표의 45° 엘보와 같다. 다만, 호칭구경이 작은 쪽을 따른다.
③ 스윙체크밸브·후트밸브는 표의 앵글밸브와 같다.
④ 소화전은 그 구조·형상에 따라 표의 유사한 밸브와 같다.
⑤ 밴드는 표의 카플링과 같다.
⑥ 유니온·플랜지·소켓은 손실수두가 근소하기 때문에 생략한다.
⑦ 자동경보밸브는 일반적으로 스윙체크밸브와 같다.
⑧ 포소화설비의 자동밸브는 일반적으로 볼밸브와 같다.

5.19
Example

직경이 100 mm인 옥내소화전설비로 소방용수가 공급되고 있다. 이때 소방용수의 유량이 650 L/min 이며, 관은 직선배관으로 관의 길이는 100 m이다. 배관상에 90°엘보가 2개, 직류T가 3개 부착되어 있을 때 배관의 전체 길이는 몇 m로 간주되는가?

풀이.

표 5-2에 의하면 공급속도는 650 L/min이며, 직경이 100 mm인 관의 유량에 따른 마찰손실은 2.84 m/100 m이다.

유 량	관의 구경						
	40 mm	50 mm	65 mm	80 mm	100 mm	125 mm	150 mm
130 L/min	13.32	4.15	1.23	0.53	0.14	0.05	0.02
260 L/min	47.84	14.90	4.40	1.90	0.15	0.18	0.08
390 L/min		31.60	9.34	4.02	1.10	0.38	0.17
520 L/min			15.65	6.76	1.86	0.64	0.28
650 L/min				10.37	**2.84**	0.99	0.43
780 L/min					3.98	1.38	0.60

또한 동일한 조건에서 직경이 100 mm인 배관상에 90°엘보가 1개 있을 때 관부속물 하나에 의하여 영향을 받는 마찰손실수두에 상당하는 직관길이는 표 5-3에 의하면 4.2가 된다.

종류 / 호칭경	90°엘보	45°엘보	90° T (분류)	카플링 90° T (직류)	게이트밸브	볼밸브	앵글밸브
15 mm	0.60	0.36	0.90	0.18	0.12	4.50	2.4
25 mm	0.90	0.54	1.50	0.27	0.18	7.5	4.5
32 mm	1.20	0.72	1.80	0.36	0.24	10.5	5.4
40 mm	1.5	0.9	2.1	0.45	0.30	13.8	6.5
50 mm	2.1	1.2	3.0	0.60	0.39	16.5	8.4
65 mm	2.4	1.5	3.6	0.75	0.48	19.5	10.2
80 mm	3.0	1.8	4.5	0.90	0.63	24.0	12.0
100 mm	**4.2**	2.4	6.3	1.20	0.81	37.5	16.5
125 mm	5.1	3.0	7.5	1.50	0.99	42.0	21.0
150 mm	6.0	3.6	9.0	1.80	1.20	49.5	24.0

또한 직류 T 하나에 의하여 영향을 받는 마찰손실수두에 상당하는 직관길이는 1.2가 된다.

종류 / 호칭경	90°엘보	45°엘보	90° T (분류)	카플링 90° T (직류)	게이트밸브	볼밸브	앵글밸브
15 mm	0.60	0.36	0.90	0.18	0.12	4.50	2.4
25 mm	0.90	0.54	1.50	0.27	0.18	7.5	4.5
32 mm	1.20	0.72	1.80	0.36	0.24	10.5	5.4
40 mm	1.5	0.9	2.1	0.45	0.30	13.8	6.5
50 mm	2.1	1.2	3.0	0.60	0.39	16.5	8.4
65 mm	2.4	1.5	3.6	0.75	0.48	19.5	10.2
80 mm	3.0	1.8	4.5	0.90	0.63	24.0	12.0
100 mm	4.2	2.4	6.3	**1.20**	0.81	37.5	16.5
125 mm	5.1	3.0	7.5	1.50	0.99	42.0	21.0
150 mm	6.0	3.6	9.0	1.80	1.20	49.5	24.0

이 값을 이용하여 관부속물에 의해 영향을 받는 직관의 길이를 고려하면 다음과 같다.
직관길이가 4.2 m인 90°엘보가 2개, 직관 길이가 1.2 m인 직류 T가 3개 부착되어 있으므로

$$\frac{2.84}{100\text{ m}} \times 4.2\text{ m} \times 2 + \frac{2.84}{100\text{ m}} \times 1.2\text{ m} \times 3 = 0.3408\text{ m}$$ 이 된다.

따라서 직관의 길이가 100 m이므로
전체관의 길이는 100 m + 0.3048 m = 100.3048 m가 된다.

5.20 Example

한 층에 옥내소화전이 4개씩 설치되어 있다. 수원의 바닥에서 최고 위치의 소화전까지의 높이는 10 m이고 배관의 손실수두는 15 m, 소방용 호스의 구경은 40 mm이고, 길이 15 m인 고무가 내장 호스가 2개 사용되고 있다. 다음을 계산하여라. [옥내소화전 1개의 유량은 130 L/min이며, 옥내소화전설비에서의 유속은 3 m/s 이하가 된다.]

① 주배관용 입상관의 구경 [mm]
② 수조의 유효수량 [m^3]
③ 펌프의 징격토출량 [m^3/s]
④ 펌프의 양정 [m]

풀이.

① 주배관용 입상관의 구경

옥내소화전 1개의 유량은 130 L/min이므로 옥내소화전이 4개이므로

전체 유량은 $\frac{130\text{ L}}{\text{min}} \times 4 = 520\ \frac{\text{L}}{\text{min}}$가 된다.

옥내소화전설비에서의 유속은 3 m/s 이하가 된다.

입상배관의 구경을 D라고 하면 입상배관을 흐르는 유량(Q)과 구경(D)의 관계는

$$Q = U \times A = U \times \frac{\pi}{4} \times D^2$$ 이 된다.

$$Q = \frac{520\text{ L}}{\text{min}} = \frac{520\text{ L}}{\text{min}} \times \frac{1\text{ min}}{60\text{ s}} \times \frac{1\text{ m}^3}{1000\text{ L}} = 0.0087\ \frac{\text{m}^3}{\text{s}}$$ 이므로

$$D = \sqrt{\frac{4Q}{U\pi}} = \sqrt{\frac{4 \times \frac{0.0087\text{ m}^3}{\text{s}}}{\frac{3\text{ m}}{\text{s}} \times 3.14}} = 0.0608\text{ m} = 6.08\text{ cm} = 60.8\text{ mm}$$

따라서 구경은 65 mm 이상이다

② 수조의 유효수량

옥내소화전 1개의 유량은 130 L/min이고 수조의 소화용수는 이 유량으로 최소 20분 이상은 지속적으로 공급되어야 한다. 한 층에 옥내소화전이 4개씩 설치되어 있으므로 수조의 유량은 $\frac{130\text{ L}}{\text{min}} \times 20\text{ min} \times 4 = 10400\text{ L} = 10.4\text{ m}^3$가 된다.

③ 펌프의 정격 토출량

펌프의 정격 토출량은 $\frac{130\text{ L}}{\text{min}} \times 4 = \frac{520\text{ L}}{\text{min}} = \frac{0.52\text{ m}^3}{\text{min}} = 0.0087\text{ m}^3/\text{s}$가 된다.

④ 펌프의 양정

펌프의 양정 $H = h_1 + h_2 + h_3 + h_4$

h_1 : 실양정 = 10 m

h_2 : 배관의 손실수두 = 15 m

h_3 : 소방호스의 마찰손실수두 = (15 m × 2) × 12 m/100 m = 3.6 m

(고무내장 소방호스의 구경이 40 mm일 때 길이 100 m당 마찰손실은 12 m이다.)

h_4 : 소화전 노즐선단 방수압력의 환산수두 = 17 m

구 경	40 mm		50 mm	
재 질	마	고무 내장	마	고무내장
마찰손실수두	26 m	12 m	7 m	3 m

$H = h_1 + h_2 + h_3 + h_4 = 10\text{ m} + 15\text{ m} + 3.6\text{ m} + 17\text{ m} = 45.6\text{ m}$

5.21 Example

지상 5층인 건물의 각층에 2개의 옥내소화전이 설치되어 있다. 최고위치의 소화전은 수원에서부터 20 m이고, 지름 80 mm인 주 배수관 구간의 길이가 10 m, 90°엘보 2개, 게이트밸브 1개, 체크밸브 1개 직류 T가 1개 설치되어 있다. 소방호스는 고무내장 호칭경 40 mm, 길이 15 m짜리 2개이다. 전체 배관의 손실수두를 15 m로 가정하고 다음을 계산하여라.

① 수원의 유효수량(m^3)

② 펌프의 정격 토출량(m^3/s)

③ 지름 80 mm 구간 배관의 손실수두(m)

④ 소방호스의 마찰손실수두(m)

⑤ 전양정(m)

풀이.

① 수원의 유효수량

옥내소화전 1개의 유량은 130 L/min이고 수조의 소화용수는 이 유량으로 최소 20분 이상은 지속적으로 공급되어야 한다. 한 층에 옥내소화전이 2개씩 설치되어 있으므로 수조의 유량은 $\dfrac{130\text{ L}}{\text{min}} \times 20\text{ min} \times 2 = 5200\text{ L} = 5.2\text{ m}^3$가 된다.

② 펌프의 정격 토출량

펌프의 정격 토출량은 $\dfrac{130\text{ L}}{\text{min}} \times 2 = \dfrac{260\text{ L}}{\text{min}} = \dfrac{0.26\text{ m}^3}{\text{min}} = \dfrac{0.26\text{ m}^3}{\text{min}} \times \dfrac{1\text{ min}}{60\text{ s}}$

$= 0.0043\text{ m}^3/\text{s}$가 된다.

③ 지름 80 mm 구간 배관의 손실수두

구경 80 mm, 유량 260 L/min인 구간의 관이음쇠와 밸브의 상당 길이를 구해 관 길이 10 m를 더한 다음 마찰손실수두를 계산한다.

ⓐ 90°엘보 2개 : 3.0 m × 2 = 6 m

ⓑ 게이트밸브 1개 : 0.63 m × 1 = 0.63 m

ⓒ 체크밸브 1개(스윙체크밸브, 후트밸브는 표의 앵글밸브와 같다.) : 12.0 m × 1 = 12 m

ⓓ 직류 T가 1개 : 0.9 m × 1 = 0.9 m

ⓐ+ⓑ+ⓒ+ⓓ = 6 m + 0.63 m + 12 m + 0.9 m = 19.53 m

호칭경 \ 종류	90°엘보	45°엘보	90° T (분류)	카플링 90° T (직류)	게이트 밸브	볼밸브	앵글밸브
15 mm	0.60	0.36	0.90	0.18	0.12	4.50	2.4
25 mm	0.90	0.54	1.50	0.27	0.18	7.5	4.5
32 mm	1.20	0.72	1.80	0.36	0.24	10.5	5.4
40 mm	1.5	0.9	2.1	0.45	0.30	13.8	6.5
50 mm	2.1	1.2	3.0	0.60	0.39	16.5	8.4
65 mm	2.4	1.5	3.6	0.75	0.48	19.5	10.2
80 mm	**3.0**	1.8	4.5	**0.90**	**0.63**	24.0	**12.0**
100 mm	4.2	2.4	6.3	1.20	0.81	37.5	16.5
125 mm	5.1	3.0	7.5	1.50	0.99	42.0	21.0
150 mm	6.0	3.6	9.0	1.80	1.20	49.5	24.0

표 5-2에 의하면 공급속도는 260 L/min이며, 직경이 80 mm인 관의 유량에 따른 마찰손실은 1.9 m/100 m이다.

유 량	관의 구경						
	40 mm	50 mm	65 mm	80 mm	100 mm	125 mm	150 mm
130 L/min	13.32	4.15	1.23	0.53	0.14	0.05	0.02
260 L/min	47.84	14.90	4.40	**1.90**	0.15	0.18	0.08
390 L/min		31.60	9.34	4.02	1.10	0.38	0.17
520 L/min			15.65	6.76	1.86	0.64	0.28
650 L/min				10.37	2.84	0.99	0.43
780 L/min					3.98	1.38	0.60

따라서 h_2 : 배관의 손실수두 = (10 m + 19.53 m) × (1.9 m/100 m) = 0.561 m이다.

④ 소방호스의 마찰손실수두

이 구간에서 유량은 260 L/min이고, 소방호스는 고무내장 호칭경 40 mm, 길이 15 m짜리 2개이므로 100 m당 마찰손실수두는 다음과 같다.

구 경	40 mm		50 mm	
재 질	마	고무 내장	마	고무내장
마찰손실수두	26 m	12 m	7 m	3 m

h_3 : 소방호스의 마찰손실수두 = (15 m × 2) × 12 m/100 m = 3.6 m

(고무내장 소방호스의 구경이 40 mm일 때 길이 100 m당 마찰손실은 12 m이다.)

⑤ 전양정

전양정 $H = h_1 + h_2 + h_3 + h_4$

h_1 : 실양정 = 20 m

h_2 : 배관의 손실수두 = 15 m (문제에서 제시된 조건)

h_3 : 소방호스의 마찰손실수두 = (15 m × 2) × 12 m/100 m = 3.6 m

(고무내장 소방호스의 구경이 40 mm일 때 길이 100 m당 마찰손실은 12 m이다.)

h_4 : 소화전 노즐선단 방수압력의 환산수두 = 17 m

$H = h_1 + h_2 + h_3 + h_4 = 20\text{ m} + 15\text{ m} + 3.6\text{ m} + 17\text{ m} = 55.6\text{ m}$

5.22 Example

그림과 같은 6층 철근콘크리트 건물에 1층부터 6층까지 각층에 1개씩 옥내소화전을 설치하고자 한다. 옥내소화전 설치에 필요한 ① 펌프의 송수량(L/min), ② 수원의 소요저수량(m^3/min), ③ 전양정(m)을 계산하여라.

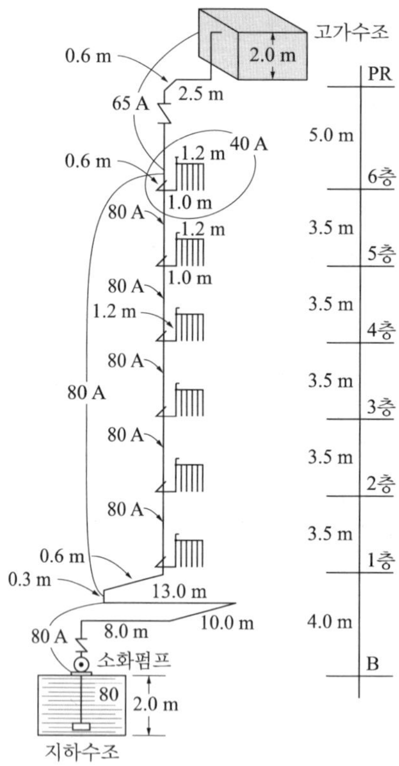

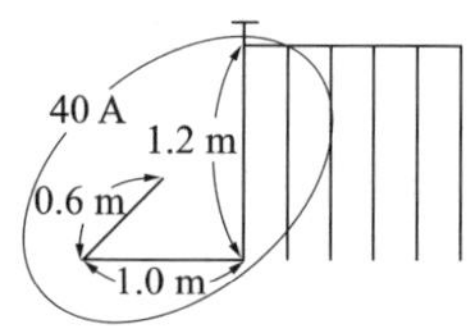

옥내소화전 상세도

[조건]

1. 노즐의 최소방수량 : 130 L/min (40 mm × 13 mm 노즐)
2. 펌프의 송수량 : 필요수량에 20%의 여유를 둔다.
3. 수원의 용량 : 소화전 사용할 때 20분간 계속 사용할 수 있는 량
4. 소화전 호스의 최소 선단압력 : 1.7 kg/cm^2

5. 호스의 길이는 15 m, 구경 40 mm의 마 호스 2개를 사용
6. 펌프의 효율은 55%이며, 전동기의 축동력 전달효율은 100%로 한다.
7. 직관의 마찰손실은 다음 표를 참조

유량(L/min)	130	260	390	520
40 mm	14.7 m			
50 mm	5.1 m	18.4 m		
65 mm	1.72 m	6.20 m	13.2 m	
80 mm	0.71 m	2.57 m	5.47 m	9.20 m

8. 관이음 및 밸브 등의 등가길이는 다음 표와 같다

관이음 및 밸브의 호칭경 mm(inch)	등가길이						
	90°엘보	90°엘보	90°엘보	90°엘보	게이트밸브	글로브밸브	앵글밸브
40 (1½)	1.5	0.9	2.1	0.45	0.30	13.5	6.5
50 (2)	2.1	1.2	3.0	0.60	0.39	16.5	8.4
65 (2½)	2.4	1.5	3.6	0.75	0.48	19.5	10.2
80 (3)	3.0	1.8	4.5	0.90	0.60	24.0	12.0
100 (4)	4.2	2.4	6.3	1.20	0.81	37.5	16.5
125 (5)	5.1	3.0	7.5	1.50	0.99	42.0	21.0
150 (6)	6.0	3.6	9.0	1.80	1.20	49.5	24.0

9. 호스의 마찰손실수두(100 m당)는 다음과 같다.

유량 (L/min)	호스의 호칭경					
	40 mm		50 mm		65 mm	
	마 호스	고무내장호스	마 호스	고무내장호스	마 호스	고무내장호스
130	26 m	12 m	7 m	3 m	-	-
350	-	-	-	-	10 m	4 m

풀이.

① 펌프의 송수량(필요 수량의 20% 여유)

옥내소화전 펌프의 송수량 $Q = N \times \dfrac{130\text{ L}}{\text{min}}$ (N은 최대 5개)

$$Q = 1 \times \frac{130\text{ L}}{\text{min}} \times 1.2 = 156\ \frac{\text{L}}{\text{min}}$$

② 수원의 소요 저수량

옥내소화전 수원의 소요저수량은 20 min간 사용할 수 있는 양이므로 다음과 같이 계산한다.

$$\frac{156\text{ L}}{\text{min}} \times 20\text{ min} = 3120\text{ L} \times \frac{1\text{ m}^3}{1000\text{ L}} = 3.12\text{ m}^3$$

③ 전양정

전양정(H)의 계산 근거는 다음과 같다.

구경	유량	직관 및 등가길이	m당 마찰손실수두	마찰손실수두
80 A	130 L/min	직 관 : 2+(4−0.3)+8+10+13+0.3+0.6 +(3.5×5)=55.1 m 관부속 : 후트밸브 : 1개 × 12.0=12.0 m 체크밸브 : 1개 × 12.0=12.0 m 90°엘보 : 6개 × 3.0=18.0 m 90° T(직류) : 5개 × 0.9=4.5 m 90° T(분류) : 1개 × 4.5=4.5 m 계 106.1 m	$\frac{0.71}{100}$	$\frac{0.71}{100}\times 106.1$ $=0.7533$ m
40 A	130 L/min	직 관 : 0.6+1.0+1.2=2.8 m 관부속 : 90°엘보 : 2개 × 1.5=3.0 m 앵글밸브 : 1개 × 6.5=6.5 m 계 12.3 m	$\frac{14.7}{100}$	$\frac{14.7}{100}\times 12.3$ $=1.8081$ m
			계	2.5614 m

옥내소화전 수원의 소요저수량

h_1 : 실양정(흡입양정+토출양정)=2+4+(3.5×5)+1.2=24.7 m

h_2 : 호스의 마찰손실수두$=15\times 2\times \frac{26}{100}=7.8$ m

h_3 : 배관 및 관 부속 마찰손실수두

따라서 옥내소화설비의 전양정(H)은

$H=h_1+h_2+h_3+17\text{ m}=24.7+7.8+2.56+17\text{ m}=52.06\text{ m}$

(3) 관의 확대 및 축소에 의한 손실

① 확대에 의한 손실(Losses in sudden expansion)

단면의 급격한 확대로 인한 마찰손실이 발생하는 경우를 살펴보면 다음과 같다. 단면이 갑자기 확대되는 경우의 마찰손실 h_{fe}

$$h_{fe}=K_e\frac{{U_a}^2}{2g} \tag{5-29}$$

여기서, K_e : 확대손실계수

U_a : 확대되기 전의 평균속도

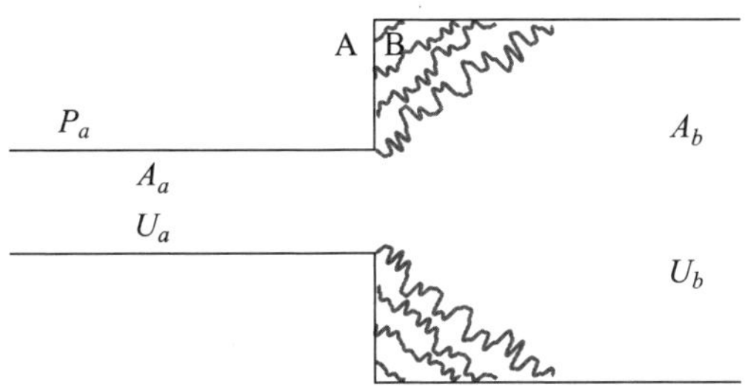

그림 5-4 급격한 관의 확대

그림 5-4에서 확대되기 전의 단면을 A_a, 확대되어 유동 흐름이 완전히 팽창된 단면을 A_b라 하면 관은 수평하므로 중력은 무시할 수 있을 정도이며 고체벽은 상대적으로 짧기 때문에 벽의 마찰 역시 무시될 수 있으며 두 단면 사이의 벽에서의 속도구배는 거의 없다. 따라서 작용하는 힘은 단면 A_a와 A_b에서의 압력에 의한 힘이다.

$$(P_aA_a - P_bA_b) = \frac{m}{g}(\beta_bU_b - \beta_aU_a) \tag{5-30}$$

$$\frac{P_a - P_b}{\rho} = \frac{\alpha_bU_b^{\ 2} - \alpha_aU_a^{\ 2}}{2g} + h_{fe} \tag{5-31}$$

일반적인 흐름에서 $\alpha_a = \alpha_b = 1$이고 $\beta_a = \beta_b = 1$

$\dfrac{U_a^{\ 2} - U_b^{\ 2}}{2g} = h_{fe},\quad U_b = U_a\left(\dfrac{A_a}{A_b}\right)$이므로

$$\frac{U_a^{\ 2}}{2g}\left(1 - \frac{A_a}{A_b}\right) = h_{fe} \tag{5-32}$$

$$\left(1 - \frac{A_a}{A_b}\right) = K_e \tag{5-33}$$

5.23 Example

유체가 유속이 4.4 m/s로 흐르는 관에서 유속이 0.515 m/s로 흐르는 관으로 확대하여 흐른다. 이때 획대손실을 구하라.

풀이.

$$h_{fs} = \frac{U_a^{\ 2} - U_b^{\ 2}}{2g} = \frac{(4.4\ \mathrm{m/s})^2 - (0.515\ \mathrm{m/s})^2}{2\times 9.8\ \mathrm{m/s^2}} = 0.974\ \mathrm{m}$$

② 축소에 의한 손실(Losses in sudden contraction)

단면의 급격한 축소로 인한 마찰손실이 발생하는 경우 유체의 유동은 축소 모서리의 관벽에서 유동의 접촉이 깨져서 축소 부분에서 유체의 stagnation현상이 일어난다. 축소 부분에서의 속도 분포는 유동의 흐름이 완전히 재현된 경우에 축소로 인한 순수한 속도 분포를 갖게 된다. 따라서 급격한 축소로 인하여 생기는 마찰손실은

$$h_{fc} = K_c \frac{{U_b}^2}{2g} \tag{5-34}$$

$$K_c = 0.4\left(1 - \frac{A_b}{A_a}\right) \tag{5-35}$$

여기서, K_c : 축소손실계수

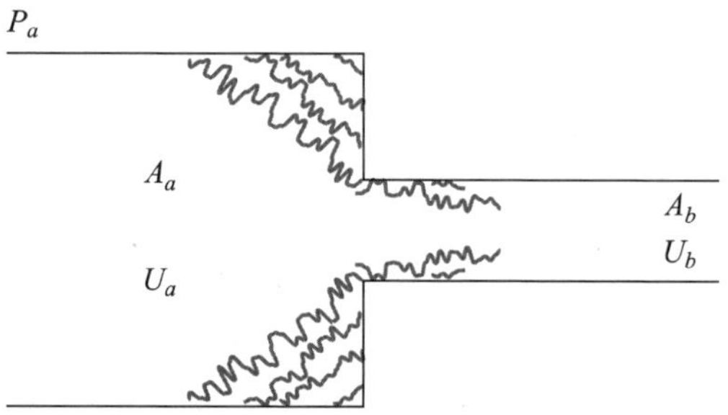

그림 5-5 관의 급격한 축소

5.24 Example

상온의 물이 5.0 m³/hr로 흐른다. 내경이 52.9 mm의 관으로 부터 내경이 27.6 mm의 관으로 축소되어 들어갈 때 두 손실을 구하시오.

풀이.

$$Q = \frac{\pi}{4}D^2U$$

$$U = \frac{Q}{\frac{\pi}{4}D^2} = \frac{\frac{5\ \mathrm{m}^3}{\mathrm{hr}} \times \frac{1\ \mathrm{hr}}{3600\ \mathrm{s}}}{\frac{\pi}{4}(0.0276\ \mathrm{m})^2} = 2.33\ \mathrm{m/s}$$

$$K_c = 0.4\left[1 - \left(\frac{D_1}{D_2}\right)^2\right] = 0.4\left[1 - \left(\frac{27.6}{52.9}\right)^2\right] = 0.291$$

$$h_{fc} = K_c\frac{{U_2}^2}{2g} = 0.291 \times \frac{(2.33\ \mathrm{m/s})^2}{2 \times 9.8\ \mathrm{m/s}^2} = 0.08\ \mathrm{m}$$

제5장 연습문제

5-1 하겐 - 포아젤 방정식에 대한 설명 중 옳은 것은 어느 것인가? (③)

① 수평 원통관 속의 난류흐름에 대한 유량을 구하는 식이다.
② 수평 원통관 속의 층류 및 난류흐름에서 마찰손실을 구하는 식이다.
③ 수평 원통관 속의 층류흐름에서 유량, 관경, 점성계수, 압력강하 등의 관계식이다.
④ 수평 원통관 속의 흐름에서 레이놀즈수와 유량과의 관계식이다.

풀이 하겐 - 포아젤 식은 층류흐름에서 유량, 관경, 점성계수, 압력강하 등의 관계를 나타낸 식이다.

$Q = \dfrac{\Delta P \pi D^4}{128\mu L}$ 이 된다.

여기서, Q : 유량, ΔP : 압력강하, D : 직경, μ : 점성, L : 길이

5-2 일정한 유량의 물이 층류로 원통형 관을 흐를 때 지름을 2배로 하면 손실수두는 어떻게 변화하는가? (④)

① 1/2　② 1/4
③ 1/8　④ 1/16

풀이 하겐 - 포아젤 식은 층류흐름에서 유량, 관경, 점성계수, 압력강하 등의 관계를 나타낸 식이다. $Q = \dfrac{\Delta P \pi D^4}{128\mu L}$ 에서 압력강하(ΔP)와 손실수두(h_L)의 관계로부터 $h_L = \dfrac{\Delta P}{\gamma}$ 이므로 $Q = \dfrac{\Delta P \pi D^4}{128\mu L}$ 에서 $\Delta P = \dfrac{128\mu L}{\pi D^4} \times Q$이 된다. 따라서 $h_L = \dfrac{128\mu L}{\pi D^4 \gamma} \times Q$으로 계산된다. 즉 다른 조건이 모두 같을 때 관의 직경만 변화한다면 $h_L \propto \dfrac{1}{D^4}$ 이 된다.

5-3 수평 원통관 속에서 층류흐름에서의 유량에 대한 설명으로 옳은 것은 어느 것인가? (③)

① 관의 길이에 비례한다.　② 점성에 비례한다.
③ 지름의 4제곱에 비례한다.　④ 압력강하에 반비례한다.

풀이 하겐 - 포아젤 식은 층류흐름에서 유량, 관경, 점성계수, 압력강하 등의 관계를 나타낸 식이다.

$Q = \dfrac{\Delta P \pi D^4}{128\mu L}$ 이 된다.

여기서, Q : 유량, ΔP : 압력강하, D : 직경, μ : 점성, L : 길이

하겐-포아젤 식은 층류흐름에서 유량(Q)은

① 관의 길이(L)에 반비례한다.

② 점성(μ)에 반비례한다.

③ 지름(D)의 4제곱에 비례한다.

④ 압력강하(ΔP)에 비례한다.

5-4 Darcy의 방정식에 대한 설명 중 옳은 것은 어느 것인가? (③)

① 돌연 축소된 관에서 손실수두를 계산하는데 적용되는 식이다.

② 점차로 확대되는 관에서 손실수두를 계산하는데 적용되는 식이다.

③ 곧고 긴 배관에서의 손실수두를 계산하는데 적용되는 식이다.

④ 베르누이 방정식의 일종이다.

풀이 Darcy-Weisbach 식은 곧고 긴 배관에서 손실수두의 계산에 적용하는 식이다.

$h_L = f \times \dfrac{L}{D} \times \dfrac{U^2}{2g}$ [m]이 된다.

여기서, U : 유속, f : 마찰손실계수, D : 직경, L : 길이

5-5 원통형 관 내를 흐르는 층류흐름에서 유체의 마찰손실은 어떻게 나타내는가? (②)

① 레이놀즈수에 비례한다.

② 레이놀즈수에 반비례한다.

③ 레이놀즈수의 제곱에 비례한다.

④ 레이놀즈수의 제곱에 반비례한다.

풀이 관 마찰손실계수는 레이놀즈수와 상대조도의 함수이다.

$f \propto \left(N_{Re}, \dfrac{\epsilon}{D}\right)$으로 표기된다. 층류흐름에서 마찰손실계수는 $f = \dfrac{64}{N_{Re}}$로 계산한다.

5-6 정상상태의 관 유동에서 압력강하(ΔP)는 속도(U), 관의 직경(D), 관의 길이(L), 마찰손실계수(f), 유체의 밀도(ρ), 그리고 비중량(γ)과 어떤 관계가 있는가? (①)

① $\Delta P = f \times \dfrac{\rho L}{D} \times \dfrac{U^2}{2}$

② $\Delta P = f \times \dfrac{\gamma L}{D} \times \dfrac{U^2}{2}$

③ $\Delta P = f \times \dfrac{\rho D}{L} \times \dfrac{U^2}{2g}$

④ $\Delta P = f \times \dfrac{\gamma D}{L} \times \dfrac{U^2}{2g}$

풀이 Darcy-Weisbach 식은 곧고 긴 배관에서 손실수두의 계산에 적용하는 식이다.

$h_L = f \times \dfrac{L}{D} \times \dfrac{U^2}{2g}$ [m]이 된다. 압력강하(ΔP)와 손실수두(h_L)의 관계로부터 $h_L = \dfrac{\Delta P}{\gamma}$이고 $\gamma = \rho \times g$이므로 $\Delta P = \gamma h_L = f \times \dfrac{\gamma L}{D} \times \dfrac{U^2}{2g} = f \times \dfrac{\rho L}{D} \times \dfrac{U^2}{2}$가 된다.

5-7 다음과 같은 하젠 - 윌리암스 공식에서 ΔP는 무엇을 나타내는가?

$\Delta P = 6.714 \times 10^5 \times \dfrac{Q^{1.85}}{C^{1.85} \cdot D^{4.87}} \times L$ (단, Q=유량[L/min], D=관의 내경[mm]) (④)

① 펌프의 가압 시 생기는 날개 이면의 압력손실
② 펌프의 1차측 및 2차측의 압력차
③ 배관흐름 중 외부로 누수되는 압력손실
④ 배관내의 마찰손실

풀이 하젠 - 윌리암스 공식에서 배관길이 당의 압력강하에 관한 공식이다.

$$\Delta P = 6.714 \times 10^5 \times \frac{Q^{1.85}}{C^{1.85} \cdot D^{4.87}}$$

여기서, Q : 유량(L/min), D : 관의 내경(mm), C : 조도, L : 관의 길이

5-8 다음의 설명 중에서 하겐 - 포아젤 방정식에 대한 설명으로 올바른 것은 어느 것인가? (②)

① 하겐 - 포아젤 방정식은 수평 원통형 관에서 난류흐름에서의 압력차를 계산하는 것이다.
② 하겐 - 포아젤 방정식은 수평 원통형 관에서 층류흐름에서 유량에 따른 압력차를 계산하는 것이다.
③ 하겐 - 포아젤 방정식은 수평 원통형 관에서 층류흐름에서 레이놀즈수와 마찰손실계수를 계산하는 것이다.
④ 하겐 - 포아젤 방정식은 수평 원통형 관에서 난류흐름에서 유량에 따른 압력차를 계산하는 것이다.

5-9 길이가 L이고, 지름이 D인 수평 원통형 관 속을 유체가 Q의 유량으로 흐르고 있다. 이때 관 입구와 출구에서의 압력차를 ΔP라고 하면 전단응력은 어떻게 표시되는가? (④)

① $\tau = \dfrac{\Delta P \times 4D}{L}$ ② $\tau = \dfrac{\Delta P \times 4L}{D}$

③ $\tau = \dfrac{\Delta P \times L}{4D}$ ④ $\tau = \dfrac{\Delta P \times D}{4L}$

풀이 $P_1A_1 = P_2A_2 + \tau A_L$이 되며, $P_1\pi r^2 = P_2\pi r^2 + 2\pi rL \times \tau$가 된다.

여기에서 전단응력 $\tau = -\mu\dfrac{dU}{dr}$이므로 이 값을 대입하여 정리하면 다음과 같다.

$P_1\pi r^2 = P_2\pi r^2 + 2\pi rL\left(-\mu\dfrac{dU}{dr}\right)$가 된다. 이 식을 πr^2으로 나누면

$P_1 = P_2 + \dfrac{2L}{r} \times \tau = P_2 + \dfrac{2L}{\frac{D}{2}} \times \tau = P_2 + \dfrac{4L}{D} \times \tau$로부터 전단응력은 $\tau = \dfrac{\Delta P \times D}{4L}$이다.

5-10 배관 속을 흐르는 유체의 손실수두에 관한 사항으로 가장 올바른 것은? (③)

① 관의 길이에 반비례한다.
② 관의 내경의 제곱에 반비례한다.
③ 유속의 제곱에 비례한다.
④ 유체의 밀도에 반비례한다.

풀이 배관을 흐르는 유체의 손실수두는 $h_L = f \times \frac{L}{D} \times \frac{U^2}{2g}$ 가 된다.

5-11 관내에 유체가 흐를 경우 유체의 흐름이 빨라 난류가 되면 수두손실은 어떻게 되는가?

① 난류의 수두손실은 대략 속도의 제곱에 비례한다. (①)
② 난류의 수두손실은 대략 속도의 제곱에 반비례한다.
③ 난류의 수두손실은 대략 속도에 비례한다.
④ 난류의 수두손실은 대략 속도에 반비례한다.

풀이 배관을 흐르는 유체의 손실수두는 $h_L = f \times \frac{L}{D} \times \frac{U^2}{2g}$ 이므로 수두손실은 (1) 유체가 이동하는 거리에 비례하며 (2) 직경에 반비례하고 (3) 속도의 제곱근에 비례한다.

5-12 유체가 원통형 관을 층류로 흐를 때 발생하는 마찰손실계수에 대한 설명으로 옳은 것은? (①)

① 레이놀즈수의 함수이다.
② 마하수와 코시수의 함수이다.
③ 상대조도와 오일러의 함수이다.
④ 레이놀즈수와 상대조도의 함수이다.

풀이 유체가 원통형 관을 층류($Re < 2{,}100$)로 흐를 때 발생하는 마찰손실계수는 레이놀즈 함수이며 난류($Re > 4000$)로 흐를 때에는 레이놀즈수와 상대조도의 함수이다.

5-13 길이가 100 m이고 직경이 15 cm인 관에 1.5 m/s의 속도로 소방용수가 흐르고 있을 때 손실수두는 몇 m인가? (단, 이때 관의 마찰손실계수는 0.02이다.) (③)

① 0.68 m
② 1.1 m
③ 1.53 m
④ 1.96 m

풀이 배관을 흐르는 유체의 손실수두는 $h_L = f \times \frac{L}{D} \times \frac{U^2}{2g}$ 이므로 길이(L)이 100 m이고 직경(D)가 15 cm = 0.15 m일 때 유속이 1.5 m/s라면 손실수두는 다음과 같다.

$$h_L = f \times \frac{L}{D} \times \frac{U^2}{2g} = 0.02 \times \frac{100\text{ m}}{0.15\text{ m}} \times \frac{(1.5\text{ m/s})^2}{2 \times \frac{9.8\text{ m}}{\text{s}^2}} = 1.53\text{ m}$$

5-14 다음 주어진 조건에서 평면도처럼 소방용수가 흐르고 있다. 이때 배관 ABCD 및 AFED간을 흐르는 유량을 계산하여라.

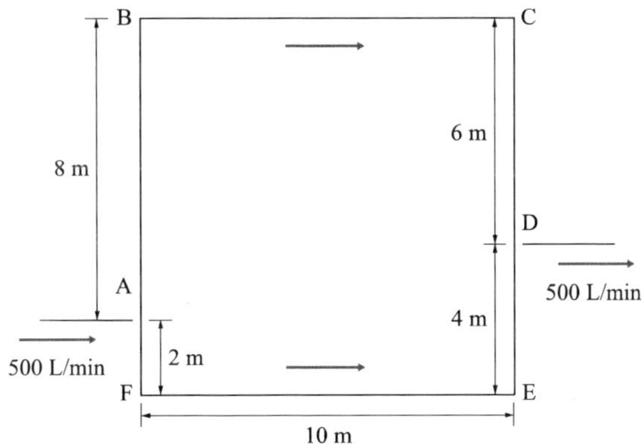

조건	
	1. 유입구는 호칭 80 mm이다.
	2. 호칭 50 mm의 90°엘보의 등가길이는 1.4 m이다.
	3. A 및 D지점에 있는 T의 마찰손실은 무시한다.
	4. 배관 BCEFB의 호칭구경은 50 mm이며, 호칭 50 mm 배관의 안시름은 54 mm이다.
	5. 이때 마찰손실은 하젠－윌리암스 공식을 따른다.

풀이 하젠 - 윌리암스 공식은 $\Delta P = \dfrac{6.17\times 10^5 \times Q^{1.85}}{C^{1.85}\times D^{4.87}}$ 이다.

$$\Delta P_{\mathrm{ABCD}} = \frac{6.17\times 10^5 \times Q_1^{1.85}}{100^{1.85}\times 54^{4.87}} \times (8+10+6+1.4+1.4) = 1.2\times 10^{-5} Q_1^{1.85}$$

$$\Delta P_{\mathrm{AFED}} = \frac{6.17\times 10^5 \times Q_1^{1.85}}{100^{1.85}\times 54^{4.87}} \times (2+10+4+1.4+1.4) = 8.46\times 10^{-6} Q_2^{1.85}$$

흐르는 유체의 양은 일정하므로 $1.2\times 10^{-5} Q_1^{1.85} = 8.46\times 10^{-6} Q_2^{1.85}$가 된다.

$Q_2^{1.85} = \dfrac{1.2\times 10^{-5} Q_1^{1.85}}{8.46\times 10^{-6}} = 1.42 Q_1^{1.85}$이므로 ABCD 경로로 흐르는 유체의 양과 AFED의 경로로 흐르는 유체의 양의 비는 1 : 1.42의 비를 가진다고 할 수 있다.

$$Q_1 = \frac{500\ \mathrm{L}}{\mathrm{min}} \times \frac{1}{1+1.42} = 206.6\ \mathrm{L/min}, \qquad Q_2 = \frac{500\ \mathrm{L}}{\mathrm{min}} \times \frac{1.42}{1+1.42} = 293.4\ \mathrm{L/min}$$

5-15 지름이 50 cm인 관으로 5000 $\mathrm{m^3}$/24 hr의 유량으로 소방용수인 물을 1000 m 떨어진 곳으로 보내려고 한다. 이때 필요한 압력은 몇 kPa인가? (단, 배관에서의 마찰손실은 0.05이다.)

풀이 Darcy-Weisbach 식으로부터 $h_L = f \times \dfrac{L}{D} \times \dfrac{U^2}{2g}$ 이므로

h_L : 손실수두(m), L : 관길이(m), U : 유속(m/s), D : 관내경(m)

여기서, $A = \frac{\pi}{4}D^2 = \frac{\pi}{4}(0.5\,\text{m})^2 = 0.19625\,\text{m}^2$이 된다.

따라서 $U = \frac{Q}{A} = \frac{\frac{5000\,\text{m}^3}{24\,\text{hr}} \times \frac{1\,\text{hr}}{3600\,\text{s}}}{0.19625\,\text{m}^2} = 0.295\,\frac{\text{m}}{\text{s}}$

이 값으로부터

$$h_L = f \times \frac{L}{D} \times \frac{U^2}{2g} = 0.05 \times \frac{1000\,\text{m}}{0.5\,\text{m}} \times \frac{\left(\frac{0.295\,\text{m}}{\text{s}}\right)^2}{2 \times \frac{9.8\,\text{m}}{\text{s}^2}} = 0.444\,\text{m}$$

$$\Delta P = \rho g h_L = \gamma \times h_L = 0.444\,\text{m} \times \frac{1000\,\text{kg}_\text{f}}{\text{m}^3} \times \frac{9.8\,\text{N}}{1\,\text{kg}_\text{f}} = \frac{4351.2\,\text{N}}{\text{m}^2} = 4.3512\,\text{kPa}$$

5-16 어떤 물분무소화설비의 배관에 물이 흐르고 있다. 두 지점에 흐르는 물의 압력을 측정해 보았더니 각각 5 $\text{kg}_\text{f}/\text{cm}^2$, 4.2 $\text{kg}_\text{f}/\text{cm}^2$이었다. 만약 유량을 2배로 한다면 두 지점간의 압력차($\text{kg}_\text{f}/\text{cm}^2$)는 얼마인가?

풀이 동일한 구경의 배관에 물이 흐르고 있으므로 조도(C) 및 구경(D)은 일정하다.
여기서 Q_1이 1일 때 Q_2는 2이므로

$\Delta P_m = \frac{Q^{1.85}}{C^{1.85} \times D^{4.87}} \times 10^5$에서 $\Delta P_m = (P_1 - P_2) \times 2^{1.85}$이다.

따라서 $\Delta P_m = (5 - 4.2) \times 2^{1.85} = 2.884\,\text{kg}_\text{f}/\text{cm}^2$이다.

5-17 반지름이 25 cm인 관으로 10000 m^3/24 hr를 1500 m 떨어진 곳으로 송수할 때 가하여야 할 필요 압력(N/m^2)을 계산하여라. (단, 배관의 마찰손실계수는 0.33이다.)

풀이 $Q = 10000\,\text{m}^3/24\,\text{hr} = 416.67\,\text{m}^3/\text{hr} = 0.116\,\text{m}^3/\text{s}$가 된다.

$D = 0.5\,\text{m}$이므로 $A = \frac{\pi}{4}D^2 = \frac{\pi}{4}(0.5\,\text{m})^2 \fallingdotseq 0.2\,\text{m}^2$가 된다.

그러므로 $U = \frac{Q}{A} = \frac{0.116\,\frac{\text{m}^3}{\text{s}}}{0.2\,\text{m}^2} = \frac{0.58\,\text{m}}{\text{s}}$

물이 흐르므로 물의 밀도 $\rho = 1000\,\frac{\text{kg}}{\text{m}^3}$이며 비중량은 $\gamma = 9800\,\frac{\text{N}}{\text{m}^3}$이 된다. 이 값을 대입하면

$h_L = f \times \frac{L}{D} \times \frac{U^2}{2g}$에서 $\Delta P = \gamma h_L$이므로

$$\Delta P = f \times \frac{\gamma U^2}{2g} \times \frac{L}{D} = 0.33 \times \frac{\frac{9800\,\text{N}}{\text{m}^3} \times \left(\frac{0.58\,\text{m}}{\text{s}}\right)^2}{2 \times \frac{9.8\,\text{m}}{\text{s}^2}} \times \frac{1500\,\text{m}}{0.5\,\text{m}} = 166518\,\text{N/m}^2$$

5-18 그림과 같은 배관평면도에서 배관 ABCD 및 AEFD간을 흐르는 유량(L/min)을 각각 계산하여라. (단, 주어진 조건은 아래와 같다.)

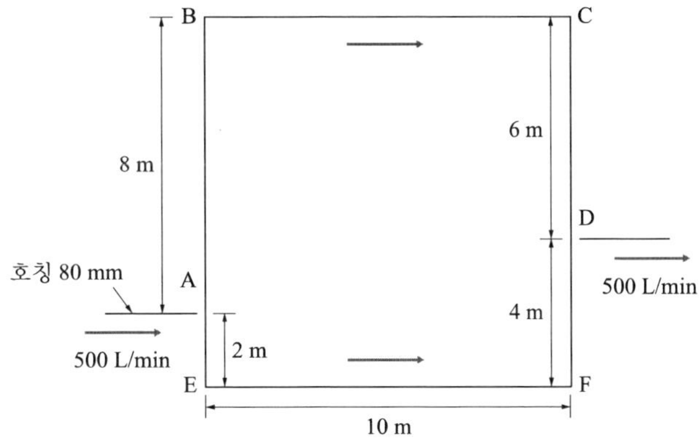

조건
1. 호칭 50 mm 배관의 안지름은 54 mm이다.
2. 호칭 50 mm 90°엘보의 등가길이는 1.6 m이다.
3. A 및 D점에 있는 Tee의 마찰손실은 무시한다.
4. Loop 배관 BCFEB의 호칭구경은 50 mm이다.
5. 하젠 – 윌리암스 공식은 다음과 같다.

$$\Delta P_m = \frac{6.174 \times 10^5 \times Q^{1.85}}{100^{1.85} \times D^{4.87}}$$

여기서, ΔP_m : 관장 1 m당 마찰손실압력(kg/cm²)
Q : 유량(L/min)
D : 관내경(mm)

풀이 $\Delta P_{\text{ABCD}} = \dfrac{6.174 \times 10^5 \times Q_1^{1.85}}{100^{1.85} \times D^{4.87}} \times L_{\text{ABCD}}$

$$\Delta P_{\text{ABCD}} = \frac{6.174 \times 10^5 \times Q_1^{1.85}}{100^{1.85} \times 54^{4.87}} \times [8+10+6+(1.6\times 2)] = 1.22563 \times 10^{-5} \times Q_1^{1.85}$$

$$\Delta P_{\text{AEFD}} = \frac{6.174 \times 10^5 \times Q_2^{1.85}}{100^{1.85} \times D^{4.87}} \times L_{\text{AEFD}}$$

$$\Delta P_{\text{AEFD}} = \frac{6.174 \times 10^5 \times Q_2^{1.85}}{100^{1.85} \times 54^{4.87}} \times [2+10+4+(1.6\times 2)] = 8.6518 \times 10^{-6} \times Q_2^{1.85}$$

ΔP_{ABCD}와 ΔP_{AEFD}는 서로 같으므로

$1.22563 \times 10^{-5} Q_1^{1.85} = 8.6518 \times 10^{-6} \times Q_2^{1.85}$

$Q_1^{1.85} = 0.7059 Q_2^{1.85}$에서 $Q_1 = 1$일 때 $Q_2 = 1.2017$. 그러므로

$$Q_1 = \frac{1}{1+1.2071} \times \frac{500\ \text{L}}{\text{min}} = 226.54\ \text{L/min}$$

$$Q_2 = \frac{1.2071}{1+1.2071} \times \frac{500\ \text{L}}{\text{min}} = 273.46\ \text{L/min}$$

5-19 그림과 같은 배관평면도에서 화살표 방향으로 물이 흐르고 있다. 주어진 조건에서 유량 Q_1, Q_2는 몇 L/min인가?

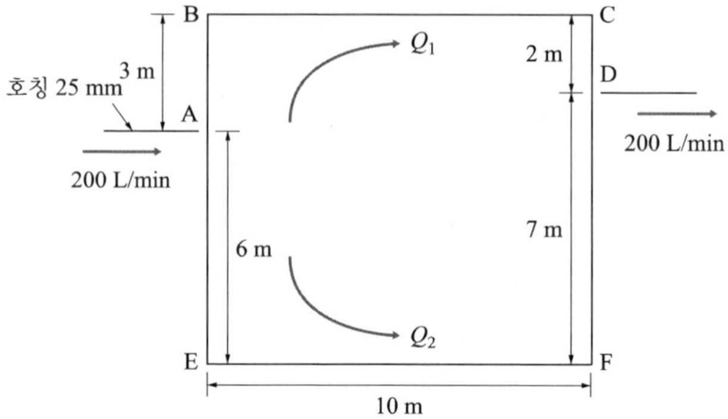

> 조건
> 1. 호칭 25 mm 배관의 안지름은 27 mm이다.
> 2. 호칭 25 mm 90°엘보의 등가길이는 0.9 m이다.
> 3. 배관은 아연도강관이다. (아연도강관의 조도 C는 120이다.)
> 4. A 및 D점에 있는 Tee의 마찰손실은 무시한다.
> 5. 마찰손실압력과 유량과의 관계는 하젠 - 윌리암스 공식을 이용
>
> $$\Delta P_m = \frac{6.174\times 10^5 \times Q^{1.85}}{C^{1.85}\times D^{4.87}}$$
>
> 여기서, ΔP_m : 관장 1 m당 마찰손실압력(kg/cm²)
> Q : 유량(L/min)
> D : 관내경(mm)
> C : 조도

풀이 $$\Delta P_{\text{ABCD}} = \frac{6.174\times 10^5 \times Q_1^{1.85}}{120^{1.85}\times 27^{4.87}} \times [3+10+2+(0.9\times 2)] = 1.58\times 10^{-4} Q_1^{1.85}$$

$$\Delta P_{\text{AEFD}} = \frac{6.174\times 10^5 \times Q_2^{1.85}}{120^{1.85}\times 27^{4.87}} \times [6+10+7+(0.9\times 2)] = 2.33\times 10^{-4} Q_2^{1.85}$$

ΔP_{ABCD}와 ΔP_{AEFD}는 서로 같으므로

$$1.58\times 10^{-4} Q_1^{1.85} = 2.33\times 10^{-4} Q_2^{1.85}$$

$Q_1^{1.85} = 1.4747 Q_2^{1.85}$에서 $Q_1 = 1$일 때 $Q_2 = 0.8106$

$$Q_1 = \frac{1}{1+1.8106} \times \frac{200\text{ L}}{\text{min}} = 110.46\text{ L/min}$$

$$Q_2 = \frac{0.8106}{1+0.8106} \times \frac{200\text{ L}}{\text{min}} = 89.54\text{ L/min}$$

5-20 그림을 보고 배관 A 및 B 부분의 유량(m^3/s)과 유속(m/s)을 구하시오. (단, Darcy-Weisbach 식을 사용하고 마찰손실계수는 0.0026으로 한다.)

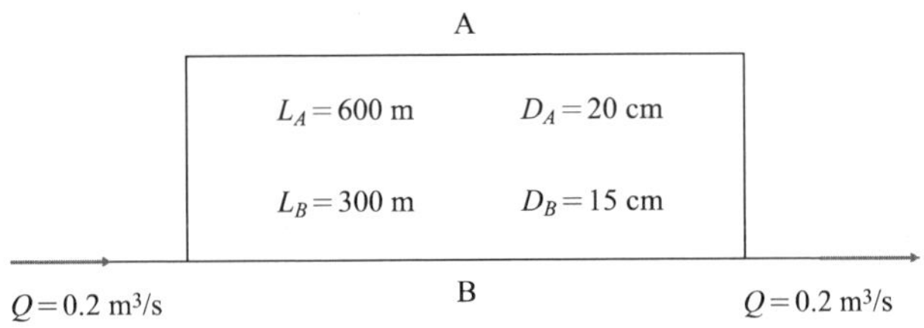

풀이 Darcy-Weisbach 식 $h_L(\mathrm{m}) = f \times \frac{L}{D} \times \frac{U^2}{2g}$

배관 A 및 B부분의 마찰손실은 같으므로

$$f \times \frac{L}{D} \times \frac{{U_A}^2}{2g} = f \times \frac{L}{D} \times \frac{{U_B}^2}{2g}$$

$$\frac{0.0026 \times 600\ \mathrm{m} \times U_A^2}{2 \times \frac{9.8\ \mathrm{m}}{\mathrm{s}^2} \times 0.2\ \mathrm{m}} = \frac{0.0026 \times 300\ \mathrm{m} \times U_B^2}{2 \times \frac{9.8\ \mathrm{m}}{\mathrm{s}^2} \times 0.15\ \mathrm{m}}$$

$U_A = 0.8165\,U_B$

흐름공정에서 전체 유량 Q는 각 시점에서의 유량의 합과 같으므로

$$\begin{aligned} Q &= Q_A + Q_B = U_A A_A + U_B A_B \\ &= 0.8165\,U_B \times \frac{\pi}{4} D_A^2 + U_B \times \frac{\pi}{4} D_B^2 \\ &= 0.8165\,U_B \times \frac{\pi}{4} 0.2^2 + U_B \times \frac{\pi}{4} 0.15^2 = 0.2\ \frac{\mathrm{m}^3}{\mathrm{s}} \end{aligned}$$

이므로 $0.0256\,U_B + 0.0177\,U_B = 0.2$에서

$$U_B = 4.62\ \mathrm{m/s}, \quad U_A = 0.8165\,U_B = \frac{4.62\ \mathrm{m}}{\mathrm{s}} \times 0.8165 = 3.77\ \mathrm{m/s}$$

$$Q_A = U_A A_A = \frac{3.77\ \mathrm{m}}{\mathrm{s}} \times \frac{\pi}{4}(0.2\ \mathrm{m})^2 = 0.12\ \mathrm{m}^3/\mathrm{s}$$

$$Q_B = \frac{0.2\ \mathrm{m}^3}{\mathrm{s}} - \frac{0.12\ \mathrm{m}^3}{\mathrm{s}} = 0.08\ \mathrm{m}^3/\mathrm{s}$$

5-21 점도가 0.95 poise인 유체가 지름이 10 cm이고 길이가 50 m인 원통형 관으로 0.1 m^3/s의 유량으로 흐르고 있다. 이 유체를 수송하는데 필요한 동력장치의 압력은 몇 kPa인가?

풀이 유체의 흐름에서 일정한 유량(Q)을 일정거리(L)까지 이동하는데 동력장치인 펌프를 사용하게 된다. 이때 사용한 펌프의 압력은 실제적으로 유체의 이동에 필요한 압력변화 값과 같으므로 유량에 따른 압력변화를 계산하기 위해서는 하겐 - 포아젤 식을 이용하여야 한다.

따라서 $Q = \frac{\pi \gamma h}{8 \times 2^4 \mu L} D^4 = \frac{\pi \gamma h}{128 \mu L} D^4 = \frac{\pi \Delta P}{128 \mu L} D^4$이므로 $\Delta P = \frac{128 \mu L Q}{\pi D^4}$이 된다.

주어진 값으로부터 $Q=0.1\ \text{m}^3/\text{s}$, $L=50\ \text{m}$, $D=10\ \text{cm}=0.1\ \text{m}$

$$\mu = \frac{0.95\ \text{g}}{\text{cm}\cdot\text{s}} = \frac{0.95\ \text{g}}{\text{cm}\cdot\text{s}}\times\frac{1\ \text{kg}}{1000\ \text{g}}\times\frac{100\ \text{cm}}{1\ \text{m}} = 0.095\ \frac{\text{kg}}{\text{m}\cdot\text{s}}$$

따라서 $\Delta P = \frac{128\mu LQ}{\pi D^4} = \frac{128\times\frac{0.095\ \text{kg}}{\text{m}\cdot\text{s}}\times 50\ \text{m}\times\frac{0.1\ \text{m}^3}{\text{s}}}{\pi(0.1\ \text{m})^4} = \frac{193630\ \text{kg}}{\text{m}\cdot\text{s}^2} = 193630\ \frac{\text{N}}{\text{m}^2}$

$$\Delta P = \frac{193.63\times10^3\ \text{N}}{\text{m}^2} = 193.63\ \text{kPa}$$

5-22 지름 5 cm, 길이 20 m인 관속을 점성계수 0.6 poise인 유체가 0.05 m^3/s의 유량으로 흐르고 있다. 이 유체를 수송하는데 필요한 펌프의 압력은 몇 N/m^2인가?

풀이 하겐-포아젤 식은 층류흐름에서 유량, 관경, 점성계수, 압력강하 등의 관계를 나타낸 식이다.

$Q = \frac{\Delta P\pi D^4}{128\mu L}$이 된다.

$Q = \frac{\Delta P\pi D^4}{128\mu L}$에서 $\Delta P = \frac{128\mu L}{\pi D^4}\times Q$이 된다.

여기서, Q : 0.05 m^3/s, D : 5 cm = 0.05 m, μ = 0.6 poise, L = 20 m이므로

$$\mu = 0.6\ \text{poise}\times\frac{\frac{\text{g}}{\text{cm}\cdot\text{s}}\times\frac{1\ \text{kg}}{10^3\ \text{g}}\times\frac{10^2\ \text{cm}}{1\ \text{m}}}{\text{poise}} = 0.06\ \frac{\text{kg}}{\text{m}\cdot\text{s}}$$

$\Delta P = \frac{128\mu L}{\pi D^4}\times Q$이므로 주어진 값을 대입하면

$$\Delta P = \frac{128\times\frac{0.06\ \text{kg}}{\text{m}\cdot\text{s}}\times 20\ \text{m}\times\frac{0.05\ \text{m}^3}{\text{s}}}{3.14\times(0.05\ \text{m})^4} = 391.338\times10^3\ \frac{\text{kg}\cdot\frac{\text{m}^3}{\text{s}^2}}{\text{m}^4} = 391.338\times10^3\ \text{N/m}^2$$

5-23 매끈한 원통형 관 내부를 흐르는 유체의 레이놀즈수를 측정하였더니 1500이었다. 이때 마찰손실계수는 얼마인가?

풀이 층류흐름에서 레이놀즈수(N_{Re})와 마찰손실계수(f)와의 관계

$$f = \frac{64}{N_{Re}} = \frac{64}{1500} = 0.0427$$

5-24 밀도가 1 g/cm^3, 점도 1 cP인 비압축성유체가 10 cm/s의 속도로 원관을 통하여 층류흐름으로 흐를 때 마찰손실계수가 0.04가 되는 경우 유체가 흐르는 원통형 관의 내경(cm)은 얼마인가?

풀이 $f = \dfrac{64}{N_{Re}} = 0.04$에서 $N_{Re} = 1600$이 된다.

$$N_{Re} = \frac{\rho DU}{\mu} = 1600\text{에 의해서 } D = \frac{\mu \times 1600}{\rho \times U} = \frac{\dfrac{0.01\ \text{g}}{\text{cm}\cdot\text{s}} \times 1600}{\dfrac{1\ \text{g}}{\text{cm}^3} \times \dfrac{10\ \text{cm}}{\text{s}}} = 1.6\ \text{cm}$$

5-25 밀도가 0.85 g/cm^3, 점도 20 cP의 유체를 1000 m^3/hr로 1500 m 떨어진 탱크에 보낸다. 이 때 사용된 관의 내경은 250 mm이다. 이 관로의 마찰손실은 몇 m이고 마찰에 의한 압력손실은 몇 N/m^{2}인가? (단, f =0.002이다.)

풀이 유체가 흐르는 관에서 발생하는 마찰손실과 마찰손실에 의한 압력손실은 Darcy-Weisbach 식으로부터 계산된다.

마찰손실수두는 $h = \dfrac{64}{N_{Re}} \dfrac{L}{D} \dfrac{U^2}{2g}$이며 압력변화 $\Delta P = \gamma h$이므로

$\Delta P = \gamma \times f \dfrac{L}{D} \dfrac{U^2}{2g} = f \dfrac{L}{D} \dfrac{\gamma U^2}{2g}$이 된다. 주어진 조건에서 이 값을 구하기 위해 유속을 계산하면 다음과 같다.

$$U = \frac{Q}{\dfrac{\pi}{4} D^2} = \frac{1000\ \text{m}^3}{\text{hr}} \times \frac{\dfrac{1\ \text{hr}}{3600\ \text{s}}}{\dfrac{\pi}{4}(0.25\ \text{m})^2} = 5.66\ \frac{\text{m}}{\text{s}}$$

$$h_L = f \frac{L}{D} \frac{U^2}{2g} = 0.002 \times \frac{1500\ \text{m}}{0.25\ \text{m}} \times \frac{\left(\dfrac{5.66\ \text{m}}{\text{s}}\right)^2}{2 \times \dfrac{9.8\ \text{m}}{\text{s}}} = 19.61\ \text{m}$$

$$\Delta P = \gamma \times h_L = \frac{850\ \text{kg}_\text{f}}{\text{m}^3} \times 19.61\ \text{m} \times \frac{9.8\ \text{N}}{1\ \text{kg}_\text{f}} = 163351.3\ \text{N/m}^2$$

5-26 내경이 40 mm, 길이 15 m의 소방호스에 소방용수를 매분 130 L를 높이 25 m의 옥외소화전에서 방수하려고 한다. 마찰손실계수가 0.025일 때 관로의 마찰손실수두(m)를 계산하여라.

풀이 손실수두를 계산하기 위하여 유속을 계산하여야 한다. 본 조건에서는 유속을 유량으로부터 추정하여야 한다. 주어진 유량과 직경으로부터 소방용수의 유속을 계산하면

$$Q = \frac{130\ \text{L}}{\text{min}} = \frac{0.13\ \text{m}^3}{\text{min}} = \frac{0.13\ \text{m}^3}{\text{min}} \times \frac{1\ \text{min}}{60\ \text{s}} = 2.17 \times 10^{-3}\ \text{m}^3/\text{s}$$

$$A = \frac{\pi}{4} D^2 = \frac{\pi}{4} \times (0.04\ \text{m})^2 = 1.256 \times 10^{-3}\ \text{m}^2$$

$$U = \frac{Q}{A} = \frac{2.17\times10^{-3}\ \mathrm{m^3/s}}{1.256\times10^{-3}\ \mathrm{m^2}} = 1.73\ \mathrm{m/s}$$

마찰에 의한 손실수두는 Darcy-Weisbach 식으로부터 구할 수 있다.

$$h = f\frac{L}{D}\frac{U^2}{2g} = 0.025\times\frac{15\ \mathrm{m}}{0.04\ \mathrm{m}}\times\frac{(1.73\ \mathrm{m/s})^2}{2\times9.8\ \mathrm{m/s^2}} = 1.43\ \mathrm{m}$$

5-27 0.5 $\mathrm{m^3/s}$의 유량으로 지름 100 cm인 관속을 점성계수가 0.01 $\mathrm{kg_f\cdot s/m^2}$이고, 비중이 0.85인 소화약제가 흐르고 있다. 길이 100 m에 대한 손실수두는 몇 m인가?

풀이 하겐 - 포아젤 식은 층류흐름에서 유량, 관경, 점성계수, 압력강하 등의 관계를 나타낸 식이다.

$Q = \dfrac{\Delta P\pi D^4}{128\mu L}$이 된다. 압력강하($\Delta P$)와 손실수두($h_L$)의 관계로부터 $h_L = \dfrac{\Delta P}{\gamma}$이므로

$Q = \dfrac{\Delta P\pi D^4}{128\mu L}$에서 $\Delta P = \dfrac{128\mu L}{\pi D^4}\times Q$이 된다.

따라서 $h_L = \dfrac{128\mu L}{\pi D^4\gamma}\times Q$으로 계산된다.

여기서, $Q = 0.5\ \mathrm{m^3/s}$, $D = 100\ \mathrm{cm} = 1\ \mathrm{m}$, $\mu = 0.01\ \mathrm{kg_f\cdot s/m^2}$, $L = 100\ \mathrm{m}$, $\gamma = 850\ \mathrm{kg_f/m^3}$이므로

$h_L = \dfrac{128\mu L}{\pi D^4\gamma}\times Q$에 주어진 값을 대입하면

$$h_L = \frac{128\mu L}{\pi D^4\gamma}\times Q = \frac{128\times\dfrac{0.01\ \mathrm{kg_f\cdot s}}{\mathrm{m^2}}\times100\ \mathrm{m}\times\dfrac{0.5\ \mathrm{m^3}}{\mathrm{s}}}{3.14\times(1\ \mathrm{m})^4\times\dfrac{850\ \mathrm{kg_f}}{\mathrm{m^3}}} = 0.024\ \mathrm{m}$$

5-28 250 mm 관을 통해 소방용수가 유속 10 m/s로 길이가 1000 m인 관을 흐르고 있다. 이때 손실수두가 10 m라고 한다면 관의 마찰손실계수는 얼마인가?

풀이 Darcy-Weisbach 식은 곧고 긴 배관에서 손실수두의 계산에 적용하는 식이다.

$h_L = f\times\dfrac{L}{D}\times\dfrac{U^2}{2g}$ [m]이므로 $f = h_L\times\dfrac{D}{L}\times\dfrac{2g}{U^2}$이 된다.

그러므로 주어진 조건에서 $f = h_L\times\dfrac{D}{L}\times\dfrac{2g}{U^2} = 10\ \mathrm{m}\times\dfrac{0.25\ \mathrm{m}}{1000\ \mathrm{m}}\times\dfrac{2\times9.8\ \mathrm{m/s^2}}{(10\ \mathrm{m/s})^2} = 0.00049$

5-29 내경이 100 mm이고 길이가 1000 m인 관을 통해 소방용수가 10 L/s의 유량으로 흐른다. 이때 관 마찰손실계수가 0.025이면 마찰손실수두는 몇 m인가?

풀이 Darcy-Weisbach 식은 곧고 긴 배관에서 손실수두의 계산에 적용하는 식이다.

$h_L = f \times \frac{L}{D} \times \frac{U^2}{2g}$ [m]이므로 주어진 조건에서 안지름이 100 mm인 관을 통해 소방용수가 10 L/s의 속도로 흐르므로 소방용수의 유속은 다음과 같다.

유속과 유량의 관계로부터 관의 직경이 D이고 유속이 U일 때 $A = \frac{\pi}{4}D^2$이므로 유량(Q)는 다음과 같다. $Q = UA = U \times \frac{\pi}{4}D^2$이 된다.

주어진 조건에서 $D = 100\text{ mm} = 0.1\text{ m}$이므로 $A = \frac{\pi}{4}(0.1\text{ m})^2 = 0.00785\text{ m}^2$이며,

$$Q = UA = U \times \frac{\pi}{4}D^2 \text{에서 } U = \frac{Q}{A} = \frac{\frac{10\text{ L}}{\text{s}} \times \frac{1\text{ m}^3}{1000\text{ L}}}{0.00785\text{ m}^2} = 1.274\,\frac{\text{m}}{\text{s}} \text{가 된다.}$$

$$h_L = f \times \frac{L}{D} \times \frac{U^2}{2g} = 0.025 \times \frac{1000\text{ m}}{0.1\text{ m}} \times \frac{(1.274\text{ m/s})^2}{2 \times 9.8\text{ m/s}^2} = 20.7025\text{ m}$$

5-30 물분무 소화설비의 배관에 물이 흐르고 있다. 두 지전에 흐르는 물의 압력을 측정해 보았더니 각각 5 kg_f/cm^2, 3 kg_f/cm^2이었다. 만약 유량을 3배로 한다면 두 지점간의 압력치는 몇 kg_f/cm^2인가?

풀이 동일한 구경의 배관에 물이 흐르고 있으므로 조도(C) 및 구경(D)은 일정하다.
유량이 3배이므로 Q_1이 1일 때 Q_2는 3이 된다.

$$\Delta P_m = \frac{Q^{1.85}}{C^{1.85} \times D^{4.87}} \times 10^5 = \left[\frac{10^5}{C^{1.85} \times D^{4.87}}\right] \times Q^{1.85} \text{에서 } \Delta P_m = (P_1 - P_2) \times 3^{1.85} \text{이다.}$$

따라서 $\Delta P_m = (5-3) \times 3^{1.85} = 15.265\ kg_f/cm^2$이다.

5-31 유량이 130 L/min인 경우 방수용 소방호스는 40 mm 마형 호스이며 길이는 15 m 3개가 연결되어 사용되고 있다. 이때 호스의 손실수두를 계산하여라.

풀이 표에 의하면 40 mm 마형 호스는 100 m당 마찰손신이 26 m이므로 이를 이용히면 다음과 같이 계산할 수 있다.

구경종별 / 유량 (l /min)	호스의 구경					
	40 mm		50 mm		65 mm	
	마형 호스	고무내장 호스	마형 호스	고무내장 호스	마형 호스	고무내상 호스
130	26	12	7	3	-	-
350	-	-	-	-	10	4

주어진 값으로부터 호스 15 m짜리 2개에서 발생하는 손실수두는 $\frac{26\text{ m}}{100\text{ m}} \times 15\text{ m} \times 3 = 11.7\text{ m}$

즉 내경이 40 mm인 마형 소방호스로 물이 유량 130 L/min의 속도로 45 m를 이동하게 되면 약 11.7 m 정도의 손실수두가 발생한다는 의미이다.

5-32 직경이 80 mm인 옥내소화전설비로 소방용수가 공급되고 있다. 이때 소방용수의 유량은 260 L/min이며, 관은 직선배관으로 관의 길이는 100 m이다. 이때 직관에 의한 손실수두는 몇 m인가?

풀이 표에 의하면 직경이 80 mm인 직선관에서 관의 길이 100 m당 손실수두는 소방용수의 유량에 따라 그 값이 변화하여 유량속도가 260 L/min인 경우에는 관 100 m당 1.9 m의 손실수두가 발생한다.

유 량	관의 구경						
	40 mm	50 mm	65 mm	80 mm	100 mm	125 mm	150 mm
130 L/min	13.32	4.15	1.23	0.53	0.14	0.05	0.02
260 L/min	47.84	14.90	4.40	1.90	0.15	0.18	0.08
390 L/min		31.60	9.34	4.02	1.10	0.38	0.17
520 L/min			15.65	6.76	1.86	0.64	0.28
650 L/min				10.37	2.84	0.99	0.43
780 L/min					3.98	1.38	0.60

이 값을 이용하여 길이가 100 m인 직선배관에서의 손실수두를 계산하면 그 결과는 다음과 같다.

$$\text{손실수두} = \frac{1.9\ \text{m}}{100\ \text{m}} \times 100\ \text{m} = 1.9\ \text{m}$$

5-33 유체가 유속이 6 m/s로 흐르는 관에서 유속이 0.6 m/s로 흐르는 관으로 확대하여 흐른다. 이때 확대손실을 구하라.

풀이 $$h_{fs} = \frac{(U_a^{\ 2} - U_b^{\ 2})}{2g} = \frac{(6\ \text{m/s})^2 - (0.6\ \text{m/s})^2}{2 \times 9.8\ \text{m/s}^2} = 1.818\ \text{m}$$

5-34 어떤 소방대상물에 옥외소화전 3개를 모든 규격치는 최소량을 적용하고 펌프에서 첫 번째 옥외소화전까지의 직관 길이는 150 m이고 관의 내경은 100 mm인 조건에 맞추어서 설치하려고 한다. 이때 직관 부분에서의 마찰손실수두는 몇 m인가? (이 상태에서 마찰손실계수는 0.02이다.)

풀이 Darcy-Weisbach 식은 곧고 긴 배관에서 손실수두의 계산에 적용하는 식이다.

$h_L = f \times \dfrac{L}{D} \times \dfrac{U^2}{2g}$ [m]이므로 주어진 조건에서 안지름이 100 mm인 관을 통해 소방용수가 최소규격치인 2(ea) × 350 L/min = 700 L/min = 0.7 m^3/min의 속도로 흐르므로 소방용수의 유속은 다음과 같다. 유속과 유량의 관계로부터 관의 직경이 D이고 유속이 U일 때 $A = \dfrac{\pi}{4}D^2$이므로 유량(Q)는 다음과 같다. $Q = UA = U \times \dfrac{\pi}{4}D^2$이 된다.

주어진 조건에서 D= 100 mm = 0.1 m이므로 $A = \dfrac{\pi}{4}(0.1\ \text{m})^2 = 0.00785\ \text{m}^2$이며,

$$Q = UA - U \times \frac{\pi}{4}D^2\text{에서 } U = \frac{Q}{A} = \frac{\frac{0.7\text{ m}^3}{\text{min}} \times \frac{1\text{ min}}{60\text{ s}}}{0.00785\text{ m}^2} = 1.486\frac{\text{m}}{\text{s}}\text{가 된다.}$$

$$h_L = f \times \frac{L}{D} \times \frac{U^2}{2g} = 0.02 \times \frac{150\text{ m}}{0.1\text{ m}} \times \frac{(1.486\text{ m/s})^2}{2 \times 9.8\text{ m/s}^2} = 3.38\text{ m}$$

5-35 내경이 각각 250 mm와 300 mm인 원통형 관을 직접 연결하였을 때 내경이 작은 관에서 내경이 큰 관쪽으로 500 L/s의 물이 흐른다면 관의 돌연 확대에 의한 손실은 몇 m인가?

풀이 관의 돌연 확대에 의한 손실은 $h_{fe} = \frac{U_1^2 - U_2^2}{2g}$이므로

여기서 내경이 250 mm일 때 $A = \frac{\pi}{4}D^2 = \frac{\pi}{4}(0.25\text{ m})^2 = 0.049\text{ m}^2$이 된다.

따라서 $U_1 = \frac{Q}{A_1} = \frac{\frac{500\text{ L}}{\text{s}} \times \frac{1\text{ m}^3}{1000\text{ L}}}{0.049\text{ m}^2} = 10.2\frac{\text{m}}{\text{s}}$

여기서 내경이 300 mm일 때 $A = \frac{\pi}{4}D^2 = \frac{\pi}{4}(0.3\text{ m})^2 = 0.0706\text{ m}^2$이 된다.

$$U_2 = \frac{Q}{A_2} = \frac{\frac{500\text{ L}}{\text{s}} \times \frac{1\text{ m}^3}{1000\text{ L}}}{0.0706\text{ m}^2} = 7.08\frac{\text{m}}{\text{s}}$$

이 값으로부터

$$h_{fe} = \frac{U_1^2 - U_2^2}{2g} = \frac{\left(\frac{10.2\text{ m}}{\text{s}}\right)^2 - \left(\frac{7.08\text{ m}}{\text{s}}\right)^2}{2 \times \frac{9.8\text{ m}}{\text{s}^2}} = 2.75\text{ m}$$

5-36 안지름이 각각 300 mm와 450 mm의 원관이 직접 연결되어 있을 때 안지름이 작은 관에서 큰 관 방향으로 매초 230 L의 물이 흐르고 있을 때 돌연확대 부분에서의 손실은 얼마인가?

풀이 $Q = 230\text{ L/s} = 0.23\text{ m}^3/\text{s}$, $D = 300\text{ mm} = 0.3\text{ m}$에서 유속은

$$U_1 = \frac{Q}{A_1} = \frac{Q}{\frac{\pi}{4}D_1^2} = \frac{\frac{0.23\text{ m}^3}{\text{s}}}{\frac{\pi}{4}(0.3\text{ m})^2} = 3.254\frac{\text{m}}{\text{s}}$$

그리고 $D = 450\text{ mm} = 0.45\text{ m}$에서 유속은

$$U_2 = \frac{Q}{A_2} = \frac{Q}{\frac{\pi}{4}D_2^2} = \frac{\frac{0.23\text{ m}^3}{\text{s}}}{\frac{\pi}{4}(0.45\text{ m})^2} = 1.446\frac{\text{m}}{\text{s}}$$

관의 돌연확대에 따른 손실은

$$h_{fe} = \frac{U_1^2 - U_2^2}{2g} = \frac{\left(\frac{3.254\ \text{m}}{\text{s}}\right)^2 - \left(\frac{1.446\ \text{m}}{\text{s}}\right)^2}{2 \times \frac{9.8\ \text{m}}{\text{s}^2}} = 0.433\ \text{m}$$

5-37 작은 파이프에서 매우 큰 물탱크로 물이 들어갈 때 수두손실로 알맞은 것은? (여기서 U_1은 작은 파이프에서의 물의 유속, U_2는 물탱크에서의 물의 유속) (①)

① $\frac{U_1^2}{2g}$　　② $\frac{U_1^2}{g}$

③ $\frac{U_2^2}{2g}$　　④ $\frac{U_2^2}{g}$

풀이 운동방정식과 속도수두손실로부터 $H = \frac{U_1^2}{2g}$(m)

Chapter 6

소방유체에서의 열 및 에너지 이동

6.1 에너지의 형태
6.2 엔탈피 변화의 계산
6.3 열역학 관계
6.4 열의 전달현상

화재가 발생하면 화재현장에서 가연물의 연소에 의해 빛과 에너지가 발생한다. 화재현장에서 중요하게 여기는 문제는 연소 생성기체에 의한 질식뿐만 아니라 연소에 의해서 생성되는 열 및 에너지에 의해 화재가 확대되는 현상이라고 할 수 있다. 에너지의 흐름은 주변의 온도 변화뿐 아니라 에너지의 변화도 발생시켜 주변에 있는 가연물의 연소 확대에도 많은 영향을 주어 화재가 급격히 진행되는 경우가 발생할 수 있다. 이러한 현상에 대한 이해를 위해서는 열 및 에너지 이동에 대한 이해가 필요하다. 따라서 여기에서는 소방유체를 배우는 학습자에게 필요한 기초적인 열 및 에너지의 이동 현상에 대하여 살펴보기로 한다.

6.1 에너지의 형태

에너지는 여러 가지 형태로 존재한다. 물질이 가지는 질량과 속도의 항으로부터 산출되는 운동에너지와 위치의 변화에 따라서 발생하는 위치에너지를 포함한 여러 가지 형태의 에너지에 대하여 살펴보면 다음과 같다.

1. 운동에너지

운동에너지는 계(system) 전체가 운동할 때 가지는 에너지로서 정지하고 있을 때를 기준으로 하여 나타낸다. m (kg)의 질량을 가진 물체가 U (m/s)의 속도로 운동할 때 발생하는 운동에너지(kinetic energy, E_K)는 다음과 같다.

$$E_K = \frac{1}{2} m U^2 \tag{6-1}$$

운동에너지의 단위는 MKS 단위체계에서는 아래와 같다.

$$\mathrm{kg} \times \left(\frac{\mathrm{m}}{\mathrm{s}}\right)^2 = \mathrm{kg} \times \left(\frac{\mathrm{m}}{\mathrm{s}^2}\right) \times \mathrm{m} = \mathrm{N} \times \mathrm{m} = \mathrm{J}$$

cgs 단위체계에서 운동에너지의 단위는 아래와 같다.

$$\mathrm{g} \times \left(\frac{\mathrm{cm}}{\mathrm{s}}\right)^2 = \mathrm{g} \times \left(\frac{\mathrm{cm}}{\mathrm{s}^2}\right) \times \mathrm{cm} = \mathrm{dyne} \times \mathrm{cm} = \mathrm{erg}$$

> ***Tip*** 운동에너지 (Kinetic energy) $E_K = \frac{1}{2} m U^2$

2. 위치에너지

기준면에 대한 상대적인 높이로 인하여 발생하는 에너지를 위치에너지라 한다. 높이가 h인 곳에 위치하는 물체의 질량이 m일 때 이 물체에 작용하는 위치에너지(potential energy, E_P)는

$$E_P = mgh \tag{6-2}$$

여기서, g : 중력가속도

위치에너지의 단위는 MKS 단위체계와 cgs 단위체계에서 운동에너지와 동일한 단위체계를 지닌다.

Tip 위치에너지 (Potential energy) $E_P = mgh$

3. 내부에너지

물질이 이동할 때 가지는 에너지는 여러 가지가 있다. 그러한 에너지의 형태에 대해서 살펴보면 다음과 같다. 물질이 지니는 전자의 운동에 의한 에너지, 구성성분의 상호작용에 의한 정전에너지, 분자를 구성하는 원자의 진동에너지, 원자 분자의 회전운동에너지, 분자사이의 힘에 의한 위치에너지, 그리고 각 분자의 운동에너지 등이 있는데, 이러한 에너지를 내부에너지(internal energy)라 한다. 내부에너지는 거시적 속도나 중력장에서의 높이와는 무관하다. 따라서 내부에너지(ΔU)와 운동에너지(E_K) 그리고 위치에너지(E_P)의 관계는 다음과 같다.

내부에너지 = 시스템이 가지는 에너지의 합 − 운동에너지 − 위치에너지

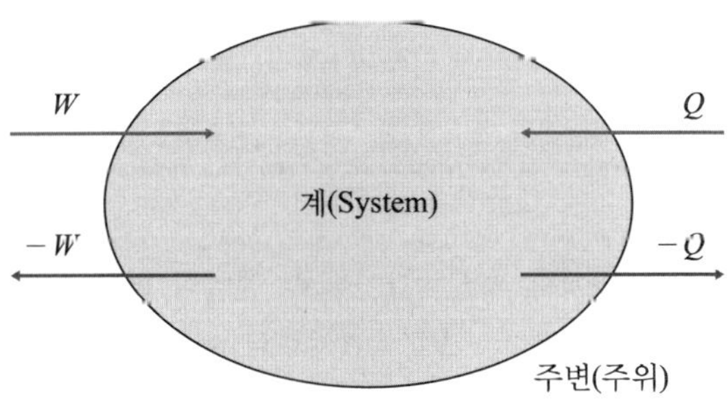

그림 6-1 에너지의 이동

내부에너지의 단위체계도 운동에너지와 위치에너지의 단위체계와 서로 같다. 또한 계에 외부(주위)로부터 일(W)과 열(Q)이 가해지면 가해진 열량과 일은 모두 양(+)의 값을 지닌다. 이렇게 가해진 일과 열량의 값은 내부에너지의 변화(ΔU)와 같다고 할 수 있으므로 이를 $\Delta U = Q + W$라고 표현한다. 반대로 계(system)에서 주위(주변)로 가해진 일과 열량은 음의 값을 나타낸다.

Tip **내부에너지** $\Delta U = Q + W$

4. 엔탈피(Enthalpy)

정지하고 있는 물질은 내부에너지만 고려하면 되지만 유동하고 있는 액체, 기체에 대해서는 내부에너지 이외에 압력에너지를 고려해야 한다. 압력에너지는 기체 등 스스로 팽창할 수 있는 상태의 계(system)가 보유하는 에너지로 이러한 에너지를 내부에너지에 대응하여 외부에너지라고 할 수 있다.

엔탈피(Enthalpy)는 일종의 내부에너지와 압력에너지인 외부에너지의 합의 형태로 나타낼 수 있다. 즉, H(엔탈피) = U(내부에너지) + PV(외부에너지)로 표현된다.

엔탈피를 포함한 에너지값은 절대값은 알 수 없고 변화량만이 측정되는 값이다. 엔탈피값은 1 atm, 25℃의 이상기체와 같이 정해진 기준상태의 값을 0으로 하고 그것과의 차를 주어진 상태에서의 값으로 한다. 엔탈피 변화(ΔH)는 내부에너지 변화(ΔU)와 외부에너지 형태의 변화(ΔPV)와 같다.

$$\Delta H = \Delta U + \Delta(PV) \qquad (6\text{-}3)$$

이것은 유체가 갖는 일을 할 수 있는 총괄적인 에너지이다.

$$\Delta H = \Delta U + P\Delta V + V\Delta P$$

Tip **에너지값** 엔탈피를 포함한 에너지값은 절대값은 알 수 없고 변화량만이 측정되는 값이다.

압력이 일정한 상태에서 $\Delta P = 0$이므로, 엔탈피 변화는 $\Delta H = \Delta U + P\Delta V$와 같다. 또한 부피가 일정한 상태에서는 $\Delta V = 0$이므로 엔탈피 변화는 $\Delta H = \Delta U + V\Delta P$이다.

> ***Tip*** **엔탈피** $\Delta H = \Delta U + \Delta(PV)$
> ① 압력이 일정한 상태에서 ΔP=0이므로, 엔탈피 변화는 $\Delta H = \Delta U + P\Delta V$
> ② 부피가 일정한 상태에서는 ΔV=0이므로, 엔탈피 변화는 $\Delta H = \Delta U + V\Delta P$

5. 일(Work)

일은 힘(F)에 거리의 변화(dx)가 있을 때 발생한다. 즉, 일(W) = 힘(F) × 거리변화(dx)로 나타낼 수 있다. 또한 힘은 압력(P) × 면적(A)으로 나타낼 수도 있으므로, 일의 값을 압력으로 나타내면 기체에 행해진 일은 다음과 같이 나타낼 수 있다.

$$\begin{aligned} \text{Work} &= -P_{ex} \times A \times \Delta x \\ &= -P_{ex} \times \Delta V \end{aligned} \tag{6-4}$$

이다. 이 값은 기체의 부피가 변화할 때 발생하는 일을 계산할 때 널리 사용된다.
부피의 변화가 매우 적을 때 즉, ΔV가 거의 0의 값에 접근할 때 일의 변화도 매우 적은 값을 지닌다. 따라서 부피변화에 따르는 일의 값을 다음과 같이 환산한다.

$$dW = -P_{ex} \times dV$$

$$W = -\int_{V_i}^{V_f} P_{ex} \cdot dV \tag{6-5}$$

여기서 V_i는 초기 기체의 부피이고, V_f는 변화한 후 기체의 부피를 나타낸다. 위와 같이 표현되는 일의 값이 기체 상태의 경우 각각의 조건에 따라서 어떻게 표현되는가 살펴보기로 하자.

> ***Tip*** **일 (Work)**
> $W = -\int_{V_i}^{V_f} P_{ex} \cdot dV$

(1) 등온상태에서의 일

온도가 변화하지 않는 등온상태에서 이상기체의 경우에는 기체 상태방정식으로부터 압력의 값을 구할 수 있으므로 일의 값을 다음과 같이 나타낸다.

$W = -\int_{V_1}^{V_2} P \cdot dV$에서 대상기체가 이상기체라면 $PV = nRT$이므로 이를 정리하면 압력은 다음과 같이 나타낼 수 있다. $P = \frac{nRT}{V}$이므로 압력의 값을 이용하여 일의 값을 구하면 다음과 같다.

$$W = -\int_{V_1}^{V_2} \frac{nRT}{V} \cdot dV \tag{6-6}$$

$$= -nRT\int_{V_1}^{V_2} \frac{dV}{V} = -nRT\ln\frac{V_2}{V_1} = nRT\ln\frac{V_1}{V_2}$$

> ***Tip*** **등온상태에서의 일(Work)**
>
> $W = -\int_{V_i}^{V_f} P_{ex} \cdot dV$에서
>
> $W = -\int_{V_1}^{V_2} \frac{nRT}{V} \cdot dV = -nRT\int_{V_1}^{V_2} \frac{dV}{V} = -nRT\ln\frac{V_2}{V_1} = nRT\ln\frac{V_1}{V_2}$

(2) 부피가 증가하는 경우의 일

초기의 부피(V_1)에 비하여 최종부피(V_2)가 증가하여 부피가 팽창된 경우 최종부피 V_2가 초기부피 V_1에 비하여 큰 값을 지니므로 일 $W = -\int_{V_1}^{V_2} P \cdot dV$은 항상 음의 값을 지녀 $W = -P(V_2 - V_1)$이 된다.

> ***Tip*** **부피가 증가하는 경우의 일(Work)**
>
> $W = -\int_{V_i}^{V_f} P_{ex} \cdot dV$에서 $W = -\int_{V_1}^{V_2} P \cdot dV$은 항상 음(−)의 값을 지닌다.

(3) 부피가 감소하는 경우의 일

초기의 부피(V_1)에 비하여 최종부피(V_2)가 감소하여 부피가 압축된 경우 최종부피 V_2가 초기부피 V_1에 비하여 작은 값을 지니므로, 일 $W = -P(V_2 - V_1)$에서 $(V_1 \gg V_2)$이므로 $W = -P(V_2 - V_1)$은 항상 양의 값을 지닌다.

따라서 $W = -\int_{V_1}^{V_2} P \cdot dV$은 항상 양의 값을 지닌다.

Tip **부피가 감소하는 경우의 일(Work)**

$W = -\int_{V_i}^{V_f} P_{ex} \cdot dV$에서 $W = -\int_{V_1}^{V_2} P \cdot dV$은 항상 양(+)의 값을 지닌다.

6.1 Example

물이 2 cm의 내경을 지닌 관을 통해서 2 m^3/hr의 유량으로 한 공정을 통하여 이동할 때 이 흐름의 운동에너지 변화는 몇 Watt인가?

풀이.

물의 밀도는 1 g/cm^3이므로 체적속도를 질량속도로 환산한 후 운동에너지값을 구하면 그 결과는 다음과 같다. 유량 Q와 유속 U의 관계로부터

$$U = \frac{Q}{A} = \frac{2\ \text{m}^3}{\text{hr}} \times \frac{(100\ \text{cm})^3}{1\ \text{m}^3} \times \frac{1}{\frac{\pi}{4}(2\ \text{cm})^2} \times \frac{1\ \text{hr}}{3600\ \text{s}} \times \frac{1\ \text{m}}{100\ \text{cm}} = 1.768\ \frac{\text{m}}{\text{s}}$$

$$m = \frac{2\ \text{m}^3}{\text{hr}} \times \frac{1000\ \text{kg}}{1\ \text{m}^3} \times \frac{1\ \text{hr}}{3600\ \text{s}} = 0.556\ \frac{\text{kg}}{\text{s}}$$

$$E_K = \frac{mU^2}{2} = \frac{1}{2} \times \frac{0.556\ \text{kg}}{\text{s}} \times \left(\frac{1.768\ \text{m}}{\text{s}}\right)^2 = 0.87\ \frac{\text{kg} \cdot \text{m}^2}{\text{s}^3}$$

$$= 0.87\ \frac{\text{kg} \cdot \text{m}}{\text{s}^2} \times \text{m} \times \frac{1}{\text{s}} = 0.87\ \text{N} \cdot \text{m} \times \frac{1}{\text{s}} = 0.87\ \frac{\text{J}}{\text{s}} = 0.87\ \text{Watt}$$

6.2 Example

깊이 180 m인 곳에 저장되어 있는 소방용 소화약제를 20 m 높이의 옥상에 있는 저장탱크로 퍼 올린다. 질량속도는 15 kg/s이고, 유로는 안지름이 4 cm인 관으로 되어 있을 때 위치에너지의 변화(ΔE_P)와 운동에너지 변화(ΔE_K)를 구하시오. (이 소화약제의 비중은 0.90이다.)

풀이.

소화약제가 이동되는 높이 변화는 200 m이고, 질량속도는 15 kg/s이므로 위치변화에 따른 위치에너지의 값은 다음과 같다.

$$E_P = E_{P_2} - E_{P_1} = mg(h_2 - h_1) = \frac{15\ \text{kg}}{\text{s}} \times \frac{9.8\ \text{m}}{\text{s}^2} \times 200\ \text{m}$$

$$= 29400\ \frac{\text{kg} \cdot \text{m}^2}{\text{s}^3} = 29400\ \frac{\text{kg} \cdot \text{m}}{\text{s}^2} \times \frac{\text{m}}{\text{s}} = 29400\ \frac{\text{N} \cdot \text{m}}{\text{s}} = 29400\ \frac{\text{J}}{\text{s}} = 29400\ \text{Watt}$$

소화약제의 비중과 질량속도 그리고 유로의 단면적으로부터 소화약제의 유량속도 및 유속을 구할 수 있다.

$$U = \frac{15\ \text{kg}}{\text{s}} \times \frac{\text{m}^3}{900\ \text{kg}} \times \frac{4}{\pi(0.04\ \text{m})^2} = 13.263\ \frac{\text{m}}{\text{s}}$$

$$E_K = \frac{mU^2}{2} = \frac{1}{2} \times \frac{15\ \text{kg}}{\text{s}} \times \left(\frac{13.263\ \text{m}}{\text{s}}\right)^2 = 1319.29\ \frac{\text{kg} \cdot \text{m}^2}{\text{s}^3}$$

$$= 1319.29\ \frac{\text{kg} \cdot \text{m}}{\text{s}^2} \times \frac{\text{m}}{\text{s}} = 1319.29\ \frac{\text{N} \cdot \text{m}}{\text{s}} = 1319.29\ \frac{\text{J}}{\text{s}} = 1319.29\ \text{Watt}$$

6.2 엔탈피 변화의 계산

하나의 공정에서 공정이 진행되는 동안에는 상의 변화 없이 온도의 변화에 따른 에너지의 변화와 온도는 일정하게 유지되면서 상의 변화에 따른 에너지의 변화가 발생된다. 일반적으로 온도가 변화하면서 발생되는 에너지 변화를 현열(sensible heat)이라 하며, 온도의 변화 없이 상(phase)변화에 의하여 생성되는 에너지를 잠열(latent heat)이라 한다.

> ***Tip*** **현열과 잠열**
>
> ① 온도가 변화하면서 발생되는 에너지 변화를 현열(sensible heat)
>
> ② 온도의 변화 없이 상변화에 의하여 생성되는 에너지를 잠열(latent heat)

예를 들어 110℃의 수증기를 온도를 냉각시켜서 －10℃의 얼음으로 만드는 공정을 고려하면 110℃의 수증기를 온도를 냉각시켜서 100℃의 수증기로 만든 후 100℃의 수증기를 100℃의 물로 상변화 시킨 후에 100℃의 물의 온도를 냉각시켜서 0℃의 물로 만든 후 0℃의 물을 다시 0℃의 얼음으로 상변화 시킨 다음에 －10℃의 얼음으로 만드는 5단계의 공정을 거치게 된다.

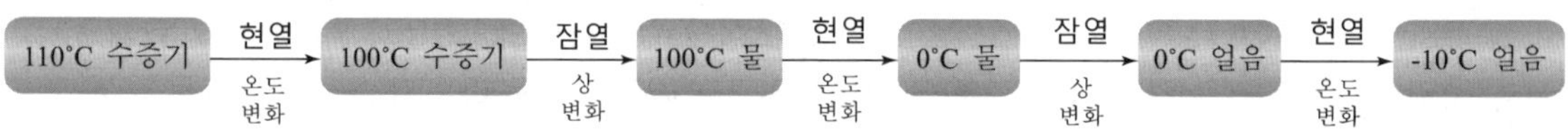

1단계 : 110℃의 수증기를 100℃의 수증기로 온도변화
2단계 : 100℃의 수증기를 100℃의 물로 상변화
3단계 : 100℃의 물을 온도를 냉각시켜서 0℃의 물로 온도변화
4단계 : 0℃의 물을 0℃의 얼음으로 상변화
5단계 : 0℃의 얼음을 온도를 냉각시켜서 −10℃의 얼음으로 온도변화

즉, 110℃의 수증기를 온도를 냉각시켜서 －10℃의 얼음으로 변화시키기 위하여 2번의 상변화와 3번의 온도변화에 따른 에너지의 변화가 발생한다. 이러한 에너지의 변화는 온도와 압력의 변화, 상의 변화, 물질의 혼합 그리고 화학반응 등에 따라서 달라진다.

1. 상변화 없는 조건에서 열 효과

상(Phase)변화 없이 온도가 변화하여서 발생하는 에너지 변화 값을 측정하는 방법에는 열용량을 이용하여 계산한 결과를 비롯한 여러 가지 방법들이 있다. 여기서 열용량을 이용한 계산법을 활용하여 현열에 대하여 간단히 살펴보면 다음과 같다.

임의의 상태의 물질의 엔탈피값을 직접 자료로 구할 수 없는 경우에는 열용량을 이용하여 계산에 의하여 구한다.

열이 계에 가해질 때 일반적으로 온도는 상승한다. 실제로 계가 주위에 대해서 어떤 일도 하지 않고, 상도 변화하지 않았다면 그때 가해진 열은 모두 그 계의 온도를 높이는데 사용된다. 계에 가해진 열은 그 물질의 여러 가지 형태의 운동을 변화시키는데 사용된다. 만일 계에 가해진 열과 그 온도 상승과의 비를 측정하면 계를 구성하고 있는 분자가 얼마나 효과적으로 열에너지를 축적하였는가를 결정할 수 있다. 이 비를 그 계의 열용량(heat capacity)이라 한다. 1 g의 물질의 열용량을 비열이라 하며, 물질 1 mol의 열용량을 몰열용량이라고 한다. 계가 dQ만큼의 열을 흡수하여 그 온도가 dT만큼 상승하였다면 계의 열용량은 다음과 같이 나타낸다.

$$C = \frac{dQ}{dT} \tag{6-7}$$

여기서 물질의 열용량은 부피가 일정하게 유지되는 상태인 정용의 경우와 압력이 일정하게 유지되는 정압의 경우에 따라 그 값이 다르며 각각 정용열용량(C_V)과 정압열용량(C_P)이라 한다. 이 열용량을 에너지와 비교하여 나타내면 다음과 같다.

$$C_V = \frac{dQ_V}{dT} = \left(\frac{\partial U}{\partial T}\right)_V \tag{6-8}$$

$$C_P = \frac{dQ_P}{dT} = \left(\frac{\partial H}{\partial T}\right)_P \tag{6-9}$$

이러한 결과로부터 내부에너지 변화(ΔU)는 정용열용량(C_V)과 관계있는 값이며, 엔탈피 변화(ΔH)는 정압열용량(C_P)과 관계있는 값이라는 것을 알 수 있다.

즉, $$\Delta U = \int C_V \Delta T$$

이며, $$\Delta H = \int C_P \Delta T \tag{6-10}$$

가 된다. 이상기체에 대한 정용열용량(C_V)과 정압열용량(C_P)의 관계는 다음의 식으로 표시된다. 이상기체에 대해서는 정압열용량과 정용열용량의 차는 기체상수와 같다고 할 수 있다.

$$C_P - C_V = R \tag{6-11}$$

Tip **이상기체의 열용량 관계**

$C_P - C_V = R$

단원자 분자의 경우 $\dfrac{C_P}{C_V} = 1.67$

(1) 정적비열

기체의 부피를 일정하게 했을 때의 비열을 정적비열이라고 하며 C_V로 나타낸다. 앞서 살펴본 바와 같이 일(W)과 부피(V)의 관계인 식 (6-4)에서 보는 바와 같이 기체의 부피가 일정하게 유지되어 기체는 외부에 일을 하지 않는다. 그러므로 기체에 가해진 열은 모두 기체의 내부에너지가 된다. 단원자 분자의 이상기체 1 kmol의 온도를 ΔT만큼 높일 때 필요한 열량은 $Q = C_V \Delta T$이다. 이 때 기체의 내부에너지는 $U = \frac{3}{2}R\Delta T$이므로 식 (6-10)의 $\Delta U = \int C_V \Delta T$의 관계에서 $\Delta U = C_V \Delta T$와 같으므로 $\frac{3}{2}R = C_V$가 된다.

(2) 정압비열

기체의 압력을 일정하게 했을 때의 비열을 정압비열이라고 하며 C_P로 나타낸다. 이 때 기체는 팽창하므로 외부에 일을 하면서 내부에너지도 증가하기 때문에 부피를 일정하게 했을 때보다 더 많은 열량을 필요로 한다. 따라서 C_P는 C_V보다 크게 된다.

단원자 분자의 이상기체 1 kmol을 압력 P를 일정하게 하면서 온도를 ΔT만큼 높일 때 필요한 열량은 $Q = C_P \Delta T$이다. 이 때 기체의 부피가 ΔV만큼 팽창했다면 증가한 내부에너지 $\Delta U = Q - P\Delta V$인데 $U = \frac{3}{2}R\Delta T$이고 기체가 외부에 한 일의 양 $P\Delta V$는 이상기체 상태방정식 $PV = nRT$에 의해 $P\Delta V = R\Delta T$가 된다.

따라서 $\Delta U = Q - P\Delta V$를 정리하면 $\frac{3}{2}R\Delta T = C_P \Delta T - R\Delta T$가 된다.

그러므로 $C_P \Delta T = \frac{3}{2}R\Delta T + R\Delta T = \frac{5}{2}R\Delta T$가 되어

$$C_P = \frac{3}{2}R + R = \frac{5}{2}R \tag{6-12}$$

가 된다.

(3) 비열의 비

정적비열 C_V과 정압비열 C_P의 비인 비열의 비는 단원자 분자의 경우 $\frac{C_P}{C_V}=1.67$가 된다. 비열의 비는 항상 1보다 큰데 그 이유는 정압비열이 정적비열보다 크기 때문이다.

6.3 Example

이상기체의 정압비열(C_P)과 정적비열(C_V)의 관계식으로 옳은 것은? (단, R은 이상기체상수이다.)

① $C_P - C_V = R$ ② $C_V - C_P = R$

③ $C_P = C_V$ ④ $C_P = C_V = R$

풀이.

이상기체의 정압비열(C_P)과 정적비열(C_V)의 관계식은 $C_P - C_V = R$

답. ①

2. 상변화를 동반하는 열효과

소화용수로 주로 사용되는 물의 주된 소화효과는 냉각효과이다. 물을 화재 현장에 주수하면 물분자가 증발하면서 물 1 g당 539 cal의 열을 제거한다. 이처럼 물이 증발하면서 상의 변화가 수반된다. 용융과 증발과 같은 상의 변화는 많은 양의 내부에너지의 변화와 엔탈피의 변화를 수반한다. 일반적으로 물질의 상이 변화하게 되면 최초의 상(phase)의 분자간의 결합이 끊어지고, 분자간의 새로운 결합이 형성된다. 이때 필요한 에너지의 변화가 발생한다. 이와 같이 온도가 일정하게 유지되면서 상이 전이되는데 필요한 에너지를 잠열이라 한다.

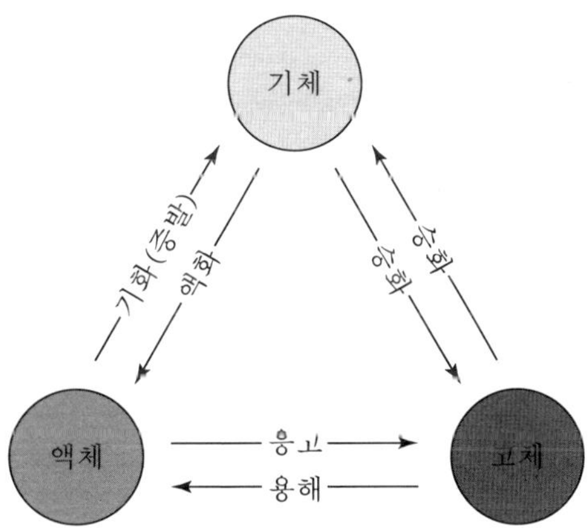

그림 6-2 물질의 상태 변화

6.4 Example

20℃의 $H_2O(l)$ 1 g을 가열하여 125℃의 증기로 만들기 위하여 필요한 최소한의 에너지(cal/g)를 구하시오. 이 과정에서 물질의 질량 변화는 발생하지 않는다.
물의 증발잠열(ΔH_v)은 다음과 같다.

$$\Delta H_v = \frac{2256\ \text{J}}{\text{g}} = 539\ \frac{\text{cal}}{\text{g}} \quad (1\ \text{cal} = 4.2\ \text{J})$$

액체 상태와 수증기 상태의 H_2O의 열용량은 다음과 같다.

$$H_2O(l)\ :\ C_P\left(\frac{\text{J}}{\text{mol}\cdot\text{K}}\right) = 18.296$$

$$H_2O(v)\ :\ C_P\left(\frac{\text{J}}{\text{mol}\cdot℃}\right) = 33.46$$

풀이.

20℃의 $H_2O(l)$를 가열하여 125℃의 증기로 만들기 위하여 다음과 같은 공정을 거쳐야 한다.

$$20℃\ H_2O(l) \longrightarrow 100℃\ H_2O(l) \xrightarrow[\text{증발}]{} 100℃\ H_2O(v) \longrightarrow 125℃\ H_2O(v)$$

물의 증발잠열(ΔH_v)은 다음과 같다.

$$\Delta H_v = \frac{2256\ \text{J}}{\text{g}} = 539\ \frac{\text{cal}}{\text{g}}$$

액체 상태와 수증기 상태의 H_2O의 열용량은 다음과 같다.

$$H_2O(l)\ :\ C_P\left(\frac{\text{J}}{\text{mol}\cdot\text{K}}\right) = 18.296$$

$$H_2O(v)\ :\ C_P\left(\frac{\text{J}}{\text{mol}\cdot℃}\right) = 33.46$$

따라서 $\Delta H_{overall} = \Delta H_{293\sim373} + \Delta H_v + \Delta H_{100\sim125}$이다.

그러므로 20℃(293K)부터 100℃(373K)까지의 엔탈피 변화와 100℃부터 125℃까지의 엔탈피 변화를 구하면 다음과 같다. 물 1 mol은 18 g이므로

$$\Delta H_{293\sim373} = \int_{293}^{373} C_P dT$$

$$= \frac{18.296\ \text{J}}{\text{mol}\cdot\text{K}}(373\text{K} - 293\text{K}) = \frac{1463.68\ \text{J}}{\text{mol}} = \frac{1463.68\ \text{J}}{\text{mol}} \times \frac{1\ \text{mol}}{18\ \text{g}} = 81.31\ \frac{\text{J}}{\text{g}}$$

$$\Delta H_{100\sim125} = \int_{100}^{125} C_P dT$$

$$= \frac{33.46\ \text{J}}{\text{mol}\cdot℃}(125℃ - 100℃) = \frac{836.5\ \text{J}}{\text{mol}} = \frac{836.5\ \text{J}}{\text{mol}} \times \frac{1\ \text{mol}}{18\ \text{g}} = 46.47\ \frac{\text{J}}{\text{g}}$$

$$\Delta H_{overall} = \Delta H_{293\sim373} + \Delta H_v + \Delta H_{100\sim125}$$

$$= 81.31 + 2256 + 46.47 = \frac{2383.78\ \text{J}}{\text{g}} = \frac{2383.78\ \text{J}}{\text{g}} \times \frac{1\ \text{cal}}{4.2\ \text{J}} = 567.56\ \text{cal/g}$$

6.3 열역학 관계

열과 관계된 여러 가지 현상을 취급하는 보편적인 이론체계인 열역학은 열평형상태와 경험적 온도에 관한 열역학 제0법칙, 에너지보존법칙인 열역학 제1법칙, 열현상의 비가역성에 대한 열역학 제2법칙, 그리고 절대영도에서의 상태에 관한 열역학 제3법칙을 기본법칙으로 하는데, 이들 4가지 법칙을 통틀어서 열역학법칙이라고 한다. 이것은 열역학의 방법이 가지는 일반성에 의한 것으로 여러 영역에 이용되어 유용한 결과를 가져왔다. 여기에서는 이러한 열역학적 특성 및 그 법칙에 대해서 간단히 살펴보기로 하자.

1. 열역학 제1법칙

열역학 제1법칙은 에너지보존과 관련된 내용으로 어떤 형태의 에너지가 다른 형태의 에너지로 바뀔 수는 있으나, 스스로 생성되거나 소멸되지는 않는 것을 말한다.

즉, 열과 역학적 에너지를 동등한 입장에서 다루어 이 두 가지 형태의 에너지를 합한 에너지의 보존법칙이다. 어떤 물질계가 한 상태에서 다른 상태로 변할 때, 그 사이에 얻어진 총 에너지는 외부에서 행해진 역학적 일 W와 외부에서 들어온 열량 Q의 합 $W+Q$와 같고, 이 값은 초기상태와 나중상태만으로 결정되고 변화과정에는 무관한 양이다. 이 $W+Q$는 두 상태량의 차와 같고 이를 내부에너지라고 한다. 외부에서 열의 흡입이 없고 일도 받지 않았다면, 그 물질계의 에너지는 변하지 않는다. 따라서 물질계의 에너지를 감소시키지 않고 외부에 일을 할 수 있는 장치, 즉 제1종 영구기관은 원리적으로 제작이 불가능하다고 할 수 있다.

물체에 일을 해 주면 그만큼 내부에너지는 증가하고, 물체가 외부에 일을 하면 내부에너지는 그만큼 감소한다. 기체에 열을 가하면 온도가 상승하므로 내부에너지가 증가할 뿐만 아니라 기체가 팽창을 하면서 외부에 일을 하게 된다.

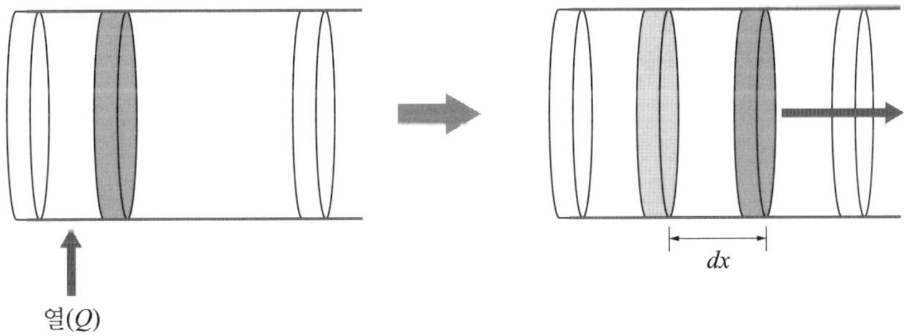

그림 6-3 외부 일에 위한 기체의 팽창

그림 6-3에서 보는 바와 같이 기체가 가득 들어 있는 피스톤 외부에서 열(Q)을 가하면 부피가 팽창하여 피스톤이 Δx만큼 이동하게 되어 외부에 일(W)을 하게 된다.
이 때 가한 열량을 Q라고 하고, 외부에 한 일을 W라 하면 증가한 내부에너지의 양은 $\Delta U = Q - W$가 된다. 그런데 $W = P\Delta V$이므로 $\Delta U = Q - P\Delta V$로 나타낼 수 있다.
이것은 열에너지를 포함하는 에너지보존법칙으로 열역학 제1법칙이다.

① 열역학 제1법칙은 에너지는 한 형태에서 다른 형태로 변하지만 에너지의 양은 항상 일정하게 보존된다는 것을 보여주는 일종의 에너지보존법칙이다.
② 피스톤을 고정시켜 기체의 부피를 일정하게 한 다음에 열을 가하면 기체가 외부에 하는 일은 0이므로 가해준 열량은 모두 내부에너지 증가에 쓰인다. ($\Delta U = Q - W$)

> **Tip** **열역학 제1법칙 (에너지보존법칙)**
> ① 받은 열량(Q)에서 외부에 한 일(W)을 빼면 내부에너지(U)의 증가량이 된다.
> ② 계(system)가 한 일(W)은 계가 받은 열량(Q)과 같다.
> ③ 에너지보존의 법칙이다.
> ④ 제1종 영구기관은 원리적으로 제작이 불가능하다.

2. 열역학 제2법칙

열역학 제1법칙은 에너지가 보존된다는 것을 나타낸다. 그러나 에너지는 보존되지만, 자연계에서 실제로 일어나지 않는 많은 과정들이 있다.
예를 들어, 온도가 다른 두 물체를 접촉시켜 놓으면 고온의 물체의 열이 저온의 물체로 흘러서 고온의 물체의 온도는 낮아지고 저온의 물체의 온도는 높아진다. 그러나 반대로 저온의 물체에서 열이 고온의 물체로 흘러가서 저온의 물체의 온도는 계속 낮아지고, 고온의 물체의 온도는 계속 높아지는 일은 일어나지 않는다. 이러한 비가역 현상을 설명하기 위해서는 열역학 제1법칙에 변화의 방향을 결정해주는 법칙이 필요하다. 열역학 제1법칙에 자연의 비가역성을 덧붙인 것이 열역학 제2법칙이다. 즉, "열 현상은 분자들이 무질서한 운동을 하는 방향으로 진행되며, 그 반대 방향으로는 일어나지 않는다." 이것이 열역학 제2법칙이다.

> **Tip** **열역학 제2법칙 (열 현상의 비가역성에 대한 법칙)**
> 열 현상은 분자들이 무질서한 운동을 하는 방향으로 진행되며, 그 반대 방향으로는 일어나지 않는다.

열역학 제1법칙과 제2법칙의 차이

열역학 제1법칙이 과정 전과 후의 에너지의 양의 변화를 설명하는 법칙인데 비하여, 제2법칙은 에너지가 흐르는 방향을 정의 하는 형태를 지니고 있다. 따라서 이 법칙에 의하면 하나의 열원에서 열을 받아 이것을 일로 바꾸되 그 외 어떤 외부의 변화도 일으키지 않는 열기관인 제2종 영구기관의 제작은 불가능하다고 할 수 있다.

3. 열역학 제3법칙

열역학 제3법칙은 절대영도(0 K)에서의 엔트로피에 관한 법칙으로『어떠한 방법이라도 절대온도 0 K(캘빈)는 도달할 수 없다』라고 정의할 수 있다. 즉, 열역학과정에서의 엔트로피의 변화 ΔS는 절대온도 T가 0이 됨에 따라 0이 된다.

열역학 제2법칙과 관련해서 정해지는 엔트로피는 두 평형상태 간의 엔트로피의 차만이 정해진다. 다시 말해 상대적인 양으로서만 정해지고 어떤 절대적 기준이 존재하지 않는다. 열역학 제3법칙은『물체의 온도가 절대 0도에 가까워짐에 따라 엔트로피 역시 0에 가까워진다』로 정의할 수 있다.

> ***Tip*** **열역학 제3법칙 (절대 0도에서의 상태에 관한 법칙)**
> 물체의 온도가 절대 0도에 가까워짐에 따라 엔트로피 역시 0에 가까워진다.

열역학 제2법칙과 열역학 제3법칙의 차이

열역학 제2법칙에서 정해지는 것은 물체의 2개의 열평형상태에서의 엔트로피 값의 차(ΔS)이다. 예를 들면 일정한 양의 기체를 임의의 열평형상태에서 온도와 압력이 다른 상태로 옮겼을 때 엔트로피의 변화량이 정해진다. 따라서 상수만의 임의성이 남게 되며, 특히 절대영도에서의 물체의 엔트로피값이 문제가 된다. 열역학 제3법칙은 일반적으로 물체가 지닌 엔트로피는 온도가 0 K에 가까워지면 0이 된다는 것을 의미한다. 절대영도에 가까워지면 어떠한 변화에서의 엔트로피변화도 0과 같아진다고 할 수 있다.

4. 열역학 제0법칙

외계로부터 고립시켜 물체를 방치해두면 아무 변화도 일어나지 않는 상태가 된다. 이 상태를 열평형상태라 한다. 2개의 물체를 접촉시키면 처음에는 한 쪽에서 다른 쪽으로 열의 이동이 생기는데, 오랜 시간이 흐르면 결국 아무 변화도 일어나지 않게 된다. 이때 두 물체는 서로 열평형에 있다고 한다. 열평형에 있는 두 물체 사이에서는 열의 주고받기가 상쇄된다.

계(系)의 물체 A와 B가 열적 평형상태에 있고, B와 C가 열적 평형상태에 있으면, A와 C도 열평형상태에 있다는 법칙이다. 이것은 온도의 존재를 주장하는 것과 같으며, 열역학의 기본적 출발점이 된다. 물체 A, B, C 순으로 맞붙어 있고, A와 C 물체가 열평형이면, 그 가운데 낀 B도 열평형이다.

> ***Tip*** **열역학 제0법칙 (열평형상태와 경험적 온도에 관한 법칙)**
> 열적인 평형상태에 관한 법칙

6.5 Example

다음의 열역학 제1법칙과 관련된 설명 중에서 올바르지 않은 것은?

① 받은 열량(Q)에서 외부에 한 일(W)을 빼면 내부에너지(U)의 증가량이 된다.
② 열은 고온의 물체에서 저온의 물체로 이동한다.
③ 계(system)가 한 일(W)은 계가 받은 열량(Q)과 같다.
④ 에너지보존의 법칙이다.

풀이.

열역학 제1법칙은 에너지보존에 관한 법칙으로 계에 가해진 일과 열의 관계를 나타낸다.

답. ②

6.6 Example

다음의 열역학 법칙 중에서 온도계의 원리를 가장 잘 나타내주는 것은?

① 제0법칙　② 제1법칙
③ 제2법칙　④ 제3법칙

풀이.

① 열역학 제0법칙은 열평형, 온도평형에 관한 법칙이다.
② 열역학 제1법칙은 에너지보존에 관한 법칙이다.

답. ①

6.7 Example

열역학 법칙 중에서 제2종 영구기관은 불가능하다는 것을 설명하고 있는 것은?

① 제0법칙　② 제1법칙
③ 제2법칙　④ 제3법칙

풀이.

① 열역학 제0법칙은 열평형, 온도평형에 관한 법칙이다.
② 열역학 제1법칙은 에너지보존에 관한 법칙이다.
③ 열역학 제2법칙은 비가역에 대한 내용에 관한 법칙이다.

답. ③

6.8 Example

열역학적 완전기체의 폴리트로픽 과정에 대한 엔트로피 변화량으로 알맞은 것은 어느 것인가?
(여기서 C_P : 정압비열, C_V : 정적비열, C_n : 폴리트로픽비열)

① $C_P \ln\frac{T_2}{T_1}$ ② $C_n \ln\frac{T_2}{T_1}$ ③ $C_V \ln\frac{T_2}{T_1}$ ④ $(C_P - C_V)\ln\frac{T_2}{T_1}$

풀이.

완전기체에서 상태에 따른 엔트로피 변화량의 형태

① 등온과정 $C_P \ln\frac{T_2}{T_1}$ ② 폴리트로픽변화 $C_n \ln\frac{T_2}{T_1}$ ③ 정적과정 $C_V \ln\frac{T_2}{T_1}$

답. ②

6.4 열의 전달현상

열전달은 물체 사이의 온도차에 의해서 일어나는 에너지 이동에 대한 것으로 열은 에너지의 대표적인 형태로서 열이동 현상은 반드시 고온에서 저온으로 향한다는 방향성을 지닌다. 열에너지의 형태변화와 이동방향뿐만 아니라 열의 이동속도에 대한 지식과 이에 대한 분야가 열전달이다. 이러한 열전달 기구에는 전도, 대류 그리고 복사의 3가지가 있다.

1. 전도(Conduction)

전도에 의한 열전달은 정지하고 있는 유체의 경우에는 분자의 운동 또는 직접 충돌에 의해 발생하며, 전자의 이동에 의하여 고온에서 저온으로 에너지 전달이 발생한다. 즉 물체의 온도구배가 존재하면 에너지는 고온부에서 저온부로 전달되며 이때 열은 전도에 의해서 전달된다. 화재현장에서 건물 내부에서 외부로 벽체를 통해서 열의 이동이 있었다면 이것은 주로 전도에 의한 열의 이동이 된다.

물질이 혼합이동을 동반하지 않고 구성분자의 열진동이 순차적으로 전달되어 이루어지는 전열을 열전도라 하며, 열의 전달 정도를 나타내는 물질에 관한 상수를 열전도도(thermal conductivity)라 하며 기호로는 k로 널리 사용된다. 여기에서는 이러한 열전도에 의해서 일어나는 전열현상에 대하여 살펴보기로 하자. 그림 6-4에서 보는 바와 같이 면적이 A이고, 두께가 dx인 고체를 사이에 두고 한 쪽 면의 온도가 T_1, 그리고 다른 벽면의 온도가 T_2일 때 T_1이 T_2보다 크다면 열은 온도가 높은 쪽에서 낮은 쪽으로 이동하게 된다. 고체를 통하여 일어나는 순수한 열전도 식은 Fourier에 의해 제안되었다.

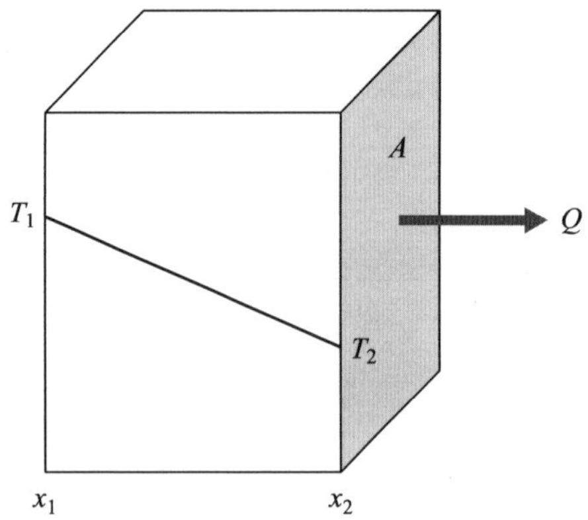

그림 6-4 고체 벽면을 통한 열전달

그림과 같이 면적이 A인 고체 벽면의 두께가 dx일 때 발생하는 열의 전달 q는

$$q\left(=\frac{dQ}{dt}\right) = -K_{av}A\frac{dT}{dx} \tag{6-13}$$

여기서, q : 전열속도
K_{av}: 열전도도(kcal/m · hr · ℃)

> ***Tip*** **열 이동 중 전도 법칙**
>
> $$q\left(=\frac{dQ}{dt}\right) = -K_{av}A\frac{dT}{dx}$$
>
> 여기서, q : 전열속도, K_{av} : 열전도도(kcal/m · hr · ℃)

미소시간 dt 사이의 열 이동속도(dQ/dt)는 열의 흐름방향에 직각으로 측정된 단면적 A와 흐름의 방향에 있어서의 온도변화의 구배(dT/dx)의 곱에 비례한다.

6.9 Example

면적이 $10\ m^2$이고 두께가 2.5 cm인 단열재를 통과하는 열전달률이 3 kW이다. 내부면의 온도가 415℃이고, 단열재의 열전도도가 0.2 W/m · K일 때 외부면의 온도는 몇 ℃인가?

풀이.

전도에 의한 열전달은 전열 면적 및 온도차에 비례하고 두께에 반비례한다.

$$Q = kA\frac{\Delta T}{\Delta x} \text{ 이므로 } \Delta T = \frac{Q\times\Delta x}{kA} = \frac{3\ \text{kW}\times 0.025\ \text{m}}{\frac{0.2\ \text{W}}{\text{m}\cdot\text{K}}\times 10\ \text{m}^2} = 37.5\ \text{K}$$

따라서 외부면의 온도 $T_2 = 688\ \text{K} - 37.5\ \text{K} = 650.5\ \text{K} = 377.5℃$가 된다.

(1) 물질의 종류에 따른 열전도도

① 기체의 열전도도

기체의 열전도도는 0.007～0.5 kcal/m · hr · ℃의 범위의 값을 가지며, 압력에는 무관하나, 온도에 대해서는 영향을 받는다. 즉 온도의 상승에 의하여 열전도도는 증가하는 경향을 나타낸다.

표 6-1 공기의 열전도도(압력 1 kg/cm²)

T(℃)	k (kcal/m · hr · ℃)	T(℃)	k (kcal/m · hr · ℃)	T(℃)	k (kcal/m · hr · ℃)
−100	0.0135	20	0.0221	100	0.0272
−50	0.0172	40	0.0234	500	0.0483
−20	0.0193	60	0.0247	1000	0.0690
0	0.0207	80	0.0260		

② 액체의 열전도도

액체의 열전도도는 0.08～0.6 kcal/m · hr · ℃의 범위의 값으로 액체 중에서 물의 열전도도가 최고이다. 기체와 마찬가지로 압력에는 거의 영향을 받지 않으나 온도에 대해서는 영향을 받는다.

표 6-2 물의 열전도도(압력 1 kg/cm²)

T(℃)	k (kcal/m · hr · ℃)	T(℃)	k (kcal/m · hr · ℃)	T(℃)	k (kcal/m · hr · ℃)
0	0.476	100	0.586	200	0.568
20	0.511	120	0.589	260	0.517
40	0.540	140	0.588	300	0.462
60	0.562	160	0.585		
80	0.578	180	0.578		

③ 고체의 열전도도

금속의 열전도도는 지극히 큰 값을 가지며, 전기전도도와 거의 비례하며 전기의 양도체(良導體)일수록 그 값도 크다. 또한 온도가 높아지면 열전도도는 작아지고 순수한 금속의 열전도도보다 이것에 각종의 원소나 화합물이 포함되면 작은 값을 가진다.

> **Tip** **물질의 열전도도의 크기**
> 고체 > 액체 > 기체

6.10 Example

두께가 100 mm인 물질의 양표면의 온도가 각각 $T_1=300℃$, $T_2=30℃$일 때 벽의 단위시간, 단위면적당 발열량과 벽의 중심에서의 온도를 구하여라. (단, 열전도도는 0.04 kcal/m·hr·℃이다.)

풀이.

$$\frac{q}{A}=-k\frac{dT}{dx}=\frac{0.04\text{ kcal}}{\text{m}\cdot\text{hr}\cdot℃}\left|\frac{(300-30)℃}{0.1\text{ m}}\right.=108\text{ kcal/m}^2\cdot\text{hr}$$

중심온도 $\frac{dT}{dx}=\frac{T_2-T_1}{L}$

$$dT=\frac{T_2-T_1}{L}dx$$

$$\int_{T_1}^{T}dT=\frac{T_2-T_1}{L}\int_0^x dx$$

$$T-T_1=\frac{T_2-T_1}{L}x$$

$$T=T_1+\frac{T_2-T_1}{L}x=300+\frac{30-300}{0.1}0.05=165℃$$

(2) 단면적이 일정한 도체에서의 열전도

프리에의 법칙에 의하면 균일 물질에 있어서의 전열속도는 전열면적과 온도차에 비례하고 길이에 반비례한다고 할 수 있다.

$$q=-\frac{kAdT}{dx} \tag{6-14}$$

열은 항상 고온부에서 저온부로 전달되므로 온도구배 기호는 음(陰)의 기호를 갖는다. 온도구배가 시간에 따라 변화하지 않는 정상상태의 조건이라면 전열속도는 일정하므로 다음과 같은 상관식으로 나타낼 수 있다.

$\frac{qdx}{A}=-kdT$ 이므로 $q\int_0^L\frac{dx}{A}=-\int_{T_1}^{T_2}kdT$ 에서 $\frac{qx}{A}=k(T_1-T_2)=k\Delta T$ 가 된다. 따라서 $q=\frac{kA\Delta T}{x}$ [kcal/hr]

$$q=\frac{k_{av}(T_1-T_2)}{\int_{l_1}^{l_2}\frac{dx}{A}}=\frac{k_{av}A(T_1-T_2)}{x} \tag{6-15}$$

$$=\frac{(T_1-T_2)}{\frac{x}{k_{av}A}}=\frac{\Delta T}{R}$$

여기서, R : 열저항(l/kA)

ΔT : 추진력(driving force)

> **Tip** 단면적이 일정한 도체에서의 열전도
>
> $$q = \frac{k_{av}(T_1 - T_2)}{\int_{l_1}^{l_2} \frac{dx}{A}} = k_{av}A\frac{(T_1 - T_2)}{x} = \frac{(T_1 - T_2)}{\frac{x}{k_{av}A}} = \frac{\Delta T}{R}$$

(3) 원통형 관벽을 통한 열전도

실린더벽을 통한 전열에서는 전열면적이 평평한 벽인 때와는 달리 원통형 관벽(열전도도 k)은 내면적과 외면적이 서로 다르다. 길이 L, 내경 r_1, 외경 r_2인 중공(中空)원관에서 내면 및 외면은 각각 일정 온도 T_i 및 T_o로 유지되며 $T_i > T_o$이다.

이때 열은 원관의 내측에서 외측으로 흐르며 또 재료의 열전도도는 일정하다. 열 흐름이 실린더와 평형하게 일어난다면

$$q = -kA\frac{dT}{dr} = -k\frac{dT}{dr}(2\pi rL) \tag{6-16}$$

$$\int_{r_i}^{r_o}\frac{dr}{r} = -\frac{2\pi Lk}{q}\int_{T_i}^{T_o}dT \qquad (T_i > T_o)$$

$$\ln\left(\frac{r_o}{r_i}\right) = \frac{2\pi Lk}{q}(T_i - T_o)$$

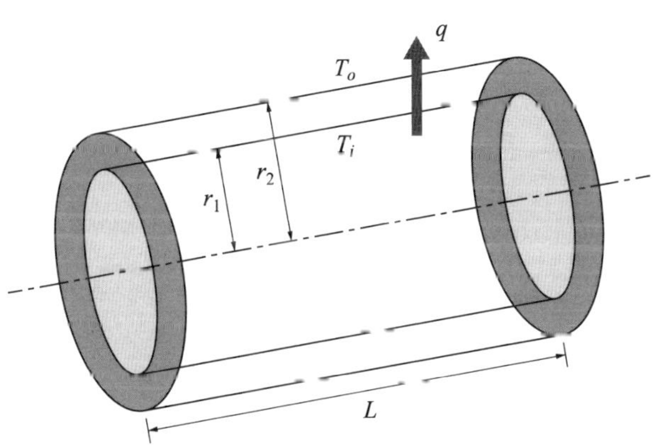

그림 6-5 원통형 관벽을 통한 열전도

$q=(2\pi L)k\dfrac{T_i-T_o}{\ln\dfrac{r_o}{r_i}}$ 이므로

$$q=(2\pi L)k\frac{r_o-r_i}{\ln\dfrac{r_o}{r_i}}\times\frac{T_i-T_o}{r_o-r_i} \tag{6-17}$$

평균면적은 $A_L=(2\pi L)\dfrac{r_o-r_i}{\ln\dfrac{r_o}{r_i}}$ 이고, 평균반경은 $r_L=\dfrac{r_o-r_i}{2.303\log\dfrac{r_o}{r_i}}=\dfrac{r_o-r_i}{\ln\dfrac{r_o}{r_i}}$ 이므로 q는 다음과 같다.

$$q=kA_L\frac{T_i-T_o}{r_o-r_i} \tag{6-18}$$

여기서, A_L : 대수평균면적

r_L : 대수평균반경

대개 벽의 두께가 그다지 두텁지 않을 경우 즉 r_o/r_i가 1.4보다 적을 경우에는 대수평균치 대신에 산술평균면적을 사용하여도 오차가 1% 미만이다. $r_o/r_i=2$ 이상인 경우에는 대수평균치를 사용할 수 있다.

> ***Tip*** **원통형 관벽을 통한 열전도**
>
> $q=kA_L\dfrac{T_i-T_o}{r_o-r_i}$
>
> 여기서, A_L : 대수평균면적

(4) 여러 층으로 된 벽에서 열전도(slab in series)

앞서 살펴본 식 (6-13)에서 $q=-\dfrac{kAdT}{dx}$ 이므로 벽사이의 온도차 $\Delta T=q\dfrac{\Delta x}{kA}$ 가 된다. 그림 6-6에서 두께가 dx_A, dx_B, dx_C에서 온도차가 ΔT_A, ΔT_B, ΔT_C라고 하면 각각의 온도차는 다음과 같이 나타낼 수 있다.

$$\Delta T_A=q_A\frac{\Delta x_A}{k_A A} \qquad \Delta T_B=q_B\frac{\Delta x_B}{k_B A} \qquad \Delta T_C=q_C\frac{\Delta x_C}{k_C A}$$

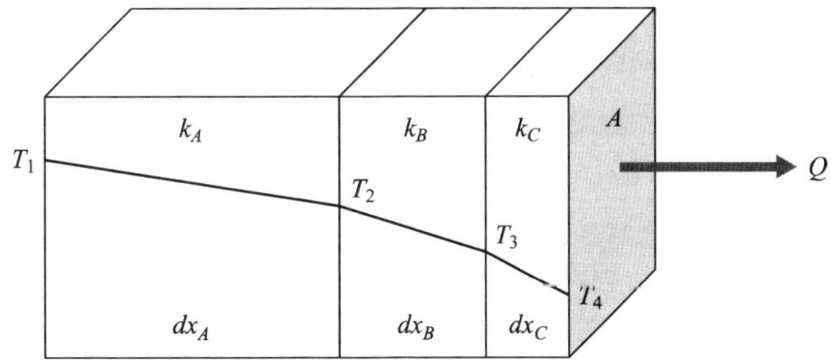

그림 6-6 다층 벽면에서의 열 이동

그러므로 전체온도차인 ΔT는 다음과 같다.

$$\Delta T = \Delta T_A + \Delta T_B + \Delta T_C \tag{6-19}$$

정상상태에서 $q = q_A + q_B + q_C$이므로

$$q = \frac{(T_1 - T_4)}{\dfrac{\Delta x_A}{k_A A} + \dfrac{\Delta x_B}{k_B A} + \dfrac{\Delta x_C}{k_C A}} \tag{6-20}$$

$$= \frac{\Delta T}{R_A + R_B + R_C} = \frac{\Delta T}{\sum_{i=1}^{n} R_i}$$

열전달 면적이 일정한 경우 열저항은 $R_i = \dfrac{\Delta x_i}{k_i A}$으로 나타낼 수 있다.

원관과 같이 열전달 면적이 변하는 경우의 열저항은 $R_i = \dfrac{\Delta x_i}{k_i A_{Li}}$의 값을 가진다.

> ***Tip*** **여러 층으로 된 벽에서 열전도**
>
> $$q = \frac{(T_1 - T_4)}{\dfrac{\Delta x_A}{k_A A} + \dfrac{\Delta x_B}{k_B A} + \dfrac{\Delta x_C}{k_C A}} = \frac{\Delta T}{R_A + R_B + R_C} = \frac{\Delta T}{\sum_{i=1}^{n} R_i}$$

열전달 속도식에 의하면 열전달 속도가 일정할 경우 온도차는 열저항에 비례한다.

$$\Delta T_A : \Delta T_B : \Delta T_C = R_A : R_B : R_C$$

이 식을 사용하여 고체 벽 사이의 온도를 계산할 수 있다.

2. 대류(Convection)

액체가 고체 위 또는 유로 내를 흐를 때 유체와 고체표면의 온도가 다르면 표면에 대한 유체의 상대운동의 결과로 유체와 고체표면 사이에 열이 전달되는데 이러한 열전달을 대류라 한다. 이러한 대류의 종류에는 강제대류와 자연대류가 있다. 강제대류는 유체의 유동을 인위적으로 발생하는 대류현상이며, 자연대류는 유체 이동이 유체내의 온도차에 의하여 생기는 밀도차에 의한 부력효과 때문에 일어나는 열전달 현상을 의미한다. 화재 현장에서는 발화원 부근에서 온도가 증가하여 화재실 내부의 기온차가 발생하기 때문에 대류에 의한 열의 이동이 급격하게 진행된다. 공기 중에 놓여있는 뜨거운 물질들은 공기층의 온도차를 만들고 그것은 밀도차를 만들기 때문에 공기 유동을 일으켜 공기층이 운동한다. 이때 두 온도 사이에서 발생하는 열의 전달은 다음과 같다.

$$Q = \frac{q}{A} = h(T_A - T_s) \qquad \text{뉴턴의 냉각법칙} \qquad (6\text{-}21)$$

여기서, Q : 열 플럭스(kcal/hr · m^2 [W/m^2])
h : 대류 열전달계수(kcal/hr · m^2 · ℃ [W/m^2 · ℃])

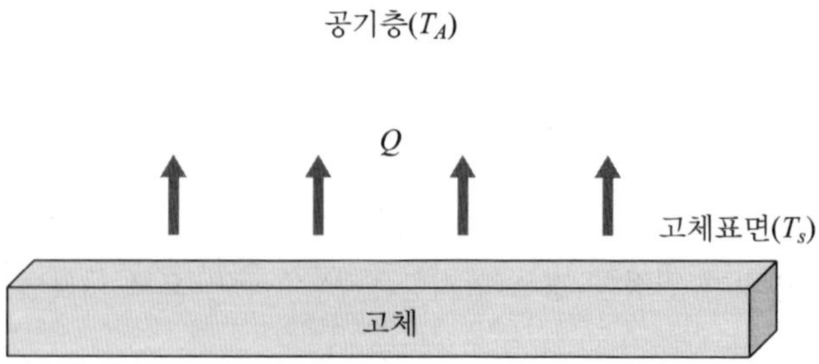

그림 6-7 고체표면과 공기층에서의 열 이동

> ***Tip*** **열 이동 중 대류법칙**
>
> $Q = \frac{q}{A} = h(T_A - T_s)$
>
> Q : 열 플럭스(kcal/hr · m^2[W/m^2])
> h : 대류 열전달계수(kcal/hr · m^2 · ℃[W/m^2 · ℃])

고체벽면에서 유체로의 열전달은 상(phase)의 변화가 있을 경우 등을 제외하고는 일반적으로 뉴턴의 냉각법칙을 기준으로 하며, 단위시간에 이동하는 열량 Q는 표면적 및 벽의 온도(T_s)와 유체의 온도(T_f) 사이의 온도차에 비례한다.

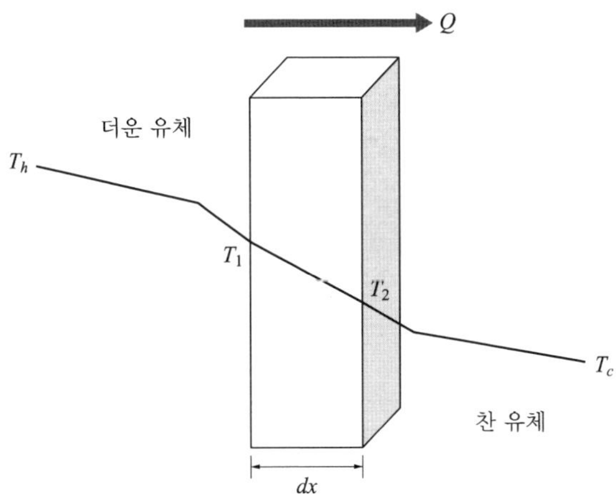

그림 6-8 고체벽면을 사이에 두고 유체의 흐름에서의 열 이동

두께가 dx인 고체 벽면을 사이에 두고 발생하는 전열현상은 전도 현상이므로 이때 이동되는 에너지는 다음과 같이 나타낸다.

$$q = -kA\frac{dT}{dx}$$

더운 유체와 찬 유체 사이에 온도가 고온인 유체에서 저온인 유체로의 전달된 열 이동량(q)은 다음과 같이 표현된다.

$$q = hA\Delta T \tag{6-22}$$

여기에서 단위면적당 열유속 $q = \dfrac{\Delta T}{R_{conv}}$이 된다.

대류는 유체 내에 생기는 경계층을 통한 열의 이동이며 물체의 형상이나, 유체의 속도, 밀도 등의 상태 및 열유속(heat flux)에 따라 변화한다. 그러나 균일한 단일상 유체의 열전달에서 열전달계수는 일정하다.

6.11 Example

지름 5 cm인 구(求)가 대류에 의해 열을 외부 공기로 방출한다. 이 구는 50 W의 전기 히터에 의해 내부에서 가열되고 있고, 구 표면과 공기 사이의 온도차가 30℃이다. 이러한 조건에서 구와 공기 사이의 열전달계수는 몇 W/m^2 · ℃인가?

풀이.

대류에 위한 열전달 공정에서 전열량 $Q = hA(T_2 - T_1)$이다. 여기서 열전달계수

$$h = \frac{Q}{A(T_2 - T_1)} = \frac{4Q}{\pi D^2 \times \Delta T} = \frac{4 \times 50\ \text{W}}{\pi (0.05\ \text{m})^2 \times 30℃} = 849.26\ \text{W/m}^2 \cdot ℃$$

구의 면적은 $A = \pi r^2 = \dfrac{\pi}{4}D^2$이 된다.

(1) 열교환기에서의 열수지 식

열이 고온유체에서 고체벽을 통하여 저온유체로 전달될 경우, 전도와 대류가 동시에 일어난다. 이처럼 유체와 유체 사이에 열을 전달하기 위해 사용되는 장치를 열교환기(heat exchanger)라 한다. 열교환기의 형태는 주로 이중관 열교환기가 사용되며 액 - 액 열교환에 주로 사용하며 전열면적이 크지 않다.

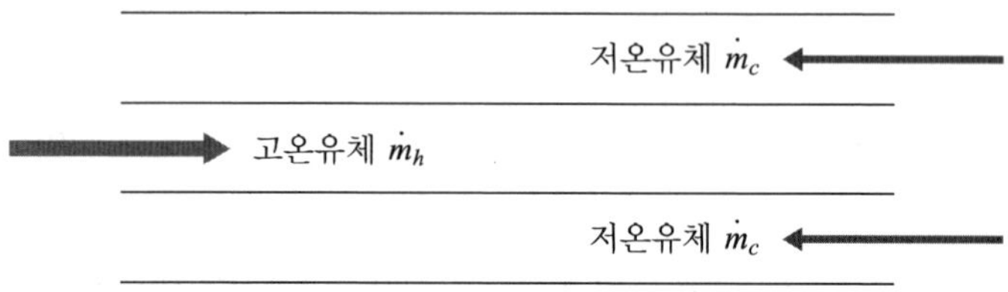

그림 6-9 열교환기에서 유체의 흐름

그림 6-9에서 보는 바와 같이 2중관 열교환기에서 고온유체는 내관으로 흐르고 저온유체는 외관으로 흐르며 열량은 정상상태에서 관벽을 통해 이동한다. 이때 고온유체와 저온유체 사이에서의 열교환 관계식은 다음과 같다.

$$q_h = \dot{m}_h C_{ph}(T_1 - T_2) \tag{6-23}$$

$$q_c = \dot{m}_c C_{pc}(t_1 - t_2) \tag{6-24}$$

각각의 열손실량과 얻은 열량이 같다고 가정하면

$$q_h = q_c = q \tag{6-25}$$

여기서, q_h : 고온유체의 열손실량(kcal/hr)

T_1 : 고온유체의 온도(Deg.℃)

$\dot{m}_h$: 고온유체의 질량속도(kg/hr)

C_{ph} : 고온유체의 비열(kcal/kg Deg.℃)

q_c : 저온유체의 열손실량(kcal/hr)

T_2 : 저온유체의 온도(Deg.℃)

$\dot{m}_c$: 저온유체의 질량속도(kg/hr)

C_{pc} : 저온유체의 비열(kcal/kg Deg.℃)

① **열교환기의 효율**

(a) 병류 흐름(Parallel flow)

$$\eta_h = \frac{\text{실제 열교환량}}{\text{이론 열교환량}} = \frac{\dot{m}C_P(T_1 - T_2)}{\dot{m}C_P(T_1 - t_1)} = \frac{T_1 - T_2}{T_1 - t_1} \tag{6-26}$$

여기서, t_1 : 입구에서의 저온유체의 온도

(b) 향류 흐름(Counter flow)

$$\eta_h = \frac{\text{실제 열교환량}}{\text{이론 열교환량}} = \frac{\dot{m}C_P(T_1 - T_2)}{\dot{m}C_P(T_1 - t_2)} = \frac{T_1 - T_2}{T_1 - t_2} \tag{6-27}$$

여기서, t_2 : 출구에서의 저온유체의 온도

(2) 열전달 단위(Heat transfer unit)

열교환기의 전열속도 계산법에는 ① 총괄전열계수를 이용하는 방법과 ② 열전달 단위를 사용하는 방법이 있다. 이 방법은 유체가 열교환기를 통하여 흐르는 길이에 기준하며 두 부류로 나누어 생각해 볼 수 있다.

① 전달 단위수(Number of transfer unit, N_T) : 온도와 온도차만의 무차원 함수

② 전달 단위길이(Height of transfer unit, H_T) : 유체의 흐름에 의한 상태함수

유체가 열교환기를 통과하는 길이가 L_T라면

① 저온유체 $L_{Tc} = N_{Tc} H_{Tc}$ (6-28)

② 고온유체 $L_{Th} = N_{Th} H_{Th}$ (6-29)

두 유체의 전체 통과 길이가 같다면 즉 $L_{Th} = L_{Tc}$

$$N_{Tc} H_{Tc} = N_{Th} H_{Th} \tag{6-30}$$

전달 단위수 N_T는

$$N_T = \int_{T_1}^{T_2} \frac{dT}{T_h - T_c} \tag{6-31}$$

전열의 단위길이 H_T와 총괄전열계수 U와의 관계는 다음과 같이 유도할 수 있다. 온도와

각 유체의 통과 길이는 직선 관계를 가지게 된다. 향류인 경우 이 관계는 다음과 같다.
기준 ; 저온유체

$$dA_c = \pi D_c dL_c \tag{6-32}$$

$$q_c = U_c dA_c dt_c = U_c \pi D_c dL_c (T_h - T_c) \tag{6-33}$$

$$q_c = W_c C_{pc} d T_c \tag{6-34}$$

$$dL_c = \frac{W_c C_{pc}}{U_c \pi D_c} \frac{d T_c}{T_h - T_c} \tag{6-35}$$

전체 열교환기에 대하여 저온의 유체가 열교환기를 통과하는 길이는

$$L_{Tc} = H_{Tc} N_{Tc} = \frac{W_c C_{pc}}{U_c \pi D_c} \int_{T_{c1}}^{T_{c2}} \frac{d T_c}{T_h - T_c} \tag{6-36}$$

$$H_{Tc} = \frac{W_c C_{pc}}{\pi D_c U_c} \tag{6-37}$$

$$H_{Th} = \frac{W_h C_{ph}}{\pi D_h U_h} \tag{6-38}$$

(3) 대류의 종류

대류에 의한 열전달은 자연대류(natural convection)와 강제대류(forced convection)로 나눌 수 있다.

액체 중에 온도차가 생겼을 때 비중의 차에 의한 부력의 작용으로 유체 내부에 자연적으로 상대적 흐름이 생기는 경우를 자연대류라 하고, 펌프나 송풍기 등을 써서 외부로 부터 강제력에 의하여 액체의 유동을 일으키는 경우를 강제대류라고 한다.

물체 표면을 흐르고 있는 유체와 물체간의 열 교환에서 속도 U_∞ 인 유체의 흐름과 평형되게 평판을 놓으면 평판 표면에 직접 접촉하고 있는 액체분자는 표면에 부착하여 그곳에서 흐름은 정지하게 된다. 따라서 유속은 0이 된다. 이러한 분자의 외층(外層)을 흐르는 분자는 분자 위를 미끄러져 이동하기 때문에 고속(高速)의 분자와 저속의 분자 간에 마찰이 일어나서 감속이 되며 이 결과 전단력이 생긴다.

$$\tau = \frac{F_s}{A_s} = \mu \frac{dU}{dy} \tag{6-39}$$

표면으로부터 점차 멀어짐에 따라 유속은 커지며 동시에 점성력의 효과는 감소하여 평판

표면으로부터 어떤 거리만큼 떨어진 곳에서의 유속은 일정한 크기(U_∞)가 된다. 물체의 표면 근접에서 속도 변화가 있는 층을 속도 경계층이라 한다. 흩어진 경계층이 없이 층상을 이루어 흐르고 있는 부분을 층류 경계층이라 하고, 난류 유동이 있는 부분이 난류 경계층이며, 그 중간이 전이 영역이다.

일반적으로 유체표면의 온도가 유체의 주류온도와 다를 때에는 그 온도 분포는 표면에 극히 접근된 근방에서 변화하며 온도 경계층이 생긴다. 온도경계층에서는 점성력 대신에 열전도에 의한 전열작용이 경계층에 대하여 수직방향으로 일어난다. 온도 경계층은 또 열 경계층이라고도 한다. 온도 경계층은 속도 경계층의 영향을 받으며 일반적으로 2개의 경계층은 유사한 형상을 갖는다. 이러한 온도 경계층을 통하여 유체와 고체 벽간에 일어나는 열에너지의 이동이 대류 열전달이다.

① 뉴턴의 방정식(Newton's equation)

$$q = hA\Delta T \tag{6-40}$$

여기서, h : 열전달계수(W/m^2 · ℃, Btu/hr · ft^2 · °F)

열전달계수는 기하학적 특성(geometry), 물리적 특성, 유속, 온도분포 등에 따라 변한다.

② 무차원군(Dimensionless group)

차원해석으로 부터 Nusselt number, Reynolds number, Prandtl number, Grashof number 등을 구할 수 있다.

(a) Reynold number, N_{Re}

유체의 흐름형태가 층류인지 난류인지를 결정하는 레이놀즈수는 다음 식으로 표현된다.

$$N_{Re} = \frac{DU}{\nu} \tag{6-41}$$

여기서, D : 직경(m)

ν : 동점성계수(kinematic viscosity, μ/ρ; m^2/s)

U : 유속($= Q/A$; m/s)

정리하면, $N_{Re} = \dfrac{DU}{\nu} = \dfrac{D}{\nu}\times\dfrac{Q}{A} = \dfrac{D}{\nu}\times\dfrac{Q}{\frac{\pi}{4}\times D^2} = \dfrac{4Q}{\pi\nu D}$가 되어

$$N_{Re,h} = \frac{4Q}{\pi D \nu_h}$$

$$N_{Re,c} = \frac{4Q}{\pi D \nu_c}$$

$$N_{Re} = \frac{\text{관성력}}{\text{점성력}} = \frac{\rho U^2}{\frac{\mu U}{x}} = \frac{\rho U x}{\mu} = \frac{Ux}{\frac{\mu}{\rho}} = \frac{Ux}{\nu}$$

여기서, x : 거리(m)

(b) Nusselt number, N_U

유체와 평판간의 열전달의 세기를 표시

$$N_U = \frac{(\text{열전달률})(\text{대표길이})}{\text{열전도도}} = \frac{(h)(L)}{k} \tag{6-42}$$

N_U는 유동하고 있는 유체의 열전달에 의하여 이동하는 열량 및 정지하고 있는 같은 유체의 대표차수와 열전달에 의하여 이동하는 열량과의 비를 나타낸다.

(c) Prandtl number, N_{Pr}

유체의 흐름과 열이동간의 함수관계

$$N_{Pr} = \frac{C_P \mu}{k} = \frac{\nu}{\alpha} \tag{6-43}$$

플란트수는 물질의 상태량만으로 결정되는 물성치이다. 플란트수는 기름이나 유기물과 같이 점성이 강하고 열전도율이 낮은 것은 그 값이 크며, 물이나 공기에서는 1에 접근하는 값을 가진다. 또 수은과 같이 점성이 낮고 열전도율이 큰 것은 지극히 적은 값을 지닌다. 유체의 흐름이 가열될 때는 온도 경계층은 속도 경계층과 동시에 발달하기 시작하지만 두 개의 경계층이 발달하는 상대적인 비율은 플란트수에 의하여 구별된다.

(d) Grashof number, N_{Gr}

$$N_{Gr} = \frac{(\beta g)(\Delta T)(\rho^2 D^3)}{\mu^2} = \frac{(\beta g)(\Delta T)(D^3)}{\nu^2} \tag{6-44}$$

여기서, β : 열팽창계수(thermal expansion coefficient) $\beta = \frac{1}{V}\left(\frac{\partial V}{\partial T}\right)_P$

Reynold는 강제대류를 특성 지을 수 있고, 자연대류는 Grashof수를 사용하여 해석할 수 있다.

> **Tip** **무차원 군**
>
> Reynolds number, N_{Re} : $N_{Re} = \dfrac{관성력}{점성력} = \dfrac{\rho U^2}{\dfrac{\mu U}{x}} = \dfrac{\rho U x}{\mu} = \dfrac{Ux}{\dfrac{\mu}{\rho}} = \dfrac{Ux}{\nu}$
>
> Nusselt number, N_U : $N_U = \dfrac{(열전달률)(대표길이)}{열전도도} = \dfrac{(h)(L)}{k}$
>
> Prandtl number, N_{Pr} : $N_{Pr} = \dfrac{C_P \mu}{k} = \dfrac{\nu}{\alpha}$
>
> Grashof number, N_{Gr} : $N_{Gr} = \dfrac{(\beta g)(\Delta T)(\rho^2 D^3)}{\mu^2} = \dfrac{(\beta g)(\Delta T)(D^3)}{\nu^2}$

③ 대류현상의 무치원 함수 관계

(a) 자연대류(Natural convection)

자연대류가 관 지름, 비열, 열전도도, 점도, 열팽창계수, 중력가속도 그리고 온도차 등에 의존된다는 가정에 따라 차원해석을 하게 되면 아래의 관계가 성립된다.

$$N_{Nu} = N_{Nu}(N_{Pr},\ N_{Gr}) \tag{6-45}$$

(b) 강제대류(Forced convection)

강제대류에서는 밀도차이에 의한 자연대류는 무시할 만큼 작으며, 유체의 강제적인 유속에 의존하게 되어 열전달계수 h를 내포하는 무차원 계수 Nussult number는 Prandtl number와 Reynolds number의 함수이다.

$$N_{Nu} = N_{Nu}(N_{Pr},\ N_{Re}) \tag{6-46}$$

> **Tip** **대류현상에 따른 무차원수**
>
> 자연대류 : $N_{Nu} = N_{Nu}(N_{Pr},\ N_{Gr})$
>
> 강제대류 : $N_{Nu} = N_{Nu}(N_{Pr},\ N_{Re})$

> **Tip** **무차원 수와 대류 현상**
>
> ① 자연대류는 N_{Gr}로 설명 ② 강제대류는 N_{Re}로 설명

3. 복사(Radiation)

복사에 의한 열전달은 물체의 온도에 의해서 비롯된 것으로 물체에 의해 방사되는 전자파가 복사이다. 절대온도 0도 이상에 있어서는 어떤 고체도 에너지를 복사한다. 이러한 복사는 전자기적인 현상이며, 상온 하에 있는 공기층에 있어서나 완전진공, 우주공간에서도 같은 효과를 가진다.

(1) 복사의 물리적 메커니즘

전자파에 의해 발생하는 복사는 많은 형식이 있는데 열복사는 그중의 하나이다. 표 6-3에서 보는 바와 같이 복사선의 형태는 매우 다양하다.

표 6-3 전자파의 파장에 따른 복사선의 형태

복사선의 형태	감마선	X-ray	자외선	가시광선	적외선
파장범위(μm)	10^{-6}~140×10^{-4}	6×10^{-6}	0.014~0.4	0.4~0.8	0.8~400

열복사의 파장은 0.8~400 μm까지의 복사로서 표면에서 복사하는 열에너지의 양과 종류는 온도에 따라 급격히 증가한다. 복사의 열전달 속도는 광속도(3×10^{10} cm/s)와 같으며, 광속도는 복사의 파장과 진동수의 곱과 같다.

$$C = \lambda \times \nu$$

여기서, λ : 파장(wave length)
ν : 주파수(frequency)

열복사의 파장의 범위는 0.1~100 μm 사이로서 복사는 양자의 형태로 전달된다. 이중에서 가시(可視)광선부분은 대략 0.4~0.8 μm로 매우 좁은 범위이다. 열복사는 불연속적인 양자의 형태로 전달되며 각각의 양자가 갖는 에너지의 크기는 다음과 같다.

$$E = h \times \nu$$

여기서, h : 플랑크(Plank) 상수($h = 6.625\times10^{-24}$ J·s)
ν : 주파수(frequency)

질량과 에너지간의 상대성 이론을 이용하면 $E = mC^2 = h \times \nu$가 된다.

(2) 복사의 성질

고온의 물체가 지니는 열에너지 중의 일부는 복사에너지가 되어 고온의 물체로부터 저온의 물체로 직접 공간을 통하여 열에너지를 이동시킨다. 모든 물질은 복사의 성질을 가지고 있으며 언제나 복사에너지를 복사하고 있다. 물질에 복사된 복사에너지 중의 일부는 흡수되고 다른 일부는 표면에 흡수된 뒤 재 복사된다. 그리고 나머지는 물체를 투과한다. 이처럼 복사에너지는 그림 6-10에서 보는 바와 같이 물체 표면에 충돌하면 반사, 흡수, 투과의 세부분으로 나누어진다.

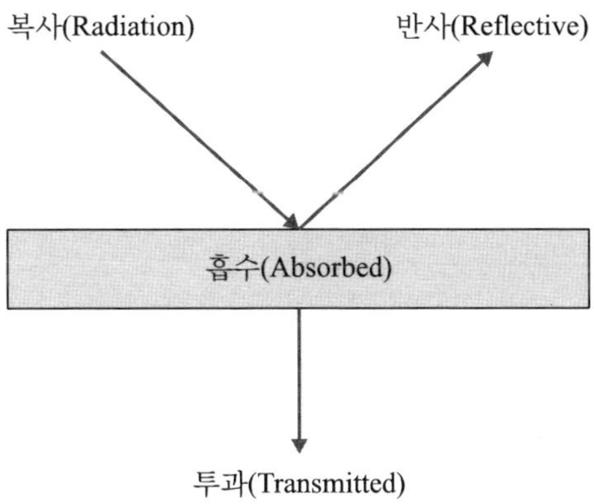

그림 6-10 열 흡수체에서의 열 이동

각 부분의 입사에너지에 대한 비율에 따라 반사율(Reflectivity), 흡수율(Absorptivity) 그리고 투과율(Transmissivity)로 구분한다. 물체에 복사된 전입사에너지 Q 중에서 흡수된 부분을 Q_A, 반사 또는 재복사된 부분을 Q_R, 투과한 부분을 Q_T라고 하면 $Q = Q_A + Q_R + Q_T$가 된다. 양변을 Q로 나누면

$$1 = \frac{Q_A}{Q} + \frac{Q_R}{Q} + \frac{Q_T}{Q} \tag{6-47}$$

로 나타낼 수 있다.

여기서, $\frac{Q_A}{Q} = \alpha$: 물체의 전 흡수율(absorptivity)

$\frac{Q_R}{Q} = \rho$: 물체의 전 반사율(reflectivity)

$\frac{Q_T}{Q} = \tau$: 물체의 전 투과율(transmissivity)

따라서 $1 = \frac{Q_A}{Q} + \frac{Q_R}{Q} + \frac{Q_T}{Q} = \alpha + \rho + \tau = 1$이 된다.

$\frac{Q_A}{Q} = \alpha = 1$인 경우는 입사한 에너지는 모두 물체에 흡수되는 경우로 이때의 물체를 완전 흑체라고 한다.

$\frac{Q_R}{Q} = \rho = 1$인 경우는 입사에너지는 전부 반사되는 경우로 이때는 난반사가 일어나는데, 이때의 물체를 완전 백체라고 한다.

$\frac{Q_T}{Q} = \tau = 1$인 경우는 입사에너지는 모두 물체를 투과하는 경우로 이때 물체를 완전 투명체라 한다.

> ***Tip*** **복사에너지에 따른 물질의 성질**
>
> ① $\frac{Q_A}{Q} = \alpha = 1$: 완전 흑체
>
> ② $\frac{Q_R}{Q} = \rho = 1$: 완전 백체
>
> ③ $\frac{Q_T}{Q} = \tau = 1$: 완전 투명체

(3) 열복사의 기본법칙

① Stefan－Boltzmann의 법칙

흑체표면 $1\,\mathrm{m}^2$당 매시간 복사되는 전체 에너지의 양은 Plank의 법칙에 의한 복사능을 적분하여 정수를 대입하면 이상적인 복사체로부터 단위시간당 단위면적당 방출되는 에너지를 구할 수 있다.

$$E_b = \int_0^\infty E_{b\lambda} d\lambda = \int_0^\infty \frac{C_1 \lambda^{-5}}{e^{C_2/\lambda T} - 1} d\lambda$$

$$= \sigma_o T^4 = 4.88 \times 10^{-8} T^4 = 4.88 \left(\frac{T}{100}\right)^4 \quad \left[\frac{\mathrm{kcal}}{\mathrm{m}^2 \cdot \mathrm{hr}}\right] \tag{6-48}$$

방사되는 전체 에너지는 절대온도의 4제곱에 비례한다. 실제로 사용되는 물질은 회색체이므로 그 물체의 표면으로부터 $1\,\mathrm{m}^2$당 매시간 복사되는 전체 에너지의 양 E는 그 물체의 복사율을 ϵ이라고 하면 온도를 절대온도로 표시할 때 다음과 같이 나타낼 수 있다.

$$E = \epsilon E_b = 4.88 \epsilon \left(\frac{T}{100}\right)^4 \quad \left[\frac{\mathrm{kcal}}{\mathrm{m}^2 \cdot \mathrm{hr}}\right] \tag{6-49}$$

보통 열전달이나 열전도에 비하여 복사로 전해지는 열량은 그 물체가 고온일수록 현저하게 증가하다.

> **Tip** 열 이동 중 복사 (Stefan－Boltzmann의 법칙)
>
> $$E = \epsilon E_b = 4.88\epsilon\left(\frac{T}{100}\right)^4 \quad \left[\frac{\text{kcal}}{\text{m}^2 \cdot \text{hr}}\right]$$

② Kirchhoff의 법칙

그림 6-11에서 보는 바와 같이 밀폐된 공간내의 임의의 장소에 도달한 복사 열유속을 q_i라 하면 밀폐된 공간 내에 한 물체가 존재하며, 이 물체는 주위와 온도평형을 유지하고 있는 상태에 있다. 이러한 평형상태에서 물체의 흡수에너지($q_i\alpha$)와 방사에너지(E)는 같아야 한다. 따라서 평형상태에서는 $EA = q_iA\alpha$가 된다. 이 밀폐된 공간내에 있는 물체를 크기와 형상이 모두 동일한 흑체라 하고, 동일 온도 하에서 주위와 평형상태에 있다고 하면 흑체의 흡수율이 1이므로 $E_bA - q_iA$가 된다.

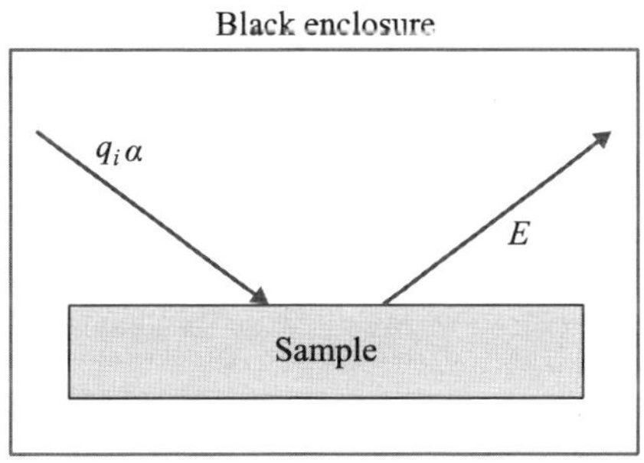

그림 6-11 열 흐름

이때 온도가 평형상태를 유지할 때 어떤 물체의 전체 복사능과 흡수능의 비는 그 물체의 온도에만 의존한다.

전체 복사능을 W, 전체 흡수능을 α라고 하면 $\dfrac{W_1}{\alpha_1} = \dfrac{W_2}{\alpha_2}$가 된다.

또는 어떤 물체가 주위의 온도와 평형에 있을 때 그 물체의 복사능과 흡수능을 같다고 할 수 있다. 물체에 도달한 복사에너지 가운데 흡수된 율을 흡수율이라 하는데 보통 고체에서 일정온도에서의 복사능은 흡수능과 같다.

> **Tip** 열 이동 중 복사 (Kirchhoff의 법칙)
>
> $$\frac{W_1}{\alpha_1} = \frac{W_2}{\alpha_2}$$

물체의 단색 복사율(ϵ_λ)이 파장과 무관한 물체를 회색체라고 한다. 이러한 단색 복사율은 물체의 단색 복사도와 이 물체와 동일온도와 동일한 파장을 갖는 흑체의 단색 복사도와의 비로 정의된다.

$$\epsilon_\lambda = \frac{E_\lambda}{E_{b\lambda}} = \frac{\text{물체의 단색 복사도}}{\text{흑체의 단색 복사도}}$$

③ **Plank의 법칙**

물체표면의 단위면적으로부터 단위시간에 복사되는 복사에너지의 양인 복사능은 그 물체의 온도와 그 온도에 대한 전자파의 파장과 관계를 가진다. 그러므로 단색 복사능은 다음과 같이 표현된다.

$$E_\lambda = f(\lambda,\ T) \tag{6-50}$$

$$E_\lambda = \frac{dE}{d\lambda} \quad \left[\frac{\text{kcal}}{\text{m}^2 \cdot \text{hr}}\right]$$

Plank는 흑체의 단색 복사능의 세기를 파장의 함수로 표기하여 다음과 같이 나타내었다.

$$E_{b\lambda} = \frac{C_1\lambda^{-5}}{e^{\frac{C_2}{\lambda T}} - 1} \tag{6-51}$$

여기서, $E_{b\lambda}$: 흑체의 단색 복사능(kcal/m^2 · hr)

λ : 파장

T : 물체의 절대온도

$C_1 = 3.21 \times 10^{-16}$ kcal/m^2 · hr

$C_2 = 1.44 \times 10^{-2}$ kcal/m^2 · hr

Tip **열 이동 중 복사 (Plank의 법칙)**

$$E_{b\lambda} = \frac{C_1\lambda^{-5}}{e^{\frac{C_2}{\lambda T}} - 1}$$

여기서, $E_{b\lambda}$: 흑체의 단색 복사능$\left(\frac{\text{kcal}}{\text{m}^2 \cdot \text{hr}}\right)$

λ : 파장, T : 물체의 절대온도

$C_1 = 3.21 \times 10^{-16}$ kcal/m^2 · hr

$C_2 = 1.44 \times 10^{-2}$

파장이 0인 조건에서는 복사에너지는 0의 값을 가진다. 파장의 증가와 더불어 흑체의 복사능은 증가하는 특성을 지닌다. 어떤 임의의 파장이 최대가 된 다음 다시 감소하여 파장의 값이 무한대가 될 때 다시 0의 값을 가진다. 이처럼 복사능이 최대치가 되는 파장은 온도가 증가하면 적어진다. 저온의 물체보다 고온의 물체일수록 적색에서 흑색 그리고 백색으로 보이는 이유가 바로 이와 같은 이치이다. 즉, 온도가 높아질수록 흑체의 단색 복사능 $E_{b\lambda}$가 최대치를 나타내는 파장이 짧아지고 있다. 이러한 관계를 Wien의 변위법칙(Wien's displacement law)이라 한다.

$$\lambda_{max} T = 2897.6\ \mu m \cdot K \quad [\text{or } 5215.6\ \mu m \cdot °R] \tag{6-52}$$

어떤 일정한 온도 하에서 모든 물체의 전체 복사능의 최대 한도는 완전 흑체의 복사능과 같다. 한 물체의 임의의 온도에 대한 복사능(E_λ)을 표시하는데 있어서 그것과 같은 온도의 완전 흑체의 복사능($E_{b\lambda}'$)에 대한 비율로 표시하는 것이 편리하다. 이것을 복사율(ϵ, emissivity)이라 하며 다음과 같이 나타낸다.

$$\epsilon = \frac{E_\lambda}{E_{b\lambda}} \tag{6-53}$$

모든 파장에 대하여 복사율(ϵ, emissivity)이 일정한 물체를 회색체라 한다.

6.12 Example

다음은 열의 이동을 막기 위해 사용하는 방법 들이다. 이와 관련된 열전달의 방식으로 알맞게 연결된 것은 어느 것인가?

> ㉠ 맑은 날에 햇빛을 막기 위해 밝은 색 양산을 사용한다.
> ㉡ 주전자의 손잡이는 나무로 만든다.
> ㉢ 보온병은 진공 이중벽으로 되어 있다.

① ㉠ 대류, ㉡ 전도, ㉢ 복사 ② ㉠ 복사, ㉡ 전도, ㉢ 대류
③ ㉠ 대류, ㉡ 복사, ㉢ 전도 ④ ㉠ 복사, ㉡ 대류, ㉢ 전도

풀이.

전도에 의한 열전달은 정지하고 있는 유체의 경우에는 분자의 운동 또는 직접 충돌에 의해 발생하며, 전자의 이동에 의하여 고온에서 저온으로 에너지 전달이 발생한다. 즉 물체의 온도구배가 존재하면 에너지는 고온부에서 저온부로 전달되며 이때 열은 전도에 의해서 전달된다.
액체가 고체 위 또는 유로 내를 흐를 때 유체와 고체표면의 온도가 다르면 표면에 대한 유체의 상대운동의 결과로 유체와 고체표면 사이에 열이 전달되는데 이러한 열전달을 대류라 한다.
복사에 의한 열전달은 물체의 온도에 의해서 비롯된 것으로 물체에 의해 방사되는 전자파가 복사이다. 절대온도 0도 이상에 있어서는 어떤 고체도 에너지를 복사한다. 이러한 복사는 전자기적인 현상이며, 상온 하에 있는 공기층에 있어서나 완전진공, 우주공간에서도 같은 효과를 가진다.
답. ②

6.13 Example

온도가 80℃인 물에 손을 넣으면 화상을 입을 수 있지만 온도가 80℃인 한증막에서는 화상을 잘 입지 않는 이유로 알맞은 것은?

① 물의 열전도율이 수증기보다 작다.
② 사람의 몸이 대부분 물로 되어 있다.
③ 물속에서는 열전달계수의 값이 더 크다.
④ 물속에서는 땀이 증발하지 않는다.

풀이.

액체에서의 열전달계수는 증기에서의 열전달계수보다 더 크기 때문에 액체에서는 열의 전달이 더 빨리 일어난다.

기체의 열전도도는 0.007~0.5 kcal/m · hr · ℃의 범위의 값을 가지며, 압력에는 무관하나, 온도에 대해서는 영향을 받는다. 즉 온도의 상승에 의하여 열전도도는 증가하는 경향을 나타낸다. 액체의 열전도도는 0.08~0.6 kcal/m · hr · ℃의 범위의 값으로 액체 중에서 물의 열전도도가 최고이다. 기체와 마찬가지로 액체의 열전도도는 압력에는 거의 영향을 받지 않으나 온도에 대해서는 영향을 받는다. 일반적으로 온도의 상승에 의하여 열전도도는 감소하는 경향을 나타낸다.

답. ③

6.14 Example

전도는 서로 접촉하고 있는 물체의 온도차에 의하여 발생하는 열전달 현상이다. 다음 중 단위면적당 열전달률을 설명한 것으로 올바른 것은 어느 것인가?

① 전열면적에 직각인 방향의 온도 기울기에 비례한다.
② 전열면적과 평행한 방향으로의 온도 기울기에 비례한다.
③ 전열면적에 직각인 방향의 온도 기울기에 반비례한다.
④ 전열면적과 평행한 방향으로의 온도 기울기에 반비례한다.

답. ①

6.15 Example

실내의 난방용 열교환기에는 대부분 방열판이 달려 있다. 이러한 주된 이유는 무엇인가?

① 열전달 면적이 증가된다.
② 복사열전달이 촉진된다.
③ 열교환기의 재료비를 절감할 수 있다.
④ 겨울철 열교환기의 동파를 예방한다.

풀이.

열교환기는 전도 및 대류에 의한 열전달 방법으로 공기 중의 온도를 따뜻하게 하는 난방장치이다. 전도에 의한 열전달은 전열면적 및 온도차에 비례하고 두께에 반비례한다.

$$Q = kA\frac{\Delta T}{\Delta x}$$

대류에 위한 열전달 공정에서 전열량 $Q = hA(T_2 - T_1)$이다. 따라서 이 두 공정 모두 전열면적이 열전달에 비례하므로 열전달 효과를 높이기 위해서는 전열면적을 크게 하는 것이 중요하다.

답. ①

6.16 Example

판의 온도 T가 시간 t에 따라 변하고 있다. 여기서 상수 T_o는 절대온도이다. 이 판의 흑체 방사도는 시간에 따라 어떻게 변화하는가?

① $\sigma T_o^{\ 4}$ ② $\sigma T_o^{\ 4} t$ ③ $\sigma T_o^{\ 4} t^2$ ④ $\sigma T_o^{\ 4} t^4$

풀이.

열 복사에 관한 Stefan-Boltzmann 관계식으로부터

$Q = \sigma A T^4$이므로 복사에 의한 열전달은 면적에 비례하고, 절대온도의 4승에 비례한다고 할 수 있다.

답. ②

제6장 연습문제

6-1 1 Btu는 몇 kcal인가? (①)

① 0.252 kcal ② 0.298 kcal

③ 0.315 kcal ④ 0.460 kcal

풀이 1 Btu = 252 cal = 0.252 kcal

6-2 다음의 엔트로피(S), 온도(T), 내부에너지(U), 압력(P), 부피(V), 엔탈피(H)의 관계에 대한설명으로 올바른 것은? (①)

① $TdS = dH - VdP$ ② $TdS = dU - PdV$

③ $TdS = dH - PdV$ ④ $TdS = PU - VdP$

풀이 엔탈피 변화 $dH = TdS + VdP$이므로 $TdS = dH - VdP$가 된다.

6-3 가역단열과정에서 엔트로피(S)의 변화 ΔS는? (④)

① $\Delta S > 1$ ② $0 < \Delta S < 1$

③ $\Delta S = 1$ ④ $\Delta S = 0$

풀이 가역단열 과정에서 엔트로피의 $\Delta S = 0$가 된다.

6-4 다음 중 열역학 제1법칙에 대한 설명으로 올바른 것은? (②)

① 절대온도 0도에서 엔트로피가 0이다.

② 일, 열 및 내부에너지 사이의 관계식이다.

③ 사이클과정에서 열이 모두 일로 변화할 수 없다.

④ 열평형상태에 있는 두 물체의 온도는 같다.

풀이 열역학 제1법칙은 에너지보존에 관한 법칙으로 계에 가해진 일과 열의 관계를 나타낸다.

6-5 다음의 열역학 제1법칙과 관련된 설명으로 올바른 것은? (②)

① 열은 그 자신만으로 저온에서 고온으로 이동할 수 없다.

② 일은 열로 변환시킬 수 있고 열은 일로 변환시킬 수 있다.

③ 사이클과정에서 열이 모두 일로 변화할 수 없다.

④ 열평형상태에 있는 물체의 온도는 같다.

풀이 열역학 제1법칙은 에너지보존에 관한 법칙으로 계에 가해진 일과 열의 관계를 나타낸다.

6-6 다음의 설명 중에서 열역학 제1법칙에 대한 설명으로 올바른 것은? (③)

① 제2종 영구기관은 불가능하다.
② 열은 스스로 저온에서 고온의 물체로 이동하지 않는다.
③ 에너지의 공급 없이 영구히 일할 수 있는 기관은 없다.
④ 자연에서 아무런 변화 없이 열원의 열을 계속해서 일로 바꿀 수는 없다.

풀이 열역학 제1법칙은 에너지보존에 관한 법칙으로 계에 가해진 일과 열의 관계를 나타낸다.

6-7 다음의 설명 중 가역단열과정에 대한 설명으로 올바른 것은 어느 것인가? (④)

① 등엔탈피과정 ② 등온과정
③ 정압과정 ④ 등엔트로피과정

풀이 단열과정이라 함은 Q가 일정하게 유지되는 과정으로 $Q = TdS$에서 dS가 일정하게 유지되는 과정이다.

6-8 열역학적 이상기체의 등엔트로피과정에 대한 설명으로 올바르지 않은 것은 어느 것인가? (④)

① 폴리트로픽과정의 일종이다. ② 가역단열과정에서 실현된다.
③ 온도가 증가하면 압력이 증가한다. ④ 온도가 증가하면 비체적이 증가한다.

풀이 이상기체에서 등엔트로피과정의 특징
① 폴리트로픽과정의 일종
② 가역단열과정의 실현
③ 온도가 증가하면 압력이 증가하는 공정

6-9 열역학적 완전기체의 상태 변화에서 정적변화의 식으로 알맞은 것은? (②)

① PV^k − 일전 ② PV^{∞} = 일정
③ PV^{-k} = 일정 ④ P^kV = 일정

풀이 안전기체에서 상태변화에 따른 [PV^k = 일정]의 형태
① 등온과정 PV = 일정 $[k=1]$
② 단열과정 PV^r = 일정 $[k=r]$
③ 정적과정 PV^{∞} = 일정 $[k=\infty]$
④ 정압과정 $PV^0 = P$ = 일정 $[k=0]$

⑤ 폴리트로픽과정 PV^k = 일정 $[r > k > 1]$

6-10 폴리트로픽 변화의 일반식(PV^k = 일정)에서 k = 0이면 무슨 변화공정인가? (①)

① 등압변화 ② 등온변화
③ 단열변화 ④ 폴리트로픽 팽창

풀이 완전기체에서 상태변화에 따른 [PV^k = 일정]의 형태

① 등온과정 PV = 일정 $[k = 1]$

② 단열과정 PV^r = 일정 $[k = r]$

③ 정적과정 PV^∞ = 일정 $[k = \infty]$

④ 정압과정 $PV^0 = P$ = 일정 $[k = 0]$

⑤ 폴리트로픽과정 PV^k = 일정 $[r > k > 1]$

6-11 다음 중 폴리트로픽 지수(n)가 1인 과정은? (③)

① 단열과정 ② 정압과정
③ 등온과정 ④ 정적과정

풀이 공정별 폴리트로픽 지수

공정	폴리트로픽 지수(PV^n = 일정)
등압변화(정압변화)	PV^n = 일정 $(n = 0)$
등온변화	PV^n = 일정 $(n = 1)$
단열변화	PV^n = 일정 $(n = k)$
정적변화	PV^n = 일정 $(n = \infty)$

6-12 다음의 설명 중에 올바르지 않은 것은 어느 것인가? (④)

① 어떤 물체가 보유하고 있는 단위중량당 열용량을 비열이라 한다.
② 표준대기압 하에서 순수한 물 1 kg을 14.5℃에서 15.5℃로 1℃ 올리는데 필요한 열량을 1 kcal라 한다.
③ 표준대기압 하에서 순수한 물 1 lb을 39℉에서 40℉로 1℉ 올리는데 필요한 열량을 1 Btu라 한다.
④ 표준대기압 하에서 순수한 물 1 lb을 1℉ 올리는데 필요한 열량을 1 Chu라 한다.

풀이 표준대기압 하에서 순수한 물 1 lb을 1℉ 올리는데 필요한 열량을 1 Btu라 한다.

6-13 잠열(Latent Heat)과 현열(Sensible Heat)에 대한 설명으로 올바르지 않은 것은 어느 것인가? (③)

① 물체가 열을 받으면 분자운동에너지가 증가하는데 이를 현열이라 한다.
② 현열과 잠열은 물체의 내부에 저장되는 에너지이다.
③ 잠열은 물체의 온도 상승으로 나타난다.
④ 잠열은 물체 분자의 위치에너지로 저장된다.

풀이 현열과 잠열에 대한 구분을 살펴보면 현열은 상변화 없이 온도가 증가하는 것이며, 잠열은 온도의 변화는 나타나지 않고 상의 변화만 나타나는 것으로 구분할 수 있다.

6-14 다음 열역학적 법칙에 대한 설명 중 올바르지 않은 것은? (④)

① 열적 평형이 된 상태를 설명하는 것이 열역학 제0법칙이다.
② 에너지보존의 법칙을 설명하는 것이 열역학 제1법칙이다.
③ 에너지 변환의 방향성이 제한됨을 설명하는 것이 열역학 제2법칙이다.
④ 열은 그 자신만으로도 저온에서 고온으로 이동할 수 없다는 것이 열역학 제3법칙이다.

풀이 열역학 법칙에 대한 정의

열역학 제0법칙 : 열적 평형이 된 상태를 설명하는 것
열역학 제1법칙 : 에너지보존의 법칙
열역학 제2법칙 : 에너지 변환의 방향성이 제한됨을 설명하는 것

6-15 완전기체의 상태변화 중 비가역 변화인 것은 어느 것인가? (③)

① 등적변화 ② 폴리트로픽변화
③ 교축과정 ④ 단열변화

풀이 가역변화의 종류

① 등적변화 ② 폴리트로픽변화 ③ 등압변화 ④ 단열변화
교축과정이란 엔탈피가 일정한 상태에서 압력변화에 따른 온도변화를 의미한다.

6-16 다음의 과정 중에서 완전기체의 엔탈피가 변화하지 않는 과정은? (④)

① 가역단열과정 ② 비가역단열과정
③ 정압과정 ④ 교축과정

풀이 교축과정이란 엔탈피가 일정한 상태에서 압력변화에 따른 온도 변화를 의미한다

6-17 다음의 과정 중에서 등 엔트로피과정에 해당하는 것은 어느 것인가? (①)

① 가역단열과정 ② 가역등온과정
③ 비가역단열과정 ④ 비가역등온과정

풀이 등엔트로피과정은 $\Delta S = \dfrac{\Delta Q}{T} = 0$인 과정으로 가역단열과정을 의미한다.

6-18 단원자 이상기체인 물질을 상온에서 시작해서 500℃까지 온도를 높일 경우 정압비열의 변화를 바르게 설명한 것은 어느 것인가? (②)

① 온도가 높아질수록 작아진다. ② 온도가 높아져도 일정하다.
③ 온도가 높아질수록 커진다. ④ 온도가 높아지면 증가하다 감소한다.

풀이 정압비열은 물질이 가지고 있는 고유의 물성치(physical properties)로 온도가 변화해도 그 값은 변화하지 않는다.

6-19 이상기체가 정적과정에 의해 상태변화를 할 때 두 상태의 관계를 올바르게 표현한 것은? (③)

① $P_1 V_1 = P_2 V_2$ ② $\frac{T_1}{V_1} = \frac{T_2}{V_2}$
③ $\frac{P_1}{T_1} = \frac{P_2}{T_2}$ ④ $P_1 V_1{}^k = P_2 V_2{}^k$

풀이 기체에 관한 $P-V-T$관계를 설명하고 있는 보일-샬의 법칙으로부터 $\frac{P_1 V_1}{T_1} = \frac{P_2 V_2}{T_2}$이므로 여기서 정적과정이라 함은 부피가 일정하게 유지되는 $V_1 = V_2$의 과정이므로 $\frac{P_1}{T_1} = \frac{P_2}{T_2}$이 된다.

6-20 압력이 2 MPa, 온도가 250℃의 비열이 1.4인 공기가 이상적인 단열팽창을 하여 압력이 0.2 MPa로 변화할 때 온도는 몇 K가 되겠는가?

풀이 단열팽창의 경우 $T_2 = T_1 \times \left(\frac{P_2}{P_1}\right)^{\frac{r-1}{r}}$ 이므로

$$T_2 = T_1 \times \left(\frac{P_2}{P_1}\right)^{\frac{r-1}{r}} = (273+250\ \text{K}) \times \left(\frac{0.2}{2}\right)^{\frac{1.4-1}{1.4}} = 270.8\ \text{K}$$

6-21 증발잠열이 380 kJ/kg인 기체 2.5 kg이 증발하는데 필요한 열량은 몇 kJ인가?

풀이 증발잠열을 이용한 열량의 계산

$$\text{증발열량} = \frac{380\ \text{kJ}}{\text{kg}} \times 2.5\ \text{kg} = 950\ \text{kJ}$$

6-22 온도가 150℃이고 정압비열이 1.01 kJ/kg·℃인 공기 5 kg이 정압 냉각되어 엔트로피가 1.06 kJ/K만큼 감소되었다. 온도 20℃인 공기로 방출시켜야 하는 열량은 몇 kJ인가?

풀이 비열을 이용한 열량의 계산 방법

$$Q_P = m \times C_P \times \Delta T = \frac{1.01\ \text{kJ}}{\text{kg}\cdot ℃} \times 5\ \text{kg} \times (150℃ - 20℃) = 656.5\ \text{kJ}$$

6-23 15℃ 물 2 kg을 소화약제로 사용하여 모두 증발시켰을 때 냉각효과를 얻을 수 있는 열량은 몇 kJ인가? (물의 비열은 4.184 kJ/kg · ℃이다.)

풀이 15℃ 물을 소화약제로 사용하여 증발시킨 경우이므로 2가지의 변화가 발생한다. 하나는 15℃ 물이 100℃로 온도가 증가하는 과정에서 발생하는 현열 공정과 다른 하나는 100℃ 물이 100℃의 수증기로 변화하는 잠열의 2가지 공정이 나타난다.

① 현열에 의한 열량은 비열을 이용해 계산할 수 있다.

$$Q_S = m \times C \times \Delta T = 2\ \text{kg} \times \frac{4.184\ \text{kJ}}{\text{kg}\cdot ℃} \times (100℃ - 15℃) = 711.28\ \text{kJ}$$

② 잠열에 의한 열량은 증발잠열을 이용하여 계산한다.

$$Q_L = \Delta H_{vap} \times m = 2\ \text{kg} \times \frac{539\ \text{kcal}}{\text{kg}} \times \frac{4.184\ \text{kJ}}{1\ \text{kcal}} = 4510.35\ \text{kJ}$$

따라서 15℃ 물을 소화약제로 사용하여 증발시킨 경우 발생하는 열량의 합은

$$Q = Q_S + Q_L = 711.28\ \text{kJ} + 4510.35\ \text{kJ} = 5221.63\ \text{kJ}$$

6-24 800 K의 고온열원과 400 K의 저온 열원 사이에서 작동하는 Carnot 사이클에 공급하는 열량이 사이클당 400 kJ이라 할 때 1사이클당 외부에 하는 일은 몇 kJ인가?

풀이 열기관의 효율 $\eta = \frac{T_1 - T_2}{T_1} = \frac{W_{net}}{Q_1} = \frac{Q_1 - Q_2}{Q_1}$ 이다.

$\eta = \frac{T_1 - T_2}{T_1} = \frac{W_{net}}{Q_1}$ 에서 $W_{net} = \frac{T_1 - T_2}{T_1} \times Q_1 = \frac{800 - 400}{800} \times 400\ \text{kJ} = 200\ \text{kJ}$

6-25 냉동실로부터 300 K의 대기 중으로 열을 배출하는 가역 냉동기의 성능계수가 4이다. 냉동실의 온도는 몇 K인가?

풀이 열기관의 성능계수 $\beta = \frac{T_L}{T_H - T_L} = \frac{Q_L}{Q_H - Q_L}$ 이다.

$\beta = \frac{T_L}{T_H - T_L}$ 에서 $\beta \times (T_H - T_L) = T_L$ 이므로 $T_L = \frac{\beta \times T_H}{1 + \beta} = \frac{4 \times 300\ \text{K}}{1 + 4} = 240\ \text{K}$

6-26 500℃와 20℃의 두 열원 사이에 설치되는 열기관이 가질 수 있는 최대의 이론적인 열효율은 몇 %인가?

풀이 열기관의 효율 $\eta = \frac{T_1 - T_2}{T_1} = \frac{W_{net}}{Q_1} = \frac{Q_1 - Q_2}{Q_1}$ 이다.

$\eta = \dfrac{T_1 - T_2}{T_1} = \dfrac{W_{net}}{Q_1}$에서 $\eta = \dfrac{T_1 - T_2}{T_1} = \dfrac{773\text{ K} - 293\text{ K}}{773\text{ K}} = 0.62 = 62\%$

6-27 Carnot 사이클이 1000 K의 고온열원과 400 K의 저온열원 사이에서 작동할 때 사이클의 효율은 몇 %인가?

풀이 열기관의 효율 $\eta = \dfrac{T_1 - T_2}{T_1} = \dfrac{W_{net}}{Q_1} = \dfrac{Q_1 - Q_2}{Q_1}$이다.

$\eta = \dfrac{T_1 - T_2}{T_1} = \dfrac{W_{net}}{Q_1}$에서 $\eta = \dfrac{T_1 - T_2}{T_1} = \dfrac{1000\text{ K} - 400\text{ K}}{1000\text{ K}} = 0.6 = 60\%$

6-28 압력 0.1 MPa, 온도 60℃ 상태의 소화약제의 내부에너지를 구하면 몇 kJ/kg인가? (단, 이때 엔탈피(H)=450 kJ/kg이고, 비용적(V)=0.25 m^3/kg이다.)

풀이 엔탈피(H)와 내부에너지(U)의 관계로부터

$H = U + PV$에서 $U = H - PV = \dfrac{450\text{ kJ}}{\text{kg}} - \dfrac{0.25\text{ m}^3}{\text{kg}} \times \dfrac{100\text{ kN}}{\text{m}^2} = 425\text{ kJ/kg}$

6-29 완전 흑체로 가정한 흑연의 표면 온도가 450℃이다. 단위면적당 방출되는 복사에너지는 몇 kW/m^2인가? (단, Stefan-Boltzmann 상수 $\sigma = \dfrac{5.6 \times 10^{-8}\text{ W}}{\text{m}^2 \cdot \text{K}^4}$이다.)

풀이 열복사에 관한 Stefan-Boltzmann 관계식으로부터

$Q = \sigma A T^4 = \dfrac{5.6 \times 10^{-8}\text{ W}}{\text{m}^2 \cdot \text{K}^4} \times (450 + 273\text{ K})^4 = \dfrac{15301.7\text{ W}}{\text{m}^2} = 15.301\text{ kW/m}^2$

6-30 초기의 제적이 0인 완전 구형 풍선을 지름 60 cm까지 팽창시키는데 필요한 일은 몇 kJ인가? (단, 풍선 내부의 압력은 표준대기압 상태이다.)

풀이 부피의 팽창에 따른 일의 값은 $W = P\Delta V$이므로 우선 팽창 후 풍선의 부피는 다음과 같다.

$V = \dfrac{\pi}{6} D^3 = \dfrac{\pi}{6} \times (0.6\text{ m})^3 = 0.113\text{ m}^3$이 된다. 따라서 부피변화 $\Delta V = 0.113\text{ m}^3$

그러므로 $W = P\Delta V = \dfrac{101.3\text{ kN}}{\text{m}^2} \times 0.113\text{ m}^3 = 11.45\text{ kJ}$

6-31 물 10 kg을 20℃에서 50℃까지 데우기 위해 3 kW의 전기온수기를 사용하고 있다. 열손실이 없을 때 물에 전달된 열량과 물을 데우기 위해 필요한 시간은 몇 s인가? (단, 물의 비열

은 4.184 kJ/kg · ℃이다.)

풀이 ① 열량은 비열을 이용하여 계산할 수 있다.

$$Q_S = m \times C \times \Delta T = 10\text{ kg} \times \frac{4.184\text{ kJ}}{\text{kg} \cdot ℃} \times (50℃ - 20℃) = 1255.2\text{ kJ}$$

② kW가 시간의 값을 가지고 있으므로 이 값을 이용해서 시간을 구할 수 있다.
에너지의 단위인 W는 J/s의 값을 의미한다.

따라서 $3\text{ kW} = \frac{3\text{ kJ}}{\text{s}}$가 된다. 따라서 $\frac{3\text{ kJ}}{\text{s}} \times t(\text{s}) = 1255.2\text{ kJ}$

그러므로 $t(\text{s}) = \frac{1255.2\text{ kJ}}{3\text{ kJ/s}} = 418.4\text{ s}$

6-32 두께 4 mm의 강판에서 고온 측면의 온도가 100℃이고 저온 측면의 온도가 80℃이며 단위 면적 1 m^2에 대해 매분 30000 kJ의 전열을 한다고 하면 이 강판의 열전도율은 몇 W/m · ℃인가?

풀이 진도에 의한 열전달은 전열면적 및 온도차에 비례하고 두께에 반비례한다.

$Q = kA\frac{\Delta T}{\Delta x}$이므로

$$k = \frac{Q\Delta x}{A\Delta T} = \frac{\frac{30000\text{ kJ}}{\text{min}} \times 0.04\text{ m} \times \frac{\text{W}}{\text{J/s}} \times \frac{1\text{ min}}{60\text{ s}}}{1\text{ m}^2 \times (100℃ - 80℃)} = 1000\text{ W/m} \cdot ℃$$

6-33 면적이 12 m^2이고 두께가 10 mm인 유리의 열전도율이 0.8 W/m · ℃이다. 차가운 유리의 표면온도가 −1℃이며 안쪽의 표면온도는 3℃이다. 이 경우 유리를 통한 열전달량은 몇 W인가?

풀이 전도에 의한 열전달은 전열면적 및 온도차에 비례하고 두께에 반비례한다.

$Q = kA\frac{\Delta T}{\Delta x}$이므로 $Q = kA\frac{\Delta T}{\Delta x} = \frac{0.8\text{ W}}{\text{m} \cdot ℃} \times 12\text{ m}^2 \times \frac{4℃}{0.01\text{ m}} = 3840\text{ W}$

6-34 열전도도가 0.08 W/m · K인 단열재의 내부면의 높은 온도가 75℃이고 외부면의 낮은 온도가 20℃이다. 이 단열재의 단위면적당 열손실을 200 W/m^2로 제한하려고 하면 단열재의 두께를 몇 mm로 해야 하는가? (단열재의 면적은 1 m^2이다)

풀이 전도에 의한 열전달은 전열면적 및 온도차에 비례하고 두께에 반비례한다.

$Q = kA\frac{\Delta T}{\Delta x}$이므로

$$\Delta x = \frac{k \times A \times \Delta T}{Q} = \frac{\frac{0.08\text{ W}}{\text{m} \cdot \text{K}} \times 1\text{ m}^2 \times (348\text{ K} - 293\text{ K})}{200\text{ W/m}^2} = 0.022\text{ m} = 22\text{ mm}$$

6-35 압력 $P_1 = 100\ \mathrm{kPa}$, 온도 $T_1 = 400\ \mathrm{K}$, 체적 $V_1 = 1.0\ \mathrm{m^3}$인 밀폐계의 이상기체가 $PV^{1.4}$ =상수인 폴리트로픽과정(polytropic process)을 거쳐 압력 $P_2 = 400\ \mathrm{kPa}$까지 압축된다. 이 과정에서 기체가 한 일은 약 몇 kJ인가?

풀이 폴리트로픽과정에서 이때 일(W)의 변화는 $W = \frac{P_1 V_1}{k-1} \times \left(1 - \frac{T_2}{T_1}\right)$이 된다.

여기서 온도 변화는 $T_2 = T_1 \times \left(\frac{P_2}{P_1}\right)^{\frac{k-1}{k}}$ 이므로

$$T_2 = T_1 \times \left(\frac{P_2}{P_1}\right)^{\frac{k-1}{k}} = (400\ \mathrm{K}) \times \left(\frac{400}{100}\right)^{\frac{1.4-1}{1.4}} = 594.4\ \mathrm{K}$$

이때 일(W)의 변화는 $W = \frac{P_1 V_1}{k-1} \times \left(1 - \frac{T_2}{T_1}\right) = \frac{P_1 V_1}{k-1} \times \left[1 - \left(\frac{P_2}{P_1}\right)^{\frac{k-1}{k}}\right]$ 이므로

$$W = \frac{P_1 V_1}{k-1} \times \left(1 - \frac{T_2}{T_1}\right) = \frac{100\ \frac{\mathrm{kN}}{\mathrm{m}^2} \times 1\ \mathrm{m}^3}{1.4-1} \times \left[1 - \left(\frac{594.4\ \mathrm{K}}{400\ \mathrm{K}}\right)\right] = -121.5\ \mathrm{kJ}$$

6-36 15 ft 높이에 있는 100 lb의 물체를 바닥으로 낙하시켰다. 낙하된 후 물체는 정지하였다면 초기상태와 최종상태에서의 운동에너지와 위치에너지를 구하시오.

풀이 초기상태에 물체는 100 lb의 질량을 가지고 15 ft 높이에서 정지하고 있었다고 할 수 있다. 따라서 운동에너지는 0의 값을 지닌다.

① 초기상태

$E_K = 0$

$$E_P = mgh = 100\ \mathrm{lb_f} \times \frac{9.8\ \mathrm{m}}{\mathrm{s}^2} \times 15\ \mathrm{ft} \times \frac{0.3048\ \mathrm{m}}{1\ \mathrm{ft}} \times \frac{0.454\ \mathrm{kg}}{1\ \mathrm{lb}} = 2034.2\ \mathrm{N \cdot m} = 2034.2\ \mathrm{J}$$

② 최종상태에서 물체는 지면에 낙하 후 정지하고 있으므로 운동에너지와 위치에너지 모두 0의 값을 지닌다.

6-37 25℃, 1 atm에서 1 mol의 이상기체가 8 atm으로 정온상태에서 압력이 증가하였다. 이때 이 기체가 한 일은 몇 cal인가?

풀이 정지상태에서 $\Delta E_P = \Delta E_K = 0$이다. 또한 등온상태에서 내부에너지의 변화 $\Delta U = 0$이므로 내부에너지와 운동에너지 그리고 위치에너지 및 일(W)과 열(Q)의 관계는 다음과 같다. $\Delta E_K + \Delta E_P + \Delta U = Q + W$에서 $\Delta E_K = \Delta E_P = \Delta U = 0$이므로 $Q = -W$이다. 따라서 이상기체에서의 일의 값은 다음과 같다.

$$W = -Q = -\int_{V_1}^{V_2} P\,dV = -n\int_{V_1}^{V_2} \frac{RT}{V}\,dV = -nRT \ln\frac{V_2}{V_1} = -nRT \ln\frac{P_1}{P_2}$$

$$= -\frac{1.987\ \text{cal}}{\text{mol}\cdot\text{K}} \times 298\ \text{K} \times \ln\frac{1}{8} \times 1\ \text{mol} = 1231.28\ \text{cal}$$

6-38 300 K, 200 kPa의 이상기체 0.1 m^3을 부피를 0.2 m^3으로 팽창시켰다. 이때 다음과 같은 공정에서 피스톤의 한일은 얼마인가?

① 과정 A : 정압팽창

② 과정 B : 정온팽창

풀이 $W = -\int \frac{F}{A} A dS = -\int_{V_1}^{V_2} P dV$

① 과정 A : 정압팽창

$$W = -\int_{V_1}^{V_2} P dV = -P(V_2 - V_1)$$

$$= -200\ \text{kPa} \times \frac{1000\ \text{N/m}^2}{\text{kPa}} \times (0.2-0.1)\ \text{m}^3 \times \frac{\text{J}}{\text{N/m}^2} = -20\ \text{kJ}$$

② 과정 B : 정온팽창

$$-W = \int_{V_1}^{V_2} P dV = \int_{V_1}^{V_2} \frac{nRT}{V} dV = nRT \ln\frac{V_2}{V_1} = PV \ln\frac{V_2}{V_1}$$

$$= 200\ \text{kPa} \times \frac{1000\ \text{N/m}^2}{\text{kPa}} \times (0.1)\ \text{m}^3 \times \ln\frac{0.2}{0.1} = (20\ \text{kN}\cdot\text{m})\ln 2 = 13.86\ \text{kJ}$$

6-39 이상기체에서 정압비열과 정용비열의 관계가 다음과 같음을 설명하시오.

$C_P - C_V = R$

풀이 이상기체의 엔탈피와 내부에너지의 관계로부터 $H = U + PV$이다.

단위물질량(n)당 값은 $\frac{H}{n} = \frac{U}{n} + P\frac{V}{n}$이다.

$\overline{H} = \overline{U} + P\overline{V} = \overline{U} + RT$

이를 미분하면, $dH = dU + RdT$

$dU = C_V dT$이고, $dH = C_P dT$이므로 $C_P dT = C_V dT + RdT$이다.

따라서 $C_P dT - C_V dT = RdT$이고, $C_P - C_V = R$이다.

6-40 정용비열(C_V)이 $0.763 + 8.22\times10^{-4} T$ kJ/kg·℃인 기체 15 kg을 25℃에서 250℃로 일정부피를 유지하면서 가열하는데 필요한 열량은 몇 kJ인가?

풀이 정용상태에서 열량과 정용비열의 관계는 다음과 같다.

$$Q = \Delta U = m\int C_V dT$$

$$= 15\text{ kg} \times \int_{25}^{250} (0.763 + 8.22 \times 10^{-4} T) dT$$

$$= 15\text{ kg}\left[0.763(250-25) + \frac{8.22 \times 10^{-4}}{2}(250^2 - 25^2)\right] = 2956.58\text{ kJ}$$

6-41 580 g의 물을 60℃에서 시작하여 305℃까지 가열하였다면 이때 발생하는 엔탈피 변화는 몇 Btu인가? (이때 필요한 자료는 수증기표를 사용하시오.)

풀이 각 온도에서의 엔탈피를 수증기표를 이용하여 확인한 결과는 다음과 같다.

60℃에서의 엔탈피 = 28.07 Btu/lb

305℃(=662°F)에서의 엔탈피 = 1101.58 Btu/lb

따라서 엔탈피 변화는 $\Delta H = \dfrac{(1101.58 - 28.07)\text{ Btu}}{\text{lb}} \times \dfrac{1\text{ lb}}{454\text{ g}} \times 580\text{ g} = 1371.44\text{ Btu}$

6-42 1 atm에서 0℃ 얼음 1 mol을 100℃의 수증기로 만들기 위하여 필요한 에너지는 몇 kJ인가? 참고문헌에 의하면 물의 용융엔탈피와 증발잠열은 다음과 같다.

$\Delta H_m = 6.0095\text{ kJ/mol}$　　　$\Delta H_V = 40.656\text{ kJ/mol}$

풀이 1 atm에서 0℃ 얼음이 100℃의 수증기로 되기 위하여 다음의 3단계 공정을 거쳐야 한다.

① 1단계 : 0℃ $H_2O(s)$ → 0℃ $H_2O(l)$ 용융에너지(ΔH_m)

② 2단계 : 0℃ $H_2O(l)$ → 100℃ $H_2O(l)$ 현열(ΔH_S)

③ 1단계 : 100℃ $H_2O(l)$ → 100℃ $H_2O(g)$ 증발잠열(ΔH_V)

따라서 총괄에너지(엔탈피)의 변화는 다음과 같다.

$\Delta H_{total} = \Delta H_m + \Delta H_S + \Delta H_V$

물의 비열이 1 cal/g·℃이므로 1 mol(18 g)의 H_2O가 100℃ 온도변화에 따른 엔탈피 변화는 다음과 같다.

$$\Delta H_S = \frac{1\text{ cal}}{\text{g}\cdot℃} \times 18\text{ g/mol} \times 100℃ \times \frac{4.184\text{ J}}{1\text{ cal}} = 7531.2\text{ J/mol} = 7.531\text{ kJ/mol}$$

그러므로, 총괄엔탈피(ΔH_T) 변화는 다음과 같다.

$\Delta H_T = 6.0095 + 7.531 + 40.656 = 54.196\text{ kJ/mol}$

Chapter 7

소방펌프와 배관

7.1 소방펌프
7.2 소방펌프의 특성
7.3 펌프 운전의 문제점과 대책
7.4 소방펌프의 구성 및 설정
7.5 배관

7.1 소방펌프

1. 펌프의 종류

소방에서 사용하는 펌프에 대해서 살펴보기로 하자. 펌프의 형태별 구분으로는 건물 또는 공장 등에 설치하는 고정식 펌프, 소방차에 설치 또는 별도의 차량으로 이동이 가능한 펌프인 이동식 펌프 등이 있다. 펌프의 작동 원리에 의한 펌프의 종류로는 용량이 2000 lpm 이하로 소화 장치에 탑재하여 사용하는 가압펌프, 왕복형이나 원심형으로 7000 kPa까지 사용 가능한 펌프인 고압펌프 등이 있다. 소화활동에 사용하는 방법에 따른 분류로는 화재 현장에서 소방관 2인 또는 4인이 이동시킬 수 있는 엔진펌프가 있으며, 1인이 등에 메고 다닐 수 있는 정도의 가벼운 엔진펌프가 있고, 물탱크 차량의 수조를 채우기 위해 사용하는 펌프 등이 있다. 이와 같이 소방에서 사용되는 펌프의 종류는 무척이나 다양하다고 할 수 있다.

(1) 흡입구의 형태에 의한 분류

① 양 흡입펌프 : 원심펌프에서 대 유량, 저 양정에 사용되는 흡입구 양측에서 흡입되는 펌프

② 편 흡입펌프 : 원심펌프에서 저 유량, 고 양정에 사용되는 일반적인 펌프

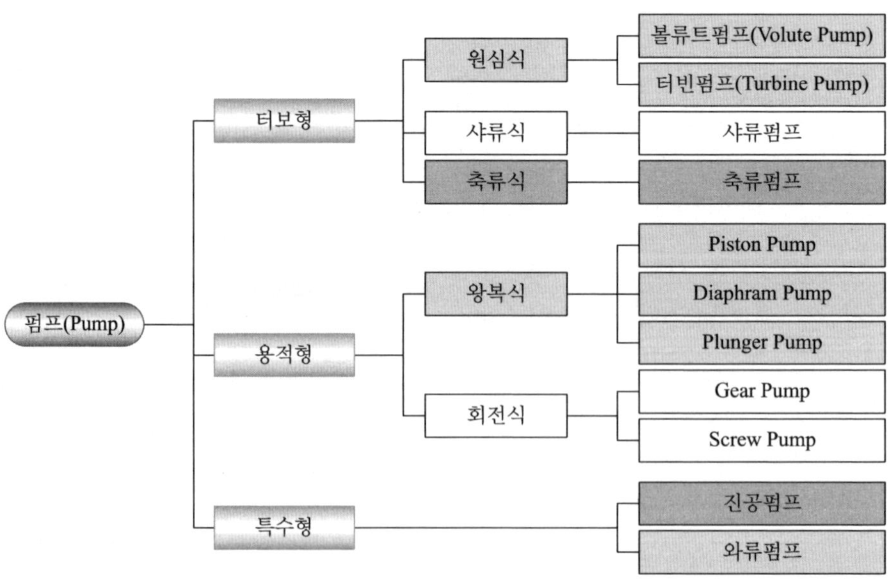

그림 7-1 펌프의 분류

(2) 구동 원리에 의한 펌프

① 왕복동형(용적식) : 피스톤의 작용에 의하여 가압하는 펌프
② 회전형(체적식) : 회전차에 의해 가압하나 저 유량, 저 양정에 사용되는 펌프(기어펌프)
③ 원심형 : 일반적인 펌프

> **Tip** 소방펌프의 분류
> (1) 흡입구의 형태에 의한 분류
> ① 양 흡입펌프 ② 편 흡입펌프
>
> (2) 구동 원리에 의한 펌프
> ① 왕복동형 ② 회전형 ③ 원심형

(3) 원심펌프

① 원심펌프의 개요

회전차(Impeller)의 회전운동에 의하여 발생하는 원심력을 이용하여 가압하는 펌프를 원심펌프라 하며 소방에서 널리 사용되고 있는 펌프이다.

② 원심펌프의 종류

(a) Volute pump : 회전차의 형상이 volute형으로 되어 있는 펌프
(b) Turbine pump : 회전차의 형상이 turbine형으로 되어 있으며, 안내날개가 있는 펌프
(c) 사류펌프 : 회전차의 형상이 propeller형으로 되어 있으며, 오물을 양수하기에 용이하게 회전날개가 칼날과 같이 절단할 수 있게 되어 있는 펌프
(d) 축류펌프 : 회전차의 형상이 나사 모양의 screw와 같은 형상으로 되어 있는 펌프

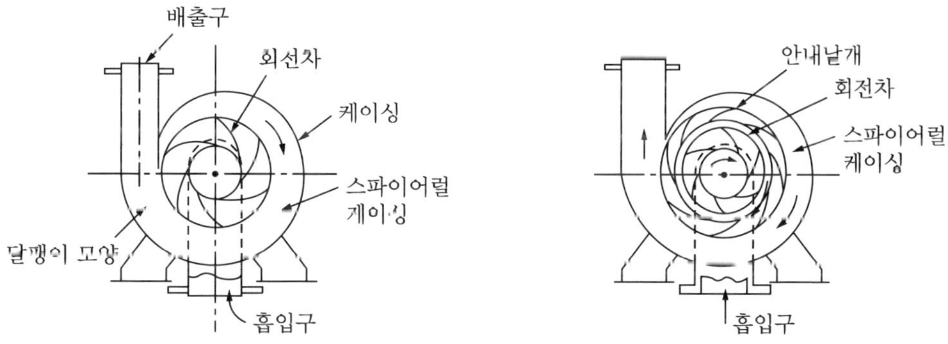

(a) 볼류트펌프 (b) 터빈펌프

그림 7-2 원심펌프의 종류

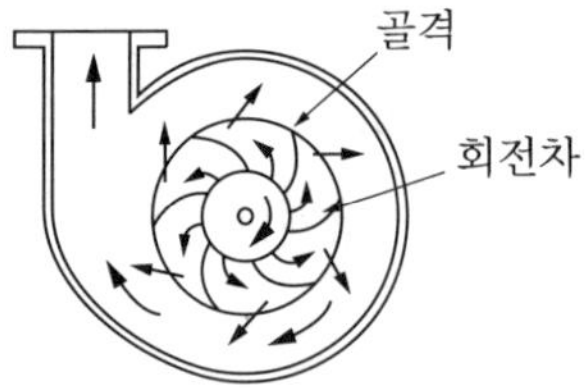

그림 7-3 볼류트펌프

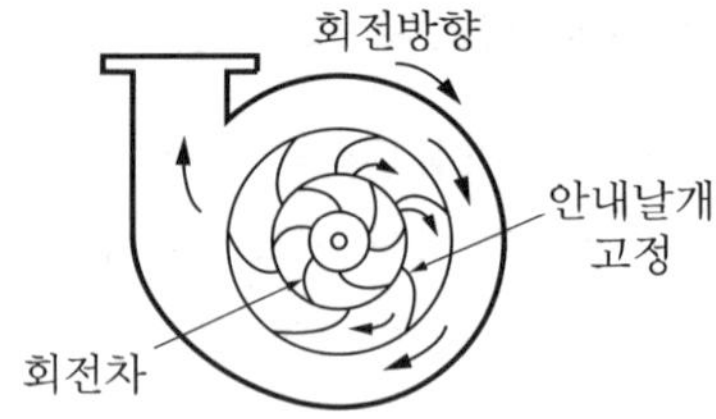

그림 7-4 터빈펌프

> ***Tip*** **터빈펌프와 볼류트펌프의 차이**
> (a) 볼류트펌프(Volute pump) : 회전차의 형상이 volute형으로 되어 있는 펌프
> (b) 터빈펌프(Turbine pump) : 회전차의 형상이 turbine형으로 되어 있는 펌프

7.1 Example

소화펌프로 사용되는 원심펌프에는 수평 회전식과 수직 회전식이 있다. 펌프의 형식을 정하는 가장 큰 요인은 무엇인가?

풀이.

원심펌프의 형식을 정하는 가장 주된 요소는 흡입양정이다.

① 수평 회전식 원심펌프
펌프의 주축이 수평으로 놓인 펌프로 거의 대부분의 펌프가 수평 회전식이다.

② 수직 회전식 원심펌프
- 펌프의 주축이 수직으로 놓인 펌프
- 설치장소가 협소하거나 흡입양정이 높은 경우 설치
- 흡입양정이 높을 경우 공동현상의 발생이 염려된다.

7.2 Example

소화설비의 가압송수장치로 사용되는 원심펌프 중 볼류트(volute)펌프와 터빈(turbine)펌프의 차이점은 무엇인가?

풀이.

① 볼류트펌프
- 양정이 낮고 방수량이 많은 곳에 사용한다.
- 물 안내날개가 없다.

② 터빈펌프
- 물 안내날개가 있다.
- 물 안내날개가 원심력에 의한 속도에너지를 압력에너지로 바꾸어 양정이 높은 곳에 적당하다.

(4) 펌프의 구성 및 동작 원리

① 구성

(a) 펌프의 housing

(b) 회전차(Impeller) : turbine형, volute형, propeller형, screw형 등

(c) 회전축 : 회전차에 동력을 전달하기 위한 기구

(d) 동력장치 : 전동기, 엔진(gasoline, diesel, gas 등), 자연력(수차, 풍차 등)

② 동작 원리

회전차의 날개 형상에 의하여 조금씩 작동 원리는 다르지만 기본적으로 원심력을 이용하여 물을 양수하며, 이면에 발생하는 진공압을 이용하여 물을 흡입하는 원리를 이용한다.

2. 펌프의 양정 및 동력

소방에서 사용된 펌프의 유출량, 압력, 최대 흡입능력과 같은 작동특성은 펌프의 설계자에 의해 결정되거나, 물리적인 특성으로 결정되는 것이지 운전자에 의해 교체될 수는 없다. 화재안전기준에 의하면 소화설비용 펌프의 성능은『체절운전 시 정격토출압력의 140%를 초과하지 아니하고, 정격토출량의 150%로 운전 시 정격토출압력의 65% 이상이 되어야 한다』로 규정하므로 이를 충족시키기 위하여, 펌프 성능곡선 상의 운전 설정점(system 저항곡선에 의해), 시험배관의 운전점, 체절운전의 한계를 벗어나지 않는 특성곡선을 가져야 한다.

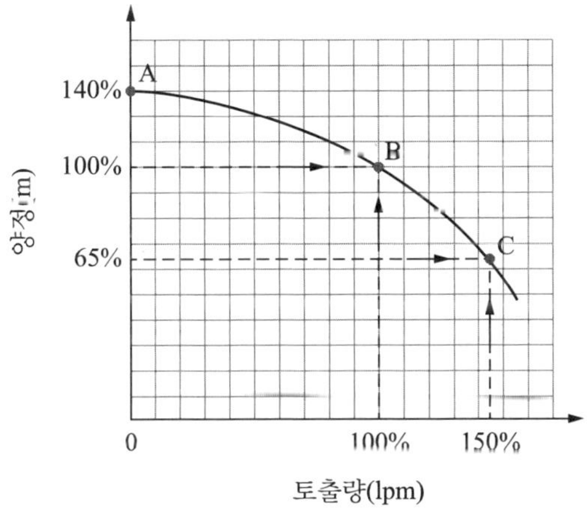

그림 7-5 펌프의 토출량과 양정

그림 7-5에서 살펴보면 A지점은 토출량의 0%일 때 양정의 140%인 지점으로 체절점이고, B지점은 토출량의 100%일 때 양정의 100%를 충족시키는 지점인 정격점, 그리고 C지점은 토출량의 150%인 조건에서 양정의 65%를 충족시키는 조건인 운전점을 나타낸다.

> **Tip** **펌프의 운전 조건**
> (1) 체절점 : 토출량의 0%일 때 양정의 140%인 지점
> (2) 정격점 : 토출량의 100%일 때 양정의 100%를 충족시키는 지점
> (3) 운전점 : 토출량의 150%인 조건에서 양정의 65%를 충족시키는 조건

7.3 Example

옥내소화전설비에서 사용되는 원심펌프의 양정(H) - 토출량(Q) 곡선을 설명하여라.

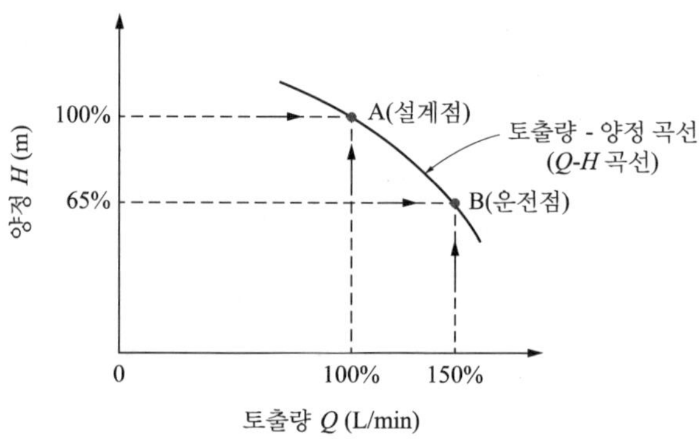

그림 7-6 펌프의 설계점과 운전점

풀이.

펌프의 설계 시에 양정(H)과 토출량(Q)의 100%가 되도록 설계(설계점)하지만 실제 운전 중에는 전양정(H)의 65% 이하에서 정격토출량(Q)의 150% 이상에서 토출(운전점)할 수 있어야 한다.

펌프의 정격 부하 시험 시 전양정의 65% 이하에서 정격토출량의 150% 이상이어야 한다.

(1) 펌프 양정의 구성

옥내소화전설비 등과 같은 소방설비에서 소방용 펌프의 양정(揚程, head of pump)은 수원에 설치된 펌프가 물을 끌어올리는 높이를 의미한다. 펌프가 실제로 물을 공급하는(양수) 수면간의 높이의 차를 실양정(實揚程)이라 하며, 도중의 손실을 감안해서 실양정에 가산한 것을 전양정(全揚程, total head)이라고 한다. 전양정은 펌프의 흡입면에서부터 배출면까지의 연직거리와 양면에 가해지는 압력수두 및 관로의 저항손실수두를 가한 것으로, 실제로 펌프를 운전할 때 펌프는 이것과 같은 세기의 압력수두를 내어야 한다.

펌프의 전양정 = 흡입양정 + 토출양정 + 관내 마찰손실수두

펌프의 실양정 = 흡입양정 + 토출양정

> ***Tip*** **펌프의 양정 : 수원에 설치된 펌프가 물을 끌어 올리는 높이**
> 펌프의 전양정 = 흡입양정 + 토출양정 + 관내 마찰손실수두
> 펌프의 실양정 = 흡입양정 + 토출양정

7.4 Example 옥내소화전설비에서 가압송수장치인 송수펌프의 운전에 있어서 흡입양정이 크면 발생하는 현상에 대하여 간단히 설명하여라.

풀이.

흡입양정이 크게 되면 펌프의 흡입측에 공기고임 현상인 공동현상(cavitation)이 발생되며, 흡입양정이 증가되어 펌프의 기능이 저하될 우려가 있다.

펌프의 전양정의 구성에 대해서는 수조로부터 펌프까지의 배관상에 작용하는 낙차 및 배관, 부속물, 기기의 저항을 고려한 흡입수두와 펌프로부터 말단 토출구의 높이에 의한 낙차값인 자연낙차 그리고 배관의 구경 및 배관 내 유체의 흐름양에 의한 저항으로 Darcy-Weisbach 식, Hazen-Williams 식의 두 가지 방식의 산정식으로 산출한다.

① Darcy–Weisbach 식

$$h = f \times \frac{L}{D} \times \frac{U^2}{2g}$$

여기서, h : 배관 마찰손실수두(mAq)
f : 관 마찰손실계수
L : 배관의 길이(m)
U : 유속(m/s)
D : 배관의 관경(m)
g : 중력가속도(9.8 m/s^2)

② Hazen–Williams 식

$$P = 6.174 \times 10^5 \times \frac{Q^{1.85}}{C^{1.85} \times D^{4.87}} \times L$$

여기서, P : 마찰손실압력(kg$_f$/cm^2)
Q : 유량(L/min, lpm)

D : 관경(mm)
L : 배관의 길이(linear 및 상당 길이의 합)
C : 관 벽의 조도에 의한 계수

위 두 식을 비교해 보면 Darcy-Weisbach 식은 모든 유체에 적용하며, 레이놀즈수에 의하여 배관 벽의 마찰손실계수를 적용하는 것이며, Hazen-Williams 식은 물에 대해 적용하는 식이다. 두 식을 물을 대상으로 비교하면, 기본적으로 같은 유체와 같은 크기의 배관, 흐름의 양을 가지고 있다면 두 결과 값은 같아야 한다.

(2) 흐름에서의 미소손실

관이 휘어짐, 엘보(elbow), 조인트(joint), 밸브(valve) 등과 같은 관에서의 단면의 형태가 변화되는 곳에서 손실을 통틀어서 미소손실이라고 한다. 미소손실에 의한 손실수두 H_L은 다음과 같이 정의된다.

$$H_L = K \times \frac{U^2}{2g}$$

여기서, H_L : 손실수두
K : 미소손실수두 계수
$U^2/2g$: 속도수두

표 7-1 주요소방설비의 가압송수 장치의 전양정

구 분	전양정 H(m)	
스프링클러설비	$H = h_1 + h_2 + 10$	h_1 : 배관 및 관부속품의 마찰손실수두(m) h_2 : 실양정(흡입양정 + 토출양정) (m)
물분무소화설비	$H = h_1 + h_2 + h_3$	h_1 : 물분무헤드의 설계압력 환산수두(m) h_2 : 배관 및 관부속품의 마찰손실수두(m) h_3 : 실양정(흡입양정 + 토출양정) (m)
옥내소화전설비	$H = h_1 + h_2 + h_3 + 17$	h_1 : 소방용 호스의 마찰손실수두(m) h_2 : 배관 및 관부속품의 마찰손실수두(m) h_3 : 실양정(흡입양정 + 토출양정) (m)
옥외소화전설비	$H = h_1 + h_2 + h_3 + 25$	h_1 : 소방용 호스의 마찰손실수두(m) h_2 : 배관 및 관부속품의 마찰손실수두(m) h_3 : 실양정(흡입양정 + 토출양정) (m)
포소화설비	$H = h_1 + h_2 + h_3 + h_4$	h_1 : 방출구의 설계압력 환산수두(m) h_2 : 배관의 마찰손실수두(m) h_3 : 소방용 호스의 마찰손실수두(m) h_4 : 낙차(m)

7.5 Example

건축물 내에 옥내소화전설비가 다음과 같은 조건에 설치되어 있다.

[조건]

1. 손실환산수두는 실양정의 25%로 한다.
2. 소방용 호스의 마찰손실수두는 7.8 m이다.

이러한 조건에서 다음의 양정은 몇 m인가를 계산하시오.

① 실양정
② 손실양정
③ 소방용 호스의 양정
④ 노즐 선단의 환산수두

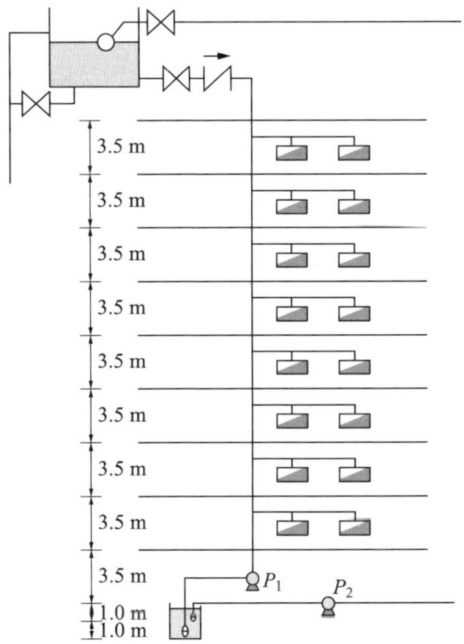

풀이.

① 실양정

1.0 m + 3.5 m × 8 + 1.5 m(방수구함 높이) = 30.5 m

② 손실양정

실양정의 25%이므로 30.5 m × 0.25 = 7.625 m

③ 소방용 호스의 양정 : 7.8 m

④ 노즐 선단의 환산수두 : 1.7 kg$_f$/cm^2 = 17 m

(3) 펌프의 소요동력의 산출

펌프의 동력 공식을 풀어 쓰면

$$\text{동력} = \frac{\text{힘} \times \text{거리}}{\text{시간}} = F \times U = PAU = PQ = Q\gamma H$$

비중량 γ의 단위는 kg$_f$/m^{3}이며 H의 단위는 m이므로 압력 P의 단위인 kg$_f$/m^{2}로 표시되며, Q는 m^3/min으로 유량을 다시 표현하면 단면적(A) × 유속(U)으로 표현할 수 있다. 단위면적당의 압력에 면적을 곱하면 전압으로 힘(F)을 나타내며 유속은 거리/시간으로 표시 되므로 종합하면 위의 풀이를 이해할 수 있다. 동력인 $Q\gamma H$를 기계적 효율을 감안하여 실제 소요되는 동력을 산출하는 것이다.

전기적인 동력의 표시로 환산하면

$$P(\text{kW}) = \frac{QH\gamma}{\eta} \times K = \frac{Q\left(\frac{\text{m}^3}{\text{min}}\right) \times H(\text{m}) \times \frac{1000\ \text{kg}_f}{\text{m}^3}}{102 \times 60 \times \eta} \times K$$

여기서, γ : 1000(kg/m^3) 물의 비중량

P : 동력(kW)

Q : 토출량(m^3/min)

H : 양정(m)

1 kW = 102 kg · m/s이므로 분당의 유량을 초로 환산하여 산출한다.

$$P(\mathrm{kW}) = \frac{0.163 \times Q \times H}{\eta} \times K$$

여기서, P : 동력(kW)

Q : 정격토출량(m^3/min)

η : 펌프의 효율

H : 양정(m)

K : 축동력 전달계수(보통 1.1을 사용한다.)

> **Tip 힘과 일**
>
> ① 힘(Force) : F = 질량 × 가속도 (N)
>
> ② 일(Work) : W = 힘 × 이동거리 (N · m = J)
>
> ③ 일률(Power) : P = 일 ÷ 시간 (J/s = W)

> **Tip 펌프의 소요동력**
>
> $$P(\mathrm{kW}) = \frac{0.163 \times Q \times H}{\eta} \times K$$

7.6 Example

옥내소화전이 2개 설치되어 있고 수원의 공급은 모터 펌프로 하다. 수원으로부터 가장 먼 옥내소화전 방수구까지 요구되는 수두가 29.4 m라고 할 때 모터의 용량은 몇 kW인가?
(호스 및 관창의 마찰손실수두는 3.6 m이고 펌프의 효율은 65%이다.)

풀이.

펌프의 동력 $P(\mathrm{kW}) = \dfrac{0.163 \times Q \times H}{\eta} \times K$

여기서, Q : 수량(m^3/min), H : 양정(m)

펌프의 토출량 $Q = 2\text{개} \times \dfrac{0.13\ \mathrm{m}^3}{\mathrm{min} \cdot \text{개}} = 0.26\ \dfrac{\mathrm{m}^3}{\mathrm{min}}$

여기서, 전양정 H는 다음과 같다.

$H = h_1 + h_2 + 17 = 29.4\ \text{m} + 3.6\ \text{m} + 17\ \text{m} = 50\ \text{m}$

펌프의 동력 $P(\text{kW}) = \dfrac{0.163 \times Q \times H}{\eta} \times K = \dfrac{0.163 \times 0.26 \times 50}{0.65} \times 1.1 = 3.586\ \text{kW}$

7.7 Example

다음과 같은 옥내소화전설비가 소방대상물 1개 층에 3개가 설치되어 있는 주어진 조건에 대하여 다음을 답하여라.

[조건]

1. 펌프는 전동기에 의해 운전되며 효율은 50%이다.
2. 펌프의 전동기 전달계수는 1.1이다.
3. 낙차는 20 m이며, 배관의 마찰손실 및 소방호스의 마찰손실수두의 합은 14 m이다.
4. 최상층 말단에 설치된 옥내 소화전 노즐에서의 방사 압력은 1.7 $\text{kg}_\text{f}/\text{cm}^2$이다.
5. 방사 노즐의 구경은 13 mm이다.

이러한 조건에서 다음을 계산하여라.

① 펌프의 토출량은 몇 m^3/min인가?
② 펌프의 전양정은 몇 m인가?
③ 수원의 저장량은 몇 m^3인가?
④ 펌프의 전동기 용량은 몇 kW인가?

풀이.

① 펌프의 토출량은 몇 m^3/min인가?

펌프의 토출량 $Q = 3\text{개} \times \dfrac{0.13\ \text{m}^3}{\text{min} \cdot \text{개}} = 0.39\ \text{m}^3/\text{min}$

② 펌프의 전양정은 몇 m인가?

펌프의 전양정 $H = h_1 + h_2 + h_3 + \cdots\cdots + 17\ \text{m} = 20\ \text{m} + 14\ \text{m} + 17\ \text{m} = 51\ \text{m}$

③ 수원의 저장량은 몇 m^3인가?

수원의 저장량 $Q = 3\text{개} \times \dfrac{0.13\ \text{m}^3}{\text{min} \cdot \text{개}} \times 20\ \text{min} = 7.8\ \text{m}^3$

④ 펌프의 전동기 용량은 몇 kW인가?

펌프의 동력 $P(\text{kW}) = \dfrac{0.163 \times Q \times H}{\eta} \times K$

여기서, Q : 수량(m^3/min), H : 양정(m)

펌프의 동력 $P(\text{kW}) = \dfrac{0.163 \times Q \times H}{\eta} \times K = \dfrac{0.163 \times 0.39 \times 51}{0.5} \times 1.1 = 7.133\ \text{kW}$

7.2 소방펌프의 특성

1. 유효흡입수두(NPSH; Net Positive Suction Head)

(1) 개요

펌프의 흡입구 압력은 항상 흡입구에서의 포화증기압력 이상으로 유지되어야 공동현상(cavitation)이 일어나지 않는다. 즉, 공동현상이 일어나지 않는 유효흡입양정을 수두로 표시한 것을 펌프의 유효흡입수두(NPSH; Net Positive Suction Head)라 한다.

유효흡입수두(NPSH)는 펌프의 설치 상태 및 유체의 온도 등에 따라 다르게 되는데 이것을 펌프설비에서 얻어지는 $NPSH_{av}$(NPSH available, 유효흡입수두)이라고 한다. 그런데 펌프는 그 자체가 필요로 하는 $NPSH_{re}$(NPSH required, 필요흡입수두)가 있다. 따라서 $NPSH_{av}$는 $NPSH_{re}$보다 커야만 공동현상이 일어나지 않는다.

공동현상을 방지하기 위해서는 $NPSH_{av} > NPSH_{re} \times 1.3$이 되도록 해야 한다. 예를 들어 $NPSH_{re}$ 값이 10 m이면 $NPSH_{av}$ 값은 최소한 13 m 이상이 되도록 펌프를 설치해야 한다.

(2) 펌프설비에서 얻어지는 $NPSH_{av}$

$$\mathrm{NPSH_{av}} = \frac{P_a}{\gamma} - \frac{P_v}{\gamma} - \text{흡입수두} - \text{흡입손실}$$

$$\mathrm{NPSH_{av}} = H_{av} = \frac{P_a}{\gamma} - \left(\frac{P_v}{\gamma} + H_a + H_{fs}\right)$$

여기서, H_{av} : 이용가능한 유효흡입수두(m)

P_a : 흡입수면의 절대압력(kg_f/m^2)

P_v : 유체의 온도에 상당하는 포화증기압(kg_f/m^2)

H_a : 흡입양정으로서 흡입상일 때(+), 압입일 때(−) (m)

γ : 유체의 비중량(kg_f/m^3)

> ***Tip*** **유효흡입수두**
>
> $$\mathrm{NPSH_{av}} = \frac{P_a}{\gamma} - \frac{P_v}{\gamma} - \text{흡입수두} - \text{흡입손실}$$
>
> $$\mathrm{NPSH_{av}} = H_{av} = \frac{P_a}{\gamma} - \left(\frac{P_v}{\gamma} \pm H_a + H_{fs}\right)$$

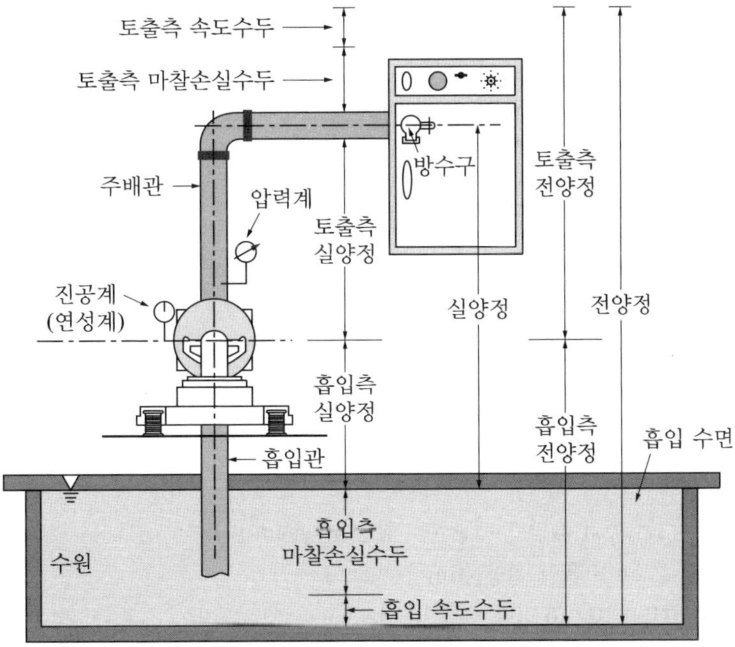

그림 7-7 펌프의 양정

7.8 Example

대기압이 1.034 kgf/cm²이고, 유효 NPSH가 6.2 m일 때 설치 가능한 펌프의 최대 NPSH는 몇 m인가?

풀이.

펌프의 이론 흡입양정(NPSH)

$$\text{NPSH} = \text{대기압수두} - \text{유효 NPSH} = \frac{P}{\gamma} - \frac{P_V}{\gamma} - \frac{P_h}{\gamma} - h$$

여기서, P : 대기압(kgf/cm²)

γ : 비중량

P_V : 포화증기압(kgf/cm²),

P_h : 흡입측 배관의 마찰손실(kgf/cm²)

h : 흡입 실양정(m)

주어진 조건에서 대기압수두 1.034 kgf/cm² = 10.34 m이고, 유효 NPSH 6.2 m이므로

NPSH = 대기압수두 − 유효 NPSH = 10.34 m − 6.2 m = 4.14 m

7.9 Example

다음의 경우 소화펌프를 수평으로 설치 시 사용 가능 여부를 판단하여라.

[조건] 대기압 : 1 kg_f/cm^2

포화증기압 : 0.025 kg_f/cm^2

흡상낙차 : 6 m

흡입배관의 마찰손실 : 0.03 kg_f/cm^2

NPSH : 4 m

풀이.

주어진 조건에 의하면

$$\text{NPSH} = \text{대기압수두} - \text{유효 NPSH} = \frac{P}{\gamma} - \frac{P_V}{\gamma} - \frac{P_h}{\gamma} - h$$

여기서, P : 대기압(kg_f/cm^2)

γ : 비중량

P_V : 포화증기압(kg_f/cm^2)

P_h : 흡입측 배관의 마찰손실(kg_f/cm^2)

h : 흡입 실양정(m)

$NPSH_{av} = 10 - (6 + 0.3 + 0.25) = 3.45$ m

공동현상을 방지하기 위해서는 $NPSH_{av} > NPSH_{re} \times 1.3$이 되도록 선정해야 한다.

$3.45 - (4 \times 1.3) = -1.75$ m이므로 공동현상이 발생하므로 수평형 설치 불가

7.10 Example

물의 온도는 20℃이며, 이때 증기압은 0.024 kg_f/cm^2이고 대기압은 1.0 kg_f/cm^2이며 배관의 마찰손실이 3 m일 때 그림의 조건과 같이 설치된 소화용 펌프의 유효양정을 계산하여라.

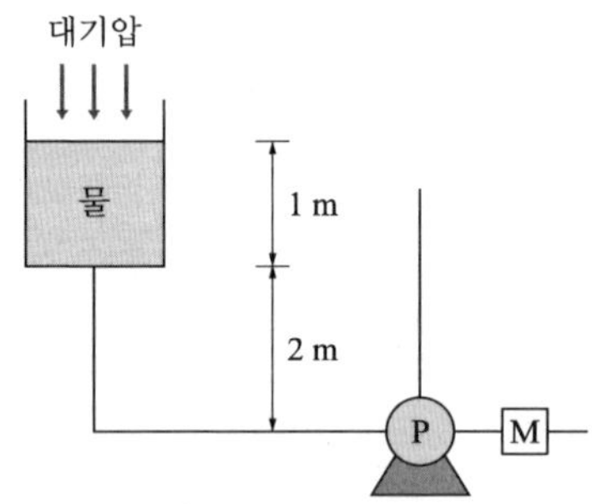

풀이.

펌프의 이론 흡입양정(NPSH)

$$\text{NPSH} = \text{대기압수두} - \text{유효 NPSH} = \frac{P}{\gamma} - \frac{P_V}{\gamma} - \frac{P_h}{\gamma} - h$$

여기서, P : 대기압(kg_f/cm^2)

γ : 비중량

P_V : 포화증기압(kg_f/cm^2)

P_h : 흡입측 배관의 마찰손실(kg_f/cm^2)

h : 흡입 실양정(m)

$\text{NPSH}_{av} = H_a - H_P \pm H_S - H_L$

여기서, H_a : 대기압수두(m)

H_P : 증기압수두(m)

$\pm H_S$: 흡입수두(−) 또는 압입수두(+)(m)

H_L : 배관 마찰손실수두(m)

주어진 조건에서 대기압수두 1.0 kg_f/cm^2 = 10 m이고, 증기압수두 0.24 m이므로

$\text{NPSH}_{av} = H_a - H_P \pm H_S - H_L = 10\ \text{m} - 0.24\ \text{m} + (1+2)\ \text{m} - 3\ \text{m} = 9.76\ \text{m}$

2. 펌프의 상사법칙

(1) 펌프를 같은 회전수로 움직이는 경우

서로 기하학적으로 비슷한 펌프라면 회전차(impeller) 부근의 유선방향, 즉 속도 삼각형도 유사하게 되어 두 개의 펌프 성능과 회전수, 회전차 지름과의 사이에 다음 관계가 성립한다. (펌프 및 fan에 같이 적용이 된다.)

① 토출량(Q)비

펌프의 유량은 회전수(N)에 비례하고, 회전차의 직경(D)의 3승에 비례한다.

$$\frac{Q_2}{Q_1} = \left(\frac{N_2}{N_1}\right)^1 \times \left(\frac{D_2}{D_1}\right)^3$$

② 전양정(H)비

펌프의 전양정은 회전수(N)의 제곱 및 회전차의 직경(D)의 제곱에 비례한다.

$$\frac{H_2}{H_1} = \left(\frac{N_2}{N_1}\right)^2 \times \left(\frac{D_2}{D_1}\right)^2$$

③ 동력(P)비

펌프의 동력은 회전수(N)의 3승에 비례하고, 회전차의 직경(D)의 5승에 비례한다.

$$\frac{P_2}{P_1} = \left(\frac{N_2}{N_1}\right)^3 \times \left(\frac{D_2}{D_1}\right)^5$$

여기서, P : 소요동력
N : 펌프회전수
D : 회전차 외경

> **Tip** **펌프가 같은 회전수로 운전할 때 상사의 법칙**
>
> ① 토출량비 : 펌프의 유량은 회전수(N)에 비례하고, 회전차의 직경(D)의 3승에 비례한다.
> $$\frac{Q_2}{Q_1} = \left(\frac{N_2}{N_1}\right)^1 \times \left(\frac{D_2}{D_1}\right)^3$$
> ② 전양정비 : 펌프의 전양정은 회전수(N)의 제곱 및 회전차의 직경(D)의 제곱에 비례한다.
> $$\frac{H_2}{H_1} = \left(\frac{N_2}{N_1}\right)^2 \times \left(\frac{D_2}{D_1}\right)^2$$
> ③ 동력비 : 펌프의 동력은 회전수(N)의 3승에 비례하고, 회전차의 직경(D)의 5승에 비례한다.
> $$\frac{P_2}{P_1} = \left(\frac{N_2}{N_1}\right)^3 \times \left(\frac{D_2}{D_1}\right)^5$$

(2) 펌프를 다른 속도(회전수)에서 운전시키는 경우

① 토출량 $Q_2 = Q_1 \times \left(\frac{N_2}{N_1}\right)^1$

② 전양정 $H_2 = H_1 \times \left(\frac{N_2}{N_1}\right)^2$

③ 동력 $P_2 = P_1 \times \left(\frac{N_2}{N_1}\right)^3$

> **Tip** **펌프가 다른 회전수로 운전할 때 상사의 법칙**
>
> ① 토출량 $Q_2 = Q_1 \times \left(\frac{N_2}{N_1}\right)^1$
>
> ② 전양정 $H_2 = H_1 \times \left(\frac{N_2}{N_1}\right)^2$
>
> ③ 동력 $P_2 = P_1 \times \left(\frac{N_2}{N_1}\right)^3$

(3) 비속도 [N_s = 비교회전도(rpm)]

비속도는 회전차의 상사성이나 펌프의 특성 또는 형식을 결정하는데 이용되는 값이다. 회전차의 형상, 치수 등을 결정하는 기본요소는 펌프의 전양정(H), 토출량(Q), 회전수(N)

3가지가 있다.

$$N_s = \frac{N \times Q^{1/2}}{H^{3/4}}$$

여기서, N_s : 비속도(=비교회전도) (rpm)
N : 회전수
Q : 양수량(m^3/min)
H : 펌프의 전양정(m)

토출량이 많고, 양정이 작은 펌프일수록 비교회전수(비속도)는 크다.
터빈펌프 < 볼류트펌프 < 사류펌프 < 축류펌프의 순으로 비교회전수는 증가되고, 반면 양정은 감소된다.

> **Tip** **펌프의 비속도**
>
> $$N_s = \frac{N \times Q^{1/2}}{H^{3/4}}$$
>
> 여기서, N_s : 비속도(=비교회전도) (rpm)
> N : 회전수
> Q : 양수량(m^3/min)
> H : 펌프의 전양정(m)

7.11 Example

회전속도 800 rpm, 송출량 9 m^3/min, 전양정 16 m인 4단 원심펌프가 있다. 비속도가 동일한 펌프가 송출량 27 m^3/min, 전양정 4 m일 때 펌프의 회전속도는 약 몇 rpm인가?

풀이.

펌프의 비교회전도는 토출량이 1 m^3/min이고 양정이 1 m가 되도록 설계할 경우 회전차의 분당 회전수를 의미한다.

$$N_s = \frac{N\sqrt{Q}}{\left(\frac{H}{n}\right)^{\frac{3}{4}}}$$

여기서, N_s : 비속도(rpm)
N : 회전차 회전속도
Q : 토출량(m^3/min)
H : 펌프의 전양정(m)
n : 단수

따라서 주어진 조건에서 N(회전차 회전속도)=800 rpm, Q(토출량)=9 m^3/min, H(펌프의 전양정)=16 m, 단수(n)=4단이므로

$$N_s = \frac{N\sqrt{Q}}{\left(\frac{H}{n}\right)^{\frac{3}{4}}} = \frac{800\ \text{rpm}\ \sqrt{9\ \text{m}^3/\text{min}}}{\left(\frac{16\ \text{m}}{4}\right)^{\frac{3}{4}}} = 848.5\ \text{rpm}$$ 가 된다.

그러므로 비속도가 동일한 펌프가 송출량 27 m^3/min, 전양정 4 m일 때 펌프의 회전속도는

$$N_s = \frac{N\sqrt{Q}}{\left(\frac{H}{n}\right)^{\frac{3}{4}}} = \frac{N\text{rpm}\ \sqrt{27\ \text{m}^3/\text{min}}}{\left(\frac{4\ \text{m}}{4}\right)^{\frac{3}{4}}} = 848.5\ \text{rpm}$$ 이므로

$$N\ \text{rpm} = \frac{848.5\ \text{rpm}}{\sqrt{27\ \text{m}^3/\text{min}}} = 163.293\ \text{rpm}$$

7.12 Example

소화용 펌프가 2 m^3/min, 60 m 수두로 설정되어 1770 rpm으로 운전되고 있다. 설계가 변경되어 수두 100 m로 요구 조건이 변경되었다면 기존의 펌프를 회전수만 변경하여 사용하고자 한다면 회전수를 몇 rpm으로 하면 되겠는가?

풀이.

펌프를 다른 속도에서 운전시키는 경우

토출량 $Q_2 = Q_1 \times \left(\frac{N_2}{N_1}\right)^1$ 전양정 $H_2 = H_1 \times \left(\frac{N_2}{N_1}\right)^2$ 축동력 $P_2 = P_1 \times \left(\frac{N_2}{N_1}\right)^3$

전양정 $H_2 = H_1 \times \left(\frac{N_2}{N_1}\right)^2$에서 $100 = 60 \times \left(\frac{N_2}{1770}\right)^2$이므로 $N_2 = 2285\ \text{rpm}$이 된다.

7.13 Example

소화용 펌프가 펌프의 상사성을 유지하면서 회전수는 변함없이 직경을 2배로 증가시킬 때 동력은 몇 배로 증가하는가?

풀이.

펌프를 같은 속도에서 운전시키는 경우

동력 $P_2 = P_1 \times \left(\frac{N_2}{N_1}\right)^3 \times \left(\frac{D_2}{D_1}\right)^5$에서 $P_2 = P_1 \times \left(\frac{N_2}{N_1}\right)^3 \times \left(\frac{D_2}{D_1}\right)^5 = P_1 \times \left(\frac{2}{1}\right)^5 = 32P_1$

7.14 Example

소화용 펌프가 펌프의 상사성을 유지하면서 회전수는 변함없이 직경을 2배로 증가시킬 때 유량은 몇 배로 증가하는가?

풀이.

펌프를 같은 속도에서 운전시키는 경우

유량 $Q_2 = Q_1 \times \left(\frac{N_2}{N_1}\right)^1 \times \left(\frac{D_2}{D_1}\right)^3$에서 $Q_2 = Q_1 \times \left(\frac{N_2}{N_1}\right)^1 \times \left(\frac{D_2}{D_1}\right)^3 = Q_1 \times \left(\frac{2}{1}\right)^3 = 8Q_1$

7.15 Example

소화용 펌프가 펌프의 상사성을 유지하면서 회전수는 변함없이 직경을 2배로 증가시킬 때 전양정은 몇 배로 증가하는가?

풀이.

펌프를 같은 속도에서 운전시키는 경우

전양정 $H_2 = H_1 \times \left(\dfrac{N_2}{N_1}\right)^2 \times \left(\dfrac{D_2}{D_1}\right)^2$에서 $H_2 = H_1 \times \left(\dfrac{N_2}{N_1}\right)^2 \times \left(\dfrac{D_2}{D_1}\right)^2 = H_1 \times \left(\dfrac{2}{1}\right)^2 = 4H_1$

7.3 펌프 운전의 문제점과 대책

1. 공동현상(Cavitation)

(1) 원인

① 펌프를 통해서 이송되는 액체가 물인 경우 100℃가 되면 끓지만 이것은 1기압의 압력 하에서의 현상이며 압력이 낮아지면 비등점은 100℃ 이하로 되며, 압력이 더욱 낮아지면 나중에는 상온에서도 끓는 현상이 일어나게 된다.

② 액체에는 그 온도에 대응하는 포화증기압이 존재하며, 액체의 압력이 그 온도에서의 포화증기압 이하로 내려가 액체의 내부에서 증발하여 기포가 생기는 것이다.

③ 펌프 내부에서도 흡입 양정이 높거나, 유속의 급변 또는 와류의 발생, 유로에서의 장해 등에 의해 압력이 국부적으로 포화증기압 이하로 내려가 기포가 생성되는 현상이 일어날 수 있는데 이 현상을 공동현상(cavitation)이라 한다.

> ***Tip*** **펌프의 공동현상**
> 펌프의 흡입측 배관의 물의 정압이 기존의 증기압보다 낮아져서 기포가 발생되어 물이 흡입되지 않는 현상을 의미한다.

(2) 공동현상의 피해

① 펌프에서는 회전차 입구부분에서 발생하는 경향이 크고, 생성된 기포가 액체의 흐름에 따라 이동하여 고압부에 이르러 급격히 붕괴하는 현상이 반복됨에 따라 펌프의 성능은 저하된다.

② 진동, 소음을 수반하고, 불안정한 상태를 나타냄, 나중에는 양수감소 또는 양수불능이

된다.

③ 공동현상이 장시간 계속되면 기포가 터질 때 생기는 충격의 반복에 의해 재료의 손상이 발생된다. 공동현상의 발생을 방지하는 방법으로는 펌프 내에서 포화증기압 이하의 부분이 생기지 않도록 하면 된다.

(3) 공동현상의 방지대책

① 펌프의 설치위치를 가능한 한 낮게 하고, 흡입손실수두를 최소로 하기 위하여 흡입관을 가능한 짧게 하고, 관내 유속을 작게 하여 가능한 유효흡입수두($NPSH_{av}$)를 충분히 크게 한다.

② $NPSH_{av} \geq 1.3 \times$ 필요흡입수두($NPSH_{re}$)가 되도록 한다.

③ 흡입수조의 형상과 치수는 흐름에 과도한 편류 또는 와류가 생기지 않도록 계획한다.

④ 편 흡입 펌프로 필요흡입수두가 만족되지 않는 경우에는 양 흡입 펌프로 하는 경우도 있다.

⑤ 대용량 펌프 또는 흡입이 불가능한 펌프는 흡수면보다 펌프를 낮게 설치하거나, 흡입측 펌프로 선택하여 회전차의 위치를 낮게 하고, booster 펌프를 이용하여 흡입조건을 개선한다.

⑥ 펌프의 흡입측 밸브에서는 절대로 유량조절을 해서는 안 된다.

⑦ 계획 토출량 보다 현저하게 벗어나는 범위에서의 운전은 피해야 한다. 양정 변화가 큰 경우에는 저 양정 영역에서의 필요흡입수두($NPSH_{re}$)가 크게 되므로 공동현상에 주의해야 한다.

⑧ 외적 조건으로 보아 공동현상을 피할 수 없을 때에는 회전차의 재질을 공동현상의 영향에 대하여 강한 재질을 택한다.

⑨ 이미 공동현상이 생긴 펌프에 대해서 소량의 공기를 흡입측에 넣어서 소음과 진동을 적게 할 수도 있다.

> ***Tip*** **펌프의 공동현상 발생원인**
>
> ① 펌프의 흡입관경이 작을 때
> ② 흡입거리가 길 때
> ③ 펌프의 흡입수두가 클 때
> ④ 펌프의 마찰손실이 클 때
> ⑤ 펌프의 회전차 속도가 클 때
> ⑥ 펌프의 설치위치가 수원보다 높을 때
> ⑦ 관내의 수온이 높을 때
> ⑧ 관내의 물의 정압이 그때의 증기압보다 낮을 때
> ⑨ 유량이 증가하여 펌프의 물이 과속으로 흐를 때

2. 수격작용(Water hammer)

(1) 원인

① 관내를 흐르고 있는 물의 유속이 급히 바뀌면 관내 압력이 이상 상승하게 되어 배관과 펌프에 손상을 주는 현상이다.

② 수격작용은 주로 펌프가 정지하여 체크밸브가 급격하게 폐쇄됨으로서 발생되며 모든 배관계통에서 관의 파손 원인이 되고, 배관의 진동, 충격음 등으로 소음과 진동을 발생시킨다.

> ***Tip*** **펌프의 수격작용**
> 관내를 흐르고 있는 물의 유속이 급히 바뀌면 관내 압력이 이상 상승하게 되어 배관과 펌프에 손상을 주는 현상

(2) 피해

① 압력상승에 의해 펌프, 밸브, 플랜지, 관로 등 여러 기기가 파손된다.

② 압력강하에 의해 관로가 파손되거나, 수주분리(column separation)가 생겨 재결합 시에 발생하는 격심한 충격파에 의해 관로가 파손된다.

③ 진동, 소음의 원인이 된다.

④ 주기적인 압력변동 때문에 자동제어장치 등 압력을 조절하는 기기들의 고장을 일으킨다.

(3) 방지대책

① 부압, 수주분리의 방지

(a) 펌프에 플라이휠(fly wheel)을 설치한다. : 관성효과를 증가시켜 회전수와 관내유속의 변화를 느리게 한다.

(b) 펌프 토출측에 공기조(air chamber)를 설치한다. : 축적하고 있는 압력에너지를 방출하여 압력강하를 방지함과 동시에 압력 상승도 흡수한다.

(c) 관경을 크게 한다.

(d) 공기밸브를 설치한다. : 부압 발생장소에 공기를 자동적으로 흡입시켜 이상 부압을 경감한다.

(e) 조압수조(Surge tank)를 설치한다. : 부압 발생장소에 물을 공급하여 압력강하와 상승을 흡수한다.

(f) 자동 수압조절밸브를 설치한다.

(g) 양수관의 횡주를 낮은 곳에 위치한다.

② 상승압력의 방지

(a) 안전밸브를 사용한다. : 설정압력보다 상승하면 안전밸브가 열려, 이상압력 상승을 방지한다.

(b) 급 폐쇄식 체크밸브를 사용한다.

③ 수격압 흡수장치의 사용

급수관과 동일 구경 또는 한 구경 큰 길이 300～600 mm 정도의 공기조(air chamber)를 설치하거나, 수격작용 방지기(bellows형, air bag형) 사용

④ Ball tap은 대구경 대신에 소구경의 ball tap을 2개 설치하거나 탱크에 방파막을 설치한다.

⑤ 펌프운전 중에는 각 종 밸브의 개폐는 서서히 조작한다.

> ***Tip*** **펌프의 수격작용 방지 대책**
> ① 관로의 관경을 크게 한다.
> ② 관로내의 유속을 낮게 한다.
> ③ 조압수조(surge tank)를 설치한다.
> ④ 플라이휠(fly wheel)을 설치한다.
> ⑤ 펌프 송출구 가까이에 밸브를 설치한다.
> ⑥ 흡수양정을 크게 한다.

3. 서징(Surging)현상

(1) 개요

① 서징현상으로는 펌프 운전 중에 압력계기의 눈금이 어떤 주기를 가지고 큰 진폭으로 흔들림과 동시에 토출량도 어떤 범위에서 주기적인 변동이 발생되고, 흡입 및 토출 배관의 주기적인 진동과 소음을 수반하게 된다.

② 펌프의 작동점은 특성곡선의 폐곡선을 좌회하는 변화를 되풀이 한다.

> ***Tip*** **펌프의 서징현상**
> 액체 및 기체가 정해진 단면적의 파이프를 일정하게 흐르고 있을 때 흐르는 방향의 반대편으로 역류하려고 하는 순간적인 현상

(2) 서징의 발생조건

서징은 다음의 조건이 동시에 갖추어졌을 때에 한하여 발생한다.

① 펌프의 H-Q 곡선이 오른쪽 위로 향하는 산(山)형 구배특성을 가지고 있다.

② 토출량(Q) 이하의 범위에서 운전한다.

③ 펌프의 토출 관로가 길고, 배관 중간에 수조 또는 기체상태의 부분(공기가 괴어있는 부분)이 존재한다.

④ 기체 상태가 있는 부분의 하류측 밸브에서 토출량을 조절한다.

즉, 펌프가 산형 구배특성을 가져도 상기의 조건 중에서 어느 하나의 조건이 만족되지 않으면 서징은 발생하지 않는다.

7.4 소방펌프의 구성 및 설정

1. 펌프의 구성

(1) 소방 주펌프(Main fire pump)

1대의 최대용량은 1134 m^3/hr 이하로 하며, 각각의 소화설비 종류별로 필요한 소화수 공급량에 맞도록 주펌프를 분리하여 설치할 수 있다. 대체로 모터 구동펌프의 경우 1대의 용량을 500 m^3/hr 이하로 하며, engine 기동펌프의 경우에는 1000 m^3/hr 이하로 한다.

(2) 소방 예비펌프(Emergency fire pump)

예비펌프는 주펌프의 고장, 수리 또는 전원공급이 차단되는 경우를 대비하여 설치한다. 일반적으로 주펌프에 비상전원을 공급하도록 조치하고 별도의 예비펌프를 설치하지 않고 있다. 단, 현행법으로는 보조수원인 옥상의 고가수조가 없는 경우에는 반드시 예비펌프를 설치하게 규정 되어있다.

(3) 충압펌프(Jockey pump)

충압펌프(Jockey pump)는 필요한 소화수의 공급량에 따라 1대 또는 2대 이상의 펌프로 구성한다. 펌프 토출측 배관계통의 압력을 항시 일정한 압력으로 유지시켜줌으로서 화재 발생 시 방출구로부터 즉각적으로 규정압력 이상의 소화수를 방출시킬 수 있도록 한다. 충압펌프는 기동용 수압개폐장치에 의하여 자동기동 되도록 설치되며 배관계통의 압력변화에 따라 기동 및 정지를 반복하게 된다.

정격 토출압력은 그 설비의 최고위 호스 접결구, 살수장치 등의 자연압 보다 2 kg_f/cm^2 이상 더 큰 압력을 갖도록 규정하고 있으며, 충압펌프의 용량은 소방법에서 60 L/min 이하인 것을 사용한다. NFPA에서는 허용 누수량을 10분 이내에 충압시킬 수 있는 용량으로 최소 3.8 L/min으로 규정되어 있다.

2. 펌프의 고장 원인 및 대처

(1) 물이 전혀 배출되지 않거나 불충분하게 배출된다.

① 펌프에 마중물(priming water)이 없다.
② 속도가 너무 느리다 : 모터의 손상 또는 전압, 전류의 부족
③ 유량수두가 너무 높다 : pump head의 부족
④ 흡입수두가 허용치보다 높음 : 수원과 펌프의 설치높이가 6~7 m 이상 이격
⑤ 회전차의 플러그가 빠짐 : 동력전달의 coupling bolt의 탈락, key의 탈락
⑥ 회전차가 다른 방향으로 회전 : 모터의 극성을 바꾸어준다.
⑦ 유입구가 막힘
⑧ 유입 선에 공기누출이 있음 : 공동현상(cavitation)
⑨ 기계적 고장(덮개판, 회전차 등)
⑩ 후트밸브가 너무 작음 : 공동현상, 후트밸브의 누수
⑪ 흡입여과기가 충분히 물에 잠기지 않음 : 갈수현상

(2) 압력이 충분하지 못하다.

① 흡입관에서 공기가 누출되어 물속으로 유입 : 공동현상
② 펌프가 너무 작음
③ 속도가 너무 느림 : 전동기의 교체, 전원의 점검
④ 밸브 설치가 부정확 : 밸브의 개방 정도 점검 및 배관계의 재점검
⑤ 회전차의 손상 : 회전차의 교체
⑥ 케이싱의 손상 : 펌프의 교체

(3) 작동이 불규칙하다.

① 흡입선에서의 누출 : 배관계통의 보수
② 축 배열의 부정확 : 펌프의 수평 설치를 재점검
③ 물속에 공기가 존재 : 공기 발생원의 제거

(4) 펌프의 동력 소모가 너무 크다.

① 지나친 고속 : 전동기의 극성 및 전원의 주파수를 재점검
② 펌프선정의 오류 : 펌프선정의 전동기 동력의 산출 오류로 전동기 교체
③ 지나치게 낮은 수온 : 비중에 의한 동력 소모로 펌프를 재선정
④ 기계적 손상 : 펌프의 교체

(5) 진동과 소음이 발생한다.

① 공동현상(Cavitation)
② 엔진이나 전동축의 고장 : 펌프와 동력원의 축간의 수평설치 재점검
③ 베어링의 마모
④ 흡입관으로 저수지에서의 와류작용에 의한 공기유입 : 중간 차단막을 설치
⑤ 관로에서의 수격작용(water hammer)
⑥ 회전차의 손상에 의한 불균형 : 회전차의 교체

7.5 배관

화재안전기준에서는 각 소방시설에서 사용하는 배관의 설치 규격에 대하여 정하고 있다. 소방용 시설에서 사용되는 배관은 화재안전기준이 정한 규격에 의해 설치해야 한다.

1. 소방시설에서의 배관의 설치 규격

(1) 옥내소화전설비

① 배관은 배관용 탄소강관(KS D 3507) 또는 배관 내 사용압력이 1.2 MPa 이상일 경우에는 압력배관용 탄소강관(KS D 3562) 또는 이음매 없는 동 및 동합금(KS D 5301)의 배관용 동관이나 이와 동등 이상의 강도·내식성 및 내열성을 가진 것으로 하여야 한다.

② 소방용 합성수지배관으로 설치할 수 있는 경우는 나음과 같다.

1. 배관을 지하에 매설하는 경우
2. 다른 부분과 내화구조로 구획된 덕트 또는 피트의 내부에 설치하는 경우
3. 천장(상층이 있는 경우에는 상층바닥의 하단을 포함한다. 이하 같다)과 반자를 불연재료 또는 준불연재료로 설치하고 그 내부에 습식으로 배관을 설치하는 경우

(2) 스프링클러설비

① 배관은 배관용 탄소강관(KS D 3507) 또는 배관 내 사용압력이 1.2 MPa 이상일 경우에는 압력배관용 탄소강관(KS D 3562)이나 이와 동등 이상의 강도·내식성 및 내열성을 가진 것으로 하여야 한다. 다만, 습식스프링클러설비의 배관은 이음매 없는 동 및 동합금(KS D 5301)의 배관용 동관을 사용할 수 있다.

② 소방용 합성수지배관으로 설치할 수 있는 경우는 다음과 같다.

1. 배관을 지하에 매설하는 경우
2. 다른 부분과 내화구조로 구획된 덕트 또는 피트의 내부에 설치하는 경우
3. 천장(상층이 있는 경우에는 상층바닥의 하단을 포함한다. 이하 같다)과 반자를 불연재료 또는 준불연재료로 설치하고 소화배관 내부에 항상 소화수가 채워진 상태로 설치하는 경우

(3) 간이 스프링클러설비

① 배관은 배관용 탄소강관(KS D 3507), 이음매 없는 구리 및 구리합금관(KS D 5301) 또는 일반배관용 스테인리스강관(KS D 3595)을 사용하고 배관내 사용압력이 1.2 MPa 이상일 경우에는 압력배관용 탄소강관(KS D 3562)이나 이와 동등 이상의 강도·내식성 및 내열성을 가진 것으로 하며, 상수도직결형에 사용하는 배관 및 밸브는 「수도법」 제14조(수도용 자재와 제품의 인증 등)에 적합한 제품을 사용하여야 한다.

② 소방용 합성수지배관으로 설치할 수 있는 경우는 다음과 같다.

1. 배관을 지하에 매설하는 경우
2. 다른 부분과 내화구조로 구획된 덕트 또는 피트의 내부에 설치하는 경우
3. 천장(상층이 있는 경우에는 상층바닥의 하단을 포함한다. 이하 같다)과 반자를 불연재료 또는 준불연재료로 설치하고 그 내부에 습식으로 배관을 설치하는 경우

④ 펌프의 흡입측 배관은 다음 각 호의 기준에 따라 설치하여야 한다.

1. 공기고임이 생기지 아니하는 구조로 하고 여과장치를 설치할 것
2. 수조가 펌프보다 낮게 설치된 경우에는 각 펌프(충압펌프를 포함한다)마다 수조로부터 별도로 설치할 것

(4) 화재조기진압용 스프링클러설비

① 화재조기진압용 스프링클러설비의 배관은 습식으로 하여야 한다.

② 배관은 배관용 탄소강관(KS D 3507) 또는 배관내 사용압력이 1.2 MPa 이상일 경우에는 압력배관용 탄소강관(KS D 3562) 또는 이음매 없는 동 및 동합금(KS D 5301)의 배관용 동관이나 이와 동등 이상의 강도·내식성 및 내열성을 가진 것으로 하여야 한다.

③ 소방용 합성수지배관으로 설치할 수 있는 경우는 다음과 같다.

1. 배관을 지하에 매설하는 경우
2. 다른 부분과 내화구조로 구획된 덕트 또는 피트의 내부에 설치하는 경우
3. 천장(상층이 있는 경우에는 상층바닥의 하단을 포함한다. 이하 같다)과 반자를 불연재료 또는 준불연재료로 설치하고 그 내부에 습식으로 배관을 설치하는 경우

(5) 물분무소화설비

① 배관은 배관용 탄소강관(KS D 3507) 또는 배관 내 사용압력이 1.2 MPa 이상일 경우에는 압력배관용 탄소강관(KS D 3562) 또는 이음매 없는 동 및 동합금(KS D5301)의 배관용 동관이나 이와 동등 이상의 강도·내식성 및 내열성을 가진 것으로 하여야 한다. 다만, 다음의 경우 소방용 합성수지배관으로 설치할 수 있다.

1. 배관을 지하에 매설하는 경우
2. 다른 부분과 내화구조로 구획된 덕트 또는 피트의 내부에 설치하는 경우
3. 천장(상층이 있는 경우에는 상층바닥의 하단을 포함한다. 이하 같다)과 반자를 불연재료 또는 준불연재료로 설치하고 그 내부에 습식으로 배관을 설치하는 경우

> ***Tip*** **수계 소화설비의 배관**
>
> ① 배관은 배관용 탄소강관, 압력배관용 탄소강관, 이음매 없는 동 및 동합금을 사용
>
> ② 소방용 합성수지배관으로 설치할 수 있는 경우
>
> 1. 배관을 지하에 매설하는 경우
> 2. 다른 부분과 내화구조로 구획된 덕트 또는 피트의 내부에 설치하는 경우
> 3. 천장과 반자를 불연재료 또는 준불연재료로 설치하고 그 내부에 습식으로 배관을 설치하는 경우

(6) 포소화설비

① 배관은 배관용 탄소강관(KS D 3507) 또는 배관 내 사용압력이 1.2 MPa 이상일 경우에는 압력배관용 탄소강관(KS D 3562) 또는 이음매 없는 동 및 동합금(KS D5301)의 배관용 동관이거나 이와 동등 이상의 강도·내식성 및 내열성을 가진 것으로 하여야 한다. 다만, 다음의 경우 소방용 합성수지배관으로 설치할 수 있다.

1. 배관을 지하에 매설하는 경우
2. 다른 부분과 내화구조로 구획된 덕트 또는 피트의 내부에 설치하는 경우
3. 천장(상층이 있는 경우에는 상층바닥의 하단을 포함한다. 이하 같다)과 반자를 불연재료 또는 준불연재료로 설치하고 그 내부에 습식으로 배관을 설치하는 경우

(7) 이산화탄소소화설비

① 이산화탄소소화설비의 배관은 다음 각 호의 기준에 따라 설치하여야 한다.

1. 배관은 전용으로 할 것
2. 강관을 사용하는 경우의 배관은 압력배관용 탄소강관(KS D 3562) 중 스케줄 80(저압식은 스케줄 40) 이상의 것 또는 이와 동등 이상의 강도를 가진 것으로 아연도금 등으로 방식처리된 것을 사용할 것. 다만, 배관의 호칭구경이 20 mm 이하인 경우에는 스케줄 40 이상인 것을 사용할 수 있다.
3. 동관을 사용하는 경우의 배관은 이음이 없는 동 및 동합금관(KS D 5301)으로서 고압식은 16.5 MPa 이상, 저압식은 3.75 MPa 이상의 압력에 견딜 수 있는 것을 사용할 것
4. 고압식의 경우 개폐밸브 또는 선택밸브의 2차측 배관부속은 호칭압력 2.0 MPa 이상의 것을 사용하여야 하며, 1차측 배관부속은 호칭압력 4.0 MPa 이상의 것을 사용하여야 하고, 저압식의 경우에는 2.0 MPa의 압력에 견딜 수 있는 배관부속을 사용할 것

(8) 할로겐화합물소화설비

할로겐화합물소화설비의 배관은 다음 각 호의 기준에 따라 설치하여야 한다.

1. 배관은 전용으로 할 것
2. 강관을 사용하는 경우의 배관은 압력배관용 탄소강관(KS D 3562) 중 스케줄 40 이상의 것 또는 이와 동등 이상의 강도를 가진 것으로서 아연도금 등에 따라 방식처리된 것을 사용할 것
3. 동관을 사용하는 경우에는 이음이 없는 동 및 동합금관(KS D 5301)의 것으로서 고압식은 16.5 MPa 이상, 저압식은 3.75 MPa 이상의 압력에 견딜 수 있는 것을 사용할 것
4. 배관부속 및 밸브류는 강관 또는 동관과 동등 이상의 강도 및 내식성이 있는 것으로 할 것

(9) 분말소화설비

분말소화설비의 배관은 다음 각 호의 기준에 따라 설치하여야 한다.

1. 배관은 전용으로 할 것
2. 강관을 사용하는 경우의 배관은 아연도금에 따른 배관용 탄소강관(KS D 3507)이나 이와 동등 이상의 강도·내식성 및 내열성을 가진 것으로 할 것. 다만, 축압식 분말소화설비에 사용하는 것 중 20℃에서 압력이 2.5 MPa 이상 4.2 MPa 이하인 것은 압력배관용 탄소강관(KS D 3562) 중 이음이 없는 스케줄 40 이상의 것 또는 이와 동등 이상의 강도를 가진 것으로서 아연도금으로 방식처리된 것을 사용하여야 한다.

3. 동관을 사용하는 경우의 배관은 고정압력 또는 최고사용압력의 1.5배 이상의 압력에 견딜 수 있는 것을 사용할 것
4. 밸브류는 개폐위치 또는 개폐방향을 표시한 것으로 할 것
5. 배관의 관부속 및 밸브류는 배관과 동등 이상의 강도 및 내식성이 있는 것으로 할 것
6. 분기배관을 사용할 경우에는 법 제39조에 따라 제품검사에 합격한 것으로 설치하여야 한다.

(10) 옥외소화전설비

① 배관은 배관용 탄소강관(KS D 3507) 또는 배관 내 사용압력이 1.2 MPa 이상일 경우에는 압력배관용 탄소강관(KS D 3562) 또는 이음매 없는 동 및 동합금(KS D5301)의 배관용 동관이나 이와 동등 이상의 강도·내식성 및 내열성을 가진 것으로 하여야 한다. 다만, 다음의 경우에는 소방용 합성수지배관으로 설치할 수 있다.

1. 배관을 지하에 매설하는 경우
2. 다른 부분과 내화구조로 구획된 덕트 또는 피트의 내부에 설치하는 경우
3. 천장(상층이 있는 경우에는 상층바닥의 하단을 포함한다. 이하 같다)과 반자를 불연재료 또는 준불연재료로 설치하고 그 내부에 습식으로 배관을 설치하는 경우

2. 소방용 밸브

(1) 게이트밸브(Gate valve)

밸브 디스크가 유체의 통로를 수직으로 막아서 개폐하고 유체의 흐름이 일직선 위에 있는 밸브의 총칭.

① 장점

(a) 유체저항이 적어, 입력손실이 적다.

(b) 글로브밸브에 비하여 면간거리가 짧다.

(c) 일반적으로 완전개폐용으로 사용

② 단점

(a) 밸브의 lift가 길어 높은 공간을 차지한다.

(b) 유속이 빠른 유체일 때 조금 연 상태에서는 디스크(disc)의 진동과 소음현상이 일어나고 시트(seat)의 마모가 된다.

(c) 유량 조절용으로는 적당하지 않다.

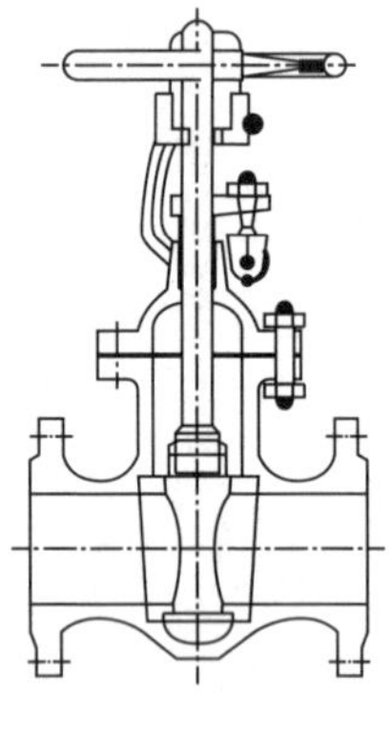

그림 7-8 Wedge gate valve

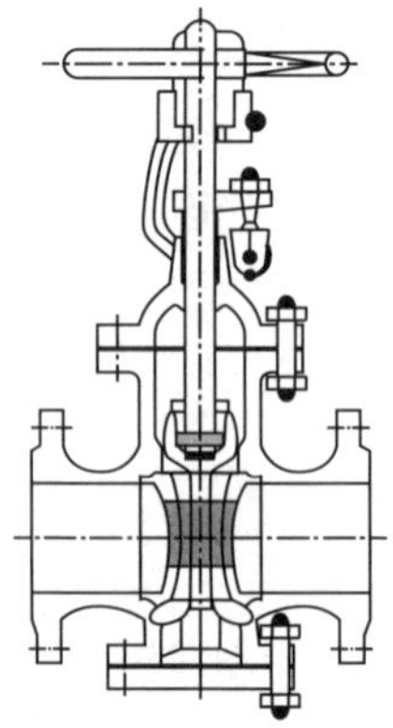

그림 7-9 Double disc gate valve

그림 7-10 게이트밸브

(2) 스톱밸브(Stop valve)

밸브 디스크가 밸브대에 의하여 밸브 시트에 직각 방향으로 작용하는 밸브의 총칭.

① 글로브밸브(Globe valve)

일반적으로 공 모양의 밸브 몸통을 가지며, 입구와 출구의 중심선이 일직선 위에 있고 유체의 흐름이 S자 모양으로 되는 밸브

(a) 장점

㉠ 유체의 양을 조절하는 대표적 밸브
㉡ 유량을 미세하게 조절할 수 있다.
㉢ 고압에 용이하다.
㉣ 디스크의 움직이는 범위가 짧아 작동시간이 게이트밸브에 비하여 짧다.
㉤ 밸브를 pipe line에서 떼어내지 않고 수리할 수 있어 편리하다.

(b) 단점

㉠ 밸브 시트(valve seat)가 유체의 흐르는 방향과 평행으로 되어 있고, 유체가 흐르는 길의 형태가 S자 형으로 되어 있어 유체의 방향을 변경시켜 유체의 압력 손실이 크다.

㉡ 와류현상이 발생한다.

㉢ 압력 손실로 저압의 유체에는 적당하지 않다.

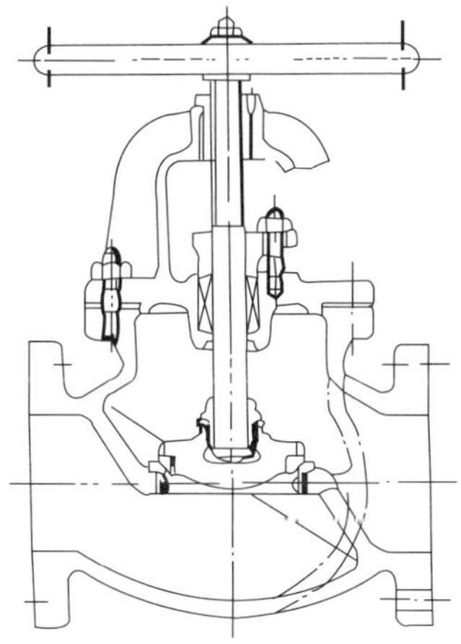

그림 7-11 글로브밸브

그림 7-12 글로브밸브

② 앵글밸브(Angle valve)

밸브 몸통의 입구와 출구의 중심선이 직각이며, 유체의 흐름방향이 직각으로 변하는 밸브

특징

(a) 유체가 90° 각도로 꺾이고 글로브밸브가 필요할 때 관이음쇠를 절약할 수 있는 구조

(b) 글로브밸브에 비하여 와류현상과 압력 손실이 적다.

(c) 유체의 압력차가 큰 곳에 사용한다.

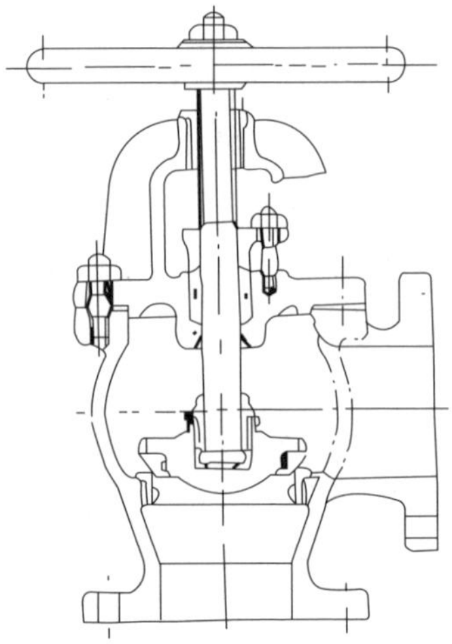

그림 7-13 앵글밸브

(3) 체크밸브(Check valve)

밸브 디스크가 유체의 배압에 의해 역류를 방지하도록 작동하는 밸브의 총칭.

① 리프트 체크밸브(Lift check valve)

밸브 디스크가 밸브 몸통 또는 뚜껑에 설치된 가이드에 의해 밸브 시트에 대하여 수직으로 작동하는 체크밸브로 수평 배관에 사용하며 압력 손실이 많다.

② 스윙 체크밸브(Swing check valve)

밸브 디스크가 핀을 지지점으로 하는 암에 의해 원호 모양의 운동을 하고, 유체의 역류에 의해 밸브 시트면에 수직으로 압착하는 체크밸브로 유체의 흐름에 거의 직선적이며 압력 손실이 적다.

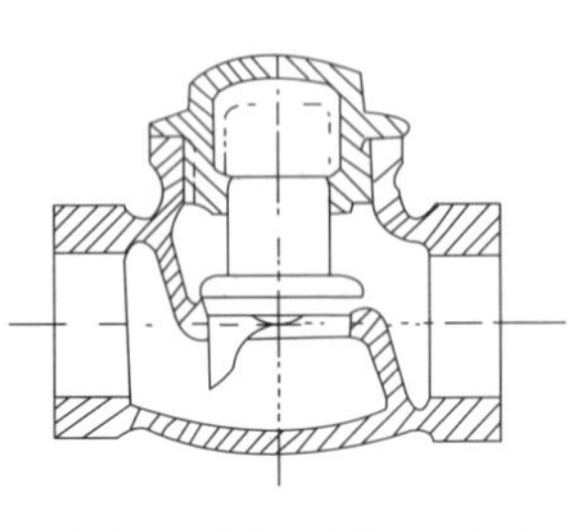

그림 7-14 리프트 체크밸브

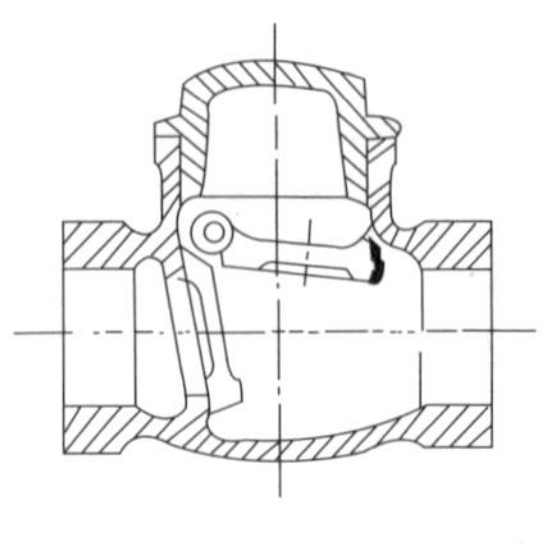

그림 7-15 스윙 체크밸브

(4) 안전밸브(Safety valve)와 릴리프밸브(Relief valve)

① 안전밸브(Safety valve)

밸브 입구쪽 압력이 상승하여 미리 정해진 압력이 되었을 때 자동적으로 작동하여 밸브 디스크가 열리고 압력이 소정의 값으로 강하하면서 다시 밸브 디스크가 닫히는 기능을 가진 밸브로 주로 증기 또는 가스의 발생 장치에 사용하며, 압력 용기 및 배관의 안전 확보를 위하여 사용한다.

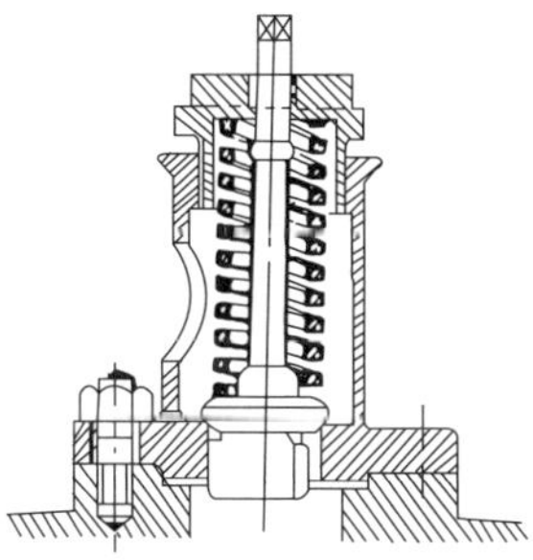

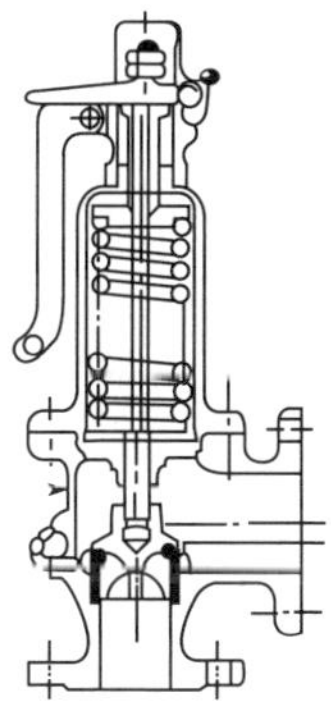

그림 7-16 안전밸브

② 릴리프밸브(Relief valve)

밸브 입구쪽 압력이 상승하여 미리 정해진 압력이 되었을 때 자동적으로 작동하여 밸브 디스크가 열리고 압력이 소정의 값으로 강하 하면서 다시 밸브 디스크가 닫히는 기능을 가진 밸브로 주로 액체의 장치에 사용한다.

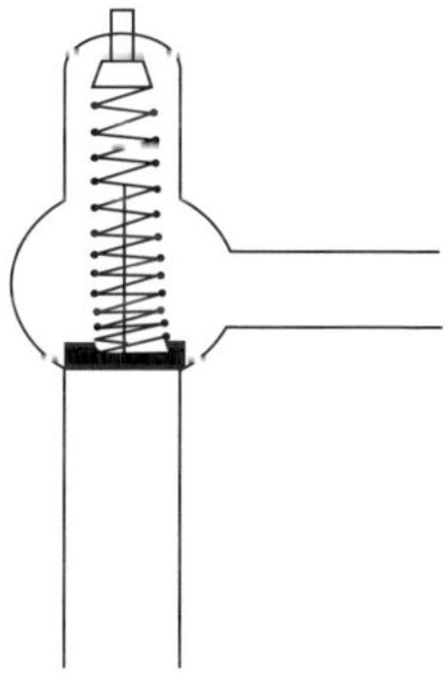

그림 7-17 릴리프밸브

그림 7-18 소방용 릴리프밸브

(5) 감압밸브(Pressure reducing valve)

2차축의 유체 압력을 1차축의 유체 압력보다 나은 어떤 일정 압력으로 유지하여 조정하는 역할을 하는 밸브

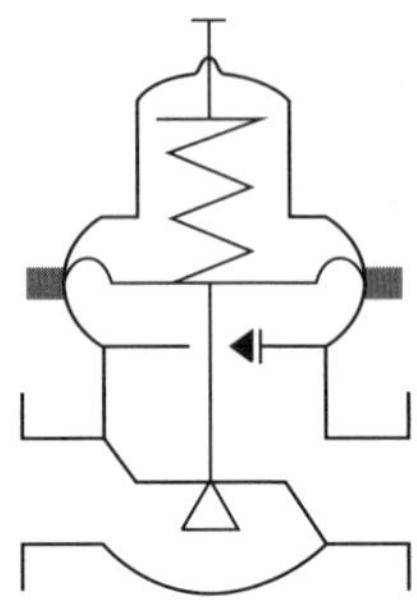

그림 7-19 감압밸브

(6) 버터플라이밸브(Butter fly valve)

밸브 몸통 속에서 밸브대를 축으로 하는 원판 모양의 밸브 디스크가 회전하는 밸브로 다음과 같은 특징을 가진다.

① 회전운동식 밸브의 대표적인 형식
② 중량이 가볍고 크기가 작아 취급이 용이하다.
③ 유량 특성이 좋고 유체 저항이 적어 대구경 밸브의 유체 제어에 적당하다.
④ 시트(Seat)는 고무, 테플론 등 연질을 사용하여 완전 누출을 막을 수 있다.
⑤ 시트는 고온에 적당하지 않으나 금속시트가 개발되어 고온 고압에 사용된다.
⑥ 구조의 특성상 적은 밸브는 제조하지 않는다.
⑦ 구경이 클 때 가격 및 설치비가 저렴하고 유량의 조절이 가능하다.

그림 7-20 버터플라이밸브

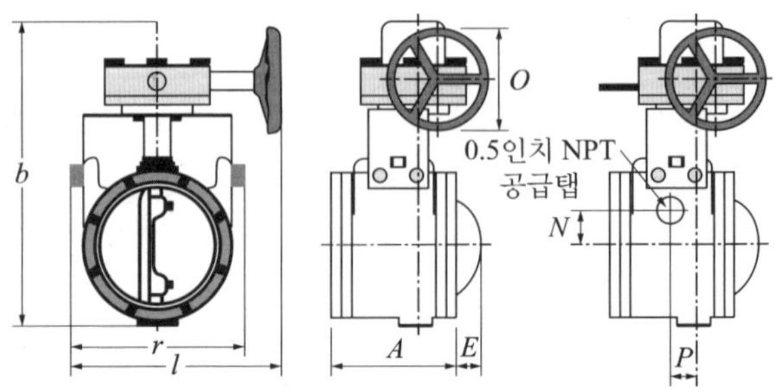

그림 7-21 버터플라이밸브 도면

(7) 콕(Cock)

테이퍼 또는 평행 모양의 밸브 시트를 가진 몸체의 내부에 회전할 수 있는 마개가 들어 있는 유체 차단 기기의 총칭으로 마개를 90° 또는 그 이하로 회전시켜 개폐를 한다. 회전운동식 밸브의 대표적인 형식이다.

(8) 볼밸브(Ball valve)

밸브 디스크가 공 모양이고 콕과 유사한 밸브로서 밸브 디스크는 전면구와 반면구가 있다.

① 글로브밸브에 비하여 중량이 적다.
② 글로브밸브에 비하여 가격이 저렴하다.
③ 글로브밸브에 비하여 조절 범위가 크다.
④ 컨트롤밸브로 주로 사용된다.
⑤ 볼(Ball)은 회전 각도에 따라서 심하게 유량이 변하여 미세한 유량과 압력제어에 적당하지 않다.
⑥ 밸브 회복 계수가 낮아 자동 제어 밸브로 사용 시 와류현상이 발생하고 소음이 심하게 발생한다. (볼 내에 다공판을 설치하여 소음을 적게 한다.)

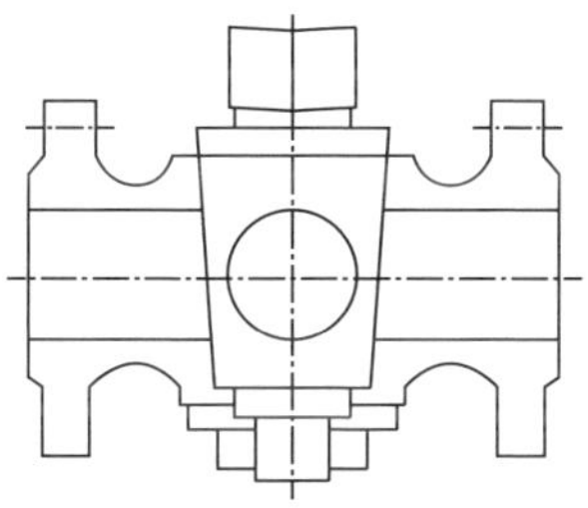

그림 7-22 플러그 콕

그림 7-23 볼밸브

7.16 Example

소화설비에 사용되는 글로브밸브(globe valve)와 앵글밸브(angle valve)의 차이점은 무엇인가?

풀이.

① 글로브밸브

- 유체의 흐름을 수평방향으로 흐르게 하면서 유량을 조정하는 밸브이다.
- 섬세한 유량 조절이 가능하다.

② 앵글밸브

- 글로브밸브의 일종으로 유체의 흐름 방향을 90°로 회전시켜 흐르게 하면서 유량을 조정하는 밸브이다.
- 섬세한 유량 조절이 용이하지 않으며, 옥외소화전 방수구 스프링클러설비의 유수검지장치의 배수 밸브 등으로 사용된다.

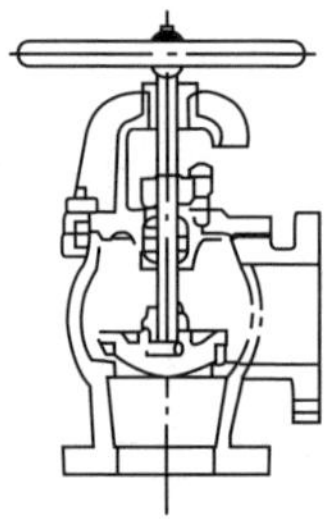

그림 7-24 앵글밸브

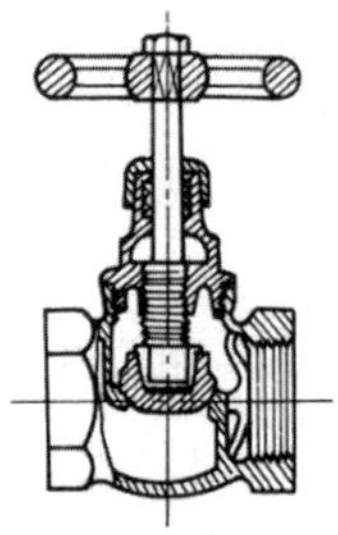

그림 7-25 글로브밸브

7.17 Example

소화설비에 사용되는 체크밸브(check valve)인 리프트형 체크밸브와 스윙형 체크밸브의 차이점은 무엇인가?

풀이.

① 리프트형 체크밸브

수평배관에 주로 사용하는 수평배관용 밸브이므로 밸브의 설치 시 유체의 흐르는 방향에 주의하여 설치하여야 한다.

② 스윙형 체크밸브

스윙형 체크밸브는 수직 및 수평 배관에 사용하는 밸브로 밸브의 핀인 축을 중심으로 회전하여 개폐되는 것으로 유체의 마찰손실이 리프트형 체크밸브보다 작다.

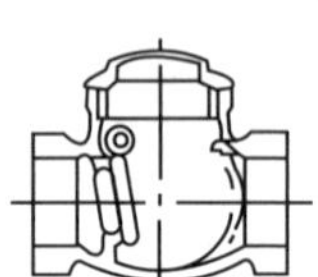

그림 7-26 스윙형 체크밸브

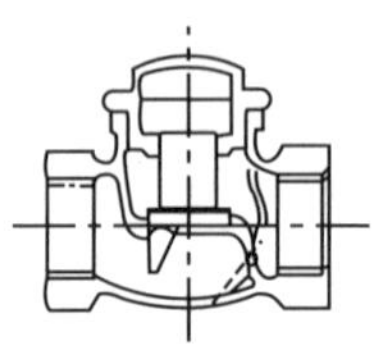

그림 7-27 리프트형 체크밸브

제7장 연습문제

7-1 다음 중 회전속도의 범위가 가장 넓고, 효율이 가장 높은 펌프는 어느 것인가? (①)

① 베인펌프　② 반지름방향 피스톤펌프
③ 축방향 피스톤펌프　④ 내접 기어펌프

풀이 회전펌프는 펌프의 회전수를 일정하게 하였을 때 토출량이 증가함에 따라 양정이 감소하다가 어느 한도 이상에서는 급격히 감소하는 펌프이다. 이런 회전펌프의 종류에는 기어펌프와 베인펌프가 있다. 이중에서 베인펌프는 회전속도의 범위가 가장 넓고, 효율이 가장 높은 회전펌프이다.

7-2 다음 중 펌프에 대한 설명 중 틀린 것은? (①)

① 가이드 베인이 있는 원심펌프를 볼류트(volute pump)라고 한다.
② 기어펌프는 회전식 펌프의 일종이다.
③ 플런지펌프는 왕복식 펌프이다.
④ 터빈펌프는 고양정, 양수량이 많을 때 사용하면 적합하다.

풀이 펌프의 종류

① 회전펌프

회전펌프는 펌프의 회전수를 일정하게 하였을 때 토출량이 증가함에 따라 양정이 감소하다가 어느 한도 이상에서는 급격히 감소하는 펌프이다. 이런 회전펌프의 종류에는 기어펌프와 베인펌프가 있다.

이중에서 베인펌프는 회전속도의 범위가 가장 넓고, 효율이 가장 높은 회전펌프이다.

② 원심펌프

원심펌프는 볼류트펌프와 터빈펌프의 2종류가 있다.

볼류트펌프 : 안내깃(가이드 베인)이 없고 저 양정에 적합함 펌프이다.

터빈펌프 : 안내깃(가이드 베인)이 있고, 고 양정에 적합한 펌프이다.

7-3 동일한 펌프 내에서 회전수를 변경시켰을 때 유량(Q)과 회전수(N)의 관계로서 알맞은 것은? (①)

① 유량은 회전수에 비례한다.　② 유량은 회전수의 제곱에 비례한다.
③ 유량은 회전수의 세제곱에 비례한다.　④ 유량은 회전수의 평방근에 비례한다.

풀이 펌프의 유량(Q)과 회전수(N)

① 펌프의 유량과 회전수의 관계 : $Q' = Q \times \left(\frac{N'}{N}\right)^1$

② 펌프의 양정(H)과 회전수의 관계 : $H' = H \times \left(\frac{N'}{N}\right)^2$

③ 펌프의 축동력(P)과 회전수의 관계 : $P' = P \times \left(\frac{N'}{N}\right)^3$

7-4 배관 내에 흐르는 물이 수격현상(water hammer)을 일으키는 수가 있는데 이를 방지하기 위한 조치와 관계가 없는 것은? (④)

① 관내 유속을 적게 한다.
② 펌프에 플라이휠을 설치한다.
③ 에어 챔버를 설치한다.
④ 흡수양정을 작게 한다.

풀이 수격현상의 방지대책

① 관로의 관경을 크게 한다.
② 관로내의 유속을 낮게 한다.
③ 조압수조(surge tank)를 설치한다.
④ 플라이휠을 설치한다.
⑤ 펌프 송출구 가까이에 밸브를 설치한다.
⑥ 흡수양정을 크게 한다.

7-5 펌프 운전 중 발생하는 수격현상(water hammer)의 발생을 예방하기 위한 조치와 관계가 없는 것은? (②)

① 관로에 서지 탱크를 설치한다.
② 회전체의 관성 모멘트를 크게 한다.
③ 펌프 송출구에 체크밸브를 달아 역류를 방지한다.
④ 관로에서 일부 고압수를 방출한다.

풀이 수격현상의 방지대책

① 관로의 관경을 크게 한다.
② 관로내의 유속을 낮게 한다.
③ 조압수조(surge tank)를 설치한다.
④ 플라이휠을 설치한다.
⑤ 펌프 송출구 가까이에 밸브를 설치한다.
⑥ 흡수양정을 크게 한다.

7-6 배관 내에 발생하는 서징(surging)의 발생 조건으로 적당하지 않은 것은? (④)

① 유량조절밸브가 배관 중 수조의 위치 후방에 있을 때
② 배관 중에 수조가 있을 때
③ 배관 중에 기체상태의 부분이 있을 때
④ 펌프의 수직곡선이 우향 강하 구배일 때

풀이 서징현상의 발생조건

① 배관 중에 수조가 있을 때

② 배관 중에 기체상태의 부분이 있을 때
③ 유량조절밸브가 배관 중 수조의 위치 후방에 있을 때
④ 펌프의 특성곡선이 산 모양이고, 운전점이 그 정상부일 때

7-7 펌프나 송풍기 운전 시 서징현상이 발생될 수 있는데, 이 현상과 관계가 없는 것은? (②)

① 서징이 일어나면 진동과 소음이 발생한다.
② 펌프에서는 워터햄머보다 더 빈번하게 발생한다.
③ 펌프의 특성곡선이 산 모양이고, 운전점이 그 정상부일 때 발생하기 쉽다.
④ 풍량 또는 토출량을 줄여 서징을 방지할 수 있다.

풀이 서징현상(맥동현상)

(1) 서징현상의 발생조건
① 배관 중에 수조가 있을 때
② 배관 중에 기체상태의 부분이 있을 때
③ 유량조절밸브가 배관중 수조의 위치 후방에 있을 때
④ 펌프의 특성곡선이 산 모양이고, 운전점이 그 정상부일 때

(2) 서징현상이 발생하면 나타나는 현상
① 서징이 일어나면 진동과 소음이 발생한다.
② 펌프의 특성곡선이 산 모양이고, 운전점이 그 정상부일 때 발생하기 쉽다.
③ 풍량 또는 토출량을 줄여 서징을 방지할 수 있다.

7-8 배관 내에서 공동현상(cavitation)이 발생하면 가장 크게 영향을 미치는 것은? (③)

① 수차의 축을 손상시킨다.
② 수차의 흡축관을 손상시킨다.
③ 수차의 날개를 손상시킨다.
④ 수차의 배출관을 손상시킨다.

풀이 공동현상 : 펌프의 흡입측 배관의 물의 정압이 기존의 증기압보다 낮아져서 기포가 발생되어 물이 흡입되지 않는 현상을 의미한다.

(1) 공동현상의 발생현상
① 소음과 진동 발생 ② 관의 부식 ③ 회전차의 손상 ④ 펌프의 성능저하

7-9 다음의 설명 중에서 펌프의 공동현상(cavitation)을 방지하기 위한 방법으로 적합하지 않은 것은 어느 것인가? (②)

① 펌프의 흡입관경을 크게 한다.
② 펌프의 회전수를 크게 한다.
③ 양흡입펌프를 사용한다.
④ 펌프의 위치를 낮추어 흡입고를 적게 한다.

풀이 공동현상 : 펌프의 흡입측 배관의 물의 정압이 기존의 증기압보다 낮아져서 기포가 발생되어 물이 흡입되지 않는 현상을 의미한다.

(1) 공동현상의 방지방법

① 펌프의 흡입관경을 크게 한다.

② 펌프의 회전수를 작게 한다.

③ 양흡입펌프를 사용한다.

④ 펌프의 위치를 낮추어 흡입고를 적게 한다.

7-10 다음의 설명 중에서 펌프의 공동현상(cavitation)의 발생요건이 아닌 것은? (④)

① 흡입거리가 길다.

② 물의 온도가 높다.

③ 유량이 증가하여 펌프물이 과속으로 흐른다.

④ 회전수를 낮추어 비교회전도가 적다.

풀이 공동현상 : 펌프의 흡입측 배관의 물의 정압이 기존의 증기압보다 낮아져서 기포가 발생되어 물이 흡입되지 않는 현상을 의미한다.

(1) 공동현상의 발생원인

① 펌프의 흡입관경이 작을 때

② 흡입거리가 길 때

③ 펌프의 흡입수두가 클 때

④ 펌프의 마찰손실이 클 때

⑤ 펌프의 회전차 속도가 클 때

⑥ 펌프의 설치위치가 수원보다 높을 때

⑦ 관내의 수온이 높을 때

⑧ 관내의 물의 정압이 그때의 증기압보다 낮을 때

⑨ 유량이 증가하여 펌프의 물이 과속으로 흐를 때

7-11 배관 내에서 나타나는 다음의 현상 중에서 부차적인 손실에 해당하지 않는 것은? (①)

① 관 벽의 마찰손실 ② 급격한 확대에 따른 손실

③ 급격한 축소에 의한 손실 ④ 부속품에 의한 손실

풀이 배관에서의 마찰손실의 종류

① 주 손실 : 관로에서의 마찰에 의한 손실

② 부차적인 손실 : 관의 급격한 확대에 의한 손실, 관의 급격한 축소에 의한 손실, 관 부속품에 의한 손실

7-12 원심펌프의 수력손실에 해당하지 않는 것은? (③)

① 부차손실
② 펌프 흡입구로부터 토출구에 이르는 전체유로에서 발생한 마찰손실
③ 누수손실
④ 회전차 날개 흡입구에서 충돌손실

풀이 원심펌프에서의 수력손실
① 부차손실
② 펌프 흡입구로부터 토출구에 이르는 전체유로에서 발생한 마찰손실
③ 회전차 날개 흡입구에서 충돌손실

7-13 완전 개방된 상태에서 동일한 유량이 흘러갈 때 압력손실이 가장 큰 밸브는 어느 것인가? (③)

① 글로브밸브　② 앵글밸브
③ 볼밸브　④ 게이트밸브

풀이 배관에서의 관 부속물인 밸브의 등가길이

종 류	볼밸브	글로브밸브	앵글밸브	게이트밸브
등가길이	13.8 m	13.5 m	6.5 m	0.3 m

7-14 소방대상물의 각 층에 옥내소화전이 3개씩 설치되어 있다. 수원의 후트밸브에서 최상층, 최선단의 소화전까지 요구되는 수두는 30 m이고, 소방용 호스 및 관창의 마찰손실수두는 3.5 m이다. 이때 물의 공급은 효율이 65%인 모터펌프로 사용한다면 모터의 용량은 몇 kW인가? (전달계수는 1.1이다)

풀이 옥내소화전설비 하나의 유량이 130 L/min이므로 전체 유량은 다음과 같다.

$Q = \frac{130\ \text{L}}{\text{min}} \times \frac{1\ \text{m}^3}{1000\ \text{L}} \times 3 = 0.39\ \frac{\text{m}^3}{\text{min}}$ 이고, $H = 30 + 3.5 + 17 = 50.5\ \text{m}$ 이다.

펌프의 용량 $P(\text{kW}) = \frac{0.163 \times Q \times H}{\eta} \times K$에서

$$P(\text{kW}) = \frac{0.163 \times Q \times H}{\eta} \times K = \frac{0.163 \times 0.39\ \text{m}^3/\text{min} \times 50.5\ \text{m}}{0.65} \times 1.1 = 5.43\ \text{kW}$$

7-15 진양정 30 m, 유량 1.5 m³/min이며, 효율이 0.75인 펌프를 소방펌프로 사용하고자 한다. 이때 펌프의 축동력은 몇 마력인가?

풀이 펌프의 용량 $P(\text{kW}) = \frac{0.163 \times Q \times H}{\eta} \times K$에서

따라서 주어진 조건으로부터 $H = 30\ \text{m}$이며, 유량 $Q = 1.5\ \text{m}^3/\text{min}$이므로

$$P(\text{kW}) = \frac{0.163 \times Q \times H}{\eta} \times K = \frac{0.163 \times \frac{1.5\ \text{m}^3}{\text{min}} \times 30\ \text{m}}{0.75} = 9.78\ \text{kW}$$

동력의 단위에서 W의 값과 마력(Hp)의 관계로부터

$1\ \text{Hp} = \frac{744.8\ \text{J}}{\text{s}} = 744.8\ \text{J/s} \times \frac{\text{W}}{\text{J/s}} = 744.8\ \text{W} = 0.745\ \text{kW}$이므로

$9.78\ \text{kW} = 9.78\ \text{kW} \times \frac{1\ \text{Hp}}{0.745\ \text{kW}} = 13.13\ \text{Hp}$가 된다.

7-16 다음과 같은 조건일 때 배연기의 동력은 몇 kW인가? (송풍기의 풍력은 750 m^3/min이며, 전압은 60 mmAq, 효율은 55%, 그리고 전달계수는 1.15이다.)

풀이 펌프의 용량 $P(\text{kW}) = \frac{0.163 \times Q \times H}{\eta} \times K$에서

따라서 주어진 조건으로부터 $H = 60\ \text{mm} = 0.06\ \text{m}$이며, 유량 $Q = 750\ \text{m}^3/\text{min}$이므로

$$P(\text{kW}) = \frac{0.163 \times Q \times H}{\eta} \times K = \frac{0.163 \times \frac{750\ \text{m}^3}{\text{min}} \times 0.06\ \text{m}}{0.55} \times 1.15 = 15.34\ \text{kW}$$

7-17 축류펌프에서 양정을 만들어 내는 힘을 무엇이라 하는가? (②)

① 원심력 ② 양력
③ 부력 ④ 점성력

풀이 축류펌프는 가속하거나 가압하는 펌프 회전축에 평행한 케이싱 속에 놓인 프로펠러형의 회전차와 고정날개(안내날개)에 의해 액체를 가속하거나 가압하는 펌프이다.

7-18 다음 중 펌프에 대한 설명 중 틀린 것은? (①)

① 원심펌프 중 안내깃이 있는 펌프를 볼류트펌프라 한다.
② 공동현상은 펌프 흡입배관이 직경이 클 때 잘 발생한다.
③ 원심펌프의 운전 시 유량을 증대시키면 양정도 같은 비율로 증가한다.
④ 펌프 흡입배관내의 압력이 물의 온도에 해당하는 포화증기압보다 낮아지면 공동현상이 발생한다.

풀이 펌프의 종류

① 회전펌프

회전펌프는 펌프의 회전수를 일정하게 하였을 때 토출량이 증가함에 따라 양정이 감소하다가 어느 한도 이상에서는 급격히 감소하는 펌프이다. 이런 회전펌프의 종류에는 기어펌프와 베인펌프가 있다.

이중에서 베인펌프는 회전속도의 범위가 가장 넓고, 효율이 가장 높은 회전펌프이다.

② 원심펌프

원심펌프는 볼류트펌프와 터빈펌프의 2종류가 있다.

볼류트펌프 : 안내깃(가이드 베인)이 없고, 저 양정에 적합함 펌프이다.

터빈펌프 : 안내깃(가이드 베인)이 있고, 고 양정에 적합한 펌프이다.

③ 공동현상 : 펌프의 흡입측 배관의 물의 정압이 기존의 증기압보다 낮아져서 기포가 발생되어 물이 흡입되지 않는 현상을 의미한다.

7-19 다음 중 펌프의 설치에 관한 설명 중 올바르지 않은 것은? (②)

① 실내의 펌프 배치는 운전 보수에 편리하게 한다.
② 펌프실은 될 수 있는 한 흡수원에 가깝게 두지 않는다.
③ 펌프의 기초중량은 보통 펌프 중량의 3~5배로 한다.
④ 홍수 시 전동기를 위한 배수 설비를 갖추어 안전을 고려하여 설치한다.

풀이 펌프의 설치 시 고려할 사항

① 실내의 펌프 배치는 운전 보수에 편리하게 한다.
② 펌프실은 될 수 있는 한 흡수원에 가깝게 두어야 한다.
③ 펌프의 기초중량은 보통 펌프 중량의 3~5배로 한다.
④ 홍수 시 전동기를 위한 배수 설비를 갖추어 안전을 고려하여 설치한다.

7-20 펌프 중 소화수 펌프 특성에 적합하여 소화수 펌프로 널리 사용하는 펌프는 어느 것인가? (①)

① 원심펌프
② 수격펌프
③ 분사펌프
④ 왕복펌프

풀이 원심펌프의 특징

원심펌프는 회전식 펌프로 소용돌이 모양의 날개를 빠른 속도로 회전시켜 그 원심력으로 압력상승을 일으켜 높은 곳까지 물을 퍼 올리는 펌프이다.

① 구조가 간단하고, 운전능력이 우수하다.
② 가격이 저렴하다.
③ 효율이 높고, 맥동이 적게 발생한다.
④ 설계상 펌프의 양정 및 토출량은 넓은 범위로 제작 가능하다.

7-21 다음의 펌프 중 원심펌프에 해당하지 않는 것은 어느 것인가? (①)

① 기어펌프
② 볼류트펌프
③ 터빈펌프
④ 프로펠러펌프

풀이 원심펌프의 종류

① 터빈펌프 ② 볼류트펌프 ③ 프로펠러펌프

7-22 다음의 설명 중에서 회전 펌프의 특징이 아닌 것은 어느 것인가? (③)

① 소용량, 고압의 양정을 요구하는 경우에 적합하다.
② 구조가 간단하고 취급이 용이하다.
③ 송출량의 맥동이 크다.
④ 비교적 점도가 높은 유체에도 성능이 좋다.

풀이 회전펌프의 특징

회전펌프는 펌프의 회전수를 일정하게 하였을 때 토출량이 증가함에 따라 양정이 감소하다가 어느 한도 이상에서는 급격히 감소하는 펌프이다. 이런 회전펌프의 종류에는 기어펌프와 베인펌프가 있다.

이중에서 베인펌프는 회전속도의 범위가 가장 넓고, 효율이 가장 높은 회전펌프이다.

① 소용량, 고압의 양정을 요구하는 경우에 적합하다.
② 구조가 간단하고 취급이 용이하다.
③ 송출량의 맥동이 작다.
④ 비교적 점도가 높은 유체에도 성능이 좋다.

7-23 다음의 펌프 중에서 왕복식 펌프에 속하는 것은 어느 것인가? (①)

① 플랜저펌프 ② 기어펌프
③ 볼류트펌프 ④ 에어 리프트

풀이 왕복식 펌프의 특징

왕복식 펌프는 실린더 안을 피스톤 또는 플랜저가 왕복운동을 하는 펌프

① 양정이 크고, 유량이 작은 경우에 적합
② 수압기용 또는 보일러용으로 사용된다.

7-24 수격현상(water hammer)에 대한 설명으로 알맞은 것은? (①)

① 흐르는 물을 갑자기 정지시킬 때 수압이 급격히 변화하는 현상
② 물의 온도가 낮을 때 생긴다.
③ 물의 유속이 늦을 때 일어난다.
④ 물이 연속적으로 흐를 때 물의 온도가 상승하면서 일어난다.

풀이 수격현상 : 펌프나 밸브를 갑작스럽게 조작하면 관속을 흐르는 액체의 속도가 급격히 변화하면서 운동에너지가 압력에너지로 바뀌게 되는데, 이때 고압이 발생되어 배관이나 관 부속물에 무리한 힘을 가하게 되는 현상

7-25 다음 중 펌프의 수격현상(water hammer)의 방지 방법이 아닌 것은? (④)

① 관내 유속을 낮게 한다.
② 조압수조를 설치한다.

③ 완폐체크밸브를 펌프 토출측에 설치한다.
④ 규정 용량보다 대용량 펌프를 설치한다.

풀이 수격현상 : 펌프나 밸브를 갑작스럽게 조작하면 관속을 흐르는 액체의 속도가 급격히 변화하면서 운동에너지가 압력에너지로 바뀌게 되는데, 이때 고압이 발생되어 배관이나 관 부속물에 무리한 힘을 가하게 되는 현상.

수격현상의 방지대책
① 관로의 관경을 크게 한다.
② 관로내의 유속을 낮게 한다.
③ 조압수조(surge tank)를 설치한다.
④ 플라이휠을 설치한다.
⑤ 펌프 송출구 가까이에 밸브를 설치한다.
⑥ 흡수양정을 크게 한다.

7-26 물의 압력파에 의한 수격작용을 방지하기 위한 방법 중 적당하지 않은 것은? (③)
① 펌프의 속도가 급격히 변화하는 것을 방지한다.
② 펌프에 플라이휠을 설치하여 펌프의 급격한 속도변화를 방지한다.
③ 관경을 작게 한다.
④ 조압수조를 설치한다.

풀이 수격현상 : 펌프나 밸브를 갑작스럽게 조작하면 관속을 흐르는 액체의 속도가 급격히 변화하면서 운동에너지가 압력에너지로 바뀌게 되는데, 이때 고압이 발생되어 배관이나 관 부속물에 무리한 힘을 가하게 되는 현상.

수격현상의 방지대책
① 관로의 관경을 크게 한다.
② 관로내의 유속을 낮게 한다.
③ 조압수조(surge tank)를 설치한다.
④ 플라이휠을 설치한다.
⑤ 펌프 송출구 가까이에 밸브를 설치한다.
⑥ 흡수양정을 크게 한다.
⑦ 펌프의 토출측에 에어챔버를 설치한다.

7-27 소화펌프의 흡입고가 클 때 발생될 수 있는 현상 중 옳은 것은? (③)
① 서징현상 ② 공동현상
③ 수격현상 ④ 채터링현상

풀이 펌프의 이상현상
① 수격현상 : 펌프나 밸브를 갑작스럽게 조작하면 관속을 흐르는 액체의 속도가 급격히 변화

하면서 운동에너지가 압력에너지로 바뀌게 되는데, 이때 고압이 발생되어 배관이나 관 부속물에 무리한 힘을 가하게 되는 현상

② 서징현상 : 펌프의 운전 중 송출유량이 주기적으로 변하면서 압력계의 눈금이 흔들리고 토출배관에 진동과 소음을 수반하는 현상

③ 공동현상 : 펌프의 흡입측 배관의 물의 정압이 기존의 증기압보다 낮아져서 기포가 발생되어 물이 흡입되지 않는 현상을 의미한다.

7-28 배관 속의 물 흐름을 급히 차단하였을 때 동압이 정압으로 전환되면서 일어나는 쇼크현상을 무엇이라 하는가? (③)

① 서징현상 ② 공동현상

③ 수격현상 ④ 와류현상

풀이 펌프의 이상현상

① 수격현상 : 펌프나 밸브를 갑작스럽게 조작하면 관속을 흐르는 액체의 속도가 급격히 변화하면서 운동에너지가 압력에너지로 바뀌게 되는데, 이때 고압이 발생되어 배관이나 관 부속물에 무리한 힘을 가하게 되는 현상

② 서징현상 : 펌프의 운전 중 송출유량이 주기적으로 변하면서 압력계의 눈금이 흔들리고 토출배관에 진동과 소음을 수반하는 현상

③ 공동현상 : 펌프의 흡입측 배관의 물의 정압이 기존의 증기압보다 낮아져서 기포가 발생되어 물이 흡입되지 않는 현상을 의미한다.

7-29 펌프 입구의 연성계 및 출구의 압력계 지침이 흔들리고 송출유량도 주기적으로 변화하는 이상현상은? (①)

① 서징현상 ② 공동현상

③ 수격현상 ④ 와류현상

풀이 펌프의 이상현상

① 수격현상 : 펌프나 밸브를 갑작스럽게 조작하면 관속을 흐르는 액체의 속도가 급격히 변화하면서 운동에너지가 압력에너지로 바뀌게 되는데, 이때 고압이 발생되어 배관이나 관 부속물에 무리한 힘을 가하게 되는 현상

② 서징현상 : 펌프의 운전 중 송출유량이 주기적으로 변하면서 압력계의 눈금이 흔들리고 토출배관에 진동과 소음을 수반하는 현상

③ 공동현상 : 펌프의 흡입측 배관의 물의 정압이 기존의 증기압보다 낮아져서 기포가 발생되어 물이 흡입되지 않는 현상을 의미한다.

7-30 다음 중 펌프의 수격현상(water hammer) 시 발생하는 충격압의 속도에 영향을 주는 요소가 아닌 것은? (④)

① 유체의 탄성 ② 유체의 밀도

③ 관의 탄성 ④ 관의 밀도

풀이 수격현상 : 펌프나 밸브를 갑작스럽게 조작하면 관속을 흐르는 액체의 속도가 급격히 변화하면서 운동에너지가 압력에너지로 바뀌게 되는데, 이때 고압이 발생되어 배관이나 관 부속물에 무리한 힘을 가하게 되는 현상.

수격작용 시 충격압의 속도에 영향을 주는 요인
① 유체의 탄성 ② 유체의 밀도 ③ 관의 탄성

7-31 다음의 관 부속물 중에서 동일한 구경의 같은 재질의 배관 부속품 중에서 압력 손실이 가장 큰 것은? (①)

① 측류 티 ② 45°엘보
③ 유니언 ④ 게이트밸브

풀이 배관에서의 관 부속물인 밸브의 등가길이

종 류	측류 티	45° 엘보	유니언	게이트밸브
등가길이	3 m	1.2 m	극히 적다	0.39 m

7-32 대기압이 P (kg$_f$/cm^2), 비중량이 γ, 포화증기압이 P_V (kg$_f$/cm^2), 흡입측 배관이 마찰손실이 P_h (kg$_f$/cm^2), 그리고 흡입 실양정이 h (m)로 표시될 때 저수조의 소화수를 흡입 시 펌프의 유효흡입양정(NPSH)으로 적합한 것은 어느 것인가? (②)

① $\text{NPSH} = \dfrac{P}{\gamma} + \dfrac{P_V}{\gamma} + \dfrac{P_h}{\gamma} - h$ ② $\text{NPSH} = \dfrac{P}{\gamma} - \dfrac{P_V}{\gamma} - \dfrac{P_h}{\gamma} - h$

③ $\text{NPSH} = \dfrac{P}{\gamma} - \dfrac{P_V}{\gamma} - \dfrac{P_h}{\gamma} + h$ ④ $\text{NPSH} = \dfrac{P}{\gamma} + \dfrac{P_V}{\gamma} - \dfrac{P_h}{\gamma} - h$

풀이 펌프의 이론 흡입양정(NPSH)

$$\text{NPSH} = \frac{P}{\gamma} - \frac{P_V}{\gamma} - \frac{P_h}{\gamma} - h$$

여기서, P : 대기압(kg$_f$/cm^2)
γ : 비중량
P_V : 포화증기압(kg$_f$/cm^2)
P_h : 흡입측 배관의 마찰손실(kg$_f$/cm^2)
h : 흡입 실양정(m)

7-33 대기압이 절대압력으로 1.04 kg$_f$/cm^{2}인 조건에서 물을 올리고 있는 수평 회전축 펌프에서 흡입구 축에 설치된 연성 압력계가 460 mmHg를 가리키고 있었다면 이 펌프의 이론 흡입양정은 약 몇 m인가?

풀이 펌프의 이론 흡입양정(NPSH)

$$\text{NPSH} = \frac{P}{\gamma} - \frac{P_V}{\gamma} - \frac{P_h}{\gamma} - h$$

여기서, P : 대기압($\text{kg}_\text{f}/\text{cm}^2$)

γ : 비중량

P_V : 포화증기압($\text{kg}_\text{f}/\text{cm}^2$),

P_h : 흡입측 배관의 마찰손실($\text{kg}_\text{f}/\text{cm}^2$)

h : 흡입 실양정(m)

주어진 조건에서 흡입측 배관의 마찰손실(P_h)과 흡입 실양정(h)이 존재하지 않으므로

$$\text{NPSH} = \frac{P}{\gamma} - \frac{P_V}{\gamma} - \frac{P_h}{\gamma} - h = \frac{P}{\gamma} - \frac{P_V}{\gamma}$$

$$= \frac{\dfrac{1.04\ \text{kg}_\text{f}}{\text{cm}^2} \times \left(\dfrac{100\ \text{cm}}{1\ \text{m}}\right)^2}{\dfrac{1000\ \text{kg}_\text{f}}{\text{m}^3}} - \frac{460\ \text{mmHg} \times \dfrac{\dfrac{1.033\ \text{kg}_\text{f}}{\text{cm}^2} \times \left(\dfrac{100\ \text{cm}}{1\ \text{m}}\right)^2}{760\ \text{mmHg}}}{\dfrac{1000\ \text{kg}_\text{f}}{\text{m}^3}}$$

$$= 10.4\ \text{m} - 6.25\ \text{m} = 4.15\ \text{m}$$

7-34 펌프의 비교회전도를 표시하는 식의 요소로 알맞지 않은 것은? (④)

① 회전수 ② 유량
③ 양정 ④ 압력

풀이 펌프의 비교회전도는 토출량이 1 m^3/min이고 양정이 1 m가 되도록 설계할 경우 회전차의 분당 회전수를 의미한다.

$$N_s = \frac{N\sqrt{Q}}{\left(\dfrac{H}{n}\right)^{\frac{3}{4}}}$$

여기서, N_s : 비속도(rpm), N : 회전차 회전속도, Q : 토출량(m^3/min)

H : 펌프의 전양정(m), n : 단수

7-35 유량이 2 m^3/min인 5단의 다단펌프가 2000 rpm의 회전으로 50 m의 양정이 필요하다면 이때 비교회전도는 몇 rpm인가?

풀이 펌프의 비교회전도는 토출량이 1 m^3/min이고 양정이 1 m가 되도록 설계할 경우 회전차의 분당 회전수를 의미한다.

$$N_s = \frac{N\sqrt{Q}}{\left(\dfrac{H}{n}\right)^{\frac{3}{4}}}$$

여기서, N_s : 비속도(rpm), N : 회전차 회전속도, Q : 토출량(m^3/min)

H : 펌프의 전양정(m), n : 단수

따라서 주어진 조건에서

N(회전차 회전속도) = 2000 rpm

Q(토출량) = 2 m^3/min

H(펌프의 전양정) = 50 m

n(단수) = 5이므로

$$N_s = \frac{N\sqrt{Q}}{\left(\frac{H}{n}\right)^{\frac{3}{4}}} = \frac{2000\ \text{rpm}\ \sqrt{2\ \text{m}^3/\text{min}}}{\left(\frac{50\ \text{m}}{5}\right)^{\frac{3}{4}}} = 503\ \text{rpm}$$

7-36 성능이 같은 2대의 소화펌프를 직렬로 연결하였을 경우 토출량 Q(L/min)은 어떻게 되는가? (②)

① 0.5Q　　② 1Q

③ 1.5Q　　④ 2Q

풀이 펌프의 연결에 따른 펌프의 효율

① 직렬연결 : 유량(Q)은 일정하지만 양정(H)은 2배로 된다.

② 병렬연결 : 양정(H)은 일정하지만 유량(Q)은 2배가 된다.

7-37 성능이 같은 2대의 소화펌프를 병렬로 연결하였을 경우 토출량 Q(L/min)은 어떻게 되는가? (④)

① 0.5Q　　② 1Q

③ 1.5Q　　④ 2Q

풀이 펌프의 연결에 따른 펌프의 효율

① 직렬연결 : 유량(Q)은 일정하지만 양정(H)은 2배로 된다.

② 병렬연결 : 양정(H)은 일정하지만 유량(Q)은 2배가 된다.

7-38 토출량과 토출압력이 각각 Q(L/min), P(kg_f/cm^2)이고 특성 곡선이 서로 같은 2대의 소화펌프를 병렬로 연결하여 두 펌프를 동시에 운전하였을 경우 토출측 배관에서의 마찰손실을 무시할 경우 총 토출량과 총 토출압력은 각각 어떻게 되는가? (④)

① 총 토출량은 Q, 총 토출압력은 P

② 총 토출량은 2Q, 총 토출압력은 2P

③ 총 토출량은 Q, 총 토출압력은 2P

④ 총 토출량은 2Q, 총 토출압력은 P

풀이 펌프의 연결에 따른 펌프의 효율

① 직렬연결 : 유량(Q)은 일정하지만 양정(H)은 2배로 된다.
② 병렬연결 : 양정(H)은 일정하지만 유량(Q)은 2배가 된다.

7-39 원심형 송풍기에서 회전수를 변화시킬 때 동력 변화를 구하는 식으로 알맞은 것은 어느 것인가? (변화 전후의 회전수를 각각 N_1, N_2, 동력을 각각 L_1, L_2로 표시한다.) (③)

① $L_2 = L_1 \times \left(\frac{N_1}{N_2}\right)^3$ ② $L_2 = L_1 \times \left(\frac{N_1}{N_2}\right)^2$
③ $L_2 = L_1 \times \left(\frac{N_2}{N_1}\right)^3$ ④ $L_2 = L_1 \times \left(\frac{N_2}{N_1}\right)^2$

풀이 펌프의 동력 변화

$$L_2 = L_1 \times \left(\frac{N_2}{N_1}\right)^3$$

여기서, L_1 : 변경 전 동력(kW), L_2 : 변경 후 동력(kW), N_2 : 변경 후 회전수(rpm)
N_1 : 변경 전 회전수(rpm)

7-40 대기압이 1.05 kg_f/cm^2이고, 유효 NPSH가 8.5 m일 때 설치 가능한 펌프의 최대 NPSH는 몇 m인가?

풀이 펌프의 이론 흡입양정(NPSH)

$$\text{NPSH} = \text{대기압수두} - \text{유효 NPSH} = \frac{P}{\gamma} - \frac{P_V}{\gamma} - \frac{P_h}{\gamma} - h$$

여기서, P : 대기압(kg_f/cm^2), γ : 비중량, P_V : 포화증기압(kg_f/cm^2),
P_h : 흡입측 배관의 마찰손실(kg_f/cm^2), h : 흡입 실양정(m)

주어진 조건에서 대기압수두 1.05 kg_f/cm^2 = 10.5 m이고, 유효 NPSH 8.5 m이므로
NPSH = 대기압수두 − 유효 NPSH = 10.5 m − 8.5 m = 2 m

7-41 펌프의 회전차 모양에 따른 분류에서 비교회전도가 작은 것에서부터 큰 순서로 나열한 것은? (①)

① 반경류형 < 혼류형 < 축류형 ② 축류형 < 혼류형 < 반경류형
③ 혼류형 < 축류형 < 반경류형 ④ 축류형 < 반경류형 < 축류형

풀이 펌프의 비교회전도의 순서 : 반경류형 < 혼류형 < 축류형

7-42 유효흡입양정(NPSH)과 가장 관계가 있는 것은 어느 것인가? (②)

① 서징현상 ② 공동현상
③ 수격현상 ④ 체절압력

풀이 펌프의 이상 현상 중 펌프의 흡입측 배관의 물의 정압이 기존의 증기압보다 낮아져서 기포가 발생되어 물이 흡입되지 않는 현상을 의미하는 공동현상은 펌프의 유효흡입양정(NPSH)과 가장 관계가 깊다.

7-43 회전속도 850 rpm, 송출량 10 m^3/min, 전양정 12 m인 4단 원심펌프가 있다. 비속도가 동일한 펌프가 송출량 30 m^3/min, 전양정 5 m일 때 펌프의 회전속도는 약 몇 rpm인가?

풀이 펌프의 비교회전도는 토출량이 1 m^3/min이고 양정이 1 m가 되도록 설계할 경우 회전차의 분당 회전수를 의미한다.

$$N_s = \frac{N\sqrt{Q}}{\left(\frac{H}{n}\right)^{\frac{3}{4}}}$$

여기서, N_s : 비속도(rpm), N : 회전차 회전속도, Q : 토출량(m^3/min),
H : 펌프의 전양정(m), n : 단수

따라서 주어진 조건에서
N(회전차 회전속도) = 850 rpm
Q(토출량) = 10 m^3/min
H(펌프의 전양정) = 12 m
n(단수) = 4이므로

$$N_s = \frac{N\sqrt{Q}}{\left(\frac{H}{n}\right)^{\frac{3}{4}}} = \frac{850\text{ rpm}\sqrt{10\text{ m}^3/\text{min}}}{\left(\frac{12\text{ m}}{4}\right)^{\frac{3}{4}}} = 1179.2\text{ rpm}\text{가 된다.}$$

그러므로 비속도가 동일한 펌프가 송출량 30 m^3/min, 전양정 5 m일 때 펌프의 회전속도는

$$N_s = \frac{N\sqrt{Q}}{\left(\frac{H}{n}\right)^{\frac{3}{4}}} = \frac{N\text{ rpm}\sqrt{30\text{ m}^3/\text{min}}}{\left(\frac{5\text{ m}}{4}\right)^{\frac{3}{4}}} = 1179.2\text{ rpm}\text{이므로}$$

$$N\text{ rpm} = \frac{1179.2\text{ rpm}\times\left(\frac{5\text{ m}}{4}\right)^{3/4}}{\sqrt{30\text{ m}^3/\text{min}}} = \frac{1179.2\text{ rpm}\times 1.182}{\sqrt{30\text{ m}^3/\text{min}}} = \frac{1393.8\text{ rpm}}{\sqrt{30}\text{ m}^3/\text{min}} = 254.5\text{ rpm}$$

7-44 유량 4 m^3/min이고, 전양정 100 m인 펌프의 회전수가 3000 rpm이 필요하다면 비속도 530~560 rpm 범위에 속하는 다단펌프를 사용할 경우 펌프의 단수는 몇 단을 사용하어야 하는가?

풀이 펌프의 비교회전도는 토출량이 1 m^3/min이고 양정이 1 m가 되도록 설계할 경우 회전차의 분당 회전수를 의미한다.

$$N_s = \frac{N\sqrt{Q}}{\left(\frac{H}{n}\right)^{\frac{3}{4}}}$$

여기서, N_s : 비속도(rpm), N : 회전차 회전속도, Q : 토출량(m^3/min),
H : 펌프의 전양정(m), n : 단수

따라서 주어진 조건에서 N(회전차 회전속도) = 3000 rpm, Q(토출량) = 4 m^3/min, H(펌프의 전양정) = 100 m, N_s(비속도) = 530 ~ 560(평균 545) rpm이므로 n(단수)은 다음과 같다.

$N_s = \dfrac{N\sqrt{Q}}{\left(\frac{H}{n}\right)^{\frac{3}{4}}}$에서 $\left(\dfrac{H}{n}\right)^{\frac{3}{4}} = \dfrac{N\sqrt{Q}}{N_s}$가 된다.

$\left(\dfrac{H}{n}\right)^{\frac{3}{4}} = \dfrac{N\sqrt{Q}}{N_s} = \dfrac{3000\ \text{rpm}\ \sqrt{4\ \text{m}^3/\text{min}}}{545\ \text{rpm}} = 11.0092$이 되어

$\left(\dfrac{H}{n}\right)^{\frac{3}{4}} = 11.0092$이므로 $\left[\left(\dfrac{H}{n}\right)^{\frac{3}{4}}\right]^{\frac{4}{3}} = \dfrac{H}{n} = (11.0092)^{\frac{4}{3}} = 24.49$이 된다.

$\dfrac{H}{n} = 24.49$에서 $n = \dfrac{H}{24.49} = \dfrac{100}{24.49} = 4.08$

그러므로 펌프의 단수는 5단이어야 한다.

참고문헌

1. 이수경 외, 『소방유체역학』, 신광문화사, 2012.
2. 이승철, 『소방유체역학』, 도서출판 동화기술, 2008.
3. 이승목 외, 『유체역학』, 도서출판 동화기술, 2004.
4. 박찬원 외, 『유체역학』, 신광문화사, 1996.
5. 이승목 외, 『기초유체역학』, 신광문화사, 2010.
6. 김진명 외, 『알기 쉬운 열유체역학』, 기전연구사, 2012.
7. 유주식, 『알기 쉽게 설명한 핵심 기초유체역학』, 홍릉과학출판사, 2012.
8. 이종순 외, 『신편유체기계』, 도서출판 동명사, 2010.
9. 홍영호 외, 『화학공정계산』, 도서출판 동화기술, 2012.
10. 이화영 외, 『단위조작』, 도서출판 희중당, 1997.

찾아보기

가시광선 302
강제대류 294, 298, 301
개방된 물탱크 190
게이지압 76
게이트밸브(Gate valve) 349
경사 마노미터 147
고무내장 호스 242
공동현상(Cavitation) 339
관 부속물에 의한 마찰손실 243
관성력 125
균일한 물질 124
글로브밸브(Globe valve) 350
기본단위 11
기압방정식 142
길이(length)의 단위환산 23

난류 경계층 299
난류흐름 127
내부에너지 273
뉴턴유체 63

단순 마노미터 146
단위 10
단위(unit) 11
단위환산 19
단위환산인자 20
대기압력 76
대류(Convection) 294
동력(Power) 46
동압(Velocity pressure) 151
동점성계수 61
등온상태에서의 일 275

레이놀즈수 125
로터미터 193

마(痲)형 호스 242
마노미터(Manometer) 145
마찰손실계수 232, 239
마찰손실수두 232
마찰손실의 합(∑F) 188
면적의 단위환산 24
모세관현상 70
무차원군 299
밀도 51

반사율(Reflectivity) 303
방사노즐 191
방수량 191
방출속도 191
배관 345
버터플라이밸브 354
베르누이 방정식 182
벤투리미터 193
보일의 법칙 81
복사(Radiation) 302
복사선 302
부피가 감소하는 경우의 일 276
부피가 증가하는 경우의 일 276
부피의 단위환산 25
비뉴턴유체 64
비속도 336
비압축성유체 173
비열의 비 281
비용 56
비정상류 170
비중 54
비중량 56

상당직경 134
상대온도 79
상대조도 232
상변화 없는 조건에서 열 효과 279
상사법칙 335
샬의 법칙 81
서징(Surging)현상 342
속도(Velocity) 14
속도수두 184
수격작용(Water hammer) 341
시차 액주계 147

아보가드로의 법칙 83
압력 72
압력강하(ΔP) 229
압력변화 231
압력손실 239
압력수두 76, 184
압력에너지 183
압력의 측정방법 145
압축률 66
앵글밸브(Angle valve) 351
에너지보존법칙 284
엔탈피 변화(ΔH) 279
엔탈피 변화의 계산 278
엔탈피(Enthalpy) 274
연속방정식 172
열 이동속도 288
열교환기(heat exchanger) 296
열복사 302
열역학 제0법칙 285
열역학 제1법칙 283
열역학 제2법칙 284
열역학 제3법칙 285
열용량(heat capacity) 279
열유속(heat flux) 295
열전도도(thermal conductivity) 287
영구기관 285
예비펌프 343
오리피스미터 193

오일러(Euler) 방정식 182
와동 170
운동방정식 73
운동에너지 39, 183, 272
원심펌프 323
위어 193
위치수두 184
위치에너지 39, 183, 273
유도단위 11
유량 131
유체의 마찰손실수두 231
유체의 유속 128
유효흡입수두 332
의소성 유체 64
일(Work) 45, 275

자연대류 294, 298, 301
잠열 281
잠열(latent heat) 278
저항력 125, 224
전단속도 63
전단응력 63, 225
전도(Conduction) 287
전압(Total pressure) 153
절대단위계 12
절대압력 76
절대온도 80
점도 58
점성 124
점성계수 58
점성력 125
점성법칙 60
정상류 170
정상상태 63
정압(Static pressure) 143, 150
정압비열 280
정압열용량(CP) 279
정용열용량(CV) 279
정적비열 280
제1종 영구기관 283
조도계수 240
주펌프 343
중량(weight) 29
중량속도 132
직관에 의한 마찰손실 243
진공노 76
질량(Mass) 14, 29
질량속도(mass flow rate) 131, 170
질량의 단위환산 27

차원 10
체적탄성계수 67
체크밸브(Check valve) 352
최대속도 136
추진력 125
축소에 의한 손실 254
충압펌프 343
층류 경계층 299
층류흐름 127
층류흐름에서 유체의 속도 분포 224
층류흐름에서 유체의 유량 227

토리첼리의 정리 191
투과율(Transmissivity) 303

파장(wave length) 302
팽창성 유체 64
펌프의 동력 공식 329
펌프의 양정 325
평균속도 135, 136, 231
표면장력 69
플랜지 볼트 195
피토관 193, 197
필요흡입수두 332

하겐-포아젤 (Hagen-Poiseuille)식 229
하젠-윌리암스 공식 239
현열(sensible heat) 278
확대에 의한 손실 252
흡수율(Absorptivity) 303
힘(Force) 14

Darcy 방정식 239
Darcy-Weisbach 식 327
Fanning의 방정식 232
Hazen-Williams 공식 240
Hazen-Williams 식 327
Kirchhoff의 법칙 305
Plank의 법칙 306
Stefan-Boltzmann의 법칙 304
Torricelli의 정리 190

저자 : 홍 영 호

혜전대학교 소방안전관리과

소방유체역학 정가 20,000원

발 행 2022년 9월 10일 3판 4쇄
저 자 홍영호
발행인 정우용
발행처 도서출판 동화기술
경기도 파주시 광인사길 201(문발동, 파주출판도시)
Tel (031)955-4211~6 donghwapub@nate.com
Fax (031)955-4217 www.donghwapub.co.kr
(등록) 1977년 12월 19일/9-16호

Printed in Korea
ISBN 978-89-425-9146-6